普通高等院校土建类专业系列规划教材

混凝土结构基本原理

主　编　张淑云

副主编　杨文星　代慧娟　秦　卿

北京理工大学出版社
BEIJING INSTITUTE OF TECHNOLOGY PRESS

内 容 简 介

本书根据全国高等学校土木工程专业指导委员会对土木工程专业培养要求和审定的教学大纲，以及《混凝土结构设计规范》（GB 50010—2010）（2015 年版）编写。全书共分 10 章，包括绪论，混凝土结构材料的物理力学性能，混凝土结构设计基本原则，受弯构件正截面受弯承载力的计算，受弯构件斜截面承载力的计算，受压构件承载力的计算，受拉构件承载力的计算，受扭构件承载力的计算，混凝土构件的变形、裂缝及耐久性，预应力混凝土构件等。为便于学习，各章附有思考题和习题。

本书可作为高等学校土木工程及相关专业学生的教学用书，也可作为相关工程技术人员的参考用书。

版权专有　侵权必究

图书在版编目（CIP）数据

混凝土结构基本原理/张淑云主编 .—北京：北京理工大学出版社，2018.12（2024.7 重印）

ISBN 978-7-5682-6496-9

Ⅰ.①混⋯　Ⅱ.①张⋯　Ⅲ.①混凝土结构－高等学校－教材　Ⅳ.①TU37

中国版本图书馆 CIP 数据核字（2018）第 282967 号

出版发行 / 北京理工大学出版社有限责任公司	
社　　址 / 北京市海淀区中关村南大街 5 号	
邮　　编 / 100081	
电　　话 /（010）68914775（总编室）	
（010）82562903（教材售后服务热线）	
（010）68948351（其他图书服务热线）	
网　　址 / http：//www.bitpress.com.cn	
经　　销 / 全国各地新华书店	
印　　刷 / 河北世纪兴旺印刷有限公司	
开　　本 / 787 毫米×1092 毫米　1/16	责任编辑 / 高　芳
印　　张 / 18	文案编辑 / 赵　轩
字　　数 / 483 千字	责任校对 / 周瑞红
版　　次 / 2018 年 12 月第 1 版　2024 年 7 月第 3 次印刷	责任印制 / 李志强
定　　价 / 49.00 元	

图书出现印装质量问题，请拨打售后服务热线，本社负责调换

前　言

混凝土结构基本原理是土木工程专业必修的主干专业基础课程之一，其任务是通过理论与实践教学环节，使学生掌握由钢筋及混凝土两种材料所组成的结构构件的基本力学性能和计算分析方法，初步获得解决实际工程问题的能力，为后续土木工程专业设计课程的学习奠定良好的理论基础。

本书依据《混凝土结构设计规范》（GB 50010—2010）（2015年版）和新修订的相关专业规范标准编写，反映了我国混凝土结构在土木工程领域的新进展以及可持续发展的要求，编写力求贯彻《高等学校土木工程本科指导性专业规范》的精神，注重建立学生的基本工程概念，提高学生应用知识的能力，培养学生分析与解决工程实际问题的能力和创新意识。每章均有按规范设计计算的典型例题。本书对混凝土结构各类构件性能进行了充分论述，突出重点，给出了明确的承载力计算方法和设计步骤以及相当数量的计算例题，章后附有思考题和习题等。本书力求语言通俗易懂，内容深入浅出，循序渐进，既可供高等学校土木工程及相关专业教学使用，也可供从事相关工作的结构设计、施工等工程技术人员参考。

本书由西安科技大学张淑云、杨文星、代慧娟、秦卿合编，其中第1、6、9章由张淑云编写，第5、8、10章由杨文星编写，第2、4、7章由代慧娟编写，第3章由秦卿编写。全书由张淑云负责统稿。另外，书中绘图、文字与例题校对工作由研究生黄磊、郭珊、郝永蕾、王刚等完成，在此深表感谢。本书借鉴和参考了有关科研单位的研究与应用成果，特此致谢。

由于编者水平有限，书中难免有疏漏、错误或不妥之处，敬请专家、同行和读者批评指正。

编　者

目 录

第1章　绪论 …………………………………………………………………… (1)
　1.1　混凝土结构概述 ……………………………………………………… (1)
　　1.1.1　混凝土结构的基本概念 ………………………………………… (1)
　　1.1.2　钢筋与混凝土共同工作的原因 ………………………………… (2)
　　1.1.3　混凝土结构的主要优缺点 ……………………………………… (2)
　1.2　混凝土结构的发展及应用 …………………………………………… (3)
　　1.2.1　混凝土结构的发展概况 ………………………………………… (3)
　　1.2.2　混凝土结构的工程应用概况 …………………………………… (4)
　　1.2.3　混凝土结构计算理论的发展概况 ……………………………… (5)
　1.3　本课程的主要内容和特点 …………………………………………… (6)
　　1.3.1　本课程的主要内容 ……………………………………………… (6)
　　1.3.2　本课程的特点 …………………………………………………… (7)

第2章　混凝土结构材料的物理力学性能 …………………………………… (9)
　2.1　钢筋 …………………………………………………………………… (9)
　　2.1.1　钢筋的种类和级别 ……………………………………………… (9)
　　2.1.2　钢筋强度和变形 ………………………………………………… (10)
　　2.1.3　钢筋的疲劳 ……………………………………………………… (13)
　　2.1.4　混凝土结构对钢筋性能的要求 ………………………………… (14)
　2.2　混凝土 ………………………………………………………………… (14)
　　2.2.1　混凝土的组成结构 ……………………………………………… (14)
　　2.2.2　混凝土的强度 …………………………………………………… (15)
　　2.2.3　混凝土的变形 …………………………………………………… (21)
　2.3　钢筋与混凝土的粘结 ………………………………………………… (28)
　　2.3.1　粘结的作用和性质 ……………………………………………… (28)
　　2.3.2　粘结机理分析 …………………………………………………… (29)

2.3.3 影响粘结强度的主要因素 (30)
2.3.4 钢筋的锚固长度 (31)

第3章 混凝土结构设计基本原则 (33)

3.1 极限状态设计法的基本概念 (33)
3.1.1 结构的功能要求 (33)
3.1.2 结构上的作用、作用效应和结构抗力 (34)
3.1.3 结构的极限状态 (36)

3.2 概率极限状态设计法 (37)
3.2.1 结构的可靠度 (37)
3.2.2 结构的失效概率与可靠指标 (37)

3.3 概率极限状态设计的实用表达式 (39)
3.3.1 荷载代表值 (40)
3.3.2 材料强度取值 (42)
3.3.3 结构的设计状况 (44)
3.3.4 承载能力极限状态设计表达式 (44)
3.3.5 正常使用极限状态设计表达式 (46)

第4章 受弯构件正截面受弯承载力的计算 (49)

4.1 概述 (49)

4.2 梁、板的一般构造 (51)
4.2.1 梁的一般构造 (51)
4.2.2 板的一般构造 (53)

4.3 受弯构件正截面受弯性能 (55)
4.3.1 适筋梁正截面受弯 (55)
4.3.2 正截面受弯破坏 (58)

4.4 正截面受弯承载力计算原理 (60)
4.4.1 正截面承载力计算的基本假定 (60)
4.4.2 等效矩形应力图 (61)
4.4.3 适筋破坏与超筋破坏的界限条件 (62)
4.4.4 最小配筋率 (64)

4.5 单筋矩形截面受弯构件正截面受弯承载力的计算 (64)
4.5.1 基本公式及适用条件 (64)
4.5.2 基本公式的应用 (66)
4.5.3 正截面受弯承载力的计算系数法 (67)

4.6 双筋矩形截面受弯构件正截面受弯承载力的计算 (70)
4.6.1 概述 (70)
4.6.2 基本公式及适用条件 (71)
4.6.3 基本公式的应用 (72)

4.7 T形截面受弯构件正截面受弯承载力的计算 (77)

4.7.1 概述 ·· (77)
   4.7.2 T形截面的两种类型及判别条件 ···································· (79)
   4.7.3 基本公式及适用条件 ·· (80)
   4.7.4 T形截面梁的计算方法 ··· (82)

第5章 受弯构件斜截面承载力的计算 ·· (88)

5.1 概述 ·· (88)
5.2 梁斜截面受力与破坏分析 ·· (89)
   5.2.1 无腹筋的斜截面受剪破坏形态 ·· (89)
   5.2.2 有腹筋的斜截面受剪破坏形态 ·· (93)
5.3 简支梁斜截面受剪机理 ·· (94)
   5.3.1 无腹筋梁的斜截面受剪机理 ·· (94)
   5.3.2 有腹筋梁的斜截面受剪机理 ·· (94)
5.4 影响受剪承载力的主要因素 ·· (95)
   5.4.1 剪跨比 λ ·· (95)
   5.4.2 混凝土强度 ·· (95)
   5.4.3 箍筋的配箍率与箍筋强度 ·· (97)
   5.4.4 纵筋的配筋率 ρ ··· (97)
   5.4.5 斜截面上的集料咬合力 ·· (97)
   5.4.6 截面尺寸和形状 ·· (97)
   5.4.7 其他因素 ·· (98)
5.5 斜截面受剪承载力的计算 ·· (98)
   5.5.1 基本假定 ·· (98)
   5.5.2 斜截面受剪承载力计算公式 ·· (99)
   5.5.3 斜截面受剪承载力计算公式的适用范围 ······························· (100)
   5.5.4 斜截面受剪承载力计算方法 ··· (101)
5.6 保证截面受弯承载力的构造措施 ······································· (109)
   5.6.1 正截面受弯承载力图（抵抗弯矩图）································· (109)
   5.6.2 纵筋的弯起 ··· (110)
   5.6.3 纵筋的截断 ··· (112)
5.7 梁、板内钢筋的其他构造要求 ··· (113)
   5.7.1 纵向受力钢筋的构造要求 ··· (113)
   5.7.2 箍筋的构造 ··· (118)
   5.7.3 纵向钢筋的其他构造要求 ··· (119)

第6章 受压构件承载力的计算 ··· (122)

6.1 概述 ··· (122)
6.2 受压构件的一般构造要求 ··· (123)
   6.2.1 截面形式和尺寸 ··· (123)
   6.2.2 材料的强度等级 ··· (123)

6.2.3 纵筋 (123)
6.2.4 箍筋 (124)
6.3 轴心受压构件正截面受压承载力 (125)
6.3.1 轴心受压普通箍筋柱正截面承载力计算 (125)
6.3.2 轴心受压螺旋箍筋柱正截面承载力计算 (128)
6.4 偏心受压构件正截面受力性能分析 (132)
6.4.1 偏心受压短柱的破坏形态 (132)
6.4.2 附加偏心距 (134)
6.4.3 偏心受压长柱的破坏类型 (134)
6.4.4 偏心受压长柱的二阶效应 (136)
6.5 矩形截面偏心受压构件正截面受压承载力 (138)
6.5.1 大、小偏心受压破坏类型的判别 (138)
6.5.2 矩形截面偏心受压构件正截面受压承载力计算公式 (139)
6.6 矩形截面非对称配筋偏心受压构件正截面受压承载力计算 (142)
6.6.1 截面设计 (142)
6.6.2 截面复核 (144)
6.7 矩形截面对称配筋偏心受压构件正截面受压承载力计算 (152)
6.7.1 截面设计 (152)
6.7.2 截面复核 (154)
6.8 I 形截面对称配筋偏心受压构件正截面受压承载力的计算 (155)
6.8.1 大偏心受压构件 (156)
6.8.2 小偏心受压构件 (157)
6.9 偏心受压构件正截面承载力 N_u-M_u 相关曲线 (161)
6.9.1 矩形截面对称配筋大偏心受压破坏的 N_u-M_u 相关曲线 (161)
6.9.2 矩形截面对称配筋小偏心受压破坏的 N_u-M_u 相关曲线 (162)
6.9.3 N_u-M_u 相关曲线的特点和用途 (162)
6.10 偏心受压构件斜截面受剪承载力 (163)
6.10.1 轴向压力对柱受剪承载力的影响 (163)
6.10.2 矩形、T 形截面偏心受压构件的斜截面受剪承载力 (163)

第7章 受拉构件承载力的计算 (166)

7.1 概述 (166)
7.2 轴心受拉构件正截面承载力的计算 (167)
7.2.1 轴心受拉构件的受力特点 (167)
7.2.2 轴心受拉构件正截面承载力计算 (167)
7.3 偏心受拉构件正截面承载力的计算 (168)
7.3.1 偏心受拉构件正截面的破坏形态 (168)
7.3.2 矩形截面小偏心受拉构件的正截面承载力计算 (169)
7.3.3 矩形截面大偏心受拉构件的正截面承载力计算 (169)

  7.3.4 截面设计与截面复核 ····················· (170)

 7.4 偏心受拉构件斜截面受剪承载力的计算 ················ (174)

第8章 受扭构件承载力的计算 ······················ (176)

 8.1 概述 ······························· (176)

 8.2 纯扭构件的破坏形态 ······················· (177)

  8.2.1 素混凝土纯扭构件的破坏形态 ················ (177)

  8.2.2 钢筋混凝土纯扭构件的破坏形态 ··············· (178)

 8.3 纯扭构件扭曲截面承载力计算 ··················· (179)

  8.3.1 受扭构件的开裂扭矩 ···················· (179)

  8.3.2 受扭构件扭曲截面承载力计算 ················ (181)

 8.4 弯剪扭构件扭曲截面承载力 ···················· (183)

  8.4.1 弯剪扭构件破坏形态 ···················· (183)

  8.4.2 剪扭相关性 ······················· (184)

  8.4.3 弯剪扭构件扭曲截面承载力计算 ··············· (187)

 8.5 轴向压力、弯矩、剪力与扭矩共同作用下构件承载力计算 ······· (189)

  8.5.1 压弯剪扭构件承载力计算 ·················· (189)

  8.5.2 拉弯剪扭构件承载力计算 ·················· (189)

 8.6 受扭构件的构造要求 ······················· (190)

  8.6.1 计算公式的适用条件 ···················· (190)

  8.6.2 受扭构件钢筋的构造要求 ·················· (191)

 8.7 受扭构件承载力计算例题 ····················· (193)

第9章 混凝土构件的变形、裂缝及耐久性 ················ (199)

 9.1 概述 ······························· (199)

  9.1.1 变形控制的目的与要求 ··················· (199)

  9.1.2 裂缝控制的目的与要求 ··················· (200)

 9.2 钢筋混凝土受弯构件的挠度验算 ·················· (201)

  9.2.1 截面弯曲刚度的概念及定义 ················· (201)

  9.2.2 短期刚度 B_s ······················· (203)

  9.2.3 受弯构件的截面弯曲刚度 B ················ (206)

  9.2.4 受弯构件的变形验算 ···················· (207)

  9.2.5 减小挠度的主要措施 ···················· (208)

 9.3 钢筋混凝土构件裂缝宽度验算 ··················· (209)

  9.3.1 平均裂缝间距 ······················ (209)

  9.3.2 裂缝宽度 ························ (212)

 9.4 钢筋混凝土构件的截面延性 ···················· (216)

  9.4.1 延性的概念 ······················· (216)

  9.4.2 受弯构件的截面曲率延性系数 ················ (216)

  9.4.3 偏心受压构件截面曲率延性的分析 ·············· (218)

9.5 混凝土结构的耐久性 ·· (219)
   9.5.1 耐久性的概念与主要影响因素 ···································· (219)
   9.5.2 混凝土结构耐久性设计的主要内容 ································ (220)

第10章 预应力混凝土构件 ·· (223)

10.1 概述 ·· (223)
   10.1.1 预应力混凝土的基本概念 ·· (223)
   10.1.2 预应力混凝土结构的优点 ·· (224)
   10.1.3 预应力混凝土的分类 ·· (225)
   10.1.4 施加预应力的方法 ··· (226)
   10.1.5 预应力锚具 ·· (226)
   10.1.6 预应力混凝土材料 ··· (229)
   10.1.7 张拉控制应力 ·· (231)
   10.1.8 预应力损失 ·· (231)
   10.1.9 预应力损失值的组合 ·· (237)
   10.1.10 先张法预应力钢筋的传递长度 ·································· (237)
   10.1.11 后张法构件端部锚固区的局部承压验算 ························ (238)
10.2 预应力混凝土轴心受拉构件的计算 ····································· (241)
   10.2.1 轴心受拉构件各阶段的应力分析 ································· (242)
   10.2.2 预应力混凝土轴心受拉构件的计算与验算 ······················· (246)
   10.2.3 轴心受拉构件的设计计算实例 ··································· (248)
10.3 预应力混凝土受弯构件的设计计算 ····································· (252)
   10.3.1 预应力混凝土受弯构件各阶段的应力分析 ······················· (253)
   10.3.2 受弯构件使用阶段正截面承载力计算 ···························· (256)
   10.3.3 正常使用极限状态验算 ·· (257)
   10.3.4 受弯构件施工阶段验算 ·· (260)
10.4 部分预应力混凝土及无粘结预应力混凝土结构简述 ···················· (262)
   10.4.1 部分预应力混凝土的基本概念 ··································· (262)
   10.4.2 无粘结预应力混凝土结构简述 ··································· (262)
10.5 预应力混凝土构件的构造要求 ·· (263)
   10.5.1 截面形式和尺寸 ··· (263)
   10.5.2 非预应力纵向钢筋的布置 ·· (263)
   10.5.3 先张法构件的构造要求 ·· (264)
   10.5.4 后张法构件的构造要求 ·· (264)

附录 《混凝土结构设计规范》(GB 50010—2010)(2015年版)附表 ··· (268)

参考文献 ·· (278)

第 1 章

绪 论

★教学目标

本章要求掌握混凝土结构的一般概念及特点；了解混凝土结构在国内外土木工程的发展与应用情况；了解本课程的内容、要求和学习方法。

1.1 混凝土结构概述

1.1.1 混凝土结构的基本概念

以混凝土为主要材料制成的结构称为混凝土结构，包括素混凝土结构、钢筋混凝土结构和预应力混凝土结构等。素混凝土结构是指无筋或不配置受力钢筋的混凝土结构，常用于道路路面和一些非承重结构；钢筋混凝土结构是指配置受力的普通钢筋、钢筋网或钢筋骨架的混凝土结构；预应力混凝土结构是指配置受力的预应力钢筋，通过张拉或其他方法建立预加应力的混凝土结构。混凝土结构广泛应用于工业与民用建筑、桥梁、隧道、矿井以及水利、海港等工程。

由土木工程材料课程学习得知，混凝土凝结硬化后如同石料，可以认为是一种人造石材，具有抗压强度高，而抗拉强度低的特点。图 1.1（a）所示为一素混凝土梁在外荷载和梁自重作用下，梁截面中和轴以下受拉，以上受压。由于混凝土抗拉强度很低，在不大的外荷载作用下，梁下部受拉区边缘的混凝土即出现裂缝，而受拉区混凝土一旦开裂，裂缝迅速发展，梁会突然断开。素混凝土梁承受荷载的能力低，仅为开裂荷载，破坏前变形很小，没有预兆，破坏具有突然性，属于脆性破坏，工程中应避免。由此可见，素混凝土梁的承载力由混凝土的抗拉强度控制，而受压区混凝土的抗压强度远未被充分利用。

为避免上述情况，若在梁的受拉区布置适量的钢筋，如图 1.1（b）所示，由于钢筋具有很好的抗拉性能，当混凝土开裂后钢筋可以帮助混凝土承受拉力，梁并不破坏还可以继续承载，直至受拉钢筋应力达到屈服强度，随后截面受压区混凝土被压坏，这时梁才达到破坏状态。钢筋不但提高了梁的承载能力，而且提高了梁的变形能力，使得梁在破坏前有明显的预兆，属于延性破坏类型。由此可见，在钢筋混凝土梁中，钢筋与混凝土两种材料的强度都得到了较为充分的利用,此种梁的极限承载力和变形能力极大地超过同等条件的素混凝土梁。

混凝土的抗压强度高,常用于受压构件。但素混凝土柱的受压承载力及变形能力均很低,所以,在轴心受压柱中也配置纵向受压钢筋,与混凝土共同承受压力,如图1.1(c)所示,以提高柱的承载能力和变形能力,减小柱截面的尺寸,还可负担由于偶然因素引起的弯矩和拉应力。

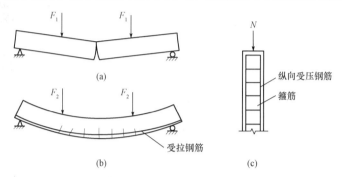

图1.1 简支梁与轴心受压柱示意

综上所述,根据构件受力状态配置受力钢筋形成钢筋混凝土构件,可以充分利用钢筋和混凝土各自的材料特点,将两者有机地结合在一起共同工作,从而提高构件的承载能力并改善其受力性能。在钢筋混凝土构件中,钢筋的作用是代替混凝土受拉(受拉区出现裂缝后)或协助混凝土受压。

为了提高混凝土结构的抗裂性,可在加载前用张拉钢筋的方法或其他方法使混凝土截面内产生预压应力,以全部或部分抵消荷载作用下的拉应力,即为预应力混凝土结构。

1.1.2 钢筋与混凝土共同工作的原因

钢筋与混凝土两种材料能够有效地结合在一起而共同工作,主要基于下述三个条件:

(1)钢筋与混凝土两种材料具有相近的温度线膨胀系数。钢材为$1.2 \times 10^{-5}/℃$,混凝土为$(1.0 \sim 1.5) \times 10^{-5}/℃$。所以,钢筋与混凝土之间不致因温度变化产生较大的相对变形而使粘结力遭到破坏。

(2)钢筋与混凝土之间存在较好的粘结力,使两者能结合在一起。在外荷载作用下,结构中的钢筋与混凝土协调变形,共同工作。因此,粘结力是这两种不同性质的材料能够共同工作的基础。

(3)钢筋埋置于混凝土中,混凝土对钢筋起到保护和固定作用,使钢筋不容易发生锈蚀,且使其受压时不易失稳,在遭受火灾时不致因钢筋很快软化而导致结构整体破坏。因此,在混凝土结构中,钢筋表面须留有一定厚度的混凝土作保护层,这是保持两者共同工作的必要措施。

1.1.3 混凝土结构的主要优缺点

钢筋混凝土结构除具有良好的共同工作性能外,还具有以下优点:

(1)就地取材。砂、石是混凝土的主要成分,均可就地取材。在工业废料(如矿渣、粉煤灰等)比较多的地方,也可利用工业废料制成人造集料用于混凝土结构。

(2)合理用材。钢筋混凝土结构合理地利用了钢筋和混凝土两种不同材料的受力性能,使混凝土和钢筋的强度得到了充分的发挥,特别是现代预应力混凝土应用以后,在更大的范围内取代钢结构,降低了工程造价。

(3) 可模性好。根据需要，可以较容易地浇筑成各种形状和尺寸的钢筋混凝土结构，这有利于建筑造型。

(4) 耐久性好。在混凝土结构中，钢筋受到混凝土包裹不易锈蚀，所以处于正常环境下的混凝土结构一般具有良好的耐久性。对处于侵蚀性环境下的混凝土结构，经过合理设计及采取有效措施后，一般可满足工程需要。

(5) 耐火性好。相对钢结构和木结构而言，钢筋混凝土结构具有较好的耐火性。在钢筋混凝土结构中，只要钢筋表面的混凝土保护层具有一定厚度，则在发生火灾时钢筋不会很快软化，可避免结构倒塌。

(6) 整体性好。现浇或装配整体式混凝土结构具有良好的整体性，从而结构的刚度及稳定性都比较好，有利于结构抗震、抵抗振动和爆炸冲击波。

混凝土结构除具有以上优点外，还存在以下主要缺点：

(1) 结构自重大，钢筋混凝土结构的重力密度一般为 25 kN/m³，由于钢筋混凝土结构截面尺寸大，所以对大跨度结构、高层抗震结构都是不利的。

(2) 抗裂性能差，混凝土抗拉强度很低，一般构件都有拉应力存在，配置钢筋以后虽然可以提高构件的承载力，但抗裂能力提高很少，因此，在使用阶段构件一般是带裂缝工作的，这对构件的刚度和耐久性都带来不利的影响。

(3) 费工费模，现浇的钢筋混凝土结构费工时较多，且施工受季节气候条件的限制。

(4) 模板耗费量大，若采用木模，则耗费大量的木材，增加造价。

(5) 混凝土结构施工工序复杂，周期较长，且受季节气候影响。

(6) 隔热、隔声性能也比较差。

(7) 正在使用的混凝土结构，如遇损伤则修复困难。

随着科学技术的不断发展，混凝土结构的缺点正在被逐渐克服或有所改进。如采用轻质、高强度混凝土及预应力混凝土，可减小结构自重并提高其抗裂性；采用可重复使用的钢模板会降低工程造价；采用预制装配式结构，可以改善混凝土结构的制作条件，少受或不受气候条件的影响，并能提高工程质量及加快施工进度等。

1.2 混凝土结构的发展及应用

1.2.1 混凝土结构的发展概况

1824 年波特兰水泥问世，此后大约在 19 世纪 50 年代，钢筋混凝土开始被用来建造各种简单的构件。目前，钢筋混凝土结构和预应力混凝土结构已应用到土木工程的各领域，成了一种主要的工程结构形式。混凝土结构的应用大致可划分为四个阶段。

1850—1920 年为第一阶段，此时由于钢筋和混凝土的强度都很低，仅能建造一些小型的梁、板、柱、基础等构件，钢筋混凝土本身的计算理论尚未建立，按弹性理论进行结构设计。1920—1950 年为第二阶段，这时已建成各种空间结构，如薄壳、折板。第二次世界大战后，重建任务繁重，钢筋混凝土结构工业化施工方法加快发展，预制构件开始应用，并发明了预应力混凝土，开始按破损阶段进行构件设计。1950—1980 年为第三阶段，由于材料强度的提高，混凝土的应用范围进一步扩大，混凝土单层房屋和桥梁结构的跨度不断增大，混凝土高层建筑的高度已达

262 m；各种现代化施工方法普遍采用，同时广泛采用预制构件，结构构件设计已过渡到按极限状态的设计方法。

大约从1980年起，混凝土结构的发展进入第四阶段。尤其是近年来，随着高性能、高强度混凝土应用，混凝土结构的应用不断扩大，目前，C50~C80级混凝土甚至更高强度等级混凝土的应用已较普遍。大模板现浇和大板等工业化体系进一步发展，高层建筑新结构体系有较多的应用。振动台试验、拟动力试验和风洞试验较普遍地开展。计算机辅助设计和绘图的程序化，改进了设计方法并提高了设计质量，同时减少了设计工作量。非线性有限元分析方法的广泛应用，推动了混凝土强度理论和本构关系的深入研究，并形成了"近代混凝土力学"这一分支学科。结构构件的设计已采用以概率理论为基础的极限状态设计方法。

1.2.2　混凝土结构的工程应用概况

混凝土结构与钢、木和砌体结构相比，由于它在物理力学性能、材料来源以及工程造价等方面有许多优点，所以发展速度很快，应用也最广泛。

房屋建筑中的住宅和公共建筑，广泛采用钢筋混凝土楼盖和屋盖。单层厂房很多采用钢筋混凝土柱、基础，以及钢筋混凝土或预应力混凝土屋架与薄腹梁等。高层建筑混凝土结构体系的应用十分广泛。2010年阿联酋迪拜建成的哈利法塔，高达828 m，其中600 m以下为钢筋混凝土结构，600 m以上为钢结构，为当前世界上的最高建筑。高632 m的上海中心大厦和600 m的深圳平安金融中心，均为钢-混凝土混合结构。

桥梁工程中的中小跨度桥梁绝大部分采用混凝土结构建造，大跨度桥梁也有很多采用混凝土结构建造。如1991年建成的挪威斯堪桑德预应力斜拉桥，跨度达530 m；重庆长江二桥为预应力混凝土斜拉桥，跨度达444 m；虎门大桥中的辅航道桥为预应力混凝土刚架公路桥，跨度达270 m；攀枝花预应力混凝土铁路刚架桥，跨度为168 m。混凝土拱桥应用也较多。如沪昆高铁北盘江特大桥全长为721.25 m，为上承式劲性骨架钢筋混凝土拱桥，拱桥跨度为445 m；跨长为420 m的四川万县长江大桥，为钢管混凝土和型钢骨架组成的上承式拱桥。跨度超过500 m的大跨度桥梁多采用钢悬索或钢斜拉索，但常与混凝土结构混合建造而成。如2012年建成的俄罗斯岛大桥，主桥为斜拉桥，主跨达1 104 m，桥塔为高320 m的混凝土结构；苏通长江公路大桥的主桥为双塔双索面钢箱梁斜拉桥，其跨度达1 088 m，混凝土结构的桥塔高为300.4 m。

隧道及地下工程多采用混凝土结构建造。瑞士新圣哥达隧道，全长为57.6 km，为世界上最长的铁路隧道。截至2015年年底，我国在建铁路隧道3 784座，总长为8 692 km，我国大陆运营公路隧道14 006座，总长为12 684 km。目前我国最长的公路隧道为单向长18.02 km、双向总长36.04 km的秦岭终南山隧道。截至2015年年底，我国大陆已有22个城市开通了地铁，拥有97条运营线路，总里程2 934 km，在建126条线路，总里程3 000多km。特别突出的是路线总长约为56 km的港珠澳大桥，其海底隧道是我国第一条外海沉管隧道，全长为5.664 km，也是世界上最长的公路沉管隧道和唯一的深埋沉管隧道。另外，我国许多城市建有地下商业街、地下停车场、地下仓库、地下工厂、地下旅店等。

水利工程中的水电站、拦洪坝、引水渡槽、污水排灌管等均采用钢筋混凝土结构。世界上主要的重力坝有瑞士的大狄桑坝，高285 m，俄罗斯的萨杨苏申克坝，高245 m。我国于1989年建成的青海龙羊峡大坝，高178 m；2002年完工的四川二滩水电站拱坝高242 m；贵州乌江渡拱形重力坝高165 m；黄河小浪底水利枢纽，主坝高154 m。我国的三峡水利枢纽，水电站主坝高185 m，为世界上最大的混凝土重力坝，混凝土浇筑量达1 600多万 m^3。另外，举世瞩目的南水北调大型水利工程，沿线建造了很多预应力混凝土渡槽。如沙河渡槽全长11.938 km，为亚洲最大的渡槽。

特种结构中的烟囱、水塔、筒仓、储水池、电视塔、核电站反应堆安全壳、近海采油平台等也有很多采用混凝土结构建造。如1989年建成的挪威北海混凝土近海采油平台，水深216 m；加拿大多伦多的预应力混凝土电视塔高达549 m，是具有代表性的预应力混凝土构筑物；上海东方明珠电视塔，高415.2 m，主体为混凝土结构；2009年建成的广州电视塔，总高度610 m，其中主塔450 m，发射天线桅杆160 m；瑞典建成容积为10 000 m³的顶应力混凝土水塔；我国山西云冈建成两座容量为6万t的预应力混凝土煤仓等。

随着高强度钢筋、高强高性能混凝土（强度达到100 MPa）以及高性能外加剂和混合材料的研制使用，高强高性能混凝土的应用范围不断扩大，例如，超耐久性混凝土的耐久年限可达500年；耐热混凝土可耐1 800 ℃的高温；钢纤维混凝土和聚合物混凝土的研究和应用有了很大发展；轻质混凝土、加气混凝土、陶粒混凝土以及利用工业废渣的"绿色混凝土"不但改善了混凝土的性能，而且对节能和保护环境具有重要的意义。另外，防射线、耐磨、耐腐蚀、防渗透、保温等特殊需要的混凝土以及智能型混凝土与其结构也正在研究中。

我国是采用混凝土结构最多的国家之一，在多层住宅中广泛采用"混凝土—砌体"的混合结构，在高层建筑和多层框架中大多采用混凝土结构，在大跨度的公共建筑和工业建筑中也广泛采用混凝土结构，电视塔、水塔、水池、冷却塔、烟囱、储罐、筒仓等构筑物中也普遍采用了钢筋混凝土和预应力混凝土结构。另外，我国在铁路、公路、城市的立交桥、高架桥、地铁隧道以及水利港口等交通工程中用钢筋混凝土建造的水闸、水电站、船坞和码头已是星罗棋布。混凝土结构的应用范围也在不断地扩大，随着我国经济建设的快速发展，混凝土结构的应用已从工业与民用建筑、交通设施、水利水电建筑和基础工程扩大到近海工程、海底建筑、地下工程、核电站安全壳等领域。

1.2.3 混凝土结构计算理论的发展概况

混凝土结构计算理论在不断发展中，经历了早期以弹性理论为基础的容许应力设计方法、按破损阶段计算结构承载力的设计方法、按极限状态计算结构承载力的设计方法。到目前为止，许多国家采用以概率理论为基础的极限状态设计方法。

作为反映我国混凝土结构学科水平的混凝土结构设计规范，也随着我国工程建设经验的积累、科研工作的成果以及世界范围内技术的进步而不断改进。中华人民共和国成立初期，东北地区首先颁布了《建筑物结构设计暂行标准》，我国在1955年又制定了《钢筋混凝土结构设计暂行规范》（规结6—55），采用了当时苏联规范中的按破损阶段计算结构承载力的设计方法，1966年颁布了《钢筋混凝土结构设计规范》（GBJ 21—1966），采用了当时较为先进的以多系数表达的极限状态设计方法。在总结工程经验和科学研究成果的基础上，1974年编制了《钢筋混凝土结构设计规范》（TJ 10—1974），采用了多系数分析、单一系数表达的极限状态设计方法。

20世纪70年代，为了解决各类材料的建筑结构可靠度的合理和统一问题，我国组织有关高校和科研、设计单位对荷载、材料性能及构件几何尺寸等设计基本变量进行了大量实测统计，并认真借鉴国外的先进经验，于1984年颁布了《建筑结构设计统一标准》（GBJ 68—1984），规定了我国各种建筑结构设计规范均统一采用以概率理论为基础的极限状态设计方法，从而把我国结构可靠度设计方法提高到国际水平。在此基础上我国对《钢筋混凝土结构设计规范》（TJ 10—1974）进行了全面系统的修订，又颁布了《钢筋混凝土结构设计规范》（GBJ 10—1989）。20世纪90年代末，为适应混凝土结构的发展和新技术、新材料的应用，我国又对《钢筋混凝土结构设计规范》（GBJ 10—1989）进行了系统修订，颁布了《混凝土结构设计规范》（GB 50010—2002），并明确了工程设计人员必须遵守的强制性条文。

进入21世纪，有关高校、科研设计单位和建设单位对《混凝土结构设计规范》（GB 50010—2002）进行了全面修订，并颁布了《混凝土结构设计规范》（GB 50010—2010），此规范从原来以构件设计为主适当扩展到整体结构的设计，增加了结构设计方案、结构抗倒塌设计和既有结构设计的内容，完善了耐久性设计方法。在材料方面将混凝土强度等级提高为C20～C80，混凝土结构中的非预应力钢筋以400 MPa级和500 MPa级作为主导钢筋，预应力钢筋以钢绞线和高强度钢丝作为主导预应力钢筋。另外，还对结构和构件极限状态设计方法、各类构件的构造措施等进行了修订、补充和完善。

2015年，由中国建筑科学研究院会同有关单位对《混凝土结构设计规范》（GB 50010—2010）进行了局部修订，形成了2015年版，此次修订补充了结构方案、结构防连续倒塌、既有结构设计和无粘结预应力设计的原则规定；修改了正常使用极限状态验算的有关规定；增加了500 MPa级带肋钢筋，以300 MPa级光圆钢筋取代了235 MPa级光圆钢筋；补充了复合受力构件设计的相关规定，修改了受剪、受冲切承载力计算公式；调整了钢筋的保护层厚度、钢筋锚固长度和纵向受力钢筋最小配筋率的有关规定；补充、修改了柱双向受剪、连梁和剪力墙边缘构件的抗震设计相关规定；补充、修改了预应力混凝土构件及板柱节点抗震设计的相关要求。本书将依据《混凝土结构设计规范》（GB 50010—2010）（2015年版）（以下简称《混凝土结构设计规范》）介绍混凝土材料性能、混凝土结构设计原则、混凝土结构计算原理与构造规定等内容。

1.3 本课程的主要内容和特点

1.3.1 本课程的主要内容

混凝土结构课程通常按内容可分为"混凝土结构基本原理"和"混凝土结构设计"两部分。前者主要讲述各种混凝土结构基本构件的受力性能、截面计算和构造等基本理论，属于专业基础课内容；后者主要讲述梁板结构、单层厂房、多层和高层房屋、公路桥梁等的结构设计，属于专业课内容。通过混凝土结构基本原理课程的学习，学生掌握混凝土结构学科的基本理论和基本知识，为继续学习"混凝土结构设计"专业课、毕业设计以及毕业后在混凝土结构学科领域继续学习提供坚实的基础。

混凝土结构基本构件按其受力状态可分为以下几类：

（1）受弯构件，如梁、板等。此类构件的截面上主要作用有弯矩，故称为受弯构件。与此同时，构件截面上也有剪力存在。

（2）受压构件，如柱、墙等。此类构件以承受轴向应力为主。当压力沿构件纵轴作用在构件截面上时，则为轴心受压构件；如果压力在截面上不是沿纵轴作用或截面上同时有压力和弯矩作用时，则为偏心受压构件。柱、墙、拱等构件一般为偏心受压且还有剪力作用。所以，受压构件截面上一般作用有弯矩、轴力和剪力。

（3）受拉构件，如屋架下弦杆、拉杆拱中的拉杆等，通常按轴心受拉构件（忽略构件自身重力影响）考虑。又如层数较多的框架结构，在竖向荷载和水平荷载共同作用下，有的柱截面上除产生剪力和弯矩外，还可能出现拉力，则为偏心受拉构件。

（4）受扭构件，如雨篷梁、曲梁、框架结构的边梁等。这类构件的截面上除产生弯矩和剪力外，还会产生扭矩。因此，对这类结构构件应考虑扭矩的作用。

在混凝土结构设计中，首先根据结构使用功能要求及考虑经济、施工等条件，选择合理的结构方案，进行结构布置并确定结构计算简图等；然后根据结构上所作用的荷载及其他作用，对结构进行内力分析，求出构件截面内力（包括弯矩、剪力、轴力、扭矩等）。在此基础上，对组成结构的各类构件分别进行截面设计，即确定构件截面所需的钢筋数量、配筋方式并采取必要的构造措施。关于确定结构方案、进行结构内力分析等内容，将在混凝土结构设计、桥梁工程、地下工程等专业课中讲述。

本课程主要涉及上述混凝土结构基本构件的受力性能、承载力和变形计算以及配筋构造等。这些内容是土木工程混凝土结构中的共性问题，属于混凝土结构的基本理论，因此，本课程为土木工程专业的必修专业基础课程。

1.3.2 本课程的特点

"混凝土结构基本原理"相当于钢筋混凝土及预应力混凝土的材料力学。但是，钢筋混凝土是由非线性的且拉压强度相差悬殊的混凝土和钢筋组合而成，受力性能复杂，因而本课程有不同于一般材料力学的一些特点。

（1）混凝土结构是由钢筋和混凝土两种材料组成的，钢筋混凝土材料与弹性力学中的刚性材料及材料力学中的理想弹性材料或理想弹塑性材料有较大区别。为了对混凝土结构的受力性能与破坏特征有较好的了解，对钢筋与混凝土的力学性能要很好地加以掌握。

（2）混凝土结构在裂缝出现以后，特别是在破坏阶段，其受力和变形状态与理想弹性材料有显著不同。另外，混凝土结构的受力性能还与结构的受力状态、配筋方式和配筋数量等多种因素有关，暂时还难以用一种简单的数学、力学模型来描述。混凝土结构构件的计算方法以试验研究为基础，通过试验确定钢筋和混凝土材料的力学性能指标，根据一定数量的构件受力性能试验，研究其破坏机理和受力性能，建立物理和数学模型，并根据试验数据拟合出半理论半经验公式。因此，学习时一定要深刻理解构件的破坏机理和受力性能，特别要注意构件计算公式的适用条件和应用范围。

（3）混凝土结构需要满足安全、适用、经济以及施工方便等多方面的要求。这些要求一方面可通过分析计算来满足；另一方面还应通过各种构造等来保证。这些构造措施或是计算模型误差的修正，或是试验研究的成果，或是长期工程实践经验的总结，它们与分析计算一样同为本学科重要的组成部分。学生对构造规定应予以重视，学习这些构造要求时，应着眼于理解，并通过反复应用来掌握。

（4）本课程的内容多、符号多、计算公式多、构造规定也多，学习时可遵循教学大纲的要求，贯彻"少而精"的原则，突出重点内容的学习。例如，第4章"受弯构件正截面承载力的计算"和第5章"受弯构件斜截面承载力的计算"是重点内容，掌握好这些章节内容，将为其他各章的学习奠定良好的基础。

（5）本课程具有较强实践性，混凝土结构设计应遵循我国有关的设计规范和标准。本课程的内容主要与《混凝土结构设计规范》《工程结构可靠性设计统一标准》（GB 50153—2008）（以下简称《工程结构可靠性设计统一标准》），《建筑结构荷载规范》（GB 50009—2012）（以下简称《建筑结构荷载规范》）等有关。这些标准和规范是我国在一定时期内理论研究成果和实际工程经验的总结，只有正确理解规范条文的概念和实质，才能正确地应用规范条文及其相应公式，充分发挥设计者的主动性以及分析和解决问题的能力。但是也要注意到，混凝土结构是一门不断发展的学科，要用不断发展的观点看待设计规范。在学习和运用规范的过程中，也要善于发现问题，灵活运用，并且要勇于进行探索与创新。

思考题

1.1 试分析素混凝土构件与钢筋混凝土构件在承载力和受力性能方面的差异。钢筋与混凝土共同工作的基础是什么?

1.2 混凝土结构有哪些优点和缺点?如何克服这些缺点?

1.3 简述混凝土结构的应用和发展概况。

1.4 本课程主要包括哪些内容?学习时应注意哪些问题?

第 2 章

混凝土结构材料的物理力学性能

★教学目标

本章要求熟悉钢筋的种类和级别；掌握钢筋的应力—应变曲线特性及数学模型；了解钢筋在重复荷载下的疲劳性能；掌握混凝土的立方体强度、轴心抗压强度、轴心抗拉强度及相互间的关系；掌握单轴受压下混凝土的应力—应变全曲线及数学模型；熟悉混凝土弹性模量、变形模量的概念；了解重复荷载下混凝土的疲劳性能以及复合应力状态下混凝土强度的概念；熟悉混凝土徐变、收缩与膨胀的概念；理解混凝土结构对钢筋性能的要求。

2.1 钢 筋

2.1.1 钢筋的种类和级别

钢筋种类很多，通常可按化学成分、生产工艺、轧制外形、供应形式、直径大小，以及在结构中的用途进行分类。

混凝土结构中使用钢筋按化学成分可分为碳素钢和普通低合金钢两大类。碳素钢除含有铁元素外，还含有少量的碳、硅、锰、硫、磷等元素。根据含碳量的多少，碳素钢又可分为低碳钢（含碳量小于 0.25%）、中碳钢（含碳量为 0.25% ~ 0.6%）和高碳钢（含碳量为 0.6% ~ 1.4%），含碳量越高，钢筋的强度越高，但塑性和可焊性越低。普通低合金钢除含有碳素钢已有的成分外，还有一定量的硅、锰、钒、钛、铬等合金元素，这样，既可以有效地提高强度，又可以保持较好的塑性。由于我国钢材的用量很大，为了节约低合金资源，冶金行业研制开发出细晶粒钢筋，这种钢筋不需要添加或只需添加很少的合金元素，通过冷拔冷轧的方法，使钢筋组织晶粒细化，既能提高钢筋强度，又能同时提高韧性和塑性。

按照钢筋的生产加工工艺和力学性能不同，用于钢筋混凝土结构和预应力混凝土结构中的钢筋或钢丝可分为热轧钢筋、中强度预应力钢丝、消除应力钢丝、钢绞线和预应力螺纹钢筋等。其中，用于钢筋混凝土结构中的国产普通钢筋为热轧钢筋，中强度预应力钢丝、消除应力钢丝、钢绞线和预应力螺纹钢筋为预应力钢筋。这里仅介绍热轧钢筋，预应力钢筋将在第 10 章中介绍。

热轧钢筋是由低碳钢、普通低合金钢或细晶粒钢在高温状态下轧制而成,有明显的屈服点和流幅,断裂时有"颈缩"现象,伸长率比较大。国产普通钢筋按其屈服强度标准值高低,分为4个强度等级,即300 MPa、335 MPa、400 MPa和500 MPa。

国产普通钢筋有7个牌号,具体为HPB300级(符号Φ)、HRB335级(符号Φ)、HRB400级(符号Φ)、HRBF400级(符号$Φ^F$)、RRB400级(符号$Φ^R$)、HRB500级(符号Φ)和HRBF500级(符号$Φ^F$)。其中,HPB300级为光圆钢筋,HRB335级、HRB400级和HRB500级为普通低合金热轧月牙纹变形钢筋。HRBF400级和HRBF500级为细晶粒热轧月牙纹变形钢筋。RRB400级为余热处理月牙纹变形钢筋,余热处理钢筋是由轧制的钢筋经高温淬水、余热回温处理后得到的,其强度提高,价格相对较低,但可焊性、机械连接性能及施工适应性稍差,可在对延性及加工性能要求不高的构件中使用,如基础、大体积混凝土、跨度及荷载不大的楼板、墙体。常用钢筋的外形如图2.1所示。

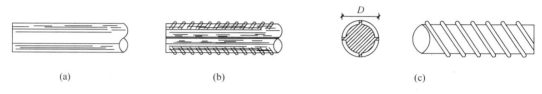

图 2.1 常用钢筋的外形
(a)光圆钢筋;(b)月牙纹钢筋;(c)螺旋肋钢筋

国产普通钢筋的强度标准值和设计值,见附表9和附表11。

纵向受力普通钢筋可采用HRB400、HRB500、HRBF400、HRBF500、HRB335、RRB400、HPB300级钢筋;梁、柱和斜撑构件的纵向受力普通钢筋宜采用HRB400、HRB500、HRBF400、HRBF500级钢筋;箍筋宜采用HRB400、HRBF400、HRB335、HPB300、HRB500、HRBF500级钢筋。当HRB500、HRBF500级钢筋用作箍筋时,只能用于约束混凝土的间接钢筋,即螺旋箍筋或焊接环筋。

细晶粒系列HRBF钢筋、HRB500和余热处理钢筋RRB400都不能用作承受疲劳作用的钢筋,这时宜采用HRB400级钢筋。

2.1.2 钢筋强度和变形

1. 钢筋的应力—应变关系

钢筋的强度与变形可通过拉伸试验曲线 σ-ε 关系说明,根据钢筋单调受拉时应力—应变关系特点的不同,钢筋可分为有明显屈服点钢筋和无明显屈服点钢筋两种,习惯上也分别称为软钢和硬钢。一般热轧钢筋属于有明显屈服点的钢筋,而高强钢丝等多属于无明显屈服点的钢筋。

(1)有明显屈服点的钢筋。图2.2所示为有明显屈服点的典型拉伸应力—应变关系曲线(σ-ε 曲线)。从图中可以看出,有明显屈服点钢筋的工作特性可划分为以下几个阶段:

①弹性阶段。a 点称为弹性极限,在应力未达到 a 点之前,随着钢筋应力的增加,钢筋应变也增加,如果在这个阶段卸载,应变中的绝大部分恢复,图中的 a' 点称为比例极限,通常 a' 与 a 点很接近,oa' 段应力—应变曲线为直线,应力和应变成正比。

②屈服阶段。b 点称为屈服上限,当应力超过 b 点后,钢筋即进入塑性阶段,随之应力下降到 c 点(称为屈服下限),c 点以后钢筋开始塑性流动,应力不变而应变增加很快,曲线为一水平段,称为屈服台阶。屈服上限不太稳定,受加载速度、钢筋截面形式和表面粗糙度的影响而波

动，屈服下限则比较稳定，通常以屈服下限 c 点的应力作为屈服强度。

③强化阶段。当钢筋的屈服塑性流动到达 f 点以后，随着应变的增加，应力又继续增大，至 d 点时应力达到最大值，d 点的应力称为钢筋的极限抗拉强度，fd 段称为强化段。

④颈缩阶段。d 点以后，在试件的薄弱位置出现颈缩现象，变形增加迅速，钢筋断面缩小，应力降低，直至 e 点被拉断。e 点相对应的钢筋平均应变 δ 称为钢筋的延伸率。

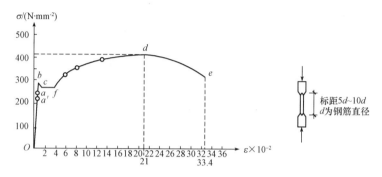

图 2.2　有明显屈服点钢筋的应力—应变曲线

从图 2.2 的 σ-ε 关系曲线中可以得出三个重要参数：屈服强度 σ_s、极限强度 σ_b 和延伸率 δ。在钢筋混凝土构件设计计算时，对有明显屈服点的钢筋，一般取屈服强度 σ_s 作为钢筋强度的设计依据，这是因为钢筋应力达到屈服后将产生很大的塑性变形，卸载后塑性变形不可恢复，使钢筋混凝土构件产生很大变形和不可闭合的裂缝。设计上一般不用极限强度 σ_b 这一指标，但该指标可度量钢筋的强度储备能力。钢筋的强屈比（极限抗拉强度与屈服强度的比值）表示结构的可靠性潜力，在抗震设计中考虑到结构中的受拉钢筋可能进入强化阶段，要求强屈比不小于 1.25。延伸率 δ 反映了钢筋拉断前的变形能力，它是衡量钢筋塑性的一个重要指标，延伸率 δ 大的钢筋在拉断前变形明显，构件破坏前有足够的预兆，属于延性破坏；延伸率 δ 小的钢筋拉断前没有预兆，属于脆性破坏。

（2）无明显屈服点钢筋。无明显屈服点的拉伸钢筋 σ-ε 曲线如图 2.3 所示。当应力很小时，具有理想弹性性质；应力超过 $\sigma_{0.2}$ 之后钢筋表现出明显的塑性性质，直到材料破坏时曲线上没有明显的屈服点，破坏时它的塑性变形比有明显屈服点钢筋的塑性变形要小得多。对无明显屈服点钢筋，在设计时一般取残余应变的 0.2% 相对应的应力 $\sigma_{0.2}$ 不易测定，故极限抗拉强度就作为检验无明显屈服点钢筋的唯一强度指标，根据试验结果，$\sigma_{0.2}$ 为极限抗拉强度的 80%~90%。《混凝土结构设计规范》规定对无明显屈服点的钢筋如预应力钢丝、钢绞线等，条件屈服强度取极限抗拉强度的 85%。

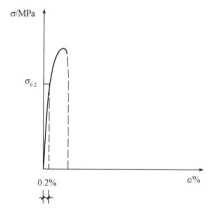

图 2.3　无明显屈服点钢筋的 σ-ε 曲线

有明显屈服点钢筋受压性能通常是用短粗钢筋试件在试验机上测定的。应力未超过屈服强度以前应力—应变关系与受拉时基本相重合，屈服强度与受拉时基本相同。在达到屈服强度后，受压钢筋也将在压应力不增长情况下产生明显的塑性压缩，然后进入强化阶段。这时试件将越压越短并产生明显的横向膨胀，试件被压得很扁也不会发生材料破坏，因此很难测得极限抗压强度。所以，一般只做拉伸试验而不做压缩试验。

2. 钢筋单调加载的应力—应变关系的数学模型

为了便于结构设计和进行理论分析，需对 σ-ε 曲线加以适当简化，对不同性能的钢筋建立与拉伸试验应力—应变关系尽量吻合的模型曲线。《混凝土结构设计规范》建议的钢筋单调加载的应力—应变本构关系曲线如图 2.4 所示。

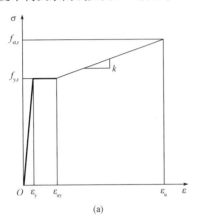 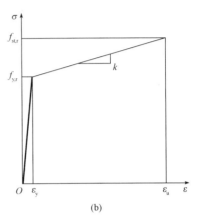

(a) (b)

图 2.4 钢筋单调受拉应力—应变曲线
(a) 有屈服点的钢筋；(b) 无屈服点的钢筋

(1) 有屈服点的钢筋。

$$\sigma_s = \begin{cases} E_s \varepsilon_s & \varepsilon_s \leqslant \varepsilon_y \\ f_{y,r} & \varepsilon_y < \varepsilon_s \leqslant \varepsilon_{uy} \\ f_{y,r} + k(\varepsilon_s - \varepsilon_{uy}) & \varepsilon_{uy} < \varepsilon_s \leqslant \varepsilon_u \\ 0 & \varepsilon_s > \varepsilon_u \end{cases} \quad (2.1)$$

(2) 无屈服点的钢筋。

$$\sigma_p = \begin{cases} E_s \varepsilon_s & \varepsilon_s \leqslant \varepsilon_y \\ f_{y,r} + k(\varepsilon_s - \varepsilon_y) & \varepsilon_y < \varepsilon_s \leqslant \varepsilon_u \\ 0 & \varepsilon_s > \varepsilon_u \end{cases} \quad (2.2)$$

式中 E_s——钢筋的弹性模量；
σ_s——钢筋应力；
ε_s——钢筋应变；
$f_{y,r}$——钢筋的屈服强度代表值，其值可根据实际结构分析需要分别取 f_y、f_{yk} 或 f_{ym}；
$f_{st,r}$——钢筋极限强度代表值，其值可根据实际结构分析需要分别取 f_{st}、f_{stk} 或 f_{stm}；
ε_y——与 $f_{y,r}$ 相应的屈服应变，可取 $f_{y,r}/E_s$；
ε_{uy}——钢筋硬化起点应变；
ε_u——与 $f_{st,r}$ 相应的钢筋峰值应变；
k——钢筋硬化段斜率，$k = (f_{st,r} - f_{y,r})/(\varepsilon_u - \varepsilon_{uy})$。

3. 钢筋的塑性指标

钢筋的伸长率和冷弯性能是衡量钢筋塑性性能的两个指标。

伸长率是反映钢筋塑性性能的一个指标。伸长率大的钢筋塑性性能好，拉断前有明显预兆；

伸长率小的钢筋塑性性能较差,其破坏突然发生,呈脆性特征。

钢筋拉断后的伸长值与原长的比称为钢筋的断后伸长率(习惯上称为伸长率),伸长率仅能反映钢筋拉断时残余变形的大小,为此,国际上已采用钢筋最大力下的总伸长率(均匀伸长率)δ_{gt}来表示钢筋的变形能力。

钢筋在达到最大应力时的变形包括塑性变形和弹性变形两部分(见图2.5),故总伸长率(均匀伸长率)δ_{gt}按下式计算:

$$\delta_{gt} = \left(\frac{L - L_0}{L_0} + \frac{\sigma_b}{E_s} \right) \times 100\% \tag{2.3}$$

式中 L——试验前的原始标距(不包含颈缩区);
L_0——试验后量测标记之间的距离;
σ_b——钢筋的最大拉应力(极限抗拉强度);
E_s——钢筋的弹性模量。

普通钢筋及预应力钢筋在最大力下的总伸长率δ_{gt}应满足限值规定,具体见附表13。

钢筋的冷弯性能是检验钢筋韧性、内部质量和加工可适性的有效方法。将直径为d的钢筋绕直径为D的弯芯进行弯折(见图2.6),在达到规定冷弯角度α时,钢筋不发生裂纹、断裂或起层现象。冷弯性能也是评价钢筋塑性的指标,弯芯的直径D越小,弯折角α越大,说明钢筋的塑性越好。对在混凝土结构中的热轧钢筋和预应力钢筋的具体性能要求见国家有关标准。

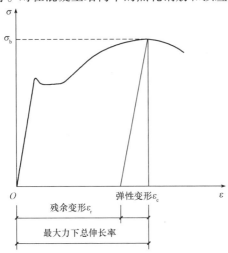

图 2.5 钢筋最大力下的总伸长率

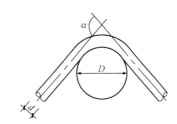

图 2.6 钢筋的冷弯

2.1.3 钢筋的疲劳

许多工程结构如吊车梁、铁路或公路桥梁、铁路轨枕、海洋采油平台等在使用过程中都承受着重复荷载作用。在频繁的重复荷载作用下,构件材料抵抗破坏的情况与一次受力时有着本质的区别,需要分析和研究材料的疲劳性能。

钢筋的疲劳是指钢筋在承受重复、周期性的动荷载作用下,经过一定次数后,钢材发生脆性的突然断裂破坏,而不是单调加载时的塑性破坏。此时钢筋的最大应力低于静荷载作用下钢筋的极限强度。钢筋的疲劳强度是指在某一规定的应力幅内,经受一定次数(我国规定为200万次)循环荷载后发生疲劳破坏的最大应力值。

钢筋的疲劳试验有两种方法:一种是直接进行单根原状钢筋轴拉试验;另一种是将钢筋埋

入混凝土中使其重复受拉或受弯的试验。我国采用直接做单根钢筋轴拉试验的方法。试验表明，钢筋的疲劳强度与一次循环应力中最大应力 σ_{max}^f 和最小应力 σ_{min}^f 的差值有关，$\Delta\rho^f = \sigma_{max}^f - \sigma_{min}^f$ 称为疲劳应力幅。

影响钢筋疲劳强度的因素很多，如疲劳应力幅、最小应力值的大小、钢筋外表面几何形状、钢筋直径、钢筋强度和试验方法等。通常认为，在外力作用下钢筋发生疲劳断裂是由于钢筋内部和外表面的缺陷引起应力集中，钢筋中晶粒发生滑移，产生疲劳裂纹，最后断裂。《混凝土结构设计规范》规定了不同等级钢筋的疲劳应力幅度限值 Δf_y^f（见附表15），并规定 Δf_y^f 与截面同一层钢筋最小应力与最大应力的比值 $\rho_s^f = \sigma_{min}^f / \sigma_{max}^f$ 有关，ρ_s^f 称为疲劳应力比值。预应力钢筋的疲劳应力副限值按其疲劳应力比值 ρ_p^f 确定（见附表16），对预应力钢筋，当 $\rho_p^f \geq 0.9$ 时，可不进行疲劳强度验算。

2.1.4 混凝土结构对钢筋性能的要求

（1）强度。钢筋的强度是指钢筋的屈服强度及极限抗拉强度，其中钢筋的屈服强度（对无明显屈服点的钢筋取条件屈服强度）是设计计算时的主要依据。采用高强度钢筋可以节约钢材，减少资源和能源的消耗，从而取得良好的社会效益和经济效益。在钢筋混凝土结构中推广应用500 MPa级或400 MPa级强度高、延性好的热轧钢筋，在预应力混凝土结构中推广应用高强度预应力钢丝、钢绞线和预应力螺纹钢筋，限制并逐步淘汰强度较低、延性较差的钢筋，符合我国可持续发展的要求，是今后混凝土结构的发展方向。

（2）塑性。塑性是指钢筋在受力过程中的变形能力，混凝土结构要求钢筋在断裂前有足够的变形，使结构在将要破坏前有明显的预兆。在工程设计中，要求混凝土结构承载能力极限状态为具有明显预兆的塑性破坏，避免脆性破坏，抗震结构则要求有足够的延性，这就要求其中的钢筋具有足够的塑性。另外，在施工时钢筋要弯转成型，因而应具有一定的冷弯性能。钢筋的伸长率和冷弯性能是施工单位验收钢筋是否合格的主要指标。

（3）可焊性。可焊性是评定钢筋焊接后接头性能的指标。在一定的工艺条件下，钢筋焊接后不应产生裂纹及过大的变形，保证焊接后的接头性能良好。

（4）钢筋与混凝土的粘结力。钢筋与混凝土的粘结力是保证钢筋混凝土构件在使用过程中钢筋和混凝土能共同工作的主要原因。钢筋的表面形状及粗糙程度是影响粘结力的重要因素，变形钢筋与混凝土的粘结性能最好，在设计中宜优先选用变形钢筋。

（5）机械连接性能。钢筋间宜采用机械接头，例如，我国工地上大多采用直螺纹套筒连接，这就要求钢筋具有较好的机械连接性能，以方便在施工过程中在钢筋端头轧制螺纹。

（6）施工适应性。在施工过程中能较为方便地对钢筋进行加工和安装。

另外，在寒冷地区，为了避免钢筋发生低温冷脆破坏，对钢筋的低温性能也有一定要求。

2.2 混 凝 土

2.2.1 混凝土的组成结构

混凝土是由水泥、水、砂（细集料）、石材（粗集料）以及外加剂等原材料经搅拌后入模浇筑，经养护硬化形成的人工石材。混凝土各组成成分的数量比例、水泥的强度、集料的性质以及水与水泥胶凝材料的比例（水胶比）对混凝土的强度和变形有着重要的影响。另外，在很大程度上，混凝土的性能还取决于搅拌质量、浇筑的密实性和养护条件。

混凝土在凝结硬化过程中，水化反应形成的水泥结晶体和水泥凝胶体组成的水泥胶块把砂、石集料粘结在一起。水泥晶体和砂、石集料组成了混凝土中错综复杂的弹性骨架，主要依靠它来承受外力，并使混凝土具有弹性变形的特点。水泥凝胶体是混凝土产生塑性变形的根源，并起到调整和扩散混凝土应力的作用。

在混凝土凝结初期，由于水泥胶块的收缩、泌水、集料下沉等，在粗集料与水泥胶块的接触面上以及水泥胶块内部将形成微裂缝，也称粘结裂缝，它是混凝土内最薄弱的环节。混凝土在受荷前存在的微裂缝在荷载作用下将继续发展，这对混凝土的强度和变形将产生重要的影响。

2.2.2 混凝土的强度

混凝土的强度是指抵抗外力产生的某种应力的能力，即混凝土材料达到破坏或破裂极限状态时所能承受的应力。混凝土的强度不仅与其材料组成等因素有关，而且与其受力状态有关。

在实际工程中，单向受力构件是极少见的，混凝土构件一般均处于复合应力状态，但是单轴受力状态下混凝土的强度是复合应力状态下强度的基础和主要参数。

混凝土试件的大小和形状、试验方法与加荷速率等因素都会影响混凝土强度的试验结果，各国对各种单轴受力下的混凝土强度都规定了统一的标准试验方法。

1. 混凝土的抗压强度

（1）立方体抗压强度 $f_{cu,k}$ 和强度等级。立方体试件的强度比较稳定，我国把立方体强度值作为混凝土强度的基本指标，并把立方体抗压强度作为评定混凝土强度等级的标准。《混凝土结构设计规范》规定以边长为 150 mm 的立方体为标准试件，在（20±3）℃的温度和相对湿度在 90%以上的潮湿空气中养护 28 天，依照标准试验方法测得的具有 95%保证率的抗压强度为立方体抗压强度标准值，单位为 N/mm^2。

《混凝土结构设计规范》规定混凝土强度等级应按立方体抗压强度标准值确定，用符号 $f_{cu,k}$ 表示，下标 cu 表示立方体，k 表示标准值（混凝土的立方体抗压强度没有设计值）。用上述标准试验方法测得的具有 95%保证率的立方体抗压强度作为混凝土强度等级。《混凝土结构设计规范》规定的混凝土强度等级有 14 级，分别为 C15、C20、C25、C30、C35、C40、C45、C50、C55、C60、C65、C70、C75 和 C80。符号"C"代表混凝土，后面的数字表示混凝土的立方体抗压强度的标准值（以 N/mm^2 计），如 C30 表示混凝土立方体抗压强度标准值为 30 N/mm^2。

《混凝土结构设计规范》规定，钢筋混凝土结构的混凝土强度等级不应低于 C20，采用 400 MPa 及以上的钢筋时，混凝土强度等级不应低于 C25；承受重复荷载的钢筋混凝土构件，混凝土强度等级不应低于 C30；预应力混凝土结构的混凝土强度等级不宜低于 C40，且不应低于 C30。

试验方法对混凝土立方体的抗压强度有较大影响。一般情况下，试件受压时上下表面与试验机承压板之间将产生阻止试件向外横向变形的摩擦阻力，像两道套箍一样将试件上下两端套住，从而延缓裂缝的发展，提高了试件的抗压强度；破坏时试件中部剥落，形成两个对顶的角锥形破坏面，如图 2.7（a）所示。如果在试件的上下表面涂一些润滑剂，试验时摩擦阻力就大大减小，试件将沿着平行力的作用方向产生几条裂缝而破坏，所测得的抗压强度

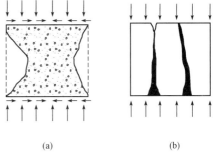

图 2.7 混凝土立方体试件破坏情况

（a）不涂润滑剂；（b）涂润滑剂

较低，其破坏形状如图2.7（b）所示。我国规定的标准试验方法是不涂润滑剂的。

加荷速度对混凝土立方体抗压强度也有影响，加荷速度越快，测得的强度越高。通常规定的加荷速度为：混凝土强度等级低于C30时，取每秒0.3~0.5 N/mm²；混凝土强度等级高于或等于C30时，取每秒0.5~0.8 N/mm²。

混凝土立方体抗压强度还与养护条件和龄期有关。混凝土立方体抗压强度随混凝土的龄期逐渐增长，初期增长较快，以后逐渐缓慢；在潮湿环境中强度增长较快，而在干燥环境中增长较慢，甚至还有所下降。

混凝土立方体抗压强度与立方体试件的尺寸和试验方法也有密切关系。试验结果表明，用边长为200 mm的立方体试件测得的强度偏低，而用边长为100 mm的立方体试件测得的强度偏高，因此需将非标准试件的实测值乘以换算系数换算成标准试件的立方体抗压强度。根据对比试验结果，采用边长为200 mm的立方体试件的换算系数为1.05，采用边长为100 mm的立方体试件的换算系数为0.95。也有的国家采用直径为150 mm、高度为300 mm的圆柱体试件作为标准试件。对同一种混凝土，其圆柱体抗压强度与边长为150 mm的标准立方体试件抗压强度之比为0.79~0.81。

混凝土的立方体抗压强度随着成型后混凝土的龄期逐渐增长，试验方法中规定的龄期为28天。但近年来，我国建材行业根据工程应用的具体情况，对某些种类的混凝土（如粉煤灰混凝土等）的试验龄期做了修改，允许根据有关标准的规定对这些种类的混凝土试件的试验龄期进行调整，如粉煤灰混凝土因早期强度增长较慢，其试验龄期可为60天。

（2）轴心抗压强度f_c。在混凝土结构的受压构件中，构件的长度一般要比截面尺寸大很多，形成棱柱体，用棱柱体试件的抗压强度能更好地反映混凝土构件的实际受力情况。

试验证实，轴心受压钢筋混凝土短柱中的混凝土抗压强度基本上和棱柱体抗压强度相同。可以用棱柱体测得的抗压强度作为轴心抗压强度，用混凝土棱柱体试件测得的抗压强度称为混凝土的轴心抗压强度，也称为棱柱体抗压强度，用f_c表示。各级别混凝土轴心抗压强度标准值见附表1、设计值见附表3。棱柱体的抗压试验及试件破坏情况如图2.8所示。

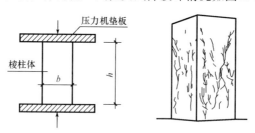

图2.8 混凝土棱柱体抗压试验和试件破坏情况

棱柱体试件的截面尺寸b一般选用立方体试件尺寸，而其长度h应满足两个条件：一是h应足够大，以使试件中部能够摆脱端部摩擦力的影响，处于单轴均匀受压状态；二是h也不宜取得过大，以防止试件在破坏前由于较大的纵向弯曲而降低实际的抗压强度。试验表明，当棱柱体的长宽比$h/b=3~4$时，即可摆脱端部摩擦力的影响，所测强度趋于稳定，同时试件也不会失稳。《普通混凝土力学性能试验方法》（GB/T 50081—2002）规定，采用150 mm×150 mm×300 mm的棱柱体作为混凝土轴心抗压强度试验的标准试件。

《混凝土结构设计规范》规定以上述棱柱体试件测得的具有95%保证率的抗压强度为混凝土轴心抗压强度的标准值，用符号f_{ck}表示，下标c表示受压，k表示标准值。混凝土的轴心抗压强度比立方体抗压强度要低,这是因为棱柱体的高度比宽度大,试验机压板与试件之间的摩擦力对试件中部横向变形的约束要小。高度比宽度越大,测得的强度越低,但当高宽比达到一定值后,这种影响就不明显了。

图 2.9 所示为我国所做的混凝土轴心抗压强度与立方体抗压强度对比试验的结果,可以看出,试验值 f_c^0 和 f_{cu}^0 大致呈线性关系。考虑实际结构构件混凝土与试件在尺寸、制作、养护和受力方面的差异,《混凝土结构设计规范》采用的混凝土轴心抗压强度标准值 f_{ck} 与立方体抗压强度标准值 $f_{cu,k}$ 之间的换算关系为

$$f_{ck} = 0.88\alpha_{c1}\alpha_{c2}f_{cu,k} \tag{2.4}$$

式中 α_{c1}——混凝土轴心抗压强度与立方体抗压强度的比值,当混凝土强度等级不大于 C50 时, $\alpha_{c1} = 0.76$;当混凝土强度等级为 C80 时, $\alpha_{c1} = 0.82$;当混凝土强度等级为中间值时,按线性插值;

α_{c2}——混凝土的脆性系数,当混凝土强度等级不大于 C40 时, $\alpha_{c2} = 1.0$;当混凝土强度等级为 C80 时, $\alpha_{c2} = 0.87$;当混凝土强度等级为中间值时,按线性插值;

0.88——考虑结构中混凝土的实体强度与立方体试件混凝土强度差异等因素的修正系数。

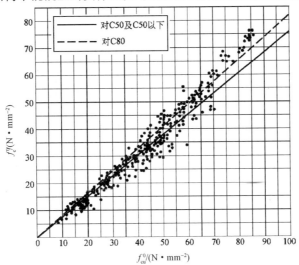

图 2.9 混凝土轴心抗压强度与立方体抗压强度的关系

2. 混凝土的抗拉强度 f_t

混凝土的抗拉强度也是其基本力学性能指标之一,其标准值用 f_{tk} 表示,下标 t 表示受拉,k 表示标准值。混凝土构件的开裂、裂缝宽度、变形验算以及受剪、受扭、受冲切等承载力的计算均与抗拉强度有关。

影响混凝土抗拉强度的因素较多,目前还没有一种统一的标准试验方法,常用的通常有两种:一种为直接拉伸试验,如图 2.10 所示,试件尺寸为 100 mm×100 mm×500 mm,两端预埋钢筋,钢筋位于试件的轴线上,对试件施加拉力使其均匀受拉,试件破坏时的平均拉应力即混凝土的抗拉强度,称为轴心抗拉强度,这种试验对试件尺寸及钢筋位置要求很严;另一种为间接测试方法,称为劈裂试验,如图 2.11 所示,对圆柱体或立方体试件施加线荷载,试件破坏时,在破裂面上产生与该面垂直且基本均匀分布的拉应力。根据弹性理论,试件劈裂破坏时,混凝土抗拉强度(劈裂抗拉强度) f_t^0 可按下式计算:

$$f_t^0 = \frac{2F}{\pi dl} \tag{2.5}$$

式中 F——劈裂破坏荷载；
d——圆柱体直径或立方体的边长；
l——圆柱体长度或立方体的边长。

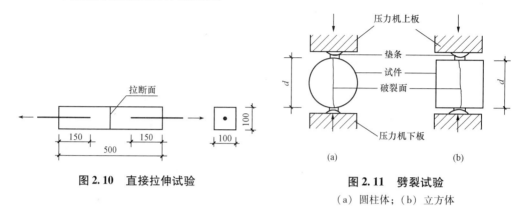

图 2.10　直接拉伸试验

图 2.11　劈裂试验
（a）圆柱体；（b）立方体

劈裂试验试件的大小和垫条的尺寸、刚度都对试验结果有一定影响。我国的一些试验结果为劈裂抗拉强度略大于轴心抗拉强度，而国外的一些试验结果为劈裂抗拉强度略小于轴心抗拉强度。考虑到国内外对比资料的具体条件不完全相同等原因，通常认为抗拉强度与劈裂强度基本相同。

混凝土轴心抗拉强度与立方体抗压强度之间关系的对比试验结果如图 2.12 所示，由图中可以看出，混凝土的抗拉强度比抗压强度低得多，一般只有抗压强度的 1/17～1/8，并且不与立方体抗压强度呈线性关系，混凝土强度等级越高，这个比值越小。

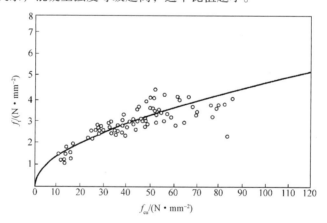

图 2.12　混凝土轴心抗拉强度和立方体抗压强度的关系

《混凝土结构设计规范》考虑了从普通强度混凝土到高强度混凝土的变化规律，采用轴心抗拉强度标准值 f_{tk}（N/mm²）与立方体抗压强度标准值 $f_{cu,k}$（N/mm²）之间的换算关系为

$$f_{tk} = 0.88 \times 0.395 f_{cu,k}^{0.55} (1 - 1.645\delta)^{0.45} \alpha_{c2} \tag{2.6}$$

式中 δ——试验结果的变异系数。

式中系数 0.88 的意义和 α_{c2} 的取值与式（2.4）相同，系数 0.395 和 0.55 为轴心抗拉强度与立方体抗压强度间的折减系数。

《混凝土结构设计规范》给出的混凝土抗压、抗拉强度标准值和设计值分别见附表1~附表4。

3. 混凝土在复合应力作用下的强度

在实际工程中的混凝土结构或构件通常很少处于单向受力状态，而是受到轴力、弯矩、剪力及扭矩的不同组合作用，往往是处于双向或三向受力状态。如框架梁要承受弯矩和剪力的作用；框架柱除承受弯矩和剪力外还要承受轴向力；框架梁柱节点区的受力状态则更为复杂。复杂应力状态下混凝土的强度，称为混凝土的复合受力强度。由于问题较为复杂，在复合应力作用下的强度至今尚未建立起完善的强度理论，混凝土的复合受力强度主要依赖试验结果。

（1）双向应力状态。双轴应力试验一般采用正方形板试件。试验时沿板平面内的两对边分别作用法向应力 σ_1 和 σ_2，第三个平面上应力为零，混凝土在双向应力状态下强度的变化曲线如图 2.13 所示。

双向受压时（图 2.13 中第一象限），一向的抗压强度随另一向压应力的增大而增大，最大抗压强度发生在两个应力比（σ_1/σ_2 或 σ_2/σ_1）为 0.4~0.7 时，其强度比单向抗压强度增加约 30%，而在两向压应力相等的情况下强度增加为 15%~20%。

双向受拉时（图 2.13 中第三象限），一个方向的抗拉强度受另一个方向拉应力的影响不明显，其抗拉强度接近于单向抗拉强度。

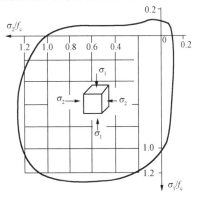

图 2.13　混凝土双向应力的强度包络图

一个方向受拉另一个方向受压时（图 2.13 中第二、四象限），抗压强度随拉应力的增大而降低，同样抗拉强度也随压应力的增大而降低，其抗压或抗拉强度均不超过相应的单轴强度。

（2）剪压或剪拉复合应力状态。构件截面同时作用剪应力和压应力或拉应力的剪压或剪拉复合应力状态，在工程中较为常见。通常采用空心薄壁圆柱体进行受力试验，试验时先施加纵向压力或拉力，然后施加扭矩至破坏。

图 2.14 所示为混凝土法向应力与剪应力共同作用下的强度变化曲线。从图 2.14 中可以看出，抗剪强度随拉应力的增大而减小；随着压应力的增大，抗剪强度增大，但在 $\sigma/f_c > 0.6$ 时，由于内裂缝的明显发展抗剪强度反而随压应力的增大而减小。从抗压强度的角度来分析，由于剪应力的存在，混凝土的抗压强度要低于单向抗压强度。因此，梁受弯矩和剪力共同作用以及柱在受到轴向压力的同时也受水平剪力作用时，剪应力会影响梁与柱中受压区混凝土的抗压强度。

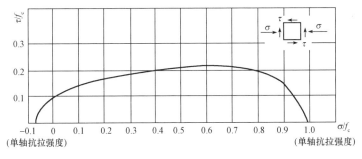

图 2.14　混凝土在法向应力和剪应力共同作用下的强度曲线

（3）三向受压状态。三向受压下混凝土圆柱体的轴向应力—应变曲线可以由周围用液体压力加以约束的圆柱体进行加压试验得到,在加压过程中保持液压为常值,逐渐增加轴向压力直至破坏,并量测轴向应变的变化规律。

混凝土三向受压时,一向抗压强度随另两向压应力的增加而增大,并且混凝土受压的极限变形也大大增加。图2.15所示为圆柱体混凝土试件三向受压时(侧向压应力均为 σ_2)的试验结果,由于周围的压应力限制了混凝土内微裂缝的发展,这就大大提高了混凝土的纵向抗压强度和承受变形的能力。由试验结果得到的经验公式为

$$f'_{cc} = f'_c + \kappa\sigma_2 \tag{2.7}$$

式中 f'_{cc}——在等侧向压应力作用下混凝土圆柱体抗压强度;

f'_c——无侧向压应力时混凝土圆柱体抗压强度;

κ——侧向压应力系数,根据试验结果取4.5~7.0,平均值为5.6,当侧向压应力较低时得到的系数值较高。

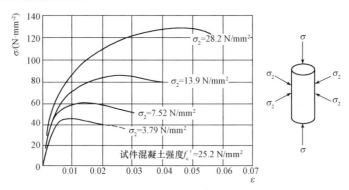

图2.15 混凝土圆柱体三向受压试验时轴向应力—应变曲线

在实际工程中,可以通过设置箍筋或设置密排螺旋筋来约束混凝土,改善钢筋混凝土构件的受力性能。在混凝土轴向压力数值很小时,横向钢筋几乎不受力,混凝土基本不受约束。轴向压力大于单轴抗压强度时,轴向强度和变形能力均提高,横向钢筋越密,提高幅值越大。螺旋筋能使核心混凝土在侧向受到均匀连续的约束力,其效果较普通箍筋好(见图2.16、图2.17),因而强度和延性的提高更为显著。

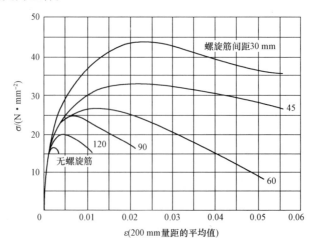

图2.16 设置螺旋筋柱的轴向应力—应变曲线

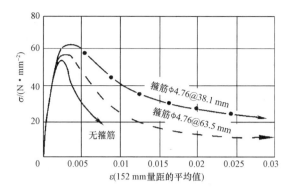

图 2.17　设置箍筋柱的轴向应力—应变曲线

2.2.3　混凝土的变形

混凝土的变形可分为两类：一类是混凝土的受力变形，包括一次短期加荷的变形、荷载长期作用下的变形和多次重复荷载作用下的变形等；另一类为体积变形，指混凝土由于收缩或温度变化产生的变形。

1. 混凝土在一次短期加荷时的变形性能

（1）混凝土单轴受压时的应力—应变关系。一次短期加荷是指荷载从零开始单调增加至试件破坏。混凝土的应力—应变关系是混凝土最基本的力学性能之一，它是研究钢筋混凝土构件截面应力分析、建立强度和变形计算理论所必不可少的依据。

我国采用棱柱体试件测定混凝土一次短期加荷的变形性能，图 2.18 是实测的典型混凝土棱柱体的 σ-ε 曲线。可以看到，应力—应变曲线分为上升段和下降段两个部分。

① 上升段（0C）。上升段（0C）又可分为以下三个阶段：

a. 开始加载至应力为 $(0.3\sim0.4)f_c^0$（上标 0 表示试验值）的 A 点为第一个阶段，该阶段的应力—应变关系接近于直线，试件应力较小，混凝土的变形主要是集料和水泥石结晶体受压后的弹性变形，已存在于混凝土内部的微裂缝没有明显发展，A 点称为比例极限。

b. 过 A 点以后，进入第二阶段，AB 段为裂缝稳定扩散阶段，随着荷载的增大压应力逐渐提高，混凝土逐渐表现出明显的非弹性性质，应变增长速度超过应力增长速度，应力—应变曲线逐渐弯曲，B 点为临界点（混凝土应力 σ 一般取 $0.8f_c^0$）；在这一阶段，混凝土内原有的微裂缝开始扩展，并产生新的裂缝，但裂缝的发展仍能保持稳定，即应力不增加，裂缝也不继续发展；B 点的应力可作为混凝土长期受压强度的依据。

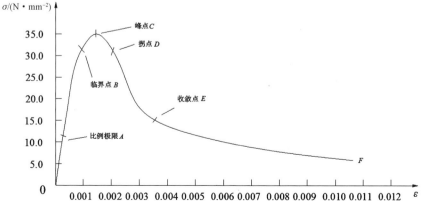

图 2.18　混凝土棱柱体受压应力—应变曲线

c. 第三阶段 BC 为裂缝不稳定扩展阶段，随着荷载的进一步增加，曲线明显弯曲，直至峰值 C 点；这一阶段内裂缝发展很快而相互贯通，进入不稳定状态，峰值 C 点的应力值 σ_{max} 通常作为混凝土棱柱体抗压强度的试验值 f_c^0，相应的应变称为峰值应变 ε_0，其值在 0.015 到 0.002 5 之间波动，对 C50 及以下的混凝土一般取 $\varepsilon_0 = 0.002$。

②下降段（CF）。当混凝土的应力达到 f_c 以后，承载力开始下降，试验机受力也随之下降而产生恢复变形。对于一般的试验机，由于机器的刚度小，恢复变形较大，试件将在机器的冲击作用下迅速破坏而测不出下降段。如果能控制机器的恢复变形（如在试件旁附加弹性元件吸收试验机所积蓄的变形能，或采用有伺服装置控制下降段应变速度的特殊试验机），则在到达最大应力后，试件并不立即破坏，而是随着应变的增长，应力逐渐减小，呈现出明显的下降段。下降段曲线开始为凸曲线，随后变为凹曲线，D 点为拐点；超过 D 点后曲线下降加快，至 E 点曲率最大，E 点称为收敛点；超过 E 点后，试件的贯通主裂缝已经很宽，内聚力几乎耗尽，对无侧向约束的混凝土，收敛段 EF 已失去结构意义。

混凝土应力—应变曲线的形状和特征是混凝土内部结构变化的力学标志，影响应力—应变曲线的因素有混凝土的强度、加荷速度、横向约束以及纵向钢筋的配筋率等。不同强度混凝土的应力—应变曲线如图 2.19 所示。从图中可以看出，随着混凝土强度的提高，上升段曲线的直线部分增大，峰值应变 ε_0 也有所增大；混凝土达到极限强度后，在应力下降幅度相同的情况下，变形能力大的混凝土延性要好，混凝土强度越高，曲线下降段越陡，延性也越差。图 2.20 所示为相同强度的混凝土在不同加载速度下的应力—应变曲线。可以看出，随着加荷速度的降低，峰值应力逐渐减小，但与峰值应力对应的应变增大了，下降段也变得平缓一些。

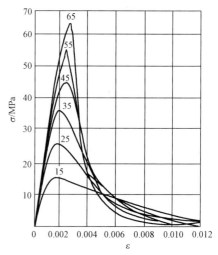

图 2.19 不同强度混凝土的应力—应变曲线

（2）单轴受压混凝土的应力—应变本构关系曲线。为了理论分析的需要，许多学者对实测的受压混凝土的 σ-ε 曲线加以模式化，并写出其数学表达式，国内外已经提出 10 多种不同的计算模式，其目的是分析计算尽量简单，又基本符合试验结果，上升段假定为抛物线、下降段假定为直线的居多。如西德 Rüsch 建议模型，上升段为二次抛物线，下降段为直线，如图 2.21 所示。

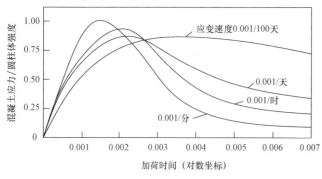

图 2.20 不同应变速度下混凝土的应力—应变曲线

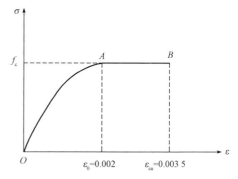

图 2.21 **Rüsch 建议模型 σ-ε 曲线**

当 $\varepsilon \leqslant \varepsilon_0$ 时

$$\sigma = f_c \left[2\left(\frac{\varepsilon}{\varepsilon_0}\right) - \left(\frac{\varepsilon}{\varepsilon_0}\right)^2 \right] \quad (2.8)$$

当 $\varepsilon_0 \leqslant \varepsilon \leqslant \varepsilon_{cu}$ 时

$$\sigma = f_c \quad (2.9)$$

式中 $\varepsilon_0 = 0.002$；$\varepsilon_{cu} = 0.0035$。

混凝土试件在一次短期加荷时，除产生纵向压应变外，还将在横向产生膨胀应变。横向应变与纵向应变的比值称横向变形系数 v_c，又称为泊松比。不同应力下横向变形系数 v_c 的变化，如图 2.22 所示。从图中可以看出，当应力值小于 $0.5f$ 时，横向变形系数基本保持为常数；当应力值超过 $0.5f$ 以后，横向变形系数逐渐增大，应力越高，增大的速度越快，表明试件内部的微裂缝迅速发展。材料处于弹性阶段时混凝土的横向变形系数（泊松比 v_c）可取为 0.2。

试验还表明，当混凝土应力较小时，体积随压应力的增大而减小。当压应力超过一定值后，随着压应力的增加，体积又重新增大，最后竟超过了原来的体积。混凝土体积应变 ε_v 与应力的变化关系，如图 2.23 所示。

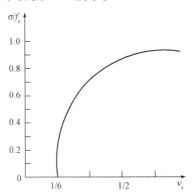

图 2.22 混凝土横向应变与纵向应变的关系

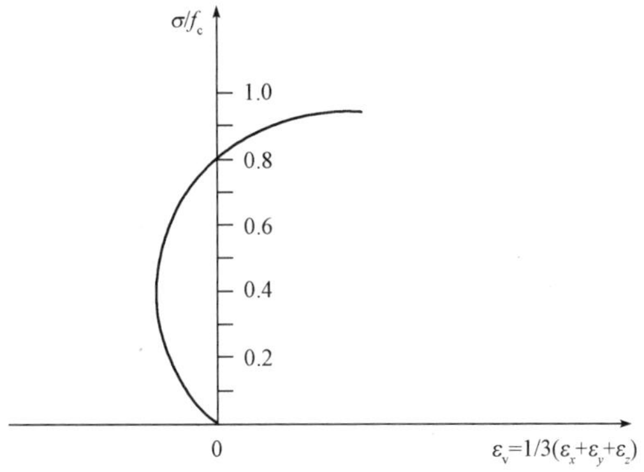

图 2.23 混凝土体积应变与应力的变化关系

（3）混凝土轴向受拉时的应力—应变关系。测试混凝土受拉时的应力—应变关系曲线较为困难，试验资料较少。试验测出的混凝土轴心受拉应力—应变曲线的形状与受压时相似，具有上升段和下降段。试验表明，自加载至达到峰值应力 40% ~ 50% 的比例极限点，变形与应力呈线性增长；加载至峰值应力的 76% ~ 83% 时，曲线出现临界点，裂缝进入不稳定扩展阶段，到达峰值应力时对应的应变只有 75×10^{-6} ~ 115×10^{-6}。曲线下降段的坡度随混凝土强度的提高而更陡。受拉时弹性模量数值与受压弹性模量基本相同。

（4）混凝土的变形模量。在材料力学中，当材料在线弹性范围内工作时，一般用弹性模量表示应力和应变之间的关系，即 $E = \sigma/\varepsilon$。但与线弹性材料不同，混凝土受压时的应力—应变关系是一条曲线，在不同的应力阶段，应力应变之间的比值是一个变数，不能称为弹性模量，而是变形模量。混凝土的变形模量有如下的三种表示方法：

①混凝土的弹性模量（原点模量）E_c。如图 2.24 所示，通过原点 O 的受压混凝土的 $E_c = \dfrac{\sigma_c}{\varepsilon_{ce}} = \tan\alpha_0$ 曲线的切线的斜率为混凝土的初始弹性模量，简称弹性模

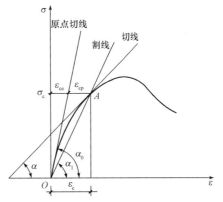

图 2.24 混凝土变形模量的表示方法

量，用 E_c 表示。

$$E_c = \frac{\sigma_c}{\varepsilon_{ce}} = \tan\alpha_0 \tag{2.10}$$

式中　α_0——混凝土应力—应变曲线在原点处的切线与横坐标的夹角。

②混凝土的变形模量（割线模量）E_c'。连接图 2.24 中原点 O 至曲线上应力为 σ_c 处作割线，割线的斜率称为混凝土在 σ_c 处的割线模量或变形模量，用 E_c' 表示。

$$E_c' = \frac{\sigma_c}{\varepsilon_c} = \tan\alpha_1 \tag{2.11}$$

式中　α_1——混凝土应力—应变曲线上应力为 σ_c 处割线与横坐标的夹角。

可以看出，式（2.11）中总变形 ε_c 包含了混凝土弹性变形 ε_{ce} 和塑性变形 ε_{cp} 两部分，因此混凝土的割线模量也是变值，也随着混凝土应力的增大而减小。比较式（2.10）和式（2.11）可以得到

$$E_c' = \frac{\sigma_c}{\varepsilon_c} = \frac{\sigma_c}{\varepsilon_{ce} + \varepsilon_{cp}} = \frac{\varepsilon_{ce}}{\varepsilon_{ce} + \varepsilon_{cp}} \times \frac{\sigma_c}{\varepsilon_{ce}} = \nu E_c \tag{2.12}$$

式中　ν——混凝土受压时的弹性系数，为混凝土弹性应变与总应变之比，其值随混凝土应力的增大而减小。当 $\sigma_c < 0.3 f_c$ 时，混凝土基本处于弹性阶段，可取 $\nu=1$；当 $\sigma_c = 0.5 f_c$ 时，可取 $\nu=0.8\sim0.9$；当 $\sigma_c = 0.8 f_c$ 时，可取 $\nu=0.4\sim0.7$。

③混凝土的切线模量 E_c''。如图 2.24 所示，在混凝土应力—应变曲线上某一应力值为 σ_c 处作切线，该切线的斜率即相应于应力 σ_c 时混凝土的切线模量，用 E_c'' 表示。

$$E_c'' = \tan\alpha \tag{2.13}$$

式中　α——混凝土应力—应变曲线上应力为 σ_c 处切线与横坐标的夹角。

混凝土的切线模量随着混凝土应力的增大而减小，是一个变值。

混凝土不是弹性材料，不能用已知的混凝土应变乘以《混凝土结构设计规范》中给出的弹性模量数值去求混凝土的应力。只有当混凝土应力很低时，弹性模量与变形模量数值才近似相等。混凝土的弹性模量与混凝土立方体抗压强度的标准值具有以下关系：

$$E_c = \frac{10^2}{2.2 + \dfrac{34.7}{f_{cu,k}}} \tag{2.14}$$

式中　$f_{cu,k}$——混凝土立方体抗压强度标准值。

《混凝土结构设计规范》给出的混凝土弹性模量见附表 5。

（5）混凝土的泊松比 ν_c。泊松比是指一次短期加载（受压）时试件的横向应变与纵向应变之比。当压应力数值较小时，ν_c 为 $0.15\sim0.18$，接近破坏时可达到 0.5 以上。《混凝土结构设计规范》取 $\nu_c = 0.2$。

（6）混凝土的剪变模量 G_c。根据弹性理论，剪变模量 G_c 与弹性模量 E_c 的关系为

$$G_c = \frac{E_c}{2(1+\nu_c)} \tag{2.15}$$

式（2.15）中若取 $\nu_c = 0.2$，则 $G_c = 0.416 E_c$，《混凝土结构设计规范》规定，混凝土的剪变模量为 $G_c = 0.4 E_c$。

2. 混凝土在荷载重复作用下的变形性能

混凝土的疲劳是在荷载重复作用下产生的。疲劳现象大量存在于工程结构中，钢筋混凝土吊车梁、钢筋混凝土桥以及港口海岸的混凝土结构等都分别受到吊车荷载、车辆荷载以及波浪

冲击等几百万次的作用。混凝土在荷载重复作用下引起的破坏称为疲劳破坏。

在荷载重复作用下，混凝土的变形性能有重要的变化。图 2.25 所示为混凝土受压柱体在一次加荷、卸荷的应力—应变曲线，当一次短期加荷的应力不超过混凝土的疲劳强度时，加荷卸荷的应力—应变曲线 OAB' 形成一个环状，在产生瞬时恢复应变后经过一段时间，其应变又可以恢复一部分，称为弹性后效，剩下的是不能恢复的残余应变。

混凝土柱体在多次重复荷载作用下的应力—应变曲线如图 2.26 所示。当加荷应力小于混凝土的疲劳强度 f_c^f 时，其一次加荷卸荷应力—应变曲线形成一个环状，经过多次重复后，环状曲线逐渐密合成一直线。如果再选择一个较高的加荷应力 σ_2，但 σ_2 仍小于混凝土的疲劳强度 f_c^f 时，经过多次重复后，应力—应变环状曲线仍能密合成一直线。如果选择一个高于混凝土疲劳强度 f_c^f 的加荷应力 σ_3，开始时混凝土的应力—应变曲线凸向应力轴，在重复加载过程中逐渐变化为凸向应变轴，不能形成封闭环；随着荷载重复次数的增加，应力—应变曲线的斜率不断降低，最后混凝土试件因严重开裂或变形太大而破坏，这种因荷载重复作用而引起的混凝土破坏称为混凝土的疲劳破坏。混凝土能承受荷载多次重复作用而不发生疲劳破坏的最大应力限值称为混凝土的疲劳强度 f_c^f。

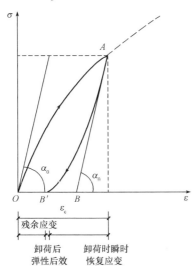

图 2.25 混凝土一次加荷、卸荷的应力—应变曲线

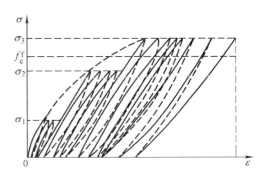

图 2.26 混凝土多次重复加荷的应力—应变曲线

从图 2.26 中可以看出，施加荷载时的应力大小是影响应力—应变曲线变化的关键因素，即混凝土的疲劳强度与荷载重复作用时应力作用的幅度有关。在相同的重复次数下，疲劳强度随着疲劳应力比 ρ_c^f 的增大而增大。疲劳应力比 ρ_c^f 按下式计算：

$$\rho_c^f = \frac{\sigma_{c,\min}^f}{\sigma_{c,\max}^f} \tag{2.16}$$

式中 $\sigma_{c,\min}^f$、$\sigma_{c,\max}^f$——截面同一纤维上混凝土的最小应力及最大应力。

《混凝土结构设计规范》规定，混凝土轴心受压、轴心受拉疲劳强度设计值 f_c^f、f_t^f 应按其混凝土轴心受压强度设计值 f_c、轴心抗拉强度设计值 f_t 分别乘以相应的疲劳强度修正系数 γ_ρ 确定。修正系数 γ_ρ 根据不同的疲劳应力比值 ρ_c^f，按附表 6、附表 7 确定。混凝土的疲劳变形模量见附表 8。

3. 混凝土在荷载长期作用下的变形性能——徐变

结构或材料承受的应力不变，而应变随时间增长的现象称为徐变。徐变对于结构的变形和强度、预应力混凝土中的钢筋应力都将产生重要的影响。

图 2.27 所示为 100 mm×100 mm×400 mm 棱形体试件在相对湿度为 65%、温度为 20 ℃ 的条件下，承受压应力 $\sigma_c=0.5f_c$ 后保持外荷载不变，应变随时间变化关系的曲线。图中 ε_{ce} 为加荷时产生的瞬时弹性应变，ε_{cr} 为随时间而增长的应变，即混凝土的徐变。从图中可以看出，徐变在前 4 个月增长较快，6 个月左右可达终极徐变的 70%~80%，以后增长逐渐缓慢，两年的徐变为瞬时弹性应变的 2~4 倍。若在两年后的 B 点卸荷，其瞬间恢复应变为 ε'_{ce}；经过一段时间（约 20 天），试件还将恢复一部分应变 ε''_{ce}，这种现象称为弹性后效。弹性后效是由混凝土中粗集料受压时的弹性变形逐渐恢复引起的，其值仅为徐变变形的 1/12 左右。最后将留下大部分不可恢复的残余应变 ε'_{cr}。

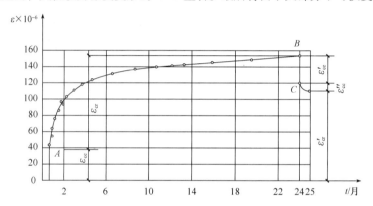

图 2.27 混凝土的徐变（应变与时间的关系曲线）

对于混凝土产生徐变的原因，目前研究得还不够充分，可从两个方面来理解：一是由于尚未转化为结晶体的水泥凝胶体黏性流动的结果；二是混凝土内部的微裂缝在荷载长期作用下持续延伸和扩展的结果。线性徐变以第一个原因为主，因为黏性流动的增长将逐渐趋于稳定；非线性徐变以第二个原因为主，因为应力集中引起的微裂缝将随应力的增长而急剧发展。

影响混凝土徐变的因素很多，可分为以下三类：

（1）内部因素。内部因素主要是指混凝土的组成与配合比。集料越坚硬、弹性模量越高，徐变就越小。水泥用量越多和水胶比越大，徐变也越大。集料的相对体积越大，徐变越小。另外，构件形状及尺寸、混凝土内钢筋的面积和钢筋应力性质，对徐变也有不同的影响。

（2）环境因素。环境因素主要是指混凝土的保护条件以及使用条件下的温度和湿度。养护温度越高，湿度越大，水泥水化作用越充分，徐变就越小，采用蒸汽养护可使徐变减少 20%~35%；试件受荷后，环境湿度越低、湿度越大，以及体表比（构件体积与表面积的比值）越大，徐变就越小。

（3）应力条件因素。应力条件因素包括加荷时施加的初应力水平和混凝土的龄期两个方面。在同样的应力水平下，加荷龄期越早，混凝土硬化越不充分，徐变就越大；在同样的加荷龄期条件下，施加的初应力水平越大，徐变就越大。图 2.28 所示为不同 σ_c/f_c 比值的条件下徐变随时间增长的曲线变化图。

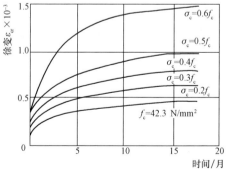

图 2.28 压应力与徐变的关系

从图中可以看出，当 σ_c/f_c 的比值小于 0.5 时，曲线接近等间距分布，即徐变值与应力的大小成正比，这种徐变称为线性徐变，通常线性徐变在两年后趋于稳定，其渐近线与时间轴平行；当应力 σ_c 为 $(0.5 \sim 0.8)f_c$ 时，徐变的增长较应力增长快，这种徐变称为非线性徐变；当应力 $\sigma_c > 0.8 f_c$ 时，这种非线性徐变往往是不收敛的，最终将导致混凝土的破坏，如图 2.29 所示。

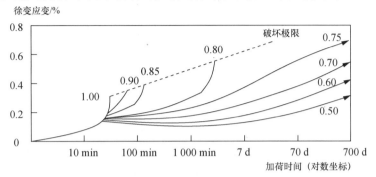

图 2.29　不同应力比值的徐变时间曲线

徐变对钢筋混凝土构件的受力性能有重要的影响。一方面，徐变将使构件的变形增加，如受长期荷载作用的受弯构件由于受压区混凝土的徐变，可使挠度增大 2~3 倍或更多；长细比较大的偏心受压构件，由于徐变引起的附加偏心距增大，将使构件的承载力降低；徐变还将在钢筋混凝土截面引起应力重分布，在预应力混凝土构件中徐变将引起相当大的预应力损失。另一方面，徐变对结构的影响也有有利的一面，徐变在超静定结构中会产生内力重分布，在某些情况下，徐变可减少由于支座不均匀沉降而产生的应力，并可延缓收缩裂缝的出现。

4. 混凝土的收缩、膨胀和温度变形

混凝土在凝结硬化过程中，体积会发生变化，在空气中硬化时体积会收缩，而在水中硬化时体积会膨胀。一般来说，收缩值要比膨胀值大很多。

混凝土的收缩是一种随时间增长而增长的变形，如图 2.30 所示。凝结硬化初期收缩变形发展较快，两周可完成全部收缩的 25%，一个月约可完成全部收缩的 50%，三个月后增长逐渐缓慢，一般两年后趋于稳定，最终收缩应变一般为 $(2 \sim 5) \times 10^{-4}/℃$。

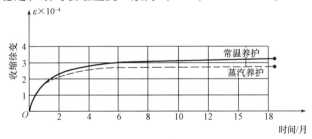

图 2.30　混凝土的收缩变形

引起混凝土收缩的原因，在硬化初期主要是水泥石凝固结硬过程中产生的体积变形，后期主要是混凝土内自由水分蒸发而引起的干缩。混凝土的组成、配合比是影响收缩的重要因素。水泥用量越多，水胶比越大，收缩就越大。集料级配好、密度大、弹性模量高、粒径大等均可减少混凝土的收缩。

干燥失水是引起收缩的重要原因，所以构件的养护条件、使用环境的温度和湿度，以及凡是影响混凝土中水分保持的因素,都对混凝土的收缩有影响。高温养护(蒸汽养护)可加快水化作用,减少混凝土中的自由水分,因而可使收缩减小。使用环境的温度越高,相对湿度越低,收缩就越大。如果混凝土处于饱和湿度情况下或水中,不仅不会收缩,而且会产生体积膨胀。

混凝土的最终收缩量还与构件的体表比有关,体表比较小的构件如I形、箱形薄壁构件,收缩量较大,而且发展也较快。

混凝土的收缩对钢筋混凝土结构有着不利的影响。在钢筋混凝土结构中,混凝土往往由于钢筋或邻近部件的牵制处于不同程度的约束状态,使混凝土产生收缩拉应力,从而加速裂缝的出现和开展。在预应力混凝土结构中,混凝土的收缩将导致预应力的损失。对跨度变化比较敏感的超静定结构(如拱等),混凝土的收缩还将对结构产生不利的影响。

混凝土的膨胀往往是有利的,一般可不予考虑。

混凝土的线膨胀系数随集料的性质和配合比的不同而在 $(1.0 \sim 1.5) \times 10^{-5}/℃$ 之间变化,它与钢筋的线膨胀系数 $1.2 \times 10^{-5}/℃$ 相近,因此当温度变化时,在钢筋和混凝土之间仅引起很小的内应力,不致产生有害的影响。我国规范取混凝土的线膨胀系数为 $a_c = 1.0 \times 10^{-5}/℃$。

2.3 钢筋与混凝土的粘结

2.3.1 粘结的作用和性质

若钢筋和混凝土有相对变形(滑移),就会在钢筋和混凝土交界面上产生沿钢筋轴线方向的相互作用力,这种力称为钢筋和混凝土的粘结力。

在钢筋混凝土结构中,钢筋和混凝土这两种性质不同的材料之所以能够共同工作,主要依靠钢筋和混凝土之间的粘结力。粘结力是钢筋和混凝土接触面上的剪应力,由于这种剪应力的存在,使钢筋和周围混凝土之间的内力得到传递。

钢筋受力后,由于钢筋和周围混凝土的作用,使钢筋应力发生变化,钢筋应力的变化率取决于粘结力的大小。由图2.31中钢筋微段 dx 上内力的平衡可求得

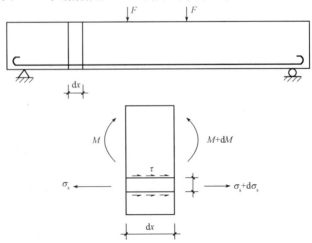

图 2.31 钢筋与混凝土之间的粘结力

$$\tau = \frac{\mathrm{d}\sigma_s A_s}{\pi \mathrm{d}x \cdot d} = \frac{\frac{1}{4}\pi d^2}{\pi d} \cdot \frac{\mathrm{d}\sigma_s}{\mathrm{d}x} = \frac{d}{4} \cdot \frac{\mathrm{d}\sigma_s}{\mathrm{d}x} \qquad (2.17)$$

式中 τ——微段 $\mathrm{d}x$ 上的平均粘结应力，即钢筋表面上的剪应力；

A_s——钢筋的截面面积；

d——钢筋直径。

式（2.17）表明，粘结力使钢筋应力沿其长度发生变化，没有粘结力，钢筋应力就不会发生变化；反之，如果钢筋应力没有变化，就说明不存在粘结力 τ。

钢筋与混凝土的粘结性能按其在构件中作用的性质可分为两类：第一类是钢筋的锚固粘结或延伸粘结，如图 2.32（a）所示，受拉钢筋必须有足够的锚固长度，以便通过这段长度上粘结力的积累使钢筋中建立起所需发挥的拉力；第二类是混凝土构件裂缝间的粘结，如图 2.33（b）所示，在两个开裂截面之间，钢筋应力的变化受到粘结力的影响，钢筋应力变化的幅度反映了裂缝之间混凝土参加工作的程度。

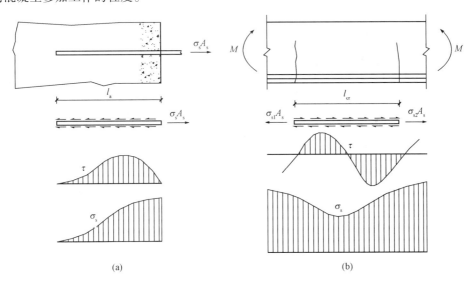

图 2.32 锚固粘结和裂缝间粘结
(a) 锚固粘结；(b) 裂缝间粘结

2.3.2 粘结机理分析

钢筋和混凝土的粘结力主要由三部分组成。

第一部分是钢筋和混凝土接触面上的化学胶结力，源于浇筑时水泥浆体向钢筋表面氧化层的渗透和养护过程中水泥晶体的生长和硬化，从而使水泥胶体和钢筋表面产生吸附胶着作用。化学胶结力只能在钢筋和混凝土界面处于原生状态时才起作用，一旦发生滑移，它就失去作用。

第二部分是钢筋与混凝土之间的摩阻力，由于混凝土凝结时收缩，使钢筋和混凝土接触面上产生正应力。摩阻力的大小取决于垂直摩擦面上的压应力，还取决于摩擦系数，即钢筋与混凝土接触面的粗糙程度。

第三部分是钢筋与混凝土之间的机械咬合力。对光圆钢筋，是指表面粗糙不平产生的咬合应力；对变形钢筋，是指变形钢筋肋间嵌入混凝土而形成的机械咬合力作用，这是变形钢筋与混凝土粘结力的主要来源。图 2.33 所示为变形钢筋与混凝土的相互作用，钢筋横肋对混凝土的挤压就像一个楔，斜向挤压力不仅产生沿钢筋表面的轴向分力，而且产生沿钢筋的径向分力。当荷载增加时,因斜向挤压作用,肋顶前方的混凝土将发生斜向开裂形成内裂缝,而径向分力将使钢筋周围的混凝土产生环向拉应力,形成径向裂缝。

光圆钢筋的粘结力主要来自胶结力和摩擦力,变形钢筋的粘结力主要来自机械咬合作用。这种差别可类似于钉入木料中的普通钉与螺钉的差别。

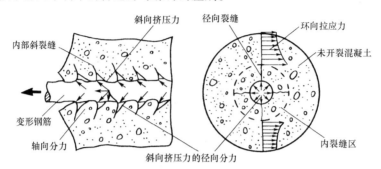

图 2.33 变形钢筋与混凝土的相互作用

2.3.3 影响粘结强度的主要因素

影响钢筋与混凝土粘结强度的因素很多,主要有以下几种:

(1) 钢筋表面形状。试验表明,变形钢筋的粘结力比光圆钢筋高 2~3 倍,因此变形钢筋所需的锚固长度比光圆钢筋要短,而光圆钢筋的锚固端头需要制作弯钩以提高粘结强度。

(2) 混凝土强度。变形钢筋和光圆钢筋的粘结强度均随混凝土强度的提高而提高,但不与立方体抗压强度 f_{cu} 成正比。粘结强度与混凝土的抗拉强度 f_t 大致呈正比关系。

(3) 保护层厚度和钢筋净距。混凝土保护层厚度和钢筋净距对粘结强度也有重要的影响。对于高强度的变形钢筋,当混凝土保护层厚度较小时,外围混凝土可能发生劈裂而使粘结强度降低;当钢筋与钢筋之间净距过小时,将可能出现水平劈裂而导致整个保护层崩落,从而使粘结强度显著降低,如图 2.34 所示。

(4) 施工质量。粘结强度与浇筑混凝土时钢筋所处的位置也有明显的关系。对于混凝土浇筑深度过大的"顶部"水平钢筋,其底面的混凝土由于水分、气泡的逸出和集料泌水下沉,与钢筋间形成了空隙层,从而削弱了钢筋与混凝土的粘结作用。

(5) 横向钢筋。横向钢筋(如梁中的箍筋)可以延缓径向劈裂裂缝的发展或限制裂缝的开展,从而可以提高粘结强度。在较大直径钢筋的锚固区或钢筋搭接长度范围内,以及当一排并列的钢筋根数较多时,均应设置一定数量的附加箍筋,以防止保护层的劈裂崩落。

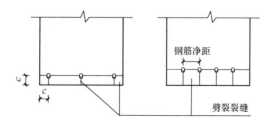

图 2.34 保护层厚度和钢筋间距的影响

(6) 侧向压力。当钢筋的锚固区作用有侧向压应力时,可增强钢筋与混凝土之间的摩阻作用，使粘结强度提高。因此在直接支撑的支座处，如梁的简支端，考虑支座压力的有利影响，伸入支座的钢筋锚固长度可适当减小。

2.3.4 钢筋的锚固长度

为了保证钢筋与混凝土之间的可靠粘结，钢筋必须有一定的锚固长度。《混凝土结构设计规范》规定，纵向受拉钢筋的锚固长度作为钢筋的基本锚固长度 l_{ab}，其数值与钢筋强度、混凝土强度、钢筋直径以及外形有关，按下式计算：

$$l_{ab} = \alpha \frac{f_y}{f_t} d \tag{2.18}$$

或

$$l_{ab} = \alpha \frac{f_{py}}{f_t} d \tag{2.19}$$

式中 f_y、f_{py}——普通钢筋、预应力钢筋的抗拉强度设计值；
f_t——混凝土轴心抗拉强度设计值；
d——锚固钢筋的直径；
α——锚固钢筋的外形系数，按表 2.1 取用。

表 2.1 锚固钢筋的外形系数

钢筋类型	光圆钢筋	带肋钢筋	螺旋肋钢丝	三股钢绞线	七股钢绞线
α	0.16	0.14	0.13	0.16	0.17

注：光圆钢筋末端应做180°弯钩，弯后平直段长度不应小于 $3d$，但作受压钢筋时可不做弯钩

一般情况下，受拉钢筋的锚固长度可取基本锚固长度。考虑各项影响钢筋与混凝土粘结锚固强度的因素，当采取不同的埋置方式和构造措施时，锚固长度按下式计算：

$$l_a = \zeta_a l_{ab} \tag{2.20}$$

式中 l_a——受拉钢筋的锚固长度；
ζ_a——锚固长度修正系数，按下面规定取用，当多于一项时，可以连乘计算。经修正的锚固长度不应小于基本锚固长度的 60% 且不小于 200 mm。

纵向受拉带肋钢筋的锚固长度修正系数 ζ_a 应根据钢筋的锚固条件按下列规定取用：
（1）当带肋钢筋的公称直径大于 25 mm 时取 1.10。
（2）对环氧涂层钢筋取 1.25。
（3）施工过程中易受扰动的钢筋取 1.10。
（4）锚固区保护层厚度为 $3d$ 时修正系数可取 0.80，保护层厚度为 $5d$ 时修正系数可取 0.70，中间按内插法取值（此处 d 为锚固钢筋的直径）。
（5）当纵向受拉普通钢筋末端采用钢筋弯钩或机械锚固措施时，包括弯钩或锚固端头在内的锚固长度（投影长度）可取基本锚固长度 l_{ab} 的 60%。钢筋弯钩和机械锚固的形式和技术要求应符合图 2.35 的规定。

当锚固钢筋保护层厚度不大于 $5d$ 时，锚固长度范围内应配置构造钢筋（箍筋或横向钢筋），其直径不应小于 $d/4$，间距不应大于 $5d$，且不大于 100 mm（此处 d 为锚固钢筋的直径）。

混凝土结构中的纵向受压钢筋，当计算中充分利用钢筋的抗压强度时，受压钢筋的锚固长度应不小于相应受拉锚固长度的 70%。

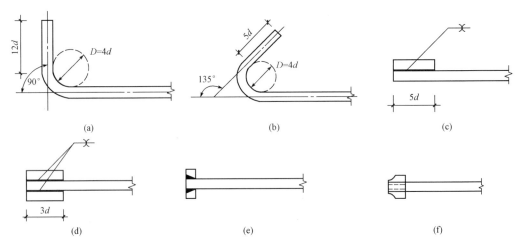

图 2.35 钢筋机械锚固的形式及技术要求
(a) 90°弯折；(b) 135°弯钩；(c) 一侧贴焊锚筋；(d) 两侧贴焊锚筋；(e) 穿孔塞焊锚板；(f) 螺栓锚头

思考题

2.1 简述建筑用钢的品种、级别，各用什么符号表示，各自在建筑结构中的适用范围。

2.2 软钢和硬钢的应力—应变曲线有何不同？两者的屈服强度取值有何不同？

2.3 热轧钢筋按强度分为几类？HRB400 级钢筋是指什么钢筋？其抗拉、抗压强度的标准值及设计值是多少？两者有何关系？

2.4 钢筋混凝土结构对钢筋的性能有何要求？

2.5 混凝土强度等级如何确定？什么样的混凝土强度等级属于高强度混凝土范畴？

2.6 立方体抗压强度是怎样确定的？哪些因素影响混凝土立方体抗压强度的测定值？如何影响？

2.7 混凝土轴心受压应力—应变曲线有何特点？

2.8 混凝土的强度指标有哪些？各指标与混凝土立方体抗压强度有何联系？

2.9 简述混凝土在三向受压情况下强度和变形的特点。

2.10 混凝土的弹性模量是怎样测定的？

2.11 什么是混凝土的徐变？徐变对混凝土构件有何影响？通常认为影响徐变的主要因素有哪些？如何减小徐变？

2.12 光圆钢筋与混凝土的粘结作用由哪几部分组成？变形钢筋的粘结机理与光圆钢筋有什么不同？

2.13 影响钢筋与混凝土之间粘结强度的主要因素有哪些？

2.14 受拉钢筋的基本锚固长度是指什么？它是怎样确定的？受拉钢筋以及受压钢筋的锚固长度是怎样计算的？

第3章

混凝土结构设计基本原则

★ 教学目标

本章要求掌握极限状态设计法的基本概念，包括结构的功能要求、结构的作用效应与抗力、设计使用年限、两类极限状态等；了解结构可靠度的基本原理；熟悉近似概率极限状态设计方法在混凝土结构设计的应用。

3.1 极限状态设计法的基本概念

3.1.1 结构的功能要求

1. 结构的安全等级

根据破坏后果的影响程度，建筑结构有三个安全等级：破坏后果很严重的为一级，严重的为二级，不严重的为三级，详见表3.1。

表3.1 建筑结构的安全等级

安全等级	破坏后果	示例
一级	很严重：对人的生命、经济、社会或环境影响很大	大型的公共建筑等
二级	严重：对人的生命、经济、社会或环境影响较大	普通的住宅和办公楼等
三级	不严重：对人的生命、经济、社会或环境影响较小	小型的或临时性储存建筑物等

对于人员比较集中使用的建筑物，如影剧院、体育馆等，安全等级宜按一级设计。对特殊的建筑物，其设计安全等级可视具体情况确定。另外，建筑物中各类结构构件的安全等级，宜与整个结构的安全等级相同，对部分特殊的构件可根据其重要程度做适当调整。结构设计时，应根据房屋的重要性，采用不同的可靠度水准。在概率极限状态设计法中，结构的安全等级用结构重要性系数 γ_0 来体现。

2. 结构的设计使用年限

结构的设计使用年限是指设计规定的结构或结构构件不需进行大修即可按其预定目的使用

的时期,即结构在规定的条件下所应达到的使用年限。

各类建筑结构的设计使用年限可按《工程结构可靠性设计统一标准》确定,见表3.2,也可按业主的要求经主管部门批准确定。各类工程结构的设计使用年限根据其预定目的的不同不一样。一般建筑结构的设计使用年限为50年,而桥梁、大坝的设计使用年限则较长。另外,需要注意的是,结构的设计使用年限并不等同于结构的实际寿命或耐久年限,超过设计使用年限的结构并不意味着不能继续使用,只是说明其完成预定功能的能力越来越低。

表3.2　房屋建筑结构的设计使用年限及荷载调整系数

类别	设计使用年限/年	示例	γ_L
1	5	临时性建筑结构	0.9
2	25	易于替换的结构构件	—
3	50	普通房屋和构筑物	1.0
4	100	标志性建筑和特别重要的建筑结构	1.1

注:对设计使用年限为25年的结构构件,γ_L应按各种材料结构设计规范的规定采用

3. 结构的功能

设计的结构和构件在规定的设计使用年限内,在正常的维护条件下,应能保持其使用功能,而不需要进行大修加固。根据《工程结构可靠性设计统一标准》,建筑结构应该满足的功能要求主要有安全性、适用性和耐久性三个方面。

(1)安全性。安全性是指结构在正常施工和正常使用时,能够承受可能出现的各种荷载作用和变形,在偶然事件(如地震、爆炸等)发生时和发生后保证其整体稳定性,在发生火灾时保证其在规定的时间内保持足够的承载力。例如,厂房结构在正常使用过程中受自重、吊车、风和积雪等荷载作用时,均应坚固不坏;在遇到强烈地震、爆炸等偶然事件时,允许有局部的损坏,但应保持结构的整体稳固性而不发生倒塌;在发生火灾时,应在规定时间内(如1~2小时)保持足够的承载力,以便人员逃生或施救。

(2)适用性。适用性是指结构在正常使用时保持良好的使用性能,如不发生过大的变形、振幅或过宽的裂缝等。例如,吊车变形过大,会使吊车无法运行;水池开裂便不能蓄水;过大的裂缝会造成用户心理上的不安等。

(3)耐久性。耐久性是指在正常维护条件下,结构应在预定的设计使用年限内满足各项功能的要求,即应具有足够的耐久性。例如,混凝土不发生严重风化、腐蚀、脱落、碳化,钢筋不发生锈蚀等。

另外,结构的功能还包括考虑突发事件对结构的一些特殊的功能要求,如防止出现结构的连续性倒塌等。只有满足上述功能要求的结构是安全可靠的。

3.1.2　结构上的作用、作用效应和结构抗力

1. 结构上的作用

结构是指能承受作用并具有适当刚度的由各连接部件有机组合而成的系统,是房屋建筑或其他构筑物中的承重骨架。作用是指施加在结构上的集中力或分布力和引起结构外加变形或约束变形的原因。结构上的作用包括直接作用和间接作用。直接作用是以力的形式作用于结构上,一般称为荷载,如施加在结构上的集中力和分布力;间接作用是以变形的形式作用在结构上,如地震、基础的差异沉降、混凝土收缩等。

(1)按随时间的变异,结构上的作用可分为以下三类:

①永久作用:在设计所考虑的时间内,始终存在且其量值变化与平均值相比可以忽略不计

的作用，或其变化是单调的并能趋于限值的作用，如结构的自身重力、土压力、预应力等。这种作用一般为直接作用，通常称为永久荷载或恒荷载。

②可变作用：在设计使用年限内其量值随时间变化，且其变化与平均值相比不可忽略的作用，如楼面活荷载、吊车荷载、风荷载、雪荷载等。这种作用若为直接作用，则通常称为可变荷载或活荷载。

③偶然作用：在设计使用年限内不一定出现，一旦出现其量值很大且持续时间很短的作用，如强烈地震、爆炸、撞击等。这种作用多为间接作用，当为直接作用时，通常称为偶然荷载。

（2）按空间的变化，结构上的作用可分为固定作用和自由作用两类。固定作用指在结构上具有固定空间分布的作用，当固定作用在结构某一点上的大小和方向确定后，该作用在整个结构上的作用即得以确定，如楼面上的固定设备荷载及结构构件的自重等；自由作用是指在结构上给定范围内具有任意空间分布的作用，如楼面上的人群荷载、厂房中的吊车荷载等。

（3）按结构反应的特点，结构上的作用可分为静态作用和动态作用两类。静态作用是指结构产生的加速可以忽略不计的作用，如结构的自重、楼面人群荷载、雪荷载等；动态作用指结构产生的加速度不可忽略的作用，如吊车荷载、设备振动、作用在高耸结构上的风荷载等。

（4）按结构有无限值，结构上的作用可分为有界作用和无界作用两类。有界作用指具有不能被超越的且可确切或近似掌握其界限值的作用，如水坝的最高水位压力等。无界作用指没有明确界限值的作用，如爆炸、撞击等。

2. 作用效应

结构上的作用使结构产生的内力（如弯矩、剪力、轴向力、扭矩等）、变形、裂缝等统称为作用效应。当为直接作用时，其效应也称为荷载效应，通常用 S 表示。荷载 Q 与荷载效应 S 之间通常按某种关系相联系，一般可近似按线性关系考虑，即

$$S = C \cdot Q \tag{3.1}$$

式中　C——作用效应系数（或荷载效应系数）。

需要注意的是，对具体结构而言，荷载效应并非确定值，而是具有一定随机性。影响荷载效应的主要不确定性因素如下：

（1）荷载本身的变化。活荷载的变化是明显的，如风压有强有弱，积雪有厚有薄，人群有多有少等。恒荷载也有变化，只是变化的程度相对小一些，如施工偏差引起的构件尺寸、材料密实度程度的变化等。

（2）内力计算假定与实际受力情况之间的差异。在进行结构内力计算时往往要忽略一些次要因素，进行某些假定，以得到理想化的计算简图，这些简化和假定不可避免地使内力计算与实际结构的内力情况有所差异，计算所得值可能大些，也可能小些。

3. 结构抗力

结构抗力是指整个结构或结构构件承受作用效应的能力，如构件的承载能力、刚度及抗裂能力等，通常用 R 表示。抗力可按一定的计算模式确定。影响抗力的主要因素有材料性能（强度、变形模量等）、几何参数（构件尺寸等）和计算模式的精确性（抗力计算所采用的基本假设等），可用下式表示：

$$R = R(f, a) \tag{3.2}$$

式中　f——所采用的结构材料强度指标；

　　　a——结构尺寸的几何参数。

结构上的作用（尤其是可变作用）与时间有关，结构抗力也随时间变化。因此，《建筑结构荷载规范》统一采用一般结构的设计使用年限 50 年作为规定荷载最大值的时域，称为设计基准

期,即荷载的统计参数都是按设计基准期为 50 年确定的。设计基准期是为确定可变作用及时间有关的材料性能而选用的时间参数,故设计基准期不等同于建筑结构的设计使用年限。

结构的抗力或承载力也具有不确定性。影响结构抗力或承载力的主要不确定性因素有以下几个方面:

(1) 结构构件材料性能的变异性。这是影响结构抗力或承载力的主要因素。材料性能或强度指标取决于材料本身的品质和生产工艺,抽样结果表明,即使其他条件都一样,材料的性能或强度指标也并不完全相同,而是在一定范围内变化。

(2) 结构构件几何参数的变异性。由于制作和安装的原因,结构构件的尺寸会出现偏差,造成实际结构构件与设计中预期的结构构件在几何特征上有差异,从而导致结构构件的计算抗力和实际抗力的差异。应当指出的是,这里所说的制作和安装中的偏差是指在正常施工过程中难以避免的,不包括质量事故和施工制作中出现的错误。

(3) 结构构件抗力计算模式的不确定性。在建立结构构件抗力的计算公式时,往往采用一些近似假设,如假设材料为理想的匀质弹性体、截面变形符合平截面变形条件、以矩形或三角形等简单应力图形代替复杂的应力分布等,这一系列的近似处理也将导致实际结构构件的抗力值与按公式计算结果的差异。

3.1.3 结构的极限状态

整个结构或结构的一部分超过某一特定状态(如承载力、变形、裂缝宽度等超过某一限值)就不能满足设计指定的某一功能要求,此特定状态称为该功能的极限状态。极限状态是一种界限,是结构工作状态从有效状态转变为失效状态的分界,是结构开始失效的标志。极限状态分为两类,即承载能力极限状态和正常使用极限状态,分别规定有明确的标志和限值。

1. 承载能力极限状态

结构或构件达到最大承载能力或者变形达到不适于继续承载状态,称为承载能力极限状态。当结构或结构构件出现下列状态之一时,应认为超过了承载能力极限:

(1) 结构构件或连接因超过材料强度而破坏,或因过度变形而不适于继续承载。
(2) 整个结构或其中一部分作为刚体失去平衡。
(3) 结构变为机动体系。
(4) 结构或构件丧失稳定。
(5) 结构因局部破坏而发生连续性倒塌。
(6) 地基丧失承载力而破坏。
(7) 结构或构件的疲劳破坏。

承载能力极限状态主要考虑有关结构安全性的功能,对于任何承载的结构和构件,都需要按承载能力极限状态进行设计。

2. 正常使用极限状态

结构或构件达到正常使用或耐久性能中某项规定限度的状态称为正常使用极限状态。当结构或结构构件出现下列状态之一时,应认为超过了正常使用极限:

(1) 影响正常使用或外观的变形。
(2) 影响正常使用或耐久性能的局部损坏。
(3) 影响正常使用的振动。
(4) 影响正常使用的其他特定状态。

正常使用极限状态主要考虑有关结构适用性和耐久性的功能,过大的变形和过宽的裂缝不仅影响结构的正常使用和耐久性能,也会造成人们心理上的不安全感,还会影响结构的安全性。因此,通常先对结构构件按承载能力极限状态进行承载能力计算,然后需要根据使用要求按正常使用极限状态进行变形、裂缝宽度或抗裂等验算。例如,对混凝土结构,通常可按承载能力极限状态来设计或计算,再按正常使用极限状态进行验算;当承载能力极限状态起控制作用,并采取了相应构造措施时,也可不进行正常使用极限状态的验算。

3.2 概率极限状态设计法

3.2.1 结构的可靠度

基于荷载作用效应和抗力的随机性,安全可靠应属于概率的范畴,应当用结构完成其预定功能的可能性(概率)的大小来衡量,而不是用一个定值来衡量。当结构完成其预定功能的概率达到一定程度,或不能完成其预定功能的概率小到某一公认的、人们可以接受的程度,就认为该结构是安全可靠的。

结构的可靠性指结构在规定的时间内、规定的条件下,完成预定功能(安全性、适用性和耐久性)的能力。规定的时间是指结构的设计使用年限,所有的统计分析均以该时间区间为准;规定的条件是指正常设计、正常施工、正常使用和维护的条件,不包括非正常的,如人为的错误等。

结构可靠度是指结构在规定的时间内、规定的条件下,完成预定功能的概率。即结构可靠度是结构可靠性的概率度量,通常用可靠概率 p_s 表示。

3.2.2 结构的失效概率与可靠指标

1. 极限状态方程

设 S 表示荷载效应(由各种荷载分别产生的荷载效应组合),设 R 表示结构抗力,荷载效应和结构抗力都是随机变量。当满足 $S \leqslant R$ 时认为结构是可靠的,反之认为结构是失效的。结构的极限状态可以用极限状态函数来表达:

$$Z = R - S \tag{3.3}$$

由于 S、R 均为随机变量,根据概率统计理论,则 Z 也是随机变量。当 $Z = R - S > 0$ 时,结构处于可靠状态;当 $Z = R - S < 0$ 时,结构处于失效状态;当 $Z = R - S = 0$ 时,结构处于极限状态。结构所处的三种状态如图 3.1 所示。

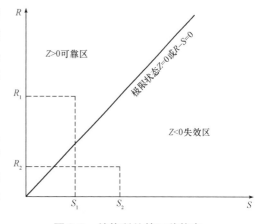

图 3.1 结构所处的三种状态

为了使结构不超过极限状态,必须满足 $Z = R - S \geqslant 0$,即 $S \leqslant R$。如果作用效应 S 和结构抗力 R 都是确定的量,要满足 $S \leqslant R$ 是容易做到的。但由于影响 S 和 R 的很多因素都具有不确定性,在进行结构设计时很难确定 S 和 R 的准确数值,即 S 和 R 都具有不确定性,这就使问题变得复杂了。

由前述可知,结构的可靠度通常受结构上的各种作用、材料性能、几何参数、计算公式精确性等因素影响。这些因素一般具有随机性,称为随机变量,记为 X_i($i = 1, 2, \cdots, n$)。按极限状态方法设计建筑结构时,要求所设计的结构具有一定的预定功能。故可将上述极限状态方程推广,用包括各有关基本变量 X_i 在内的结构功能函数来表达,即

$$Z = g(X_1, X_2, \cdots, X_n) \tag{3.4}$$

式(3.4)中功能函数 $g(\cdots)$ 由所研究的结构功能而定,可以是承载能力,也可以是变形或裂缝宽度等。

2. 结构的失效概率

由于结构抗力 R 和荷载效应 S 都是随机变量或随机过程,设 R 和 S 均服从正态分布且两者为线性关系,R 和 S 的平均值分别为 μ_R 和 μ_S,标准差分别为 σ_R 和 σ_S。结构抗力为 R 和荷载效应为 S 的概率密度曲线如图 3.2 所示。按照结构设计的要求,显然 μ_R 应该大于 μ_S。由图可见,在多数情况下结构抗力 R 大于荷载效应 S。但是,由于 R 和 S 的离散性,在 R、S 概率密度曲线的重叠区(阴影部分)仍有可能出现 R 小于 S 的情况。这种可能性的大小用概率来表示即失效概率,用 p_f 来表示。

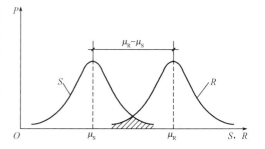

图 3.2 R、S 的概率密度分布曲线

同前,若令 $Z = R - S$,则 Z 也是服从正态分布的随机变量,其平均值 $\mu_Z = \mu_R - \mu_S$,标准差为 $\sigma_Z = \sqrt{\sigma_R^2 + \sigma_S^2}$。图 3.3 表示 Z 的概率密度分布曲线,结构的失效概率 p_f 可直接通过 $Z < 0$ 的概率(图中的阴影部分)来表达,即

$$p_f = P(Z < 0) = \int_{-\infty}^{0} f(Z) \, dZ \tag{3.5}$$

$Z \geq 0$ 的概率为结构的可靠概率 p_s,有 $p_s = 1 - p_f$。

按式(3.5)计算失效概率 p_f 比较麻烦,故改用一种可靠指标的计算方法。从图 3.3 中可以看出,阴影部分的面积与 μ_Z 和 σ_Z 的大小有关,增大 μ_Z,曲线右移,阴影面积将减小;减小 σ_Z,曲线变得高而窄,阴影面积也将减小。取

$$\mu_Z = \beta \sigma_Z \tag{3.6}$$

则

$$\beta = \frac{\mu_Z}{\sigma_Z} = \frac{\mu_R - \mu_S}{\sqrt{\sigma_R^2 + \sigma_S^2}} \tag{3.7}$$

可以看出,β 大则失效概率小。因此,β 和失效概率一样可作为衡量结构可靠度的一个指标,称为可靠指标。β 与失效概率 p_f 之间有一一对应关系,部分对应关系见表 3.3。由式(3.7)可以看出,β 直接与基本变量的平均值和标准差有关,而且可以考虑基本变量的概率分布类型,所以,它能反映影响结构可靠度的各主要因素的变异性。

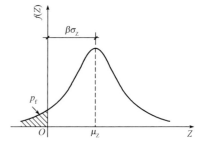

图 3.3 Z 的概率密度分布曲线

表 3.3 可靠指标 β 与失效概率 p_f 的对应关系

β	1.0	1.5	2.0	2.5	2.7	3.2	3.7	4.2
p_f	1.59×10^{-1}	6.68×10^{-2}	2.28×10^{-2}	6.21×10^{-3}	3.5×10^{-3}	6.9×10^{-4}	1.1×10^{-4}	1.3×10^{-5}

需要注意的是,当仅有作用效应和结构抗力两个基本变量且均按正态分布时,结构构件的

可靠指标可按式（3.7）计算；当基本变量不按正态分布时，结构构件的可靠指标应以结构构件作用效应和结构抗力当量正态分布的平均值和标准差代入式（3.7）计算。

3. 设计可靠指标

设计规范所规定的、作为设计结构或结构构件时所应达到的可靠指标，称为设计可靠指标 $[\beta]$，它是根据设计所要求达到的结构可靠度而确定的，又称为目标可靠指标。结构按承载能力极限状态设计时，要保证其完成预定功能的概率不低于某一允许的水平，应对不同情况下的设计可靠指标 $[\beta]$ 做出规定。结构和结构构件的破坏类型可分为延性破坏和脆性破坏两类。延性破坏有明显的预兆，可以及时采取补救措施，设计可靠指标可以定得稍低些。相反，脆性破坏常常是突发性破坏，破坏前没有明显的征兆，设计可靠指标应该定得高一些。《工程结构可靠性设计统一标准》根据结构的安全等级和破坏类型，给出了结构构件承载能力极限状态的设计可靠指标，见表 3.4。

表 3.4 结构构件承载能力极限状态的设计可靠指标 $[\beta]$

破坏类型	安全等级		
	一级	二级	三级
延性破坏	3.7	3.2	2.7
脆性破坏	4.2	3.7	3.2

结构构件正常使用极限状态的设计可靠指标，根据其作用效应的可逆程度宜取 0~1.5。可逆极限状态是指当产生超越正常使用极限状态的作用卸除后，该作用产生的超越状态可以恢复的正常使用极限状态；而不可逆极限状态则恰恰相反。例如，一简支梁在某一数值的荷载作用后，其挠度超过了允许值，卸去荷载后，若梁的挠度小于允许值则为可逆极限状态，否则为不可逆极限状态。对可逆的正常使用极限状态，其设计可靠指标取为 0；对不可逆的正常使用极限状态，其设计可靠指标取 1.5。当可逆程度介于可逆与不可逆两者之间时，$[\beta]$ 取 0 和 1.5 之间的值。对可逆程度高的结构构件取较低值，相反则取较高值。

按概率极限状态设计时，一般是已知各基本变量的统计特性（如平均值和标准差），然后根据规范规定的设计可靠指标 $[\beta]$，求出所需要的结构抗力平均值 μ_R，然后对结构构件进行截面设计。这种方法能够比较充分地考虑各有关因素的客观变异性，使所设计的结构比较符合预期的可靠度要求。但是，对于一般建筑结构构件，根据设计可靠指标 $[\beta]$ 按上述概率极限状态设计方法进行设计则过于复杂。

3.3 概率极限状态设计的实用表达式

从前面对可靠指标、失效概率和可靠概率及其相互关系的分析中可以看出，如果知道了作用效应 S 和结构抗力 R 的分布函数和充分的统计特征值，就可以计算出结构的可靠度，并按照目标可靠度的要求进行结构设计或校核，对一些特殊的工程结构就是按照可靠度的要求进行设计的。但是对于量大面广的一般工程结构而言，直接按可靠度进行设计在应用中还存在着很多问题：首先是实际结构中的随机变量可能有多个，对其概率分布尚未完全掌握；其次是目前对影响可靠性的一些不确定因素研究得还不够充分，统计资料也不够完善，这就使直接按可靠度进行设计有一定困难。

为了使结构的可靠性设计方法简便、实用,并考虑到工程技术人员的习惯,对于一般常见的工程结构,我国规范采用了以概率理论为基础的极限状态设计方法,以可靠指标度量结构构件的可靠度,并采用分项系数的实用设计表达式进行设计。

结构设计时,为保证所设计的结构安全可靠,应使结构的可靠概率 p_s 即 $S \leq R$ 的概率足够大,或使失效概率 p_f 即 $S > R$ 的概率足够小。如果计算作用效应(或荷载效应)S 时取某一足够大的荷载值,则实际出现的荷载值超过所取得荷载值的概率就会很小;同样,如果在计算结构抗力 R 时取某一足够低的材料强度指标,则实际结构中的材料强度低于所取材料强度指标的概率也会很小。在给定 $S \leq R$ 表达式和荷载及材料强度取值的条件下,结构或构件的失效概率就是同时出现超荷载和低强度的概率。计算作用效应 S 时的荷载取值越大,出现超荷载的概率就越小,而在计算结构抗力 R 时的材料强度取值越低,出现低强度的概率也越小,因而失效概率也越小。由此可见,如果事先给定一个 $S \leq R$ 的设计表达式和给定的设计可靠指标 $[\beta]$(即给定了失效概率 p_f),通过调整设计计算时的荷载和材料强度的取值,就可以达到当满足 $S \leq R$ 的设计表达式时,其相应的可靠指标(或失效概率)也满足要求。

按极限状态设计的实用设计表达式就是根据各种规定的目标可靠指标,经过优选对荷载乘以大于1的荷载分项系数,对材料按照规定的保证率确定一个较低的材料强度设计值,使得按极限状态设计表达式计算的各种结构所具有的可靠指标与规定的设计可靠指标之间在总体上误差最小。另外,为使设计表达式满足不同安全等级的要求,还引入结构重要性系数 γ_0,对不同安全等级建筑结构的可靠指标进行调整。

因此,以概率理论为基础的极限状态设计方法的设计表达式可不必进行繁杂的概率运算,而是通过荷载的取值、材料强度的取值以及分项系数三个方面来保证相应可靠度。

3.3.1 荷载代表值

1. 荷载的统计特性

我国对建筑结构的各种恒载、民用房屋(包括办公楼、住宅、商场等)楼面活荷载、风荷载和雪荷载等进行了大量的调查和实测工作。对所取得的资料应用概率统计方法处理后,得到各种荷载的概率分布和统计参数。

(1)永久荷载 G。建筑结构中的屋面、楼面、墙体、梁柱等构件以及找平层、保温层、防水层等自重重力,都是永久荷载,通常称为恒载,其值不随时间变化或变化很小。永久荷载是根据构件体积和材料重度确定的。由于构件尺寸在施工制作中的允许误差以及材料组成或施工工艺对材料重度的影响,构件的实际自重重力是在一定范围内波动的。根据我国大量的实测数据,经数理统计分析后,永久荷载这一随机变量符合正态分布。

(2)可变荷载 Q。建筑结构的楼面荷载、屋面活荷载和积灰荷载、吊车荷载,以及风荷载和雪荷载等属于可变荷载,其数值随时间而变化。民用房屋楼面活荷载一般分为持久性活荷载和临时性活荷载两种。在设计基准期内,持久性活荷载是经常出现的,如家具等产生的荷载,其数量和分布随房屋的用途、家具的布置方式而变化,且是时间的函数;临时性活荷载是短暂出现的,如人员的临时聚会的荷载等,它随人员的数量和分布而异,也是时间的函数。同样,风荷载和雪荷载均是时间的函数。对可变荷载随机过程的样本进行处理后,可得到可变荷载在任意时点的概率分布和在设计基准期内最大值的概率分布。根据对我国大量的实测数据进行数理统计分析,民用房屋楼面活荷载以及风荷载和雪荷载的概率分布均可认为是极值Ⅰ型分布。

2. 荷载标准值

荷载标准值是建筑结构按极限状态设计时采用的荷载基本代表值。荷载标准值可由设计基准期最大荷载概率分布的某一分位值确定,若为正态分布,则如图 3.4 中的 P_k 所示。荷载标准值理论上应为结构在使用期间,在正常情况下,可能出现的具有一定保证率的偏大荷载值。若取荷载标准值为

$$P_k = \mu_p + 1.645\sigma_p \quad (3.8)$$

则 P_k 具有 95% 的保证率,即在设计基准期内超过此标准值的荷载出现的概率为 5%。式中 μ_p 是荷载平均值;σ_p 是荷载标准差。

(1) 永久荷载标准值 G_k。永久荷载,如构件自身重力的标准值 G_k,由于其变异性不大,一般可按结构设计规定的尺寸和《建筑结构荷载规范》规定的材料重度平均值确定。当永久荷载的变异性较大时,其标准值可按对结构承载力有利或不利,取所得结果的下限值或上限值。

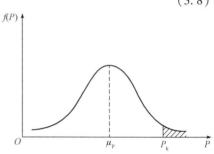

图 3.4 荷载标准值的概率含义

(2) 可变荷载标准值 Q_k。对于可变荷载,虽然《工程结构可靠性设计统一标准》中规定其标准值 Q_k 应根据荷载在设计基准期间可能出现的最大荷载概率分布并满足一定的保证率来确定,然而由于目前对于在设计基准期内最大荷载的概率分布能作出估计的荷载尚不多,所以《建筑结构荷载规范》中规定的荷载标准值主要还是根据历史经验确定的。如住宅、办公楼以及教室等的楼面均布活荷载标准值取 2.0 kN/m^2。

3. 荷载设计值、可变荷载的组合值

(1) 荷载分项系数 γ_G、γ_Q。在承载能力极限状态设计中,为了充分考虑荷载的变异性以及计算内力时简化所带来的不利影响,须对荷载标准值乘以荷载分项系数。考虑到可变荷载的变异性比永久荷载要大,因而对可变荷载的分项系数的取值要比永久荷载大一些。荷载分项系数是根据规定的设计可靠指标和不同的可变荷载与永久荷载比值,对不同类型构件进行反算后,得出相应的分项系数,从中经过优选,得出最合适的数值而确定的。根据分析结果,《建筑结构荷载规范》规定荷载分项系数应按表 3.5 采用。

表 3.5 房屋建筑结构作用的分项系数

作用分项系数	适用情况 当作用效应对承载力不利时		当作用效应对承载力有利时
	由可变荷载效应控制	由永久荷载效应控制	
γ_G	1.2	1.35	≤1.0
γ_P	1.2		1.0
γ_Q	1.4		0

可变荷载分项系数 γ_Q,一般情况下应取 1.4;对工业建筑楼面结构,当活荷载标准值大于 4 kN/m^2 时,从经济效果考虑,应取 1.3。

(2) 荷载设计值。荷载分项系数与荷载标准值的乘积,称为荷载设计值。如永久荷载设计值为 $\gamma_G G_k$,可变荷载设计值为 $\gamma_Q Q_k$。

(3) 可变荷载的组合值。当结构上同时作用几个可变荷载时,各可变荷载最大值在同一时

刻出现的概率较小，若设计中仍采用各荷载效应设计值叠加，则可能造成结构可靠度不一致，因而必须对可变荷载设计值再乘以调整系数，即可变荷载组合值系数 ψ_c。ψ_c 的确定原则与荷载分项系数确定原则相同，在此不再赘述。

可变荷载的组合值为可变荷载组合值系数与可变荷载的标准值的乘积，即 $\psi_c Q_k$。《建筑结构荷载规范》给出了各类可变荷载的组合值系数。当按承载力极限状态计算荷载效应组合值时，除风荷载取 $\psi_c = 0.6$ 外，大部分可变荷载取 $\psi_c = 0.7$。

4. 可变荷载的频遇值和准永久值

荷载标准值是在设计基准期内最大荷载的意义上确定的，它没有反映荷载作为随机过程而具有随时间变异的特性。当结构按正常使用极限状态的要求进行设计时，例如要求控制房屋的变形、裂缝、局部损坏以及引起不舒适的振动时，就应从不同的要求来选择荷载的代表值。

在可变荷载 Q 的随机过程中，荷载超过某水平 Q_x 的表示方式，可用超过 Q_x 的总持续时间 $T_x (= \sum t_i)$ 与设计基准期 T 的比率 $\mu_x = T_x/T$ 来表示，如图 3.5 所示。

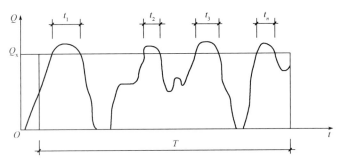

图 3.5 可变荷载的一个样本

可变荷载的频遇值是按正常使用极限状态频遇效应组合设计时采用的荷载代表值。其值是指在设计基准期内，其超越的总时间为规定的较小比率（μ_x 不大于 0.1）或超越频率为规定频率的荷载值。即在结构上较频繁出现且量值较大的荷载值，但总小于荷载标准值（如一般住宅、办公楼建筑的楼面均布活荷载频遇值为 0.5~0.6 的标准值）。可变荷载的频遇值为频遇值系数 ψ_f 与可变荷载标准值的乘积，即 $\psi_f Q_k$。频遇值系数 ψ_f 可查《建筑结构荷载规范》。

可变荷载的准永久值是按正常使用极限状态长期效应组合设计时采用的荷载代表值。其值是指在设计基准期内，其超越的总时间约为设计基准期一半（即 μ_x 约等于 0.5）的荷载值，即在设计基准期内经常作用的荷载值。可变荷载的准永久值为准永久值系数 ψ_q 与可变荷载标准值的乘积，即 $\psi_q Q_k$。准永久值系数 ψ_q 可查《建筑结构荷载规范》，如住宅、办公楼等的楼面均布活荷载的准永久值系数取 $\psi_q = 0.4$，教室、会议室等取 $\psi_q = 0.5$。

3.3.2 材料强度取值

1. 材料强度的变异性及统计特性

材料强度的变异性，主要是指材质以及工艺、加载、尺寸等因素引起的材料强度的不确定性。例如，按同一标准生产的钢材或混凝土，各批次之间的强度是不同的，即使是同一炉钢轧成的钢筋或同一次搅拌的混凝土试件，按照统一方法在同一试验机上进行试验，其所测强度也不完全相同。

统计资料表明，钢筋强度的概率分布符合正态分布。以某钢厂某年生产的一批光圆低碳钢筋为例，以取样试件的屈服强度为横坐标，频率和频数为纵坐标，如图3.6所示。其中，直方图代表实测数据，曲线为实测数据的理论曲线，代表了钢筋强度的概率分布，基本符合正态分布。

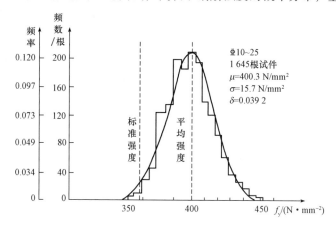

图 3.6　钢筋屈服强度概率分布

混凝土强度分布也基本符合正态分布。以某预制构件厂所制作的一批试块为例，如图3.7所示。图中横坐标为试块的实测强度，纵坐标为频数和频率，直方图为实测数据，曲线代表了试块实测强度的理论分布曲线。

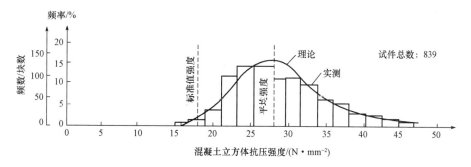

图 3.7　混凝土试块的统计资料

2. 材料强度标准值

钢筋和混凝土强度标准值是混凝土结构按极限状态设计时采用的材料强度基本代表值。材料强度标准值应根据符合规定质量的材料强度的概率分布的某一分位值确定，如图3.8所示。由于钢筋和混凝土强度均服从正态分布，故它们的强度标准值 f_k 可统一表示为

$$f_k = \mu_f - \alpha \sigma_f \tag{3.9}$$

式中，α 为与材料实际强度 f 低于材料强度标准值 f_k 的概率有关的保证率系数，对热轧钢筋，若取 α 等于2，则与其对应的保证率为97.75%，而若要求混凝土强度标准值具有95%的保证率，则 α 等于1.645；μ_f 为材料强度平均值；σ_f 为材料强度标准差。

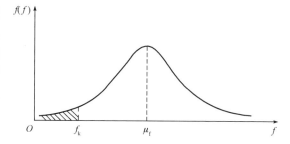

图 3.8　材料强度标准值的概率含义

混凝土、普通钢筋、预应力钢筋的强度标准值见附表1、附表2、附表9、附表10。

3. 材料分项系数与材料强度设计值

为了充分考虑材料的离散性和施工中不可避免的偏差带来的不利影响,再将材料强度标准值除以一个大于1的系数,即得材料强度设计值,相应的系数称为材料分项系数,即

$$f_c = \frac{f_{ck}}{\gamma_c}, \quad f_s = \frac{f_{sk}}{\gamma_s} \tag{3.10}$$

确定钢筋和混凝土材料的分项系数时,对于具有统计资料的材料,按设计可靠指标$[\beta]$通过可靠度分析确定。即在已有荷载分项系数的情况下,在设计表达式中采用不同的材料分项系数,反演推算出结构构件所具有的可靠指标β,从中选取与规定的设计可靠指标$[\beta]$最接近的一组材料分项系数。对统计资料不足的情况,则主要以工程经验经校准计算确定。

根据上述原则确定的混凝土材料分项系数$\gamma_c = 1.4$;HPB300、HRB335、HRB400、HRBF400级钢筋的材料分项系数$\gamma_s = 1.1$,HRB500、HRBF500级钢筋的材料分项系数$\gamma_s = 1.15$;预应力钢筋的材料分项系数$\gamma_s = 1.2$。

混凝土、普通钢筋、预应力钢筋的强度设计值见附表3、附表4、附表11、附表12。

3.3.3 结构的设计状况

结构的设计状况是结构在从施工到使用的全过程中,代表一定时段的一组物理条件,设计时必须做到使结构在该时段内不超越有关极限状态。因此,在建筑结构设计时,应根据结构在施工和使用中的环境条件和影响,区分下列四种设计状况:

(1) 持久设计状况。在结构使用过程中一定出现、持续期很长的状况。持续期一般与设计使用年限为同一数量级。如房屋结构承受家具和正常人员荷载的状况。

(2) 短暂设计状况。在结构施工和使用过程中出现概率较大,而与设计使用年限相比,持续时间很短的状况。如结构施工和维修时承受堆料和施工荷载的状况。

(3) 偶然设计状况。在结构使用过程中出现概率很小,且持续期很短的状况。如结构遭受火灾、爆炸、撞击等作用的状况。

(4) 地震设计状况。结构使用过程中遭受地震作用时的状况。

对于上述四种设计状况,均应进行承载能力极限状态设计,以确保结构的安全性。对偶然设计状况,允许主要承重结构因出现设计规定的偶然事件而局部破坏,但其剩余部分具有在一段时间内不发生连续倒塌的可靠度,因持续期很短,可不进行正常使用极限状态设计;对持久设计状况,尚应进行正常使用极限状态设计,以保证结构的适用性和耐久性;对短暂设计状况和地震设计状况,可根据需要进行正常使用极限状态设计。

3.3.4 承载能力极限状态设计表达式

1. 基本表达式

对持久设计状况、短暂设计状况和地震设计状况,混凝土结构构件应采用下列承载能力极限状态设计表达式:

$$\gamma_0 S \leqslant R \tag{3.11}$$

$$R = R(f_c, f_s, a_k, \cdots)/\gamma_{Rd} \tag{3.12}$$

式中 γ_0——结构重要性系数:在持久设计状况和短暂设计状况下,对安全等级为一级的结构构件不应小于1.1,对安全等级为二级的结构构件不应小于1.0,对安全等级为三级的结构构件不应小于0.9;对地震设计状况下应取1.0;

S——承载能力极限状态下作用组合的效应设计值：对持久设计状况和短暂设计状况按作用的基本组合计算；对地震设计状况按作用的地震组合计算；

R——结构构件的抗力设计值；

γ_{Rd}——结构构件的抗力模型不定性系数：静力设计取 1.0，对不确定性较大的结构构件根据具体情况取大于 1.0 的数值；抗震设计应用承载力抗震调整系数 γ_{RE} 代替 γ_{Rd}；

a_k——几何参数标准值：当几何参数的变异性对结构性能有明显的不利影响时，可增、减一个附加值；

f_c——混凝土的强度设计值；

f_s——钢筋的强度设计值。

对偶然作用下的结构进行承载能力极限状态设计时，式（3.11）中的作用效应设计值 S 按偶然组合计算，结构重要性系数 γ_0 取不小于 1.0 的数值。当计算结构构件的承载力函数时，式（3.12）中混凝土、钢筋的强度设计值 f_c、f_s 则改用强度标准值 f_{ck}、f_{sk}。

2. 荷载组合的效应设计值 S

结构设计时，应根据所考虑的设计状况，选用不同的组合：对持久和短暂设计状况，应采用基本组合；对偶然设计状况，应采用偶然组合；对于地震设计状况，应采用作用效应的地震组合。

（1）基本组合。《建筑结构荷载规范》规定：对于基本组合，荷载效应组合的设计值应从由可变荷载效应控制的组合和由永久荷载效应控制的两组组合中取最不利值确定。

对由可变荷载效应控制的组合，其承载能力极限状态设计表达式一般形式为

$$S = \sum_{i \geq 1} \gamma_{Gi} S_{Gik} + \gamma_P S_P + \gamma_{Q_1} \gamma_{L1} S_{Q1k} + \sum_{j>1} \gamma_{Qj} \psi_{cj} \gamma_{Lj} S_{Qjk} \tag{3.13}$$

对由永久荷载效应控制的组合，其承载能力极限状态设计表达式一般形式为

$$S = \sum_{i \geq 1} \gamma_{Gi} S_{Gik} + \gamma_P S_P + \gamma_L \sum_{j \geq 1} \gamma_{Qj} \psi_{cj} S_{Qjk} \tag{3.14}$$

式中 S_{Gik}——第 i 个永久作用标准值的效应；

S_P——预应力作用有关代表值的效应；

S_{Q1k}——第 1 个可变作用（主导可变作用）标准值的效应；

S_{Qjk}——第 j 个可变作用标准值的效应；

γ_{Gi}——第 i 个永久作用的分项系数；

γ_P——预应力作用的分项系数；

γ_{Q1}——第 1 个可变作用（主导可变作用）的分项系数；

γ_{Qj}——第 j 个可变作用的分项系数；

γ_{L1}、γ_{Lj}——第 1 个和第 j 个关于结构设计使用年限的荷载调整系数，应按表 3.2 取用；

ψ_{cj}——第 j 个可变作用的组合值系数。

（2）偶然组合。偶然事件本身属于小概率事件，两种不相关的偶然事件同时发生的概率更小，所以不必同时考虑两种偶然荷载。分别规定两种偶然荷载组合如下：

①偶然事件发生时，结构承载能力极限状态设计的组合为

$$S_d = \sum_{j=1}^{m} S_{Gjk} + S_{Ad} + \psi_{f1} S_{Q1k} + \sum_{i=2}^{n} \psi_{qi} S_{Qik} \tag{3.15}$$

式中 S_{Ad}——偶然荷载设计值 A_d 的效应，如内力、位移等；

ψ_{f1}——第 1 个可变荷载的频遇值系数；

ψ_{qi}——第 i 个可变荷载的准永久值系数。

②偶然事件发生后，受损结构整体稳固性验算的组合为

$$S_d = \sum_{j=1}^{m} S_{Gjk} + \psi_{f1} S_{Q1k} + \sum_{i=2}^{n} \psi_{qi} S_{Qik} \qquad (3.16)$$

设计人员和业主首先要控制偶然荷载发生的概率或减小偶然荷载的强度，其次才是进行偶然荷载设计。偶然荷载的代表值不乘分项系数，这是因为偶然荷载标准值的确定本身带有主观的臆测因素；与偶然荷载同时出现的其他荷载可根据观测资料和工程经验采用适当的代表值。

3.3.5 正常使用极限状态设计表达式

按正常使用极限状态设计，主要是验算结构构件的变形和抗裂度或裂缝宽度。在正常使用状态下，可变荷载作用时间的长短对于变形和裂缝的大小显然是有影响的。可变荷载的最大值并非长期作用于结构之上，所以应按其在设计基准期内作用时间的长短和可变荷载超越总时间或超越次数，对其标准值进行折减。《工程结构可靠性设计统一标准》采用一个小于1的准永久系数和频遇值系数来考虑这种折减。荷载的准永久值系数乘以可变荷载标准值所得乘积称为荷载的准永久值，荷载的频遇值系数乘可变荷载标准值所得乘积称为荷载的频遇值。

这样，可变荷载有四种代表值，即标准值、组合值、频遇值和准永久值。其中标准值为基本代表值，其他三值可由标准值分别乘以相应系数（小于1.0）而得。根据实际设计的需要，常需区分荷载的短期作用（标准组合、频遇组合）和荷载的长期作用（准永久组合）下构件的变形大小和裂缝宽度计算。按照不同的设计目的，分别选用荷载的标准组合、频遇组合和准永久组合。标准组合主要用于当一个极限状态被超越时将产生严重的永久性损害的情况；频遇组合主要用于当一个极限状态被超越时将产生局部损害、较大变形或短暂振动的情况；准永久组合主要用于当长期效应是决定性因素的情况，例如，最大裂缝宽度的验算。长期持续作用的荷载使混凝土产生徐变变形，并导致钢筋与混凝土之间的粘结滑移增大，从而使构件的变形和裂缝宽度增大，故进行正常使用极限状态设计时，应考虑荷载长期效应的影响，即应考虑荷载效应的准永久组合，有时尚应考虑荷载效应的频遇组合。

对于正常使用极限状态，应根据不同的设计要求，采用标准组合、频遇组合和准永久组合，按下式进行设计：

$$S \leq C \qquad (3.17)$$

式中 S——正常使用极限状态的荷载组合效应的设计值（如变形、裂缝宽度、应力等的效应设计值）；

C——结构构件达到正常使用要求所规定的变形、裂缝宽度和应力等的限值。

（1）按荷载的标准组合时，荷载效应组合的设计值 S 应按下式计算：

$$S = \sum_{i \geq 1} S_{Gik} + S_P + S_{Q1k} + \sum_{j>1} \psi_{cj} S_{Qjk} \qquad (3.18)$$

式中，永久荷载及第一个可变荷载采用标准值，其他可变荷载均采用组合值。ψ_{cj} 为可变荷载组合值系数。

（2）按荷载的频遇组合时，荷载效应组合的设计值 S 应按下式计算：

$$S = \sum_{i \geq 1} S_{Gik} + S_P + \psi_{f1} S_{Q1k} + \sum_{j>1} \psi_{qj} S_{Qjk} \qquad (3.19)$$

式中 ψ_{f1}、ψ_{qj}——可变荷载 Q_1 的频遇值系数、可变荷载 Q_j 的准永久值系数。

可见，频遇组合系数指永久荷载标准值、主导可变荷载的频遇值与伴随可变荷载的准永久值的效应组合。

（3）按荷载的准永久组合时，荷载效应组合的设计值 S 应按下式计算：

$$S = \sum_{i \geq 1} S_{Gik} + S_P + \sum_{j \geq 1} \psi_{qj} S_{Qjk} \qquad (3.20)$$

这种组合主要用在当荷载的长期效应是决定性因素时的一些情况。

应当注意的是，按正常使用极限状态设计时，变形过大或裂缝过宽虽影响正常使用，但危害程度不及承载力引起的结构破坏造成的损失那么大，所以可适当降低对可靠度的要求。因而设计时对荷载不乘分项系数，对材料强度取标准值。

混凝土结构构件在进行正常使用极限状态验算时主要有以下规定：

（1）对结构进行抗裂验算时，应按荷载标准组合的效应设计值［式（3.18）］进行计算，其计算值不应超过相关规范规定的相应限值。具体验算方法和规定见第10章。

（2）结构构件的裂缝宽度，对钢筋混凝土构件，按荷载的准永久组合［式（3.20）］并考虑长期作用影响进行计算；对预应力混凝土构件，按荷载的标准组合［式（3.18）］并考虑长期作用影响进行计算；构件的最大裂缝宽度不应超过相关规范规定的最大裂缝宽度限值。具体验算方法和规定见第9章和第10章。

（3）受弯构件的最大挠度，钢筋混凝土结构构件应按荷载的准永久组合［式（3.20）］，预应力混凝土构件应按荷载的标准组合［式（3.18）］，并均应考虑荷载长期作用的影响计算，其计算值不应超过相关规范规定的挠度限值。具体验算方法和规定见第9章和第10章。

【例3.1】某办公楼楼面采用预应力混凝土七孔板，安全等级定为二级。板长为3.3 m，计算跨度为3.18 m，板宽为0.9 m，板自重为2.04 kN/m²，后浇混凝土层厚为40 mm，板底抹灰层厚为20 mm，可变荷载取2.0 kN/m²，频遇值系数为0.5，准永久值系数为0.4。试计算按承载能力极限状态和正常使用极限状态设计时的截面弯矩设计值。

【解】永久荷载标准值计算如下：

自重	2.04 kN/m²
40 mm 后浇层	$25 \times 0.04 = 1$ （kN/m²）
20 mm 板底抹灰层	$20 \times 0.02 = 0.4$ （kN/m²）
	3.44 kN/m²

沿板长每延米均布荷载标准值为
$0.9 \times 3.44 = 3.1$ （kN/m）
可变荷载每延米标准值为
$0.9 \times 2.0 = 1.8$ （kN/m）
简支板在均布荷载作用下的弯矩为
$m = (1/8) q l^2$
故荷载效应为
$S_{Gk} = \dfrac{1}{8} \times 3.1 \times 3.18^2 = 3.92$ （kN·m）
$S_{Q1k} = \dfrac{1}{8} \times 1.8 \times 3.18^2 = 2.28$ （kN·m）

按承载力极限状态设计时，当不确定是由可变荷载效应控制还是永久荷载效应控制时，取两种组合的最不利值作为效应设计值 S_d。

①当由可变荷载效应控制时，因只有一种可变荷载，故
$$M = \gamma_0 (\gamma_G S_{Gk} + \gamma_{Q1} S_{Q1k})$$
取 $\gamma_0 = 1.0$，$\gamma_G = 1.2$，$\gamma_{Q1} = 1.4$，故

$M = 1.0 \times (1.2 \times 3.92 + 1.4 \times 2.28) = 7.9 \text{ (kN·m)}$

② 当由永久荷载效应控制时，因只有一种可变荷载，故
$$M = \gamma_0 (\gamma_G S_{Gk} + \gamma_{Q1} \psi_{c1} S_{Q1k})$$
取 $\gamma_0 = 1.0$，$\gamma_G = 1.35$，$\gamma_{Q1} = 1.4$，$\psi_{c1} = 0.7$，故
$M = 1.0 \times (1.35 \times 3.92 + 1.4 \times 0.7 \times 2.28) = 7.53 \text{ (kN·m)}$

故取 7.9 kN·m 作为承载力极限状态设计时的截面弯矩设计值。

按正常使用极限状态设计时，弯矩标准值为
$M_k = 3.92 + 2.28 = 6.2 \text{ (kN·m)}$

按荷载的频遇组合时为
$M_f = 3.92 + 0.5 \times 2.28 = 5.06 \text{ (kN·m)}$

按荷载的准永久组合时为
$M_q = 3.92 + 0.4 \times 2.28 = 4.83 \text{ (kN·m)}$

思考题

3.1 建筑结构安全等级是按什么原则划分的？结构的设计使用年限如何确定？

3.2 "作用"和"荷载"有什么区别？

3.3 什么是结构抗力？影响结构抗力的主要因素有哪些？

3.4 什么是结构的极限状态？极限状态分为几类？各有什么标志和限值？

3.5 什么是结构的可靠度？可靠度如何度量和表达？

3.6 什么是设计可靠指标？怎样确定可靠指标？近似概率极限状态法与概率极限状态法有何异同？

3.7 说明承载能力极限状态设计表达式中各符号的意义，并分析该表达式是如何保证结构可靠度的。

3.8 对正常使用极限状态，如何根据不同的设计要求确定荷载组合的效应设计值？

3.9 混凝土强度标准值是按什么原则确定的？混凝土材料分项系数和强度设计值是如何确定的？

习题

某承受集中荷载和均布荷载的简支梁计算跨度 $l_0 = 6$ m，作用于跨中的集中永久荷载标准值 $G_k = 12$ kN，均布永久荷载标准值 $g_k = 10$ kN/m，均布可变荷载标准值 $q_k = 8$ kN/m，可变荷载的组合系数 $\psi_c = 0.7$，准永久值系数 $\psi_q = 0.4$。试求按承载能力极限状态设计时梁跨中截面的弯矩设计值 M，以及在正常使用极限状态下荷载效应的标准组合弯矩值 M_k 和荷载效应的准永久组合弯矩值 M_q。

第4章

受弯构件正截面受弯承载力的计算

★教学目标

本章要求熟练掌握适筋梁正截面受弯三个受力阶段的概念,包括截面上应力和应变的分布、破坏形态、纵向受拉钢筋配筋率对破坏形态的影响、三个工作阶段在混凝土结构设计中的应用等;掌握混凝土构件正截面承载力计算的基本假定及其在受弯构件正截面受弯承载力计算中的应用;熟练掌握单筋、双筋矩形、T形截面受弯构件正截面承载力的计算方法、配置纵向受拉钢筋的主要构造要求。

4.1 概 述

受弯构件是指受弯矩和剪力共同作用的构件,是工程中应用最广泛的一类构件,梁和板是典型的受弯构件。

在荷载作用下,受弯构件可能发生两种破坏形式:一种是沿弯矩最大截面的破坏,由于破坏截面与构件的轴线垂直,故称为受弯构件的正截面破坏 [见图4.1 (a)];另一种是沿剪力最大截面或剪力和弯矩都较大截面的破坏,由于破坏截面与构件的轴线斜交,故称为受弯构件的斜截面破坏 [见图4.1 (b)]。

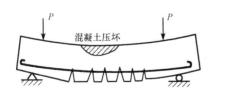
(a)

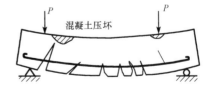
(b)

图4.1 受弯构件的破坏形式
(a) 正截面破坏;(b) 斜截面破坏

混凝土受弯构件在外荷载作用下，其截面内将产生弯矩 M 和剪力 V。弯矩 M 的作用将使受弯构件的截面存在受拉区和受压区。由于混凝土的抗拉强度很低，故往往先在受拉区出现法向裂缝，也称为正裂缝或竖向裂缝。正裂缝出现后，受拉区纵向钢筋将负担由截面弯矩所引起的拉力。当荷载增大到一定数值时，最大弯矩截面处的纵向受拉钢筋屈服，接着受压区混凝土被压碎，该正裂缝所在的正截面，即与构件计算轴线相垂直的截面因受弯而发生破坏，这时的状态就是截面的受弯承载力极限状态，截面所承受的弯矩即受弯构件正截面受弯承载力。

受弯构件截面在弯矩和剪力的共同作用下，因主拉应力作用还会引起斜裂缝。斜裂缝出现后，主拉应力一般由箍筋负担。当外荷载增加到一定数值后，可能在梁的剪力最大处发生沿斜裂缝所在的斜截面，即斜交于构件轴线截面的破坏，这时的状态就是受弯构件斜截面承载力极限状态。

对于钢筋混凝土梁，为了防止垂直裂缝所引起的正截面受弯破坏，在梁的底部布置纵向受力钢筋；为了防止斜裂缝所引起的斜截面受剪破坏，在梁的弯剪段布置箍筋和弯起钢筋；在非受力区的截面角部还配有架立钢筋，如图 4.2 所示。对于钢筋混凝土板，由于板的厚度较小、截面宽度较大，一般总是发生弯曲破坏，很少发生剪切破坏，因此，在钢筋混凝土板中仅配有纵向受力钢筋和固定受力钢筋的分布钢筋，如图 4.3 所示。

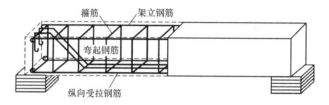

图 4.2 梁的钢筋配置

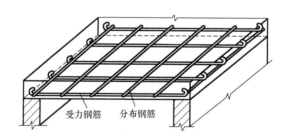

图 4.3 板的钢筋配置

受弯构件设计时，既要保证构件不发生正截面破坏，又要保证构件不发生斜截面破坏。本章只介绍受弯构件正截面的受力性能、受弯承载力设计计算方法和相关的构造措施，以保证设计的构件不发生正截面受弯破坏。受弯构件在弯矩和剪力共同作用下斜截面的受力性能和承载力计算将在第 5 章中讨论。

结构和构件要满足承载能力极限状态和正常使用极限状态的要求。受弯构件正截面受弯承载力计算就是从满足承载能力极限状态出发的，即要求满足

$$M \leqslant M_u$$

式中 M——受弯构件正截面的弯矩设计值，由荷载设计值经内力计算给出的已知值；

M_u——受弯构件正截面受弯承载力设计值，由正截面上材料提供的抗力，下标 u 是指极限值。

4.2 梁、板的一般构造

4.2.1 梁的一般构造

1. 梁截面及材料

（1）梁的截面形式。受弯构件中梁的截面形式一般有矩形、T形、I形、双T形和箱形等，如图4.4所示，圆形和环形截面受弯构件在实际工程中的应用较少。

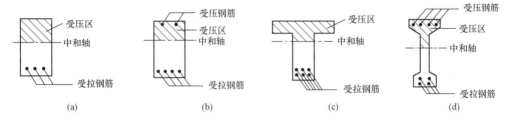

图 4.4 常用梁的截面形式
（a）单筋矩形；（b）双筋矩形；（c）T形；（d）I形

（2）梁的截面尺寸。梁的截面尺寸主要由支承条件、跨度和荷载大小等因素决定。为满足刚度等要求，梁的截面高度 h 可按表4.1中的经验数据选取（l 为梁的跨度）。

表 4.1 钢筋混凝土截面尺寸的一般规定

梁的种类	截面高度
多跨连续主梁	$h = l/14 \sim l/10$
多跨连续次梁	$h = l/18 \sim l/14$
单跨简支梁	$h = l/16 \sim l/10$
悬臂梁	$h = l/8 \sim l/5$

矩形截面梁的高宽比 h/b 一般取 2.0~3.5；T形截面梁的 h/b 一般取 2.5~4.0（此处 b 为梁肋宽）。

同时为了方便施工，梁的截面尺寸还应满足下列模数尺寸的要求：

梁的截面宽度 b = 120、150、180、200、250、300、350（mm）等，200 mm 以上应取为 50 mm 的倍数；梁的截面高度 h = 250、300、350、…、700、750、800、900、1 000（mm）等，800 mm 以下应取为 50 mm 的倍数，800 mm 以上应取为 100 mm 的倍数。

（3）梁的混凝土强度等级。梁常用的混凝土强度等级是 C25、C30，一般不超过 C40，这是为防止混凝土强度等级过高引起的收缩过大，同时通过后续内容的分析可知，提高混凝土强度等级对增大受弯构件正截面受弯承载力作用不显著。

（4）梁中纵向钢筋。梁中一般配置以下几种钢筋（见图4.5）：

①纵向受力钢筋：承受梁截面弯矩所引起的拉力或压力。在梁受拉区布置的钢筋称为纵向受拉钢筋，以承担拉力。有时由于弯矩较大，在受压区也布置纵筋，协助混凝土共同承担压力。

②弯起钢筋：将纵向受拉钢筋在支座附近弯起，用以承受弯起区段截面的剪力。弯起后钢筋

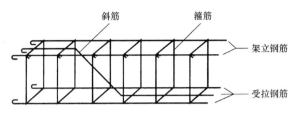

图 4.5 受弯构件中的钢筋骨架

顶部的水平段可以承受支座处的负弯矩所引起的拉力。

③架立钢筋:设置在梁受压区,与纵筋、箍筋一起形成钢筋骨架,并能承受梁内因收缩和温度变化所产生的内应力。

④箍筋:承受梁的剪力,还能固定纵向钢筋位置。

⑤侧向构造钢筋:增加梁内钢筋骨架的刚性及梁的抗扭能力,并承受梁侧向发生的温度及收缩变形所引起的应力。

2. 梁配筋构造

(1) 纵向受力钢筋。

①钢筋的强度等级:纵向受力钢筋一般采用 HRB400 和 HRB500 级。

②钢筋的直径:当梁高 $h \geq 300$ mm 时,不应小于 10 mm;当梁高 $h < 300$ mm 时,不应小于 8 mm。常用直径为 12、14、16、18、20、22、25(mm)。当采用两种不同直径时,相差至少 2 mm,以便于施工时肉眼识别。

③钢筋的间距:为了便于浇筑混凝土,保证钢筋周围混凝土的密实性,纵向受力钢筋的净间距应满足图 4.6 所示的要求。

纵向受力钢筋根数不得少于 2 根。伸入梁支座范围内的纵向受力钢筋的根数也不应少于 2 根。

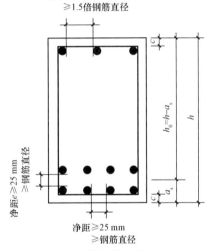

图 4.6 纵筋的净间距

在梁的配筋密集区域可采用并筋的配筋形式。直径 ≤28 mm 的钢筋,并筋数量不应超过 3 根;直径 =32 mm 的钢筋,并筋数量宜为 2 根;直径 ≥36 mm 的钢筋,不应采用并筋。

在满足钢筋净间距的前提下,当纵向受力筋数量较多时,纵向受力筋可能配置两排或多于两排。当梁的下部纵向受力钢筋配置多于两排时,两排以上钢筋水平方向的中距应比下面两排的中距增大一倍。钢筋应上、下对齐,不能错列,以便混凝土的浇捣密实。

(2) 纵向构造钢筋。

①架立钢筋。当梁的跨度小于 4 m 时,架立钢筋的直径不应小于 8 mm;当梁的跨度为 4~6 m 时,直径不应小于 10 mm;当梁的跨度大于 6 m 时,直径不应小于 12 mm。

②梁侧纵向构造钢筋(也称腰筋)。当梁的截面较高时,常可能在梁侧面产生垂直梁轴线的收缩裂缝。因此,当梁的腹板高度 $h_w \geq 450$ mm 时,在梁的两个侧面应沿高度配置纵向构造钢筋。每侧纵向构造钢筋(不包括梁上、下部受力钢筋及架立钢筋)的间距不宜大于 200 mm,截面面积不应小于腹板截面面积 bh_w 的 0.1%。

③支座区域上部纵向构造钢筋。当梁端实际受到部分约束但按简支计算时,应在支座区域上部设置纵向构造钢筋,其截面面积不应小于梁跨中下部纵向受力钢筋计算所需截面面积的 1/4,

且不应少于两根；该纵向构造钢筋自支座边缘向跨内伸出的长度不应小于 $l_0/5$，l_0 为梁的计算跨度。

(3) 纵向钢筋的净间距。为了便于浇筑混凝土，保证钢筋周围混凝土的密实性，以及保证钢筋与混凝土粘结在一起共同工作，纵筋的净间距应满足：梁上部纵向钢筋水平方向的净间距不应小于 30 mm 和 $1.5d$；梁下部纵向钢筋水平方向的净间距不应小于 25 mm 和 d。当下部钢筋多于两层时，两层以上钢筋水平方向的中距应比下面两层的中距增大一倍；各层钢筋之间的净间距不应小于 25 mm 和 d，d 为钢筋的最大直径。

(4) 梁中混凝土保护层厚度。从最外层钢筋的外表面至截面边缘的垂直距离，称为混凝土保护层厚度，用 c 表示，最外层钢筋包括箍筋、构造筋、分布筋等（见图 4.7）。

混凝土保护层主要有三个作用：防止纵筋锈蚀；在火灾等情况下，使钢筋的温度上升缓慢；使纵向钢筋与混凝土有较好的粘结。

为保证结构的耐久性、耐火性和钢筋与混凝土的粘结性能，梁中纵向受力钢筋的混凝土保护层厚度应满足附表 20 中的相关要求，且应满足受力钢筋的保护层厚度不应小于钢筋的直径 d。梁的最小混凝土保护层厚度是 20 mm。

(5) 纵向受拉钢筋的配筋率。纵向受拉钢筋的相对数量对钢筋混凝土梁的受力性能有着重要的影响，一般用配筋率 ρ 来表示纵向受拉钢筋的相对数量。

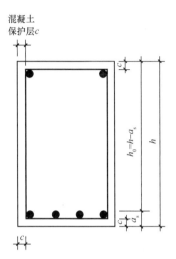

图 4.7 混凝土保护层厚度

纵向受拉钢筋的总截面面积（A_s）与截面有效面积（bh_0）的比值，称为纵向受拉钢筋的配筋百分率，简称配筋率，用 ρ 表示，按下式计算：

$$\rho = \frac{A_s}{bh_0} \tag{4.1}$$

式中 A_s——纵向受拉钢筋截面面积；

b——梁截面宽度；

h_0——梁截面有效高度，$h_0 = h - a_s$；

a_s——纵向受拉钢筋合力点至截面受拉边缘的距离；当为一排钢筋时 $a_s = c + d_v + d/2$；当为两排钢筋时，$a_s = c + d_v + d + e/2$。其中，c 为混凝土保护层最小厚度（按附表 20 查），d_v 为箍筋直径，d 为受拉纵筋直径，e 为各层受拉纵筋之间的净间距，取为 25 mm 和 d 两者之中的较大值。

4.2.2 板的一般构造

(1) 板的截面形式。板的常用截面形式有实心板、槽形板、空心板等（见图 4.8）。

(2) 板的混凝土强度等级。板常用的混凝土强度等级是 C20、C25、C30、C35 等。

(3) 板的最小厚度。板厚度的确定首先要满足刚度的要求，即单跨简支板的厚度不小于 $l/35$；多跨连续板的厚度不小于 $l/40$；悬臂板的厚度不小于 $l/12$。其中 l 为板的短边尺寸。预应力板可适当增加；当板的荷载、跨度较大时宜适当减小。

现浇板还应满足表 4.2 中的最小厚度要求。现浇板的宽度一般较大，设计时可取单位宽度（$b = 1\,000$ mm）进行计算。

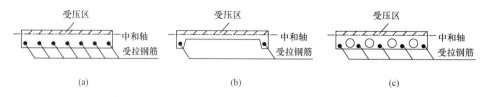

图 4.8　常用板的截面形式

（a）实心板；（b）槽形板；（c）空心板

表 4.2　现浇钢筋混凝土板的最小厚度　　　　　　　　　　　　　　　　　　　　mm

板的类别		最小厚度	板的类别		最小厚度
单向板	屋面板	60	密肋楼盖	面板	50
	民用建筑楼板	60		肋高	250
	工业建筑楼板	70	悬臂板（根部）	悬臂长度不大于 500 mm	60
	行车道下的楼板	80		悬臂长度 1 200 mm	100
双向板		80	无梁楼板		150
			现浇空心楼盖		200

注：当采取有效措施时，预制板面板的最小厚度可取 40 mm。

（4）板的受力钢筋。板的纵向受力钢筋常用 HRB400 级和 HRB500 级钢筋，直径通常采用 6、8、10、12（mm），为了防止施工时钢筋被踩下，现浇板的板面钢筋直径不宜小于 8 mm。

为了便于浇筑混凝土，保证钢筋周围混凝土的密实性，板内钢筋不宜太密；为了使板内钢筋能正常地分担荷载，也不宜过稀，板内受力钢筋的间距一般为 70～200 mm。同时，当板厚 $h \leqslant$ 150 mm 时，间距不宜大于 200 mm；当板厚 $h > 150$ mm，间距不宜大于 $1.5h$（h 为板厚），且不宜大于 250 mm。

（5）板的分布钢筋。当板按单向板设计时，分布钢筋是指在垂直于板的受力钢筋方向上布置的构造钢筋，如图 4.9 所示。分布钢筋的作用如下：

①与受力钢筋绑扎或焊接在一起形成钢筋骨架，固定受力钢筋的位置。

②将板面的荷载更均匀地传递给受力钢筋。

③抵抗温度应力和混凝土收缩应力等。

分布钢筋宜采用 HPB300、HRB335 和 HRB400 级钢筋。常用直径是 6 mm 和 8 mm。单位宽度上分布钢筋的截面面积不宜小于单位宽度上受力钢筋截面面积的

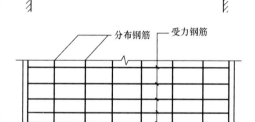

图 4.9　板的配筋示意图

15%，且其配筋率不宜小于 0.15%；分布钢筋的直径不宜小于 6 mm，间距不宜大于 250 mm；对集中荷载较大或温度变化较大的情况，分布钢筋的截面面积应适当增加，其间距不宜大于 200 mm。

（6）板中混凝土保护层厚度。板中受力钢筋的混凝土保护层厚度的概念和作用与梁的相同。其取值与梁类似，即除应满足受力钢筋的保护层厚度不应小于钢筋的直径 d 以外，对设计使用年限为 50 年的混凝土结构，最外层钢筋的保护层厚度还应符合附表 20 有关板的混凝土保护层最小厚度的规定；对设计使用年限为 100 年的混凝土结构，最外层钢筋的保护层厚度同样不应小于附表 20 中数值的 1.4 倍。板的最小混凝土保护层厚度是 15 mm。

4.3 受弯构件正截面受弯性能

4.3.1 适筋梁正截面受弯

1. 适筋梁正截面受弯承载力的试验方案

受弯构件正截面受弯破坏形态与纵向受拉钢筋配筋率有关。当受弯构件正截面内配置的纵向受拉钢筋能使其正截面受弯破坏形态属于延性破坏类型时，称为适筋梁。

图 4.10 所示为一简支的钢筋混凝土适筋梁，设计的混凝土强度等级为 C25。为消除剪力对正截面受弯的影响，进行适筋梁的正截面受弯性能试验时，通常采用两点对称加载。在长度为 $l_0/3$ 的纯弯段沿截面高度布置应变计或粘贴电阻应变片，以测量混凝土的纵向应变；在梁跨中部位的纵向受拉钢筋上布置应变片，以测量钢筋的受拉应变；在梁的跨中和支座处布置位移计或百分表，以测量梁的挠度。试验中还要记录裂缝的出现、发展和分布情况。

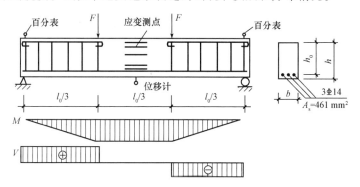

图 4.10 适筋梁的试验方案

试验时采用荷载值由小到大的逐级加载试验方法，直至正截面受弯破坏而告终。在整个试验过程中，不仅要注意观察裂缝的出现、扩展以及分布等情况，同时还要根据各级荷载作用下所测得的仪表读数，经过计算分析后得出梁在各个不同加载阶段时的受力与变形情况。图 4.11 所示为试验梁的跨中挠度 f、钢筋纵向应力 σ_s 随截面弯矩增加而变化的关系。由 M-f 曲线可知，钢筋混凝土适筋梁正截面受弯从加载到破坏经历了三个工作阶段——未裂阶段、裂缝阶段、破坏阶段。

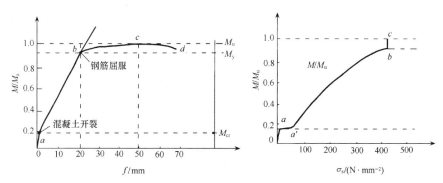

图 4.11 适筋梁挠度、纵筋拉应力试验曲线

2. 适筋梁正截面受弯的三个受力阶段

(1) 第Ⅰ阶段：混凝土开裂前的未裂阶段。刚开始加载时，由于弯矩很小，混凝土处于弹性工作阶段，正截面上各点的应力及应变均很小，应变沿梁截面高度为直线变化，即截面应变分布符合平截面假定，受压区和受拉区混凝土应力图形为三角形［见图4.12 (a)］。在该阶段，由于整个截面参与受力，截面抗弯刚度较大，梁的挠度和截面曲率很小，受拉钢筋应力也很小，且与弯矩近似成正比。

当荷载继续增大，由于混凝土的抗拉强度远小于其抗压强度，故在受拉区边缘混凝土首先表现出应变较应力增长速度为快的塑性特征，应变增长速度加快，受拉区混凝土发生塑性变形。当构件受拉区边缘混凝土拉应力达到混凝土的抗拉强度时，受拉区应力图形接近矩形的曲线变化，构件处于即将开裂的临界状态为Ⅰ阶段末，以I_a表示，图4.12 (b) 所示相应的弯矩为开裂弯矩。此时受压区混凝土仍处于弹性阶段工作，受压区应力图形接近三角形。

第Ⅰ阶段结束的标志是构件受拉区边缘混凝土拉应力刚好达到混凝土的抗拉强度，为构件即将开裂的临界状态。因此，可将I_a状态作为受弯构件抗裂计算的依据。

第Ⅰ阶段的特点是：

①混凝土没有开裂。

②受压区混凝土的应力图形是直线，受拉区混凝土的应力图形在第Ⅰ阶段前期是直线，后期是曲线。

③弯矩与截面曲率基本上是直线关系。

(2) 第Ⅱ阶段：混凝土开裂后至钢筋屈服前的裂缝阶段。梁达到开裂状态的瞬间，将在其纯弯段中抗拉能力最薄弱的某一截面处首先出现一条垂直于梁轴线的竖向裂缝而进入带裂缝工作的第Ⅱ阶段［见图4.12 (c)］。

在裂缝截面处，受拉区混凝土一开裂就退出工作，原来承担的拉应力由钢筋承担，使钢筋拉应力突然增大很多，截面中和轴上移。此后，随着荷载的增加，梁受拉区不断出现新的裂缝，受拉区混凝土逐步退出工作，钢筋的应力、应变增加速度明显加快，截面的抗弯刚度降低。当应变量测标距较大、跨越了几条裂缝时，实测的平均应变沿梁截面高度的变化规律仍能符合平截面假定。

受压区混凝土压应力随着荷载的增加而不断增大，混凝土塑性变形有了明显的发展，压应力图形逐渐呈曲线变化。弯矩再增加，截面曲率加大，主裂缝开展越来越宽，当截面弯矩增大到纵向受拉钢筋应力刚刚达到其屈服强度f_y时，第Ⅱ阶段结束，称为第Ⅱ阶段末，以$Ⅱ_a$表示［见图4.12 (d)］。阶段Ⅱ是一般混凝土梁的正常使用工作阶段，因此可作为梁在正常使用阶段变形和裂缝开展宽度验算的依据。

第Ⅱ阶段的特点如下：

①在裂缝截面处，受拉区大部分混凝土退出工作，拉力主要由纵向受拉钢筋承担，但钢筋没有屈服。

②受压区混凝土已有塑性变形，但不充分，压应力图形为只有上升段的曲线。

③弯矩与截面曲率是曲线关系，截面曲率与挠度的增长加快。

(3) 第Ⅲ阶段：钢筋开始屈服至截面破坏的破坏阶段。纵向受力钢筋屈服后，正截面进入第Ⅲ工作阶段。

在此阶段纵向受拉钢筋进入屈服状态后，截面曲率和梁的挠度将突然增大，裂缝宽度随之迅速扩展并沿梁向上延伸，中和轴继续上移，受压区高度进一步减小［见图4.12 (e)］。这时受压区边缘混凝土边缘纤维压应变迅速增长，其塑性特征将表现得更为充分，压应力图形更为丰满。

当弯矩增加至受压边缘混凝土压应变达到极限压应变 ε_{cu} 时，混凝土被压碎，截面破坏时的状态为第Ⅲ阶段末，以Ⅲ$_a$表示［见图4.12（f）］，此时的弯矩为极限弯矩。

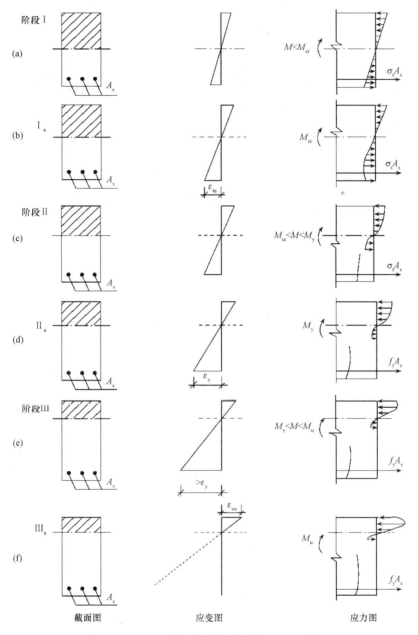

图4.12　三个工作阶段梁截面的应力、应变分布

第Ⅲ阶段的破坏标志是受压区外边缘混凝土的压应变达到极限压应变 ε_{cu}，混凝土被压碎，构件破坏。因此，可将Ⅲ$_a$状态作为受弯构件正截面承载能力的计算依据。

截面破坏的过程是破坏始于纵向受拉钢筋屈服，终结于受压区边缘混凝土压碎。第Ⅲ阶段的特点如下：

①纵向受拉钢筋屈服,应力保持为常值;裂缝截面处,受拉区大部分混凝土已退出工作,受压区混凝土压应力曲线图形比较丰满,有上升段曲线,也有下降段曲线。

②由于受压区混凝土合压力作用点外移使内力臂增大,故弯矩还略有增加。

③受压区边缘混凝土压应变达到其极限压应变试验值 ε_{cu}^0 时,混凝土被压碎,截面破坏。

④弯矩-曲率关系为接近水平的曲线。

3. 适筋梁的破坏特征

由上述试验可见,适筋梁的破坏始于纵向受拉钢筋屈服,终结于受压区边缘混凝土压碎。其破坏特征为:钢筋屈服处的临界裂缝显著开展,顶部压区混凝土产生很大局部变形,形成集中的塑性变形区域,在这个区域内截面转角急剧增大(表现为梁的挠度激增),预示着梁的破坏即将到来,其破坏形态具有"塑性破坏"的特征,即破坏前有明显的预兆——裂缝和变形的急剧发展。

表 4.3 简要地列出了适筋梁正截面受弯的三个工作阶段的主要特征。

表 4.3 适筋梁正截面受弯的三个工作阶段的主要特征

工作阶段		第 I 阶段 [弹性工作阶段 (或未裂阶段)]	第 II 阶段 (带裂缝工作阶段)	第 III 阶段(破坏阶段)
外观特征		没有裂缝,挠度很小	有裂缝,挠度还不明显	钢筋屈服,裂缝宽,挠度大
弯矩-挠度关系曲线		大致呈直线	曲线	接近水平的曲线
混凝土应力图形	受压区	直线	受压区高度减小,混凝土压应力图形为上升段的曲线,应力峰值在受压区边缘	受压区高度进一步减小,混凝土压应力图形为较丰满的曲线;后期为有上升段和下降段,应力峰值不在受压区边缘而在边缘的内侧
	受拉区	前期为直线,后期为有上升段和下降段的曲线,应力峰值不在受拉区边缘	大部分退出工作	绝大部分退出工作
纵向受拉钢筋应力		$\sigma_s \leq (20\sim30)$ N/mm²	$(20\sim30)$ N/mm² $< \sigma_s < f_y$	$\sigma_s = f_y$
在设计计算中的作用		I_a 状态用于抗裂验算	第 II 阶段用于裂缝宽度及变形验算	III_a 状态用于正截面受弯承载力计算

4.3.2 正截面受弯破坏

试验表明,受弯构件正截面的破坏形态主要与配筋率 ρ、钢筋与混凝土的强度等级、截面形式等因素有关,其中配筋率 ρ 对破坏形态的影响最为显著。根据配筋率 ρ 的不同,受弯构件正截面破坏形态可分为适筋破坏、超筋破坏和少筋破坏三种(见图 4.13)。与之相对应的弯矩-挠度曲线(M-f 曲线)如图 4.14 所示。

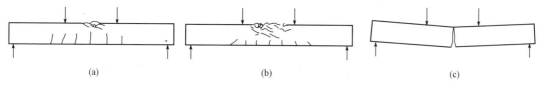

图 4.13 梁的三种破坏形态
(a) 适筋破坏；(b) 超筋破坏；(c) 少筋破坏

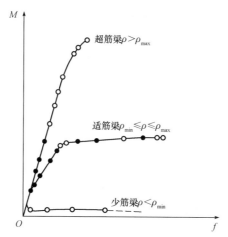

图 4.14 适筋梁、超筋梁和少筋梁的 M-f 曲线

1. 适筋梁破坏

当配筋率 ρ 适中时，梁发生适筋破坏形态，即在整个加载过程中梁经历了比较明显的三个受力阶段，其主要特点是纵向受拉钢筋先屈服，受压区混凝土随后才压碎。

在适筋破坏形态中，由于纵向受拉钢筋从屈服到梁发生完全破坏之前要产生较大的塑性变形，所以梁的挠度和裂缝宽度较大，给人以明显的破坏预兆，说明这种破坏形态在其截面承载力没有明显变化的情况下具有良好的承载变形的能力，即具有较好的延性，因此属于延性破坏类型。故适筋梁破坏是梁正截面受弯设计的依据。

2. 超筋梁破坏

当截面纵向受拉钢筋的配筋率过大时发生超筋梁破坏。其特点主要是受压区混凝土先压碎而纵向受拉钢筋不屈服。

梁发生超筋破坏时，受拉钢筋尚处于弹性阶段，因此裂缝宽度较小且延伸不高，不能形成一条开裂较大的主裂缝，梁的挠度也相对较小，其破坏过程短暂并无明显预兆，属于脆性破坏类型。这种破坏没有充分利用受拉钢筋的作用，而且破坏突然，故从安全与经济角度考虑，在实际工程设计中都应避免采用超筋梁。超筋梁正截面受弯承载力取决于混凝土抗压强度。

3. 少筋梁破坏

当截面纵向受拉钢筋的配筋率过小时发生少筋梁破坏。

少筋梁的破坏特点是受拉区混凝土达到抗压强度出现裂缝后，裂缝截面的混凝土退出工作，拉应力全部转移给受拉钢筋，由于钢筋配置过少，受拉钢筋会立即屈服，并很快进入强化阶段，甚至拉断，梁的变形和裂缝宽度急剧增大，其破坏性质与素混凝土梁类似，属于脆性破坏。破坏时受压区混凝土的抗压性能没有得到充分发挥，承载力极低，因此设计时不允许采用少筋梁。少筋梁正截面受弯承载力取决于混凝土抗拉强度。

4.4 正截面受弯承载力计算原理

4.4.1 正截面承载力计算的基本假定

正截面受弯承载力计算时,应以Ⅲ$_a$状态的受力为依据。由于Ⅲ$_a$状态的截面应力分布复杂,为便于工程应用,《混凝土结构设计规范》规定,包括受弯构件在内的各种混凝土构件的正截面承载力应按下列基本假定进行计算。

(1) 截面应变保持平面,即认为截面应变符合平截面假定。构件正截面在梁弯曲变形后保持平面,即截面上的应变沿截面高度为线性分布。

(2) 不考虑混凝土的抗拉强度。对于承载能力极限状态下的裂缝截面,受拉区混凝土的绝大部分因开裂而退出工作,而中和轴以下的小部分尚未开裂的混凝土,因其离中性轴很近,抗弯作用也就很小。因此,为简化计算而不考虑混凝土抗拉强度的影响。

(3) 混凝土受压的应力—应变关系曲线(见图4.15)按下列规定取用:

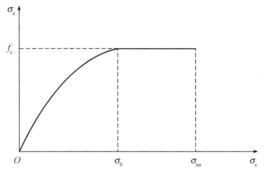

图 4.15 混凝土受压的应力—应变关系曲线

当$\varepsilon_c \leq \varepsilon_0$时(上升段)

$$\sigma_c = f_c \left[1 - \left(1 - \frac{\varepsilon_c}{\varepsilon_0} \right)^n \right] \tag{4.2a}$$

$$n = 2 - \frac{1}{60}(f_{cu,k} - 50) \leq 2.0 \tag{4.2b}$$

$$\varepsilon_0 = 0.002 + 0.5(f_{cu,k} - 50) \times 10^{-5} \geq 0.002 \tag{4.2c}$$

$$\varepsilon_{cu} = 0.0033 - (f_{cu,k} - 50) \times 10^{-5} \leq 0.0033 \tag{4.2d}$$

当$\varepsilon_0 < \varepsilon_c \leq \varepsilon_{cu}$时(水平段)

$$\sigma_c = f_c \tag{4.2e}$$

式中 σ_c——混凝土压应变为ε_c时的压应力;

f_c——混凝土轴心抗压强度设计值;

ε_0——混凝土压应力达到f_c时的压应变,当计算的ε_0值小于0.002时,取为0.002;

ε_{cu}——正截面的混凝土极限压应变,当处于非均匀受压时,按式(4.2d)计算,计算的值大于0.0033时,取为0.0033;当处于轴心受压时,取为ε_0;

$f_{cu,k}$——混凝土立方体抗压强度标准值;

n——系数,当计算的n值大于2.0时,取为2.0。

对于各强度等级的混凝土,按上述计算式所得n、ε_0、ε_{cu}的结果列于表4.4中。

表 4.4 混凝土应力—应变曲线参数

混凝土强度等级	≤C50	C60	C70	C80
n	2	1.83	1.67	1.5
ε_0	0.002	0.002 05	0.002 1	0.002 15
ε_{cu}	0.003 3	0.003 2	0.003 1	0.003

(4) 纵向钢筋的应力值等于钢筋应变与其弹性模量的乘积,但其绝对值不应大于其相应的强度设计值。纵向受拉钢筋的极限拉应变取为 0.01。

Ⅲ$_a$ 状态的截面应变和应力分布,按上述四个基本假定进行简化后,得到图 4.16 所示的截面应变、应力分布和等效矩形应力图。

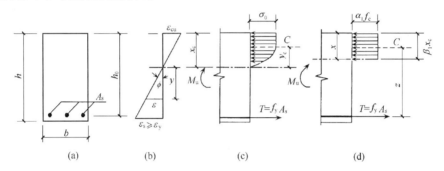

图 4.16 符合四个基本假定的截面应变、应力分布图及其等效矩形应力图
(a) 截面;(b) 截面应变;(c) 应力分布图;(d) 等效矩形应力图

4.4.2 等效矩形应力图

经过四个基本假定简化后,得到图 4.16(c)所示的截面应力分布图,工程设计时求其受压区混凝土合力 C 的大小及其作用位置仍不够简便;同时考虑到截面的极限受弯承载力 M_u 仅与合力 C 的大小及其作用位置有关,而与受压区混凝土应力的具体分布无关。因此,《混凝土结构设计规范》采用等效矩形应力图〔见图 4.15(d)〕作为正截面受弯承载力的计算简图。两个应力图形的等效条件是:

(1) 受压区混凝土合力 C 的大小相等。
(2) 受压区混凝土合力 C 的作用位置不变。

等效矩形应力图的应力值为 $\alpha_1 f_c$,受压区高度为 $\beta_1 x_c$,其中,α_1、β_1 称为受压区混凝土的等效矩形应力图系数。系数 α_1 是等效矩形应力图中受压区混凝土的应力值与混凝土轴心抗压强度设计值 f_c 的比值;系数 β_1 是等效矩形应力图的受压区高度 x 与中和轴高度 x_c 的比值,即 $\beta_1 = x/x_c$。

根据上述两个等效条件可求得等效矩形应力图系数 α_1、β_1 的值。α_1 的取值为:当混凝土强度等级≤C50 时,$\alpha_1 = 1.0$;当混凝土强度等级为 C80 时,$\alpha_1 = 0.94$,其间按线性内插法确定。β_1 的取值为:当混凝土强度等级≤C50 时,$\beta_1 = 0.8$;当混凝土强度等级为 C80 时,$\beta_1 = 0.74$,其间按线性内插法确定。α_1、β_1 的取值见表 4.5。

表 4.5　受压区混凝土的等效矩形应力图系数 α_1、β_1

混凝土强度等级	≤C50	C55	C60	C65	C70	C75	C80
α_1	1.0	0.99	0.98	0.97	0.96	0.95	0.94
β_1	0.8	0.79	0.78	0.77	0.76	0.75	0.74

4.4.3　适筋破坏与超筋破坏的界限条件

1. 界限破坏

对比适筋梁和超筋梁的破坏，两者的差异在于：前者破坏始于受拉钢筋屈服；后者则始于受压区边缘混凝土压碎。显然，存在一个界限配筋率 ρ_b，这时钢筋应力达到屈服强度的同时受压区边缘纤维应变也恰好达到混凝土受弯时的极限压应变值。这种破坏形态称为"界限破坏"，即适筋梁与超筋梁的界限。

2. 相对受压区高度

相对受压区高度是指截面换算受压区高度 x 与截面有效高度 h_0 的比值，用 ξ 表示。即

$$\xi = \frac{x}{h_0} \tag{4.3}$$

3. 相对界限受压区高度 ξ_b

相对界限受压区高度是指截面发生界限破坏时的相对受压区高度，用 ξ_b 表示，即 $\xi_b = \dfrac{x_b}{h_0}$。

如图 4.17 所示，在平截面假定的基础上，根据相对受压区高度 ξ 的大小即可判别受弯构件正截面的破坏类型。

（1）若 $\xi > \xi_b$，即受拉区钢筋未达到屈服，受压区混凝土先达到极限压应变，为超筋梁破坏。

（2）若 $\xi < \xi_b$，即受拉区钢筋先屈服，然后受压区混凝土达到极限压应变，为适筋梁破坏。

（3）若 $\xi = \xi_b$，即受拉区钢筋屈服的同时受压区混凝土刚好达到其极限压应变，发生界限破坏。

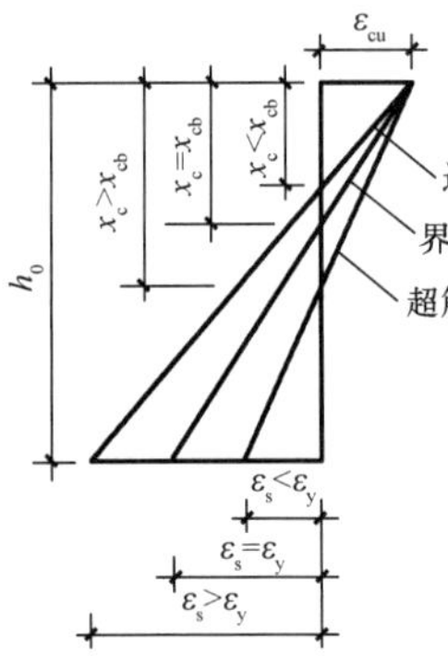

设钢筋屈服时的应变为 ε_y，界限破坏截面实际受压区高度为 x_{cb}，则有

图 4.17　适筋梁、超筋梁、界限配筋梁破坏时的正截面平均应变图

$$\frac{x_{cb}}{h_0} = \frac{\varepsilon_{cu}}{\varepsilon_{cu} + \varepsilon_y} \tag{4.4}$$

将 $x_b = \beta_1 x_{cb}$ 代入式（4.4），得

$$\frac{x_b}{\beta_1 h_0} = \frac{\varepsilon_{cu}}{\varepsilon_{cu} + \varepsilon_y} \tag{4.5}$$

将 $\xi_b = \dfrac{x_b}{h_0}$，$\varepsilon_y = \dfrac{f_y}{E_s}$ 代入式（4.5），得

$$\xi_b = \frac{\beta_1}{1 + \dfrac{f_y}{\varepsilon_{cu} E_s}} \tag{4.6}$$

由式（4.6）计算得到的 ξ_b 见表4.6。

表4.6　相对界限受压区高度 ξ_b

混凝土	钢筋	ξ_b
≤C50	HPB300	0.576
	HRB335	0.550
	HRB400、HRBF400、RRB400	0.518
	HRB500、HRBF500	0.482
C60	HPB300	0.557
	HRB335	0.531
	HRB400、HRBF400、RRB400	0.499
	HRB500、HRBF500	0.464
C70	HPB300	0.537
	HRB335	0.512
	HRB400、HRBF400、RRB400	0.481
	HRB500、HRBF500	0.447
C80	HPB300	0.518
	HRB335	0.493
	HRB400、HRBF400、RRB400	0.463
	HRB500、HRBF500	0.429

4. 适筋破坏与超筋破坏的界限条件

由图4.17中可以看出，根据相对受压区高度 ξ 与相对界限受压区高度 ξ_b 的比较，可以判断出适筋破坏与超筋破坏的界限条件如下：

当 $\xi \leq \xi_b$ 时，发生适筋破坏或少筋破坏。

当 $\xi > \xi_b$ 时，发生超筋破坏。

当用配筋率来表示两种破坏的界限条件时，则：

当 $\rho \leq \rho_b$ 时，发生适筋破坏或少筋破坏。

当 $\rho > \rho_b$ 时，发生超筋破坏。

其中，ρ_b 为界限破坏时的配筋率，称界限配筋率或最大配筋率，ρ_b 也常用 ρ_{max} 表示。

5. 最大配筋率

最大配筋率是指适筋梁配筋率的上限值，用 ρ_b 表示。当纵向受拉钢筋配筋率 ρ 大于最大配筋率 ρ_b 时，截面发生超筋梁破坏。

根据式（4.1），并由图4.17建立的力平衡方程式 $\alpha_1 f_c b x = f_y A_s$，得

$$\rho = \frac{A_s}{bh_0} = \frac{x}{h_0} \cdot \frac{\alpha_1 f_c}{f_y} = \xi \frac{\alpha_1 f_c}{f_y} \tag{4.7}$$

当 $\xi = \xi_b$ 时，与之相对应的配筋率即最大配筋率，即

$$\rho_{max} = \xi_b \frac{\alpha_1 f_c}{f_y} \tag{4.8}$$

在受弯承载力计算中，应满足

$$\rho = \frac{A_s}{bh_0} \leq \rho_{max} = \xi_b \frac{\alpha_1 f_c}{f_y} \tag{4.9}$$

4.4.4 最小配筋率

少筋破坏的特点是一裂即坏。确定纵向受拉钢筋最小配筋率 $\rho_{\min}$ 的理论原则是：按 III_a 阶段计算钢筋混凝土受弯构件的正截面受弯承载力与由素混凝土受弯构件计算得到的正截面受弯承载力两者相等。按后者计算时，混凝土还没开裂，所以最小配筋率是按 h 而不是按 h_0 计算的。考虑到混凝土抗拉强度的离散性，以及收缩等因素影响的复杂性，《混凝土结构设计规范》规定的最小配筋率 $\rho_{\min}$ 主要是根据工程经验得出，并规定：受弯构件、偏心受拉、轴心受拉构件一侧的受拉钢筋的最小配筋率为 0.20% 和 $0.45f_t/f_y$ 中的较大值。具体取值见附表 22。

为防止梁"一裂就坏"，适筋梁的配筋率应不小于 $\rho_{\min}\dfrac{h}{h_0}$。

4.5 单筋矩形截面受弯构件正截面受弯承载力的计算

4.5.1 基本公式及适用条件

（1）基本公式。单筋矩形截面受弯构件的正截面受弯承载力计算简图如图 4.18 所示。

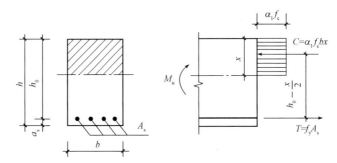

图 4.18 单筋矩形截面受弯构件正截面受弯承载力计算简图

由力的平衡条件，得

$$\alpha_1 f_c b x = f_y A_s \tag{4.10}$$

由力矩平衡条件，得

$$M \leqslant M_u = \alpha_1 f_c b x \left(h_0 - \frac{x}{2}\right) \tag{4.11}$$

或

$$M \leqslant M_u = f_y A_s \left(h_0 - \frac{x}{2}\right) \tag{4.12}$$

式中　M——弯矩设计值；

　　　M_u——正截面受弯承载力；

　　　α_1——受压区混凝土矩形压力图的应力值与混凝土轴心抗压强度设计值的比值，按表 4.5 采用；

　　　f_c——混凝土轴心抗压强度设计值，按附表 3 采用；

f_y——钢筋的抗拉强度设计值,按附表 11 采用;

b——截面宽度;

A_s——受拉区纵向钢筋的截面面积;

x——按等效矩形应力图形计算的受压区高度,简称混凝土受压区高度或受压区计算高度;

h_0——截面有效高度,即受拉钢筋合力点至截面受压区边缘之间的距离。

由图 4.7 可知

$$h_0 = h - a_s \tag{4.13}$$

式中 h——截面高度;

a_s——受拉钢筋合力点至截面受拉边缘的距离。当为一排钢筋时 $a_s = c + d_v + d/2$;当为两排钢筋时,$a_s = c + d_v + d + e/2$。其中,c 为混凝土保护层最小厚度(按附表 20 查),d_v 为箍筋直径,d 为受拉纵筋直径,e 为各层受拉纵筋之间的净间距,取为 25 mm 和 d 两者之中的较大值。

在正截面受弯承载力设计中,钢筋直径、数量和层数等参数还不知道,因此纵向受拉钢筋合力点到截面受拉边缘的距离 a_s 往往需要预先估计。当环境类别为一类时(室内环境),一般取:

①梁内一层钢筋时,$a_s = 40$ mm;

②梁内两层钢筋时,$a_s = 65$ mm;

③对于板,$a_s = 20$ mm。

(2)适用条件。基本公式是根据适筋梁的破坏模式建立的。因此,基本公式还应有避免超筋破坏和少筋破坏的条件。

①为防止超筋破坏,应满足

$$\xi \leq \xi_b \tag{4.14}$$

或

$$x \leq x_b = \xi_b h_0 \tag{4.15}$$

根据 $\alpha_1 f_c bx = f_y A_s$ 得 $A_s = \dfrac{\alpha_1 f_c bx}{f_y}$,将 $\rho = \dfrac{A_s}{bh_0}$ 代入,得

$$\rho = \dfrac{\alpha_1 f_c x}{f_y h_0} = \xi \dfrac{\alpha_1 f_c}{f_y} \tag{4.16}$$

或

$$\rho = \dfrac{A_s}{bh_0} \leq \rho_{max} = \xi_b \dfrac{\alpha_1 f_c}{f_y} \tag{4.17}$$

按式(4.16)计算得到的常用混凝土和钢筋的最大配筋率 ρ_{max} 的值见表 4.7。

表 4.7 受弯构件截面的最大配筋率 ρ_{max} %

钢筋等级	混凝土的强度等级							
	C15	C20	C25	C30	C35	C40	C45	C50
HPB300	1.54	2.05	2.54	3.05	3.56	4.07	4.50	4.93
HRB335	1.32	1.76	2.18	2.62	3.06	3.50	3.87	4.24
HRB400、HRBF400、RRB400	1.04	1.38	1.71	2.06	2.40	2.75	3.04	3.32
HRB500、HRBF500	0.80	1.06	1.32	1.58	1.85	2.12	2.34	2.56

若将 $x = \xi_b h_0$ 代入公式，则得单筋矩形截面适筋梁最大承载力 $M_{u,\max}$ 为

$$M_{u,\max} = \alpha_1 f_c b h_0^2 \xi_b (1 - 0.5\xi_b) \tag{4.18}$$

② 为防止少筋破坏，应满足

$$\rho \geq \rho_{\min}\frac{h}{h_0} \text{ 或近似的 } \rho \geq \rho_{\min} \tag{4.19}$$

应当注意，配筋率 ρ 是以 bh_0 为基准，而最小配筋率 $\rho_{\min}$ 是以 bh 为基准。

4.5.2 基本公式的应用

基本公式的应用有两种情况：截面设计和截面复核。截面设计的核心是已知 M，求 A_s；截面复核的核心是已知 A_s，求 M_u。

1. 截面设计

已知弯矩设计值 M，材料强度等级及截面尺寸可由设计者选用，求受拉钢筋面积 A_s。

设计步骤如下：

（1）选择材料强度等级。可按本章 4.2 节的一般构造要求选用混凝土和钢筋的强度等级。

（2）确定截面尺寸。截面尺寸除应符合本章 4.2 节有关梁的跨高比、梁截面的高宽比、板截面的最小厚度、模数尺寸等构造要求外，还应考虑经济配筋率的要求。

当 M 为定值时，选择的截面尺寸 $b \times h$ 越大，则混凝土用量和模板费用增加，而所需的钢筋量 A_s 必然减少，反之亦然。因此，必然存在一个经济配筋率，使得包括材料及施工费用在内的总造价最省。根据我国的设计经验，受弯构件的经济配筋率范围是：板为 0.3% ~ 0.8%，矩形截面梁为 0.6% ~ 1.5%，T 形截面梁为 0.9% ~ 1.8%。

按经济配筋率 ρ 确定截面尺寸时，可先假定截面宽度 b，再按式（4.16）计算 ξ，然后再由式（4.18）变换得到的下式计算截面有效高度 h_0：

$$h_0 = \sqrt{\frac{M}{\alpha_1 f_c b \xi (1 - 0.5\xi)}} \tag{4.20}$$

则 $h = h_0 + a_s$，最后按模数取整后确定截面高度。

需要说明的是，由于 α_1、f_c、f_y、b、h 可由设计者自行选定，因此可能出现各种不同的组合，所以，截面设计问题没有唯一的答案。

（3）求 A_s，并选配钢筋。可由式（4.10）和式（4.11）联立求解 A_s。两个方程，两个未知数 x 和 A_s，可唯一求解 A_s。求解时，应先由式（4.11）解二次方程式求 x，并判别公式的适用条件：若 $x > \xi_b h_0$，则要增大截面尺寸，或提高混凝土强度等级，或改用双筋矩形截面重新计算；若 $x \leq \xi_b h_0$，则由式（4.10）求 A_s，并判别公式的另一适用条件：若 $A_s < \rho_{\min} bh$，取 $A_s = \rho_{\min} bh$ 选配钢筋；若 $A_s \geq \rho_{\min} bh$，按计算面积 A_s 选配钢筋。

需要注意的是，根据计算得到的 A_s 选配钢筋时，应满足本章 4.2 节有关钢筋的构造要求。例如，对于梁，其纵向钢筋的选配要注意：①钢筋的实配面积与计算面积之间的误差一般为 -5% ~ +5%；②钢筋的直径宜粗、根数宜少，但不得少于 2 根，且钢筋的直径 d 必须小于或等于混凝土保护层厚度 c，常用直径为 (12 ~ 25) mm；③钢筋的布置必须满足本章 4.2.1 节中有关纵向钢筋净间距的构造要求。

2. 截面复核

已知材料强度等级、构件截面尺寸及纵向受拉钢筋面积 A_s，求该截面所能负担的极限弯矩 M_u。这时的主要计算步骤如下：

(1) 验算公式下限条件。
$$A_s \geq A_{min} = \rho_{min} bh$$

若不满足,其极限弯矩 M_u 应按素混凝土截面和钢筋混凝土截面分别计算抵抗弯矩值,并取较小者。

(2) 根据式(4.10),计算相对受压区高度。
$$\xi = \frac{f_y A_s}{\alpha_1 f_c bh_0}$$

(3) 讨论 ξ,求出受弯承载力 M_u。

若 $\xi \leq \xi_b$,则
$$M_u = \alpha_1 f_c bh_0^2 \xi (1 - 0.5\xi)$$

若 $\xi > \xi_b$,则取 $\xi = \xi_b$,代入得
$$M_u = \alpha_1 f_c bh_0^2 \xi_b (1 - 0.5\xi_b)$$

(4) 验算截面是否安全。若满足 $M \leq M_u$,认为截面满足受弯承载力要求,截面安全,否则为不安全。

若 M_u 大于 M 过多时,该截面设计不经济。

4.5.3 正截面受弯承载力的计算系数法

应用基本公式进行截面设计时,一般需求解二次方程式,计算过程比较麻烦。为了简化计算,可根据基本公式给出一些计算系数,并将其加以适当演变从而使计算过程得到简化。

取计算系数
$$\alpha_s = \xi (1 - 0.5\xi) \tag{4.21}$$
$$\gamma_s = 1 - 0.5\xi \tag{4.22}$$

根据 $\xi = \frac{x}{h_0}$,则基本公式可改写为
$$\alpha_1 f_c b\xi h_0 = f_y A_s \tag{4.23}$$
$$M \leq M_u = \alpha_1 f_c bx\left(h_0 - \frac{x}{2}\right) = \alpha_1 f_c bh_0^2 [\xi(1-0.5\xi)] = \alpha_1 f_c \alpha_s bh_0^2 \tag{4.24}$$

或
$$M \leq M_u = f_y A_s\left(h_0 - \frac{x}{2}\right) = f_y A_s h_0 (1 - 0.5\xi) = f_y A_s h_0 \gamma_s \tag{4.25}$$

式(4.24)中的 $\alpha_s bh_0^2$ 可认为是受弯承载力极限状态时的截面抵抗矩,因此可将 α_s 称为截面抵抗矩系数;式(4.25)中的 $h_0 \gamma_s$ 是截面受弯承载力极限状态时拉力合力与压力合力之间的距离,故称 γ_s 为截面内力臂系数。另外,对于材料强度等级给定的截面,配筋率 ρ 越大,则 ξ 和 α_s 越大,但 γ_s 越小。

根据式(4.21)及式(4.22),ξ、α_s 及 γ_s 之间的关系也可写成
$$\xi = 1 - \sqrt{1 - 2\alpha_s} \tag{4.26}$$
$$\gamma_s = \frac{1 + \sqrt{1 - 2\alpha_s}}{2} \tag{4.27}$$

从式(4.21)及式(4.22)或者式(4.26)及式(4.27)可以看出,计算系数 α_s 及 γ_s 仅与相对受压区高度 $\xi = x/h_0$ 有关,并且三者之间存在着一一对应的关系。在具体应用时,就可直

接应用上述公式进行计算。

【例 4.1】 已知一钢筋混凝土简支梁的截面尺寸 $b=200$ mm，$h=500$ mm，环境类别为一类，安全等级为二级，混凝土强度等级为 C30，钢筋采用 HRB400 级，弯矩设计值 $M=110$ kN·m，确定受拉钢筋面积。

解：（1）确定计算参数。

查附表 3、附表 4、附表 11 得：$f_y=360$ N/mm²，$f_c=14.3$ N/mm²，$f_t=1.43$ N/mm²；

查表 4.5、表 4.6 得 $\alpha_1=1.0$，$\xi_b=0.550$。

由附表 20 知，混凝土保护层最小厚度为 20 mm，假定箍筋直径 $d_v=8$ mm，假定纵筋为一排布置，$a_s=c+d_v+\dfrac{d}{2}$，近似取 $a_s=40$ mm，则 $h_0=500-40=460$（mm）。

（2）采用系数法计算钢筋截面面积。

$$\alpha_s=\frac{M}{\alpha_1 f_c b h_0^2}=\frac{110\times 10^6}{1.0\times 14.3\times 200\times 460^2}=0.182$$

$$\xi=1-\sqrt{1-2\alpha_s}=0.203<\xi_b=0.550$$

$$\gamma_s=\frac{1+\sqrt{1-2\alpha_s}}{2}=0.899$$

$$A_s=\frac{M}{f_y\gamma_s h_0}=\frac{110\times 10^6}{360\times 0.899\times 460}=739\ (\text{mm}^2)$$

查附表 24 选用钢筋 3⼤18（$A_s=763$ mm²）。验算纵筋在 $b=200$ mm 宽度范围内是否能放得下：

$$3\times 18+2\times 25+2\times(20+8)=160\ (\text{mm})<b=200\ \text{mm}$$

（3）检查是否少筋。

$$0.45\frac{f_t}{f_y}=0.45\times\frac{1.43}{360}\times 100\%=0.179\%<0.2\%$$

$$A_{s\min}=\rho_{\min}bh=0.2\%\times 250\times 500=250\ (\text{mm}^2)<A_s=763\ \text{mm}^2,\text{满足要求}。$$

配筋后，实际的 $a_s=20+8+\dfrac{18}{2}=37$（mm），比假设的 $a_s=40$ mm 相差很小，且偏于安全，故不再重算。

【例 4.2】 已知某现浇钢筋混凝土简支板［见图 4.19（a）］，$l_0=2\,400$ mm，板厚为 80 mm，安全等级为二级，处于二 a 类环境，承受均布荷载设计值为 6.50 kN/m²（含板自重）。选用 C25 混凝土和 HPB300 级钢筋。试配置该板的受拉钢筋。

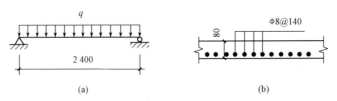

图 4.19 例 4.2 图

解：（1）确定基本参数。查附表 3、附表 4、附表 11 及表 4.5、表 4.6 可知，C25 混凝土 $f_c=11.9$ N/mm²，$f_t=1.27$ N/mm²；HPB300 级钢筋 $f_y=270$ N/mm²；$\alpha_1=1.0$，$\xi_b=0.576$。

查附表 20，二 a 类环境，C25 混凝土，$c = 20$ mm，若板受拉钢筋直径 $d = 10$ mm，则 $a_s = c + d/2 = 25$ mm，$h_0 = h - 25 = 55$ mm。

查附表 22，$\rho_{\min} = 0.45 \dfrac{f_t}{f_y} = 0.45 \times \dfrac{1.27}{270} \times 100\% = 0.212\% > 0.2\%$。

取 1 m 宽板带为计算单元，$b = 1\,000$ mm。

（2）内力计算。

板上均布线荷载
$$q = 1.0 \times 6.50 = 6.50 \ (\text{kN/m})$$
则跨中最大弯矩设计值
$$M = \gamma_0 \dfrac{1}{8} q l_0^2 = 1.0 \times \dfrac{1}{8} \times 6.50 \times 2.4^2 = 4.68 \ (\text{kN} \cdot \text{m})$$

（3）采用系数法计算钢筋截面面积。

$$\alpha_s = \dfrac{M}{\alpha_1 f_c b h_0^2} = \dfrac{4.68 \times 10^6}{1.0 \times 11.9 \times 1\,000 \times 55^2} = 0.130$$

$$\xi = 1 - \sqrt{1 - 2\alpha_s} = 1 - \sqrt{1 - 2 \times 0.130} = 0.140 < \xi_b = 0.576$$

$$\gamma_s = \dfrac{1 + \sqrt{1 - 2\alpha_s}}{2} = \dfrac{1 + \sqrt{1 - 2 \times 0.130}}{2} = 0.930$$

$$A_s = \dfrac{M}{f_y \gamma_s h_0} = \dfrac{4.68 \times 10^6}{270 \times 0.930 \times 55} = 339 \ (\text{mm}^2) > \rho_{\min} bh = 0.212\% \times 1\,000 \times 80 = 170 \ (\text{mm}^2)$$

（4）选配钢筋

查附表 25，选用 Φ8@140（$A_s = 359$ mm²），配筋如图 4.19（b）所示。

【例 4.3】 已知某钢筋混凝土矩形截面梁，安全等级为二级，处于二 a 类环境，截面尺寸为 $b \times h = 200$ mm $\times 500$ mm，选用 C30 混凝土和 HRB400 级钢筋，受拉纵筋为 3Φ20，该梁承受的最大弯矩设计值 $M = 100$ kN·m，复核该截面是否安全？

解：（1）确定基本参数。查附表 3、附表 4、附表 11 及表 4.5、表 4.6 可知，C30 混凝土 $f_c = 14.3$ N/mm²，$f_t = 1.43$ N/mm²；HRB400 级钢筋 $f_y = 360$ N/mm²；$\alpha_1 = 1.0$，$\xi_b = 0.518$。

查附表 20，二 a 类环境，C30 混凝土，$c = 25$ mm，若箍筋直径 $d_v = 8$ mm，则 $a_s = c + d_v + d/2 = 25 + 8 + 20/2 = 43$ (mm)，$h_0 = h - 43 = 457$ mm。

查附表 22，$\rho_{\min} = 0.2\% > 0.45 \dfrac{f_t}{f_y} = 0.45 \times \dfrac{1.43}{360} \times 100\% = 0.179\%$。

钢筋净间距 $s_n = \dfrac{200 - 2 \times 25 - 2 \times 8 - 3 \times 20}{2} = 37$ (mm) $> d = 20$ mm，且 $s_n > 25$ mm，符合构造要求。

（2）公式适用条件判断。

检查是否少筋：

$A_s = 942$ mm² $> \rho_{\min} bh = 0.2\% \times 200 \times 500 = 200$ (mm²)

因此，截面不会发生少筋破坏。

检查是否超筋：

由式（4.10）计算受压区高度，可得

$$x = \dfrac{f_y A_s}{\alpha_1 f_c b} = \dfrac{360 \times 942}{1.0 \times 14.3 \times 200} = 118.6 \ (\text{mm}) < \xi_b h_0 = 0.518 \times 457 = 236.73 \ (\text{mm})$$

因此，截面不会发生超筋破坏。

计算截面所能承受的最大弯矩并复核截面

$$M_u = \alpha_1 f_c bx\left(h_0 - \frac{x}{2}\right) = 1.0 \times 14.3 \times 200 \times 118.6 \times \left(457 - \frac{118.6}{2}\right)$$
$$= 134.9 \times 10^6 \text{ (N·mm)} = 134.9 \text{ kN·m} > M = 100 \text{ kN·m}$$

因此，该截面安全。

【例4.4】 已知条件同例4.3，但受拉纵筋采用6Φ22，该梁所能承受的最大弯矩设计值为多少？

解： (1) 确定基本参数。查附表3、附表4、附表11及表4.5、表4.6可知，C30混凝土 f_c = 14.3 N/mm^2，f_t = 1.43 N/mm^2；HRB400级钢筋 f_y = 360 N/mm^2；α_1 = 1.0，ξ_b = 0.518。

查附表20，二a类环境，C30混凝土，c = 25 mm，受拉钢筋双排布置，若箍筋直径 d_v = 8 mm，则 $a_s = c + d_v + d + e/2 = 25 + 8 + 22 + 25/2 = 67.5$ (mm)，$h_0 = h - 67.5 = 432.5$ mm。

查附表22，$\rho_{\min} = 0.2\% > 0.45\dfrac{f_t}{f_y} = 0.45 \times \dfrac{1.43}{360} \times 100\% = 0.179\%$。

(2) 公式适用条件判断。

检查是否少筋：

$A_s = 2\,281$ mm^2 > $\rho_{\min}bh = 0.2\% \times 200 \times 500 = 200$ (mm^2)

因此，截面不会发生少筋破坏。

检查是否超筋：

由式 (4.10) 计算受压区高度，可得

$$x = \frac{f_y A_s}{\alpha_1 f_c b} = \frac{360 \times 2\,281}{1.0 \times 14.3 \times 200} = 287.1 \text{ (mm)} > \xi_b h_0 = 0.518 \times 432.5 = 224.04 \text{ (mm)}$$

故超筋，取 $x = x_b = \xi_b h_0 = 224.04$ mm

(3) 计算截面所能承受的最大弯矩。

$$M \leq M_u = \alpha_1 f_c b x_b\left(h_0 - \frac{x_b}{2}\right) = 1.0 \times 14.3 \times 200 \times 224.04 \times \left(432.5 - \frac{224.04}{2}\right)$$
$$= 205.3 \text{ (kN·m)}$$

因此，该梁所能承受的最大弯矩设计值 $M = 205.3$ kN·m。

4.6 双筋矩形截面受弯构件正截面受弯承载力的计算

4.6.1 概述

双筋截面是指同时在受拉区和受压区配置受力钢筋的截面。截面上压力由混凝土和受压钢筋一起承担，拉力由受拉钢筋承担。双筋截面由于受压区纵向钢筋的截面面积较大，承载力计算时应考虑其作用。双筋截面梁可以提高构件截面的承载力与延性，相应地可以减少梁截面高度，并可以减少构件在荷载长期作用下的徐变。但一般来说，采用双筋截面梁是不经济的，工程上常在下列情况下采用双筋截面：

(1) 按单筋截面计算出现 $\xi > \xi_b$，而截面尺寸和混凝土强度等级又不能提高时。
(2) 在不同荷载组合作用下（如风荷载、地震作用），梁截面承受异号弯矩时。
(3) 由于构造、延性等方面的需要，在截面受压区已配有截面面积较大的纵向钢筋时。

4.6.2 基本公式及适用条件

(1) 纵向受压钢筋的应力。受压钢筋的强度能得到充分利用的充分条件是构件达到承载能力极限状态时，受压钢筋应有足够的应变，使其达到屈服强度。

当截面受压区边缘混凝土的极限压应变为 ε_{cu} 时，根据平截面假定，可求得受压钢筋合力点处的压应变 ε'_s，即

$$\varepsilon'_s = \left(1 - \frac{\beta_1 a'_s}{x}\right)\varepsilon_{cu} \tag{4.28}$$

式中 a'_s 为受压钢筋合力点至截面受压区边缘的距离。

若取 $x = 2a'_s$，$\varepsilon_{cu} \approx 0.0033$，$\beta_1 = 0.8$，则受压钢筋应变为

$$\varepsilon'_s = 0.0033 \times \left(1 - \frac{0.8\, a'_s}{2a'_s}\right) \approx 0.002$$

若取钢筋的弹性模量 $E_s = 2 \times 10^5 \text{ N/mm}^2$

$$\sigma'_s = E'_s \varepsilon'_s = 2 \times 10^5 \times 0.002 = 400 \text{ (N/mm}^2\text{)}$$

此时，对于 300 MPa 级、335 MPa 级、400 MPa 级钢筋，其应力应能达到屈服强度设计值。由上述分析可知，受压钢筋应力达到屈服强度的充分条件是

$$x \geq 2a'_s \tag{4.29}$$

其含义为受压钢筋位置不低于矩形受压区应力图形的重心。当不满足式（4.29）的规定时，则表明受压钢筋的位置离中和轴太近，受压钢筋的应变太小，其应力达不到抗压强度设计值。

在计算中若考虑受压钢筋作用时，箍筋应做成封闭式，其间距不应大于 15d（d 为受压钢筋最小直径），同时不应大于 400 mm。否则，纵向受压钢筋可能发生纵向弯曲（压屈）而向外凸出，引起保护层剥落甚至使受压混凝土过早发生脆性破坏。

(2) 基本公式。双筋矩形截面受弯构件正截面受弯计算简图如图 4.20 所示。

由力的平衡条件 $\sum X = 0$，可得

$$\alpha_1 f_c bx + f'_y A'_s = f_y A_s \tag{4.30}$$

由对受拉钢筋合力点取矩的力矩平衡条件 $\sum M = 0$，可得

$$M \leq M_u = \alpha_1 f_c bx\left(h_0 - \frac{x}{2}\right) + f'_y A'_s (h_0 - a'_s) \tag{4.31}$$

在上述基本公式中，将 $x = \xi h_0$ 代入，同时利用式（4.21）中的 α_s 与 ξ 的关系式，还可将基本公式写成

$$\alpha_1 f_c b\xi h_0 + f'_y A'_s = f_y A_s \tag{4.32}$$

$$M \leq M_u = \alpha_1 f_c \alpha_s b h_0^2 + f'_y A'_s (h_0 - a'_s) \tag{4.33}$$

式中 f'_y——受压钢筋的抗压强度设计值；

A'_s——受压钢筋的截面面积；

a'_s——受压钢筋合力点至截面受压区边缘的距离。

其他符号意义同单筋矩形截面。

这种形式的基本公式，往往在应用中比较方便。

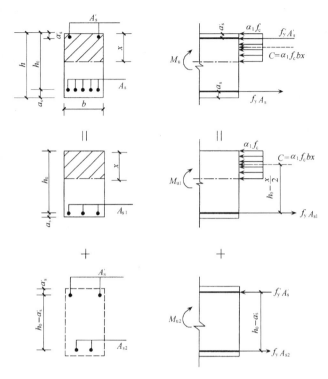

图 4.20 双筋矩形截面受弯构件正截面受弯计算简图

(3) 适用条件。在应用基本公式时,必须满足以下适用条件:
① 为防止出现超筋破坏,应满足

$$\xi \leqslant \xi_b \quad 或者 \quad x \leqslant x_b = \xi_b h_0 \tag{4.34}$$

② 为保证受压钢筋应力能够达到抗压强度设计值,应满足

$$\xi \geqslant \frac{2a'_s}{h_0} \quad 或者 \quad x \geqslant 2a'_s \tag{4.35}$$

当条件 $x \geqslant 2a'_s$ 不能满足,即 $x < 2a'_s$ 时,表明受压钢筋 A'_s 没有达到抗压设计强度 f'_y。此时可以偏于安全地取 $x = 2a'_s$,即假设受压区混凝土的合力与受压钢筋的合力均作用在受压钢筋位置处,并对受压钢筋合力点取矩,得到下列承载力计算公式:

$$M \leqslant f_y A_s (h_0 - a'_s) \tag{4.36}$$

值得注意的是,当按式(4.36)求得的 A_s 比不考虑受压钢筋而按单筋矩形截面计算的 A_s 还大时,应按单筋矩形截面的计算结果配筋。

由于双筋梁 A_s 的配筋量往往较大,所以不会发生少筋破坏。

4.6.3 基本公式的应用

1. 截面设计

截面设计有两种情况:一种是受压钢筋和受拉钢筋都是未知的;另一种是因构造要求等原因,受压钢筋是已知的,求受拉钢筋。

情形 1:已知弯矩设计值 M、混凝土和钢筋的强度等级、截面尺寸 $b \times h$,求受压钢筋面积 A'_s、受拉钢筋面积 A_s。

第4章 受弯构件正截面受弯承载力的计算

根据已知条件,分析基本式(4.30)和式(4.31)后可知:有 x、A'_s 和 A_s 三个未知数,但只有两个方程,故无法唯一求解,需增加一个条件。从经济考虑,应使钢筋用量 $(A_s + A'_s)$ 之和最小。

由式(4.31)可得

$$A'_s = \frac{M - \alpha_1 f_c bx\left(h_0 - \frac{x}{2}\right)}{f'_y(h_0 - a'_s)} \tag{4.37}$$

由式(4.30),令 $f_y = f'_y$,可得

$$A_s = \frac{\alpha_1 f_c bx}{f_y} + A'_s \tag{4.38}$$

式(4.37)与式(4.38)相加,化简可得

$$A_s + A'_s = \frac{\alpha_1 f_c bx}{f_y} + \frac{M - \alpha_1 f_c bx\left(h_0 - \frac{x}{2}\right)}{f'_y(h_0 - a'_s)}$$

将上式对 x 求导,令 $\dfrac{\mathrm{d}(A_s + A'_s)}{\mathrm{d}x} = 0$,得

$$\frac{x}{h_0} = \xi = 0.5\left(1 + \frac{a'_s}{h_0}\right) \approx 0.55$$

为满足适用条件,由表4.6可知,当混凝土强度等级不超过C50时,对于335 MPa级、400 MPa级钢筋其 $\xi_b = 0.55$、0.518,故可直接取 $\xi = \xi_b$。对于300 MPa级钢筋,当混凝土强度等级为过C50时,$\xi_b = 0.576$,当混凝土强度等级为C60时,$\xi_b = 0.557$,都大于0.55,故宜取 $\xi = \xi_b$ 计算。

综上所述,为简化计算,可直接取 $\xi = \xi_b$,根据 $x_b = \xi_b h_0$,令 $M = M_u$,由式(4.37)可得

$$A'_s = \frac{M - \alpha_1 f_c bx_b\left(h_0 - \frac{x_b}{2}\right)}{f'_y(h_0 - a'_s)} = \frac{M - \alpha_1 f_c bh_0^2 \xi_b(1 - 0.5\xi_b)}{f'_y(h_0 - a'_s)} \tag{4.39}$$

由式(4.38)可得

$$A_s = \frac{\alpha_1 f_c b\xi_b h_0 + f'_y A'_s}{f_y} \tag{4.40}$$

当 $f_y = f'_y$ 时

$$A_s = \frac{\alpha_1 f_c b\xi_b h_0}{f_y} + A'_s \tag{4.41}$$

取 $\xi = \xi_b$ 的意义是充分利用混凝土受压区对正截面受弯承载力的贡献。

情形2:已知弯矩设计值 M、混凝土强度等级、钢筋等级、截面尺寸 $b \times h$、受压钢筋 A'_s,求受拉钢筋 A_s。

未知数有两个:ξ 和 A_s,可用基本式(4.30)、式(4.31)求解。

(1)计算相对受压区高度 ξ。

由式(4.33)可得

$$\alpha_s = \frac{M - A'_s f'_y(h_0 - a'_s)}{\alpha_1 f_c bh_0^2} \tag{4.42}$$

$$\xi = 1 - \sqrt{1 - 2\alpha_s}$$

(2)讨论 ξ,计算受拉钢筋截面面积 A_s。

①若 $\frac{2a'_s}{h_0} \leqslant \xi \leqslant \xi_b$，则满足基本式（4.30）、式（4.31）的适用条件，用基本式求解 A_s。

$$A_s = \frac{\alpha_1 f_c b \xi h_0 + A'_s f'_y}{f_y} \tag{4.43}$$

②若 $\xi < \frac{2a'_s}{h_0}$，则表明受压钢筋 A'_s 在破坏时不能达到屈服强度，此时不能用基本式求解 A_s。

按以下近似方法计算：取 $\xi = \frac{2a'_s}{h_0}$，即近似认为混凝土压应力合力作用点通过受压钢筋合力作用点，这样计算误差小。对混凝土压应力合力作用点取矩，得

$$M \leqslant M_u = f_y A_s (h_0 - a'_s) \tag{4.44}$$

$$A_s = \frac{M}{f_y (h_0 - a'_s)} \tag{4.45}$$

③若 $\xi > \xi_b$，则表明给定的受压钢筋 A'_s 不足，此时按 A'_s 未知的情况进行计算。

【例 4.5】已知梁的截面尺寸为 $b \times h = 200 \text{ mm} \times 500 \text{ mm}$，混凝土强度等级为 C40，钢筋采用 HRB400 级，弯矩设计值 $M = 330 \text{ kN} \cdot \text{m}$，环境类别为一类，安全等级为二级，求截面所需配置的纵向受力钢筋。

解：（1）确定计算参数。查附表 3、附表 4、附表 11 得：C40 混凝土 $f_c = 19.1 \text{ N/mm}^2$，HRB400 级钢筋 $f_y = 360 \text{ N/mm}^2$；查表 4.5、表 4.6 得：$\alpha_1 = 1.0$，$\xi_b = 0.518$。假定受拉钢筋双排布置，取 $a_s = 65 \text{ mm}$，则 $h_0 = h - 65 = 435 \text{ mm}$。

（2）判断是否采用双筋截面。

$$\alpha_s = \frac{M}{\alpha_1 f_c b h_0^2} = \frac{330 \times 10^6}{1.0 \times 19.1 \times 200 \times 435^2} = 0.457$$

$$\xi = 1 - \sqrt{1 - 2\alpha_s} = 0.707 > \xi_b = 0.518$$

此时，如果按单筋矩形截面设计，将会出现 $\xi > \xi_b$ 的超筋情况。在不加大截面尺寸，不提高混凝土强度等级的情况下，应按双筋矩形截面进行设计。

（3）计算钢筋面积。取 $\xi = \xi_b$，受压区钢筋单排布置，取 $a'_s = 40 \text{ mm}$，则

$$A'_s = \frac{M - \alpha_1 f_c b h_0^2 \xi_b (1 - 0.5\xi_b)}{f'_y h_0 a'_s}$$

$$= \frac{330 \times 10^6 - 1.0 \times 19.1 \times 200 \times 435^2 \times 0.518 \times (1 - 0.5 \times 0.518)}{360 \times (435 - 40)} = 370 \text{（mm}^2\text{）}$$

$$A_s = \frac{\alpha_1 f_c b h_0 \xi_b}{f_y} + A'_s \frac{f'_y}{f_y}$$

$$= \frac{1.0 \times 19.1 \times 200 \times 435 \times 0.518}{360} + 370 = 2\,761 \text{（mm}^2\text{）}$$

（4）选配钢筋。查附表 24，受拉钢筋选用 3⏀25 + 1⏀25，2⏀22 的钢筋，$A_s = 2\,724 \text{ mm}^2$；受压钢筋选用 2⏀16 的钢筋，$A'_s = 402 \text{ mm}^2$。

【例 4.6】某民用建筑钢筋混凝土矩形截面梁，截面尺寸为 $b \times h = 200 \text{ mm} \times 450 \text{ mm}$，安全等级为二级，处于一类环境。选用 C30 混凝土和 HRB400 级钢筋，承受弯矩设计值 $M = 210 \text{ kN} \cdot \text{m}$，由于构造等原因，该梁在受压区已经配有受压钢筋 2⏀20（$A'_s = 628 \text{ mm}^2$），试求所需受拉钢筋面积。

解：（1）确定基本参数。查附表 3、附表 4 和附表 11 可知：C30 混凝土 $f_c = 14.3 \text{ N/mm}^2$，

$f_t = 1.43 \text{ N/mm}^2$；HRB400 级钢筋 $f_y = 360 \text{ N/mm}^2$；查表 4.5 及表 4.6 可知：$\alpha_1 = 1.0$，$\xi_b = 0.518$。

查附表 20，一类环境，C30 混凝土，$c = 20 \text{ mm}$，假定受拉钢筋双排布置，若箍筋直径 $d_v = 6 \text{ mm}$，则 $a_s = 60 \text{ mm}$，$a'_s = 20 + 6 + 20/2 = 36$（mm），$h_0 = h - 60 = 390 \text{ mm}$。

（2）求 x，并判别公式适用条件。由式（4.31）解 x 的一元二次方程式求得

$x = 142.6 \text{ mm} < \xi_b h_0 = 0.518 \times 390 = 202.02$（mm），且 $x > 2a'_s = 2 \times 36 = 72$（mm）。

（3）计算受拉钢筋截面面积。由式（4.30）可得

$$A_s = \frac{\alpha_1 f_c bx + f'_y A'_s}{f_y} = \frac{1.0 \times 14.3 \times 200 \times 142.6 + 360 \times 628}{360} = 1\ 761\ (\text{mm}^2)。$$

（4）选配钢筋。查附表 24，受拉钢筋选用 6⌀20（$A_s = 1\ 884 \text{ mm}^2$）。

【例 4.7】已知条件同例 4.6，但该梁在受压区已经配有受压钢筋为 2⌀12（$A'_s = 226 \text{ mm}^2$），试求所需受拉钢筋面积。

解：（1）确定基本参数。查附表 3、附表 4 和附表 11 可知：C30 混凝土 $f_c = 14.3 \text{ N/mm}^2$，$f_t = 1.43 \text{ N/mm}^2$；HRB400 级钢筋 $f_y = 360 \text{ N/mm}^2$；查表 4.5 及表 4.6 可知：$\alpha_1 = 1.0$，$\xi_b = 0.518$。

查附表 20，一类环境，C30 混凝土，$c = 20 \text{ mm}$，假定受拉钢筋双排布置，若箍筋直径 $d_v = 6 \text{ mm}$，则 $a_s = 60 \text{ mm}$，$a'_s = 20 + 6 + 12/2 = 32$（mm），$h_0 = h - 60 = 390 \text{ mm}$。查附表 22，$p_{\min} = 0.2\% > 0.45 \dfrac{f_t}{f_y} = 0.45 \times \dfrac{1.34}{360} \times 100\% = 0.179\%$。

（2）求 x，并判别公式适用条件。由式（4.31）解 x 的一元二次方程式求得

$x = 230 \text{ mm} > \xi_b h_0 = 0.518 \times 390 = 202.02$（mm）

须按照受压钢筋 A'_s 未知的情况计算，按情形 1 进行计算。

（3）计算钢筋截面面积。补充条件：$x = \xi_b h_0$。

由式（4.31）可得

$$\begin{aligned}
A'_s &= \frac{M - \alpha_1 f_c b h_0^2 \xi_b (1 - 0.5\xi_b)}{f'_y (h_0 - a'_s)} \\
&= \frac{210 \times 10^6 - 1.0 \times 14.3 \times 200 \times 390^2 \times 0.518 \times (1 - 0.5 \times 0.518)}{360 \times (390 - 32)} = 334\ (\text{mm}^2) \geqslant p_{\min} bh = \\
&\quad 0.002 \times 200 \times 450 = 180\ (\text{mm}^2)
\end{aligned}$$

由式（4.30）可得

$$A_s = \frac{\alpha_1 f_c b \xi_b h_0 + f'_y A'_s}{f_y} = \frac{1.0 \times 14.3 \times 200 \times 0.518 \times 390 + 360 \times 334}{360} = 1\ 939\ (\text{mm}^2)$$

（4）选配钢筋。查附表 24，受压钢筋选用 3⌀12（$A_s = 339 \text{ mm}^2$）；受拉钢筋选用 4⌀18 + 3⌀20（$A_s = 1\ 959 \text{ mm}^2$）。

【例 4.8】已知条件同例 4.6，但该梁在受压区已经配有受压钢筋为 3⌀22（$A'_s = 1\ 140 \text{ mm}^2$），试求所需受拉钢筋面积。

解：（1）确定基本参数。查附表 3、附表 4 和附表 11 可知：C30 混凝土 $f_c = 14.3 \text{ N/mm}^2$，$f_t = 1.43 \text{ N/mm}^2$；HRB400 级钢筋 $f_y = 360 \text{ N/mm}^2$；查表 4.5、表 4.6 可知：$\alpha_1 = 1.0$，$\xi_b = 0.518$。

查附表 20，一类环境，C30 混凝土，$c = 20 \text{ mm}$，同时 c 还应满足不小于钢筋直径 d（22 mm）的要求，故取 $c = 22 \text{ mm}$。假定受拉钢筋双排布置，若箍筋直径 $d_v = 6 \text{ mm}$，则 $a_s = 60 \text{ mm}$，$a'_s = 22 + 6 + 22/2 = 39$（mm），$h_0 = h - 60 = 390 \text{ mm}$。

(2) 求 x，并判别公式适用条件。由式（4.31）解 x 的一元二次方程式求得
$x = 64.5 \text{ mm} < 2a_s' = 2 \times 39 = 78$（mm）

所以取 $x = 2a_s'$

(3) 计算受拉钢筋截面面积。由式（4.45）可得

$$A_s = \frac{M}{f_y(h_0 - a_s')} = \frac{210 \times 10^6}{360 \times (390 - 39)} = 1\,662 \text{（mm}^2\text{）}$$

不考虑受压钢筋 A_s'，而按单筋矩形截面计算 A_s，经计算 $x > \xi_b h_0$，所以，取 $A_s = 1\,662 \text{ mm}^2$。

(4) 选配钢筋。查附表 24，受拉钢筋选用 3⌀20 + 3⌀18（$A_s = 1\,705 \text{ mm}^2$）。

2. 截面复核

已知弯矩设计值 M、混凝土强度等级、钢筋等级、截面尺寸 $b \times h$、受压钢筋 A_s'、受拉钢筋 A_s，求正截面受弯承载力 M_u。

(1) 求相对受压区高度 ξ，由式（4.32）可得

$$\xi = \frac{f_y A_s - f_y' A_s'}{\alpha_1 f_c b h_0} \tag{4.46}$$

(2) 讨论 ξ，求截面承载力 M_u。

① 若 $\dfrac{2a_s'}{h_0} \leq \xi \leq \xi_b$，用式（4.31）求解 M_u

$$M_u = \alpha_1 f_c b h_0^2 \xi (1 - 0.5\xi) + f_y' A_s'(h_0 - a_s') \tag{4.47}$$

② 若 $\xi < \dfrac{2a_s'}{h_0}$，用式（4.36）求解 M_u

$$M_u = f_y A_s (h_0 - a_s') \tag{4.48}$$

③ 若 $\xi > \xi_b$，则应取 $\xi = \xi_b$，用式（4.31）求解 M_u

$$M_u = \alpha_1 f_c b h_0^2 \xi_b (1 - 0.5\xi_b) + f_y' A_s'(h_0 - a_s') \tag{4.49}$$

【例 4.9】已知某矩形钢筋混凝土梁，截面尺寸 $b \times h = 200 \text{ mm} \times 500 \text{ mm}$，安全等级为二级，处于二 a 类环境。选用 C30 混凝土和 HRB400 级钢筋，受拉钢筋为 6⌀22，受压钢筋为 3⌀22，如果该梁承受弯矩设计值 $M = 300 \text{ kN} \cdot \text{m}$，复核截面是否安全。

解：（1）确定基本参数。查附表 3、附表 4 和附表 11 可知：C30 混凝土 $f_c = 14.3 \text{ N/mm}^2$；HRB400 级钢筋 $f_y = 360 \text{ N/mm}^2$；查表 4.5 及表 4.6 可得 $\alpha_1 = 1.0$，$\xi_b = 0.518$。

查附表 20，二 a 类环境，C30 混凝土，$c = 25 \text{ mm}$，受拉钢筋双排布置，若箍筋直径 $d_v = 8 \text{ mm}$，则 $a_s = c + d_v + d + e/2 = 25 + 8 + 22 + 25/2 = 67.5$（mm），$a_s' = c + d_v + d/2 = 25 + 8 + 22/2 = 44$（mm），$h_0 = h - 67.5 = 432.5 \text{ mm}$。

查附表 24 可知，$A_s = 2\,281 \text{ mm}^2$，$A_s' = 1\,140 \text{ mm}^2$。

(2) 计算 x。

$$x = \frac{f_y A_s - f_y' A_s'}{\alpha_1 f_c b} = \frac{360 \times 2\,281 - 360 \times 1\,140}{1.0 \times 14.3 \times 200} = 143.6 \text{（mm）}$$

$< \xi_b h_0 = 0.518 \times 432.5 = 224.0$（mm），且 $x \geq 2a_s' = 88 \text{ mm}$

满足公式适用条件。

(3) 计算极限承载力，复核截面。

由式（4.31）得

$$M_u = \alpha_1 f_c bx\left(h_0 - \frac{x}{2}\right) + f'_y A'_s(h_0 - a'_s)$$

$$= 1.0 \times 14.3 \times 200 \times 143.6 \times \left(432.5 - \frac{143.6}{2}\right) + 360 \times 1\,140 \times (432.5 - 44)$$

$$= 307.6\ (kN \cdot m) > 300\ kN \cdot m$$

该截面安全。

【例4.10】 已知条件同例4.9,但该梁受压钢筋为2⏀12,复核该截面是否安全。

解:(1)确定基本参数。查附表3、附表4和附表11可知:C30混凝土 $f_c = 14.3\ N/mm^2$, $f_t = 1.43\ N/mm^2$;HRB400级钢筋 $f_y = 360\ N/mm^2$;查表4.5及表4.6可得 $\alpha_1 = 1.0$, $\xi_b = 0.518$。

查附表20,二a类环境,C30混凝土,$c = 25\ mm$,受拉钢筋双排布置,若箍筋直径 $d_v = 8\ mm$,则 $a_s = c + d_v + d + e/2 = 25 + 8 + 22 + 25/2 = 67.5$(mm),$a'_s = c + d_v + d/2 = 25 + 8 + 12/2 = 39$(mm),$h_0 = h - 67.5 = 432.5\ mm$。

查附表24可知,$A_s = 2\,281\ mm^2$,$A'_s = 226\ mm^2$。

(2)计算 x。

$$x = \frac{f_y A_s - f'_y A'_s}{\alpha_1 f_c b} = \frac{360 \times 2\,281 - 360 \times 226}{1.0 \times 14.3 \times 200} = 258.7\ (mm)$$

$$> \xi_b h_0 = 0.518 \times 432.5 = 224.0\ (mm)$$

所以应取 $x = x_b = \xi_b h_0 = 224.0$(mm)

(3)计算极限承载力,复核截面,由式(4.31)得

$$M_u = \alpha_1 f_c b x_b\left(h_0 - \frac{x_b}{2}\right) + f'_y A'_s(h_0 - a'_s)$$

$$= 1.0 \times 14.3 \times 200 \times 224.0 \times \left(432.5 - \frac{224.0}{2}\right) + 360 \times 226 \times (432.5 - 39)$$

$$= 237.3\ (kN \cdot m) < M = 300\ kN \cdot m$$

该截面不安全。

4.7 T形截面受弯构件正截面受弯承载力的计算

4.7.1 概述

由矩形截面受弯构件的受力分析可知,矩形截面梁正截面破坏时,大部分受拉区混凝土因开裂而退出工作,正截面承载力计算时可不考虑受拉区混凝土的抗拉作用,因此,可以将受拉区混凝土的一部分去掉,并将原有纵向受拉钢筋集中布置在梁肋中,形成如图4.21所示的T形截面梁,图中 b'_f、h'_f 为翼缘的宽度和高度;b、h 为梁肋(也称腹板)的宽度和高度。与原矩形截面梁相比,T形截面梁的正截面受弯承载力不受影响,同时,还能减轻自重、节省混凝土,产生一定的经济效益。

T形截面受弯构件广泛应用于工程实际中。对于现浇肋梁

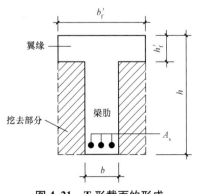

图4.21 T形截面的形成

楼盖中的连续梁[见图 4.22（a）]，跨中截面（1-1 截面）承受正弯矩，截面上部受压、下部受拉，所以跨中截面按 T 形截面计算；支座截面（2-2 截面）承受负弯矩，截面上部受拉、下部受压，所以支座截面按矩形截面计算。工程中的吊车梁常采用 T 形截面[见图 4.22（b）]。有时为了布置钢筋等的需要，将 T 形截面的下部扩大而形成 I 形截面[见图 4.22（c）]，破坏时，I 形截面下翼缘（受拉翼缘）混凝土开裂，对受弯承载力没有贡献，所以 I 形截面的正截面受弯承载力按 T 形截面计算。工程中常用的箱梁、空心板与槽形板[见图 4.22（d）]，也按 T 形截面计算其正截面受弯承载力。

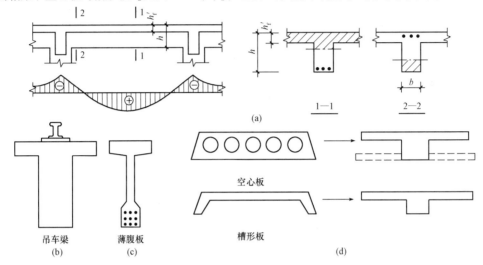

图 4.22 T 形截面受弯构件

(a) 连续梁；(b) 吊车梁；(c) I 形梁；(d) 空心板与槽形板

试验表明，T 形截面受弯构件受压翼缘上的压应力沿翼缘宽度方向的分布是不均匀的，离梁肋越远压应力越小。由弹性力学可知，其压应力的分布规律取决于截面与跨度的相对尺寸及加载形式。但构件达到破坏时，由于塑性变形的发展，实际压应力分布比弹性分析的更均匀些[见图 4.23（a）、(c)]。在工程中，对于现浇 T 形截面梁，有时翼缘很宽，考虑到远离梁肋处的压应力很小，在设计中把翼缘限制在一定范围内，称为"有效翼缘计算宽度 b'_f"，并假定在 b'_f 范围以内的压应力均匀分布，b'_f 范围以外的混凝土不受力[见图 4.23（b）、(d)]。

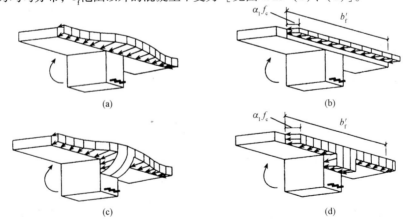

图 4.23 T 形截面受压区的应力分布与有效翼缘计算宽度

(a)、(c) 实际应力分布图；(b)、(d) 计算应力图试验与理论分析还表明，有效翼缘计算宽度 b'_f 的取值与梁的形式（独立梁还是现浇肋形楼盖梁）、梁的计算跨度 l_0、梁（肋）净距 s_n 和翼缘高度 h'_f 等因素有关。《混凝土结构设计规范》规定：T 形、I 形及倒 L 形截面受弯构件的受压区有效翼缘计算宽度 b'_f 应取表 4.8 中有关各项中的最小值。

表 4.8　T 形、I 形、倒 L 形截面受弯构件翼缘计算宽度取值

			T 形截面		倒 L 形截面
	考虑情况		肋形板、梁	独立梁	肋形板、梁
1	按计算跨度考虑		$l_0/3$	$l_0/3$	$l_0/6$
2	按梁（肋）净距考虑		$b + S_n$	—	$b + S_n/2$
3	按翼缘高度 h'_f 考虑	$h'_f/h_0 \geq 0.1$	—	$b + 12h'_f$	—
		$0.1 > h'_f/h_0 \geq 0.05$	$b + 12h'_f$	$b + 6h'_f$	$b + 5h'_f$
		$h'_f/h_0 < 0.05$	$b + 12h'_f$	b	$b + 5h'_f$

注：①表中 b 为腹板宽度；
②如肋形梁在梁跨内设有间距小于纵肋间距的横肋，可不遵守表列情况 3 的规定；
③对加腋的 T 形、I 形、倒 L 形截面，当受压区加腋的高度 $h_h \geq h'_f$ 且加腋的宽度 $b_h \leq 3h_h$ 时，其翼缘计算宽度可按表列情况 3 的规定分别增加 $2b_h$（T 形、I 形截面）和 b_h（倒 L 形截面）；
④独立梁受压区的翼缘板在荷载作用下经验算沿纵肋方向可能产生裂缝时，其计算宽度应取腹板宽度 b

4.7.2　T 形截面的两种类型及判别条件

T 形截面受弯构件正截面受弯承载力的计算方法与矩形截面的基本相同，计算简图也是采用等效矩形应力图；而两种截面的不同之处在于 T 形截面需要考虑受压翼缘的作用。

根据等效矩形应力图中和轴位置的不同，可将 T 形截面分成以下两种类型：

（1）第一类 T 形截面 ［见图 4.24（a）］：中和轴在翼缘内，即 $x \leq h'_f$。
（2）第二类 T 形截面 ［见图 4.24（b）］：中和轴在梁肋内，即 $x > h'_f$。

当中和轴位置刚好位于翼缘的下边缘，即 $x = h'_f$ 时，如图 4.24（c）所示，则为两类 T 形截面的分界情况。此时，根据截面力的平衡条件和力矩平衡条件可得

$$f_y A_s = \alpha_1 f_c b'_f h'_f \tag{4.50}$$

$$M_u \leq \alpha_1 f_c b'_f h'_f \left(h_0 - \frac{h'_f}{2} \right) \tag{4.51}$$

上述两个界限条件，即式（4.50）及式（4.51），是判别两类 T 形截面的基础。显然对截面设计的问题，若 $M \leq \alpha_1 f_c b'_f h'_f \left(h_0 - \frac{h'_f}{2} \right)$，属第一类 T 形截面；$M > \alpha_1 f_c b'_f h'_f \left(h_0 - \frac{h'_f}{2} \right)$，属第二类 T 形截面。

对截面复核问题，若 $\alpha_1 f_c b'_f h'_f \geq f_y A_s$，属第一类 T 形截面；$\alpha_1 f_c b'_f h'_f < f_y A_s$，属第二类 T 形截面。

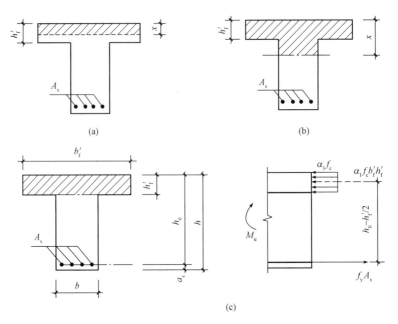

图 4.24 两类 T 形截面

（a）第一类 T 形截面；（b）第二类 T 形截面；（c）两类 T 形截面分界

4.7.3 基本公式及适用条件

T 形截面受弯构件通常采用单筋 T 形截面。但如果截面承受的弯矩大于单筋 T 形截面所能承受的极限弯矩，而截面尺寸和混凝土强度等级又不能提高时，也可设计成双筋 T 形截面。

以下 "T 形截面" 均是指 "单筋 T 形截面"。

（1）第一类 T 形截面。第一类 T 形截面中和轴在翼缘内，即 $x \leqslant h_f'$，受压区形状为矩形，所以第一类 T 形截面承载力计算与截面尺寸为 $b_f' \times h$ 的矩形截面承载力计算完全相同，计算简图如图 4.25 所示。

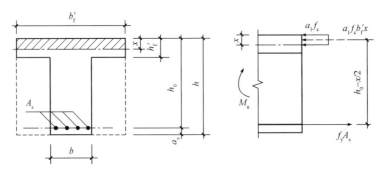

图 4.25 第一类 T 形截面计算简图

计算公式为

$$\alpha_1 f_c b_f' x = f_y A_s \tag{4.52}$$

$$M \leqslant M_u = \alpha_1 f_c b_f' x \left(h_0 - \frac{x}{2} \right) \tag{4.53}$$

引入计算系数后,上式写为

$$\alpha_1 f_c b_f' h_0 \xi = f_y A_s \quad (4.54)$$

$$M \leq M_u = \alpha_s \alpha_1 f_c b_f' h_0^2 \quad (4.55)$$

适用条件:

① 为了防止超筋破坏,要求

$$\xi \leq \xi_b \text{ 或 } x \leq x_b = \xi_b h_0 \quad (4.56)$$

由于第一类 T 形截面的 $\xi = x/h_0 \leq h_f'/h_0$,同时一般 T 形截面的 h_f'/h 又较小,故适用条件式(4.56)通常都能满足,实用上可不必验算。

② 为了防止少筋破坏,要求

$$A_s \geq A_{s,\min} = \rho_{\min} bh \quad (4.57)$$

对于单筋 T 形截面,适用条件式(4.57)也可写成

$$\rho \geq \rho_{\min} \frac{h}{h_0} \quad (4.58)$$

其中配筋率 ρ 是相对于梁肋部分而言的,即 $\rho = A_s/bh_0$,而不是相对于 $b_f' h_0$。这是因为最小配筋率是根据钢筋混凝土截面与同样大小的素混凝土截面梁的极限弯矩相等这一原则确定的,而后者主要取决于截面受拉区的形状。因此,在验算适用条件时,采用肋宽 b 来确定 T 形截面的配筋率是合理的。

对于 I 形截面梁或箱形截面梁,应按式(4.57)计算 $A_{s,\min}$;对于现浇整体式肋形楼盖中的梁,其支座处的截面在受弯承载力计算时应取为矩形截面,而实际形状为倒 T 形截面,因此该截面的 $A_{s,\min}$ 也应按式(4.59)计算

$$A_{s,\min} = \rho_{\min} [bh + (b_f - b) h_f] \quad (4.59)$$

(2)第二类 T 形截面梁的基本公式及适用条件。第二类 T 形截面梁的中和轴位置在其梁肋内,即受压区高度 $x > h_f'$。此时,受压区形状为 T 形,其计算简图如图 4.26 所示。根据截面的静力平衡条件,可得其基本公式为

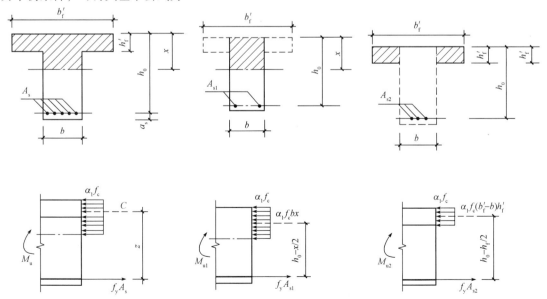

图 4.26 第二类 T 形截面计算简图

$$\alpha_1 f_c bx + \alpha_1 f_c (b_f' - b) h_f' = f_y A_s \tag{4.60}$$

$$M \leq M_u = \alpha_1 f_c bx\left(h_0 - \frac{x}{2}\right) + \alpha_1 f_c (b_f' - b) h_f'\left(h_0 - \frac{h_f'}{2}\right) \tag{4.61}$$

引入计算系数后，式（4.60）、式（4.61）可写为

$$\alpha_1 f_c b h_0 \xi + \alpha_1 f_c (b_f' - b) h_f' = f_y A_s \tag{4.62}$$

$$M \leq M_u = \alpha_s \alpha_1 f_c b h_0^2 + \alpha_1 f_c (b_f' - b) h_f'\left(h_0 - \frac{h_f'}{2}\right) \tag{4.63}$$

适用条件：
① 为了防止超筋破坏，要求

$$\xi \leq \xi_b \text{ 或 } x \leq x_b = \xi_b h_0 \tag{4.64}$$

② 为了防止少筋破坏，要求

$$A_s \geq A_{s,\min} = \rho_{\min} bh \tag{4.65}$$

在第二类 T 形截面中，因受压区面积较大，故所需的受拉钢筋面积也较大，因此一般可不验算第二个适用条件。

4.7.4 T 形截面梁的计算方法

1. 截面设计

截面设计问题通常为已知材料强度等级、截面尺寸及弯矩设计值 M，求所需的受拉钢筋面积 A_s。设计步骤如下：

（1）判断 T 形截面类型。

若 $M \leq \alpha_1 f_c b_f' h_f'\left(h_0 - \frac{h_f'}{2}\right)$，属第一类 T 形截面；若 $M > \alpha_1 f_c b_f' h_f'\left(h_0 - \frac{h_f'}{2}\right)$，属第二类 T 形截面。

（2）第一类 T 形截面。其计算方法与 $b_f' \times h$ 的单筋矩形截面承载力计算完全相同。

① 计算系数 α_s：

$$\alpha_s = \frac{M}{\alpha_1 f_c b h_0^2} \tag{4.66}$$

② 计算系数 ξ：

$$\xi = 1 - \sqrt{1 - 2\alpha_s} \tag{4.67}$$

③ 计算钢筋截面面积：

$$A_s = \alpha_1 f_c b_f' h_0 \xi / f_y \tag{4.68}$$

④ 验算实配 $A_s \geq A_{s,\min} = \rho_{\min} bh$，若不满足，取 $A_s = \rho_{\min} bh$。

（3）第二类 T 形截面。

① 计算系数 α_s、ξ：

$$\alpha_s = \frac{M - \alpha_1 f_c (b_f' - b) h_f'\left(h_0 - \frac{h_f'}{2}\right)}{\alpha_1 f_c b h_0^2} \tag{4.69}$$

$$\xi = 1 - \sqrt{1 - 2\alpha_s}$$

② 讨论 ξ，计算钢筋截面面积：

若 $\xi \leq \xi_b$，由式（4.62）计算钢筋截面面积：

$$A_s = \alpha_1 f_c b_f' h_0 \xi / f_y + \alpha_1 f_c (b_f' - b) h_f' / f_y \tag{4.70}$$

第4章 受弯构件正截面受弯承载力的计算

若 $\xi > \xi_b$,可采用增加梁高、提高混凝土强度等级、改为双筋T形截面等措施后重新计算。

【例4.11】 已知T形截面梁,安全等级为二级,处于一类环境,$b = 300$ mm,$h = 700$ mm,$b_f' = 600$ mm,$h_f' = 100$ mm,弯矩设计值 $M = 600$ kN·m,混凝土强度等级为C30,钢筋采用HRB400级,求所需的受拉钢筋面积 A_s。

解:(1)确定计算参数。查附表3、附表4和附表11得:C30混凝土 $f_c = 14.3$ N/mm^2,HRB400级钢筋 $f_y = 360$ N/mm^2;查表4.5及表4.6得 $\alpha_1 = 1.0$,$\xi_b = 0.518$。

(2)判断截面类型。假设受拉钢筋排成两排,故 $h_0 = h - a_s = 700 - 65 = 635$(mm)

$$\alpha_1 f_c b_f' h_f' \left(h_0 - \frac{h_f'}{2}\right) = 1.0 \times 14.3 \times 600 \times 100 \times \left(635 - \frac{100}{2}\right) = 501.9 \text{ (kN·m)} < 600 \text{ kN·m}$$

属于第二类T形截面。

(3)计算受压区高度 ξ,并验算适用条件。

$$\alpha_s = \frac{M - \alpha_1 f_c (b_f' - b) h_f' \left(h_0 - \frac{h_f'}{2}\right)}{\alpha_1 f_c b h_0^2}$$

$$= \frac{600 \times 10^6 - 1.0 \times 14.3 \times (600 - 300) \times 100 \times \left(635 - \frac{100}{2}\right)}{1.0 \times 14.3 \times 300 \times 635^2}$$

$$= 0.202$$

$$\xi = 1 - \sqrt{1 - 2\alpha_s} = 1 - \sqrt{1 - 2 \times 0.202} = 0.228 < \xi_b = 0.518$$

(4)计算受拉钢筋截面面积。

$$A_s = \frac{\alpha_1 f_c (b_f' - b) h_f' + \alpha_1 f_c b \xi h_0}{f_y}$$

$$= \frac{1.0 \times 14.3 \times (600 - 300) \times 100 + 1.0 \times 14.3 \times 300 \times 0.228 \times 635}{360}$$

$$= 2917.0 \text{ (mm}^2\text{)}$$

(5)受拉钢筋选为 6⏀25($A_s = 2945$ mm^2)。

【例4.12】 已知某钢筋混凝土T形截面梁,$b_f' = 500$ mm,$h_f' = 100$ mm,$b = 250$ mm,$h = 600$ mm,安全等级为二级,处于一类环境,弯矩设计值 $M = 500$ kN·m。混凝土强度等级为C25,纵筋为HRB400级,弯矩设计值 $M = 500$ kN·m。试求截面所需的受力钢筋截面面积。

解:(1)确定计算参数。

查附表3、附表4和附表11得C25混凝土 $f_c = 11.9$ N/mm^2,$f_t = 1.27$ N/mm^2;HRB335级钢筋 $f_y = 300$ N/mm^2;查表4.5及表4.6可得 $\alpha_1 = 1.0$,$\xi_b = 0.550$。

由于弯矩较大,假定受拉钢筋双排布置,取 $a_s = 65$ mm,$h_0 = h - 65 = 535$ mm

(2)判断截面类型。

当 $x = h_f'$ 时

$$\alpha_1 f_c b_f' h_f' \left(h_0 - \frac{h_f'}{2}\right) = 1.0 \times 11.9 \times 500 \times 100 \times \left(535 - \frac{100}{2}\right)$$

$$= 288.6 \times 10^6 \text{ (N·mm)}$$

$$= 288.6 \text{ kN·m} < M = 500 \text{ kN·m}$$

故属于第二类T形截面。

(3) 计算受拉钢筋的面积 A_s。由式（4.61）解 x 的一元二次方程式求得

$x = 318 \text{ mm} > \xi_b h_0 = 0.550 \times 535 = 294.25 \text{ (mm)}$

所以需要增大截面尺寸，将截面高度增大到 $h = 700$ mm，其他尺寸不变，重新计算受拉钢筋的面积 A_s，则 $h_0 = h - 65 = 635$ mm，重新判别截面类型，经计算仍属于第二类 T 形截面。

由式（4.61）解 x 的一元二次方程式重新求得

$x = 205.9 \text{ mm} < \xi_b h_0 = 0.550 \times 635 = 349.25 \text{ (mm)}$

由式（4.60）得

$$A_s = \frac{\alpha_1 f_c b x + \alpha_1 f_c (b'_f - b) h'_f}{f_y}$$

$$= \frac{1.0 \times 11.9 \times 250 \times 205.9 + 1.0 \times 11.9 \times (500 - 250) \times 100}{360}$$

$= 2528 \text{ (mm}^2\text{)}$

(4) 选配钢筋。受拉钢筋选用 8⏀20（$A_s = 2513 \text{ mm}^2$）。

2. 截面复核

已知 T 形截面的截面尺寸、混凝土强度等级、钢筋级别、截面配筋，求正截面受弯承载力 M_u。计算步骤如下：

(1) 判别 T 形截面类型。

若 $\alpha_1 f_c b'_f h'_f \geq f_y A_s$ 为第一类 T 形截面；若 $\alpha_1 f_c b'_f h'_f < f_y A_s$ 为第二类 T 形截面。

(2) 第一、第二类 T 形截面。

① 若为第一类 T 形截面，按 $b'_f \times h$ 的矩形截面验算承载力，此处不再赘述。

② 若为第二类 T 形截面，步骤如下述：

a. 利用公式（4.62）求出 ξ。

$$\xi = \frac{f_y A_s - \alpha_1 f_c (b'_f - b) h'_f}{\alpha_1 f_c b h_0} \tag{4.71}$$

b. 计算受弯承载力 M_u

若 $\xi \leq \xi_b$，则 M_u 采用公式（4.61）计算。

若 $\xi > \xi_b$，则取 $\xi = \xi_b$

$$M_u = \alpha_1 f_c b h_0^2 \xi_b (1 - 0.5\xi_b) + \alpha_1 f_c (b'_f - b) h'_f \left(h_0 - \frac{h'_f}{2}\right) \tag{4.72}$$

【例 4.13】已知 T 形截面梁 $b = 300$ mm，$h = 700$ mm，$b'_f = 700$ mm，$h'_f = 90$ mm，截面受拉区配有 8⏀22 的钢筋，混凝土强度等级为 C30，梁截面承受的最大弯矩设计值 $M = 650$ kN·m，验算此截面是否安全。

解：(1) 确定计算参数。查附表 3、附表 4 和附表 11 得 C30 混凝土 $f_c = 14.3 \text{ N/mm}^2$；HRB400 级钢筋 $f_y = 360 \text{ N/mm}^2$，$A_s = 3041 \text{ mm}^2$。查表 4.5 及表 4.6 得 $\alpha_1 = 1.0$，$\xi_b = 0.518$。

(2) 确定截面有效高度。据题意受拉钢筋排成两排，故

$h_0 = h - a_s = 700 - 65 = 635 \text{ (mm)}$

(3) 判断截面类型。

$\alpha_1 f_c b'_f h'_f = 1.0 \times 14.3 \times 700 \times 90 = 900.9 \text{ (kN)} < f_y A_s = 360 \times 3041 = 1094.8 \text{ (kN)}$

故属于第二类 T 形截面梁。

(4) 计算受压区高度 ξ，并验算适用条件。

$$\xi = \frac{f_y A_s - \alpha_1 f_c (b'_f - b) h'_f}{\alpha_1 f_c b h_0}$$

$$= \frac{360 \times 3\,041 - 1.0 \times 14.3 \times (700 - 300) \times 90}{1.0 \times 14.3 \times 300 \times 635}$$

$$= 0.213 < \xi_b$$

$$= 0.518$$

(5) 计算受弯承载力 M_u。

$$M_u = \alpha_1 f_c (b'_f - b) h'_f \left(h_0 - \frac{h'_f}{2} \right) + \alpha_1 f_c b \xi h_0^2 (1 - 0.5\xi)$$

$$= 1.0 \times 14.3 \times (700 - 300) \times 90 \times \left(635 - \frac{90}{2} \right) + 1.0 \times 14.3 \times 300 \times 0.213 \times 635^2 \times (1 - 0.5 \times 0.213)$$

$$= 632.9 \text{ (kN·m)} < M = 650 \text{ kN·m}$$

故截面不安全。

思考题

4.1　什么是混凝土保护层厚度？为什么要规定混凝土保护层厚度？混凝土保护层厚度的取值与哪些因素有关？

4.2　梁、板应满足哪些截面尺寸和配筋构造要求？

4.3　板中分布钢筋的作用是什么？如何布置分布钢筋？

4.4　混凝土弯曲受压时的极限压应变取多少？

4.5　适筋梁从开始受荷到破坏需经历哪几个受力阶段？各阶段的主要受力特征是什么？

4.6　什么叫配筋率？配筋率对梁的正截面承载力和破坏形态有什么影响？

4.7　适筋梁、超筋梁、少筋梁的破坏各有什么特征？在设计中如何防止超筋破坏和少筋破坏？

4.8　受弯构件正截面承载力计算中引入了哪些基本假定？为什么要引入这些基本假定？

4.9　等效矩形应力图的等效原则是什么？

4.10　什么是相对受压区高度？什么是相对界限受压区高度？ξ_b 的取值仅与哪些因素有关？

4.11　单筋矩形截面受弯构件正截面受弯承载力的基本计算公式是如何建立的？为什么要规定公式适用条件？

4.12　在截面复核时，当实际纵向受拉钢筋的配筋率小于最小配筋率或大于最大配筋率时，应分别如何计算截面所能承担的极限弯矩值？

4.13　什么是双筋矩形截面梁？双筋矩形截面梁中受压钢筋起什么作用？什么情况下采用双筋矩形截面梁？

4.14　双筋梁的基本计算公式为什么要有适用条件 $x \geq 2a'_s$？$x < 2a'_s$ 的双筋梁出现在什么情况下？这时应当如何计算？

4.15　为什么规定T形截面受压翼缘的计算宽度？受压翼缘计算宽度 b'_f 的确定应考虑哪些因素？

4.16　T形截面梁的受弯承载力计算公式与单筋矩形截面梁的计算公式有何异同点？

习 题

4.1 已知钢筋混凝土矩形梁,安全等级为二级,处于一类环境,其截面尺寸 $b \times h = 250 \text{ mm} \times 500 \text{ mm}$,承受弯矩设计值 $M = 260 \text{ kN} \cdot \text{m}$,采用 C30 混凝土和 HRB400 级钢筋。试配置截面钢筋。

4.2 已知钢筋混凝土挑檐板,安全等级为二级,处于一类环境,其厚度为 80 mm,跨度 $l = 1\ 200 \text{ mm}$,如图 4.27 所示,板面永久荷载标准值为:防水层 0.35 kN/m^2,80 mm 厚钢筋混凝土板(自重 25 kN/m^3),25 mm 厚水泥砂浆抹灰(重度 20 kN/m^3),板面可变荷载标准值为雪荷载 0.4 kN/m^2。板采用强度等级为 C30 的混凝土,HRB335 级钢筋,试配置该板的受拉钢筋。

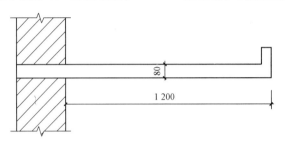

图 4.27 习题 4.2 图

4.3 已知某钢筋混凝土矩形截面梁,安全等级为二级,处于二 a 类环境,承受弯矩设计值 $M = 180 \text{ kN} \cdot \text{m}$,采用强度等级为 C30 的混凝土和 HRB400 级钢筋,试求该梁截面尺寸 $b \times h$ 及所需受拉钢筋面积。

4.4 已知某钢筋混凝土矩形截面梁,安全等级为二级,处于一类环境,其截面尺寸 $b \times h = 250 \text{ mm} \times 500 \text{ mm}$,采用强度等级为 C25 的混凝土,钢筋为 HRB400 级,配有受拉纵筋为 3⏀20。试验算此梁承受弯矩设计值 $M = 180 \text{ kN} \cdot \text{m}$ 时,复核该截面是否安全?

4.5 已知条件同问题 4.4,但受拉纵筋为 6⏀22,试求该梁所能承受的最大弯矩设计值为多少?

4.6 已知某矩形截面钢筋混凝土简支梁,安全等级为二级,处于二 a 类环境,计算跨度 $l_0 = 5\ 100 \text{ mm}$,截面尺寸 $b \times h = 200 \text{ mm} \times 450 \text{ mm}$,承受均布线荷载为:活荷载标准值 10 kN/m,恒荷载标准值 9 kN/m(不包括梁的自重)。选用 C30 混凝土和 HRB400 级钢筋,采用系数法求该梁所需受拉钢筋面积并画出截面配筋简图。

4.7 已知某钢筋混凝土双筋矩形截面梁,安全等级为二级,处于一类环境,截面尺寸 $b \times h = 250 \text{ mm} \times 550 \text{ mm}$,采用强度等级为 C30 的混凝土和 HRB400 级钢筋,截面弯矩设计值 $M = 420 \text{ kN} \cdot \text{m}$。试求纵向受拉钢筋和纵向受压钢筋截面面积。

4.8 某钢筋混凝土矩形截面梁,安全等级为二级,处于一类环境,截面尺寸为 $b \times h = 200 \text{ mm} \times 500 \text{ mm}$,选用强度等级为 C30 的混凝土和 HRB400 级钢筋,承受弯矩设计值 $M = 360 \text{ kN} \cdot \text{m}$,由于构造等原因,该梁在受压区已经配有受压钢筋 3⏀20 ($A'_s = 942 \text{ mm}^2$),试求所需受拉钢筋面积。

4.9 已知条件同问题 4.8,但该梁在受压区已经配有受压钢筋 2⏀12 ($A'_s = 226 \text{ mm}^2$),试求所需受拉钢筋面积。

4.10 已知条件同问题 4.8,但该梁在受压区已经配有受压钢筋为 3⏀25 ($A'_s = 1\ 473 \text{ mm}^2$),试求所需受拉钢筋面积。

4.11 已知钢筋混凝土矩形截面梁,安全等级为二级,处于一类环境,截面尺寸 $b \times h = 200 \text{ mm} \times 450 \text{ mm}$,采用强度等级为 C30 的混凝土和 HRB400 级钢筋。在受压区配有 3⏀20 的钢筋，在受拉区配有 5Φ22 的钢筋，试验算此梁承受弯矩设计值 $M = 220$ kN·m 时，是否安全？

4.12 已知 T 形截面梁，安全等级为二级，处于一类环境，截面尺寸为 $b \times h = 250$ mm $\times$ 600 mm，$b'_f = 500$ mm，$h'_f = 100$ mm，承受弯矩设计值 $M = 620$ kN·m，采用强度等级为 C30 的混凝土和 HRB400 级钢筋。试求该截面所需的纵向受拉钢筋。

4.13 已知 T 形截面梁，安全等级为二级，处于一类环境，截面尺寸为 $b'_f = 450$ mm，$h'_f = 100$ mm，$b = 250$ mm，$h = 600$ mm，采用强度等级为 C30 的混凝土和 HRB400 级钢筋。试计算如果受拉钢筋为 4Φ25，截面所能承受的弯矩设计值是多少？

4.14 已知 T 形截面梁，安全等级为二级，处于二 a 类环境，截面尺寸为 $b \times h = 250$ mm $\times$ 650 mm，$b'_f = 600$ mm，$h'_f = 100$ mm，承受弯矩设计值 $M = 510$ kN·m，采用强度等级为 C30 的混凝土和 HRB400 级钢筋，配有 8Φ22 的受拉钢筋，该梁是否安全？

第5章 受弯构件斜截面承载力的计算

★ 教学目标

本章要求熟悉无腹筋梁斜裂缝出现后的应力状态；掌握剪跨比的概念、无腹筋梁斜截面受剪的破坏形态以及腹筋对斜截面受剪破坏形态的影响；熟练掌握矩形、T 形和 I 形等截面受弯构件梁斜截面受剪承载力的计算模型、计算方法及限制条件；掌握受弯构件钢筋的布置、梁内纵筋的弯起、截断及锚固等构造措施。

5.1 概　述

钢筋混凝土受弯构件在主要承受弯矩的区段内会产生竖向裂缝，如果正截面受弯承载力不够，将沿竖向裂缝发生正截面受弯破坏。另外，钢筋混凝土受弯构件还有可能在剪力和弯矩共同作用的支座附近区段内，产生斜向裂缝，并沿斜裂缝发生斜截面受剪破坏或斜截面受弯破坏。

对于受弯构件，在保证其正截面受弯承载力的同时，还要保证斜截面承载力，其中包括斜截面受剪承载力和斜截面受弯承载力两个方面。在工程设计中，斜截面受剪承载力是由计算和构造来满足的，斜截面受弯承载力则是通过对纵向钢筋和箍筋的构造要求来保证的。

为防止斜截面破坏，通常需要在梁中配置垂直箍筋，或在梁弯剪区段内将按正截面受弯计算配置的纵向钢筋弯起形成弯起钢筋（或斜筋），来提高斜截面受剪承载力。箍筋和弯起钢筋统称为腹筋。配置了箍筋、弯起钢筋的梁称为有腹筋梁，仅有纵筋而未配置腹筋的梁称为无腹筋梁。在梁中，由腹筋、纵筋以及架立钢筋一起构成梁的钢筋骨架，如图 5.1 所示。

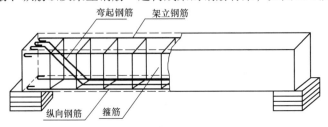

图 5.1　梁的配筋构造

5.2 梁斜截面受力与破坏分析

在实际工程中,除截面很小的梁外,一般梁均为有腹筋梁。但由于无腹筋梁相对简单,研究从无腹筋梁开始,可较方便地揭示斜裂缝的形成机理、混凝土的抗剪能力,从而为有腹筋梁的研究奠定基础。

5.2.1 无腹筋的斜截面受剪破坏形态

1. 斜裂缝形成前的应力状态

图 5.2 所示为矩形截面简支梁,在对称集中力作用下,当忽略梁的自重时,在区段 CD 内仅有弯矩作用,称为纯弯区段;在支座附近的 AC 和 DB 区段内有弯矩和剪力的共同作用,称为弯剪区段。构件在跨中正截面抗弯承载力有保证的情况下,有可能在剪力和弯矩的联合作用下,在支座附近的弯剪区段内发生斜截面破坏。

当荷载较小,未出现裂缝之前,梁基本处于弹性阶段。如果近似地把钢筋混凝土梁视为匀质弹性体,则任一点的主拉应力和主压应力可按材料力学公式计算。

主拉应力 $$\sigma_{tp} = \frac{\sigma}{2} + \sqrt{\frac{\sigma^2}{4} + \tau^2} \tag{5.1a}$$

主压应力 $$\sigma_{cp} = \frac{\sigma}{2} - \sqrt{\frac{\sigma^2}{4} + \tau^2} \tag{5.1b}$$

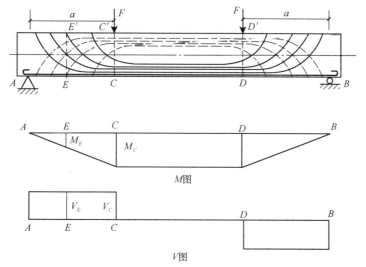

图 5.2 裂缝出现前无腹筋梁的应力状态

对于图 5.2 中的纯弯段 CD,主应力迹线是水平的,当截面下边缘的最大主拉应力超过混凝土的抗拉强度时,将出现垂直裂缝。对于图 5.2 中的弯剪段 AC 和 DB,其腹部的主拉应力方向是倾斜的,当主拉应力超过混凝土的抗拉强度时,将出现斜裂缝;但其截面下边缘的主拉应力仍是水平的,故一般首先在下边缘出现垂直裂缝,随后这些垂直裂缝斜向发展,形成弯剪斜裂缝,如

图 5.3（a）所示。然而，对于像 I 形截面梁等薄腹梁，由于弯剪段截面中部的剪应力大，故可能先在腹部出现斜裂缝，随后向梁顶和梁底斜向发展，形成腹剪斜裂缝，如图 5.3（b）所示。

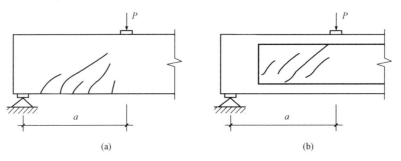

图 5.3　两类斜裂缝

（a）弯剪斜裂缝；（b）腹剪斜裂缝

2. 斜裂缝形成后的应力状态

出现斜裂缝后，梁的应力状态发生了很大变化，即发生了应力重分布。此时不能再将梁近似认为是匀质弹性材料。对于出现了斜裂缝的无腹筋梁，为研究其应力状态，将梁沿斜裂缝切开，并取左边部分为隔离体，如图 5.4 所示。

由图中可以看出，隔离体受到的作用有由荷载产生的支座剪力 V、斜裂缝上端混凝土残余面承受的剪力 V_C 和压力 D_C、纵向钢筋的拉力 T 及其销栓作用 V_D、斜裂缝两侧混凝土相对错动而产生的集料咬合力 V_A。其中，纵向钢筋的销栓作用 V_D 由于混凝土保护层厚度不大而作用有限，而集料咬合力 V_A 将随着斜裂缝的开展而逐渐减少。因此，进行极限状态分析时，可忽略 V_D 和 V_A 的作用。由此得到图 5.4 所示隔离体的平衡条件如下

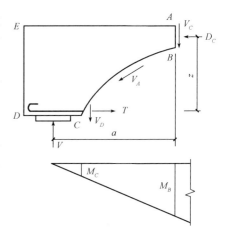

图 5.4　无腹筋梁隔离体受力图

$$\sum X = 0 \qquad D_C = T \qquad (5.2a)$$

$$\sum Y = 0 \qquad V_C = V \qquad (5.2b)$$

$$\sum M = 0 \qquad T \cdot z = V \cdot a \qquad (5.2c)$$

由式（5.2a）~式（5.2c）和图 5.4 可知，斜裂缝形成后梁的应力状态发生以下变化。

（1）开裂前的剪力是全截面承担的，开裂后则主要由斜裂缝上端混凝土残余面承担。斜裂缝上端混凝土残余面既受剪又受压，称为剪压区。混凝土剪应力大大增加（随着荷载的增大，斜裂缝宽度增加，集料咬合力也迅速减小），应力的分布规律不同于斜裂缝出现前的情形。

（2）混凝土剪压区面积因斜裂缝的出现和发展而减小，剪压区内的混凝土压应力将大大增加。

（3）与斜裂缝相交处的纵向钢筋应力，由于斜裂缝的出现而突然增大。因为该处的纵向钢筋拉力 T 在斜裂缝出现前是由截面 C 处弯矩 M_C 决定的，而在斜裂缝出现后，根据力矩平衡的概念，纵向钢筋的拉力 T 则是由斜裂缝端点处截面 AB 的弯矩 M_B 所决定的，M_B 比 M_C 要大很多。

(4) 纵向钢筋拉应力的增大导致钢筋与混凝土之间粘结应力的增大，有可能出现沿纵向钢筋的粘结裂缝 [见图 5.5（a）] 或撕裂裂缝 [见图 5.5（b）]。

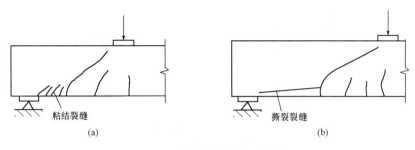

图 5.5　粘结裂缝和撕裂裂缝

（a）粘结裂缝；（b）撕裂裂缝

3. 无腹筋梁受剪破坏的主要形态

当荷载继续增加后，随着斜裂缝条数的增多和裂缝宽度增大，集料咬合力下降；沿纵向钢筋的混凝土保护层也有可能被撕裂，钢筋的销栓力也逐渐减弱；斜裂缝中的一条发展成为主要斜裂缝，称为临界斜裂缝。无腹筋梁进入破坏阶段。

试验表明，无腹筋梁在集中荷载作用下，其破坏形态与梁的剪跨比有关。

（1）剪跨比。由材料力学可知，梁截面上的正应力 σ 和剪应力 τ 可分别表示为

$$\begin{cases} \sigma = \alpha_1 \dfrac{M}{bh_0^2} \\ \tau = \alpha_2 \dfrac{V}{bh_0} \end{cases} \tag{5.3}$$

式中　α_1、α_2——计算系数；

b、h_0——梁截面的宽度和有效高度；

M、V——计算截面的弯矩和剪力。

则正应力 σ 和剪应力 τ 的比值可表示为

$$\dfrac{\sigma}{\tau} = \dfrac{\alpha_1}{\alpha_2} \cdot \dfrac{M}{Vh_0} \tag{5.4}$$

并定义

$$\lambda = \dfrac{M}{Vh_0} \tag{5.5}$$

式中　λ——广义剪跨比，简称剪跨比。

可见，剪跨比 λ 实质上反映了截面上正应力和剪应力的相对关系，而正应力和剪应力又决定了主拉应力的大小和方向。因此，剪跨比 λ 是一个影响斜截面承载力和破坏形态的重要参数。

对于图 5.6 所示的集中荷载作用下的简支梁，集中荷载 F_1 和 F_2 作用截面的剪跨比可分别表示为

$$\lambda_1 = \dfrac{M_1}{V_1 h_0} = \dfrac{V_A a_1}{V_A h_0} = \dfrac{a_1}{h_0}$$

$$\lambda_2 = \dfrac{M_2}{V_2 h_0} = \dfrac{V_B a_2}{V_B h_0} = \dfrac{a_2}{h_0}$$

一般地可表示为

$$\lambda = \frac{a}{h_0} \tag{5.6}$$

式中　λ——计算截面的剪跨比，简称计算剪跨比，也称狭义剪跨比。
　　　a——集中荷载作用点至支座或节点边缘的距离，简称剪跨。

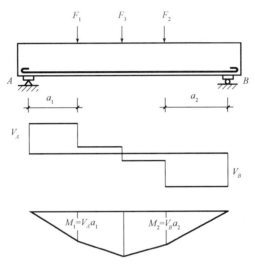

图5.6　集中荷载作用下的简支梁

需要说明的是，式（5.5）是一个普遍适用的剪跨比计算公式。而式（5.6）只适用于集中荷载作用下的梁计算距支座最近的集中荷载作用截面的剪跨比。

（2）受剪破坏的主要类型。试验表明，集中荷载作用下无腹筋梁的斜截面受剪破坏形态主要与剪跨比 λ 有关，有以下三种主要破坏形态，见表5.1所列和如图5.7所示。

表5.1　无腹筋梁斜截面受剪破坏形态

破坏类型	发生条件	破坏形态	破坏性质
斜压破坏	$\lambda < 1$	随着荷载的增加，首先在梁腹部出现腹剪斜裂缝，随后混凝土被斜裂缝分割成若干斜压短柱，最后斜向短柱混凝土压碎，梁破坏，如图5.7（a）所示	承载力主要取决于混凝土的抗压强度。脆性破坏
剪压破坏	$1 \leq \lambda \leq 3$	随着荷载的增加，首先在梁下边缘出现垂直裂缝，随后垂直裂缝斜向发展，形成弯剪斜裂缝，其中一条发展成临界斜裂缝，最后临界斜裂缝上端剪压区混凝土压坏，梁破坏，如图5.7（b）所示	承载力主要取决于剪压区混凝土的强度。脆性破坏
斜拉破坏	$\lambda > 3$	随着荷载的增加，一旦裂缝出现，就很快形成临界斜裂缝，承载力急剧下降，构件破坏，如图5.7（c）所示	承载力主要取决于混凝土的抗拉强度。脆性破坏

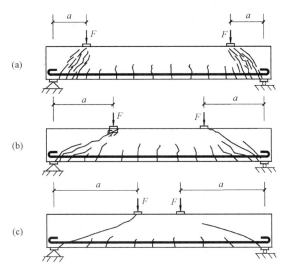

图 5.7 梁斜截面受剪破坏形态
(a) 斜压破坏；(b) 剪压破坏；(c) 斜拉破坏

除上述三种主要的破坏形态外，在不同情况下尚有发生其他破坏形态的可能。如集中荷载离支座很近时可能发生纯剪破坏，荷载作用点和支座处可能发生局部受压破坏，以及纵向钢筋的锚固破坏等。

5.2.2 有腹筋的斜截面受剪破坏形态

试验表明，集中荷载作用下有腹筋梁的斜截面受剪破坏形态主要由剪跨比 λ 和配箍率 ρ_{sv} 决定，也有三种主要破坏形态，见表 5.2。可见，有腹筋梁的破坏特征除补充与斜裂缝相交腹筋的受力性能外，其余与无腹筋梁的破坏特征非常相似。

表 5.2 有腹筋梁斜截面受剪破坏形态

破坏类型	发生条件	破坏形态	破坏性质
斜压破坏	$\lambda<1$ 或 $1\leq\lambda\leq3$ 且腹筋配置过多	随着荷载的增加，首先在梁腹部出现腹剪斜裂缝，随后靠近支座剪跨区段混凝土被斜裂缝分割成若干斜压短柱，最后斜向短柱混凝土压碎破坏，破坏时与斜裂缝相交的腹筋没有屈服	承载力主要取决于混凝土的抗压强度。脆性破坏
剪压破坏	$1\leq\lambda\leq3$ 且腹筋配置不过多 或 $\lambda>3$ 且腹筋配置不过少	随着荷载的增加，首先在梁下边缘出现垂直裂缝，随后垂直裂缝斜向发展，形成弯剪斜裂缝，其中一条发展成临界斜裂缝，接着与临界斜裂缝相交的腹筋屈服，最后临界斜裂缝上端剪压区混凝土压坏，梁破坏	承载力主要取决于剪压区混凝土的强度。脆性破坏
斜拉破坏	$\lambda>3$ 且腹筋配置又过少	随着荷载的增加，一旦裂缝出现，就很快形成临界斜裂缝，与临界斜裂缝相交的腹筋很快屈服甚至被拉断，承载力急剧下降，构件破坏	承载力主要取决于混凝土的抗拉强度。脆性破坏

图 5.8 所示为三种斜截面受剪破坏的荷载—挠度关系曲线图。由图可见，斜压破坏时梁的受剪承载力最大，但变形小，破坏突然，曲线形状较陡；剪压破坏时受剪承载力较小，变形稍大；斜拉破坏时的受剪承载力最小，破坏突然。三种破坏在达到峰值荷载时，跨中挠度都不大，破坏时荷载都会迅速下降，说明它们都是脆性破坏，在工程中均应尽量避免。另外，这三种破坏的脆性又是不同的。斜拉破坏的脆性最严重，斜压破坏次之，剪压破坏稍好。

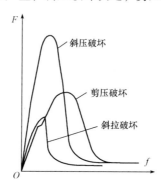

图 5.8　不同形态斜截面破坏的荷载—挠度（F-f）曲线图

5.3　简支梁斜截面受剪机理

5.3.1　无腹筋梁的斜截面受剪机理

无腹筋梁的受剪机理可以看作带拉杆的梳形拱模型。这种力学模型将梁的下部看成被斜裂缝和竖向裂缝分割成若干个梳状齿，梁的上部与纵向受拉钢筋则形成带有拉杆的变截面两铰拱，如图 5.9 所示。

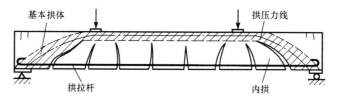

图 5.9　无腹筋梁梳形拱模型

随着斜裂缝的逐渐加宽，咬合力下降，沿纵筋保护层混凝土有可能发生劈裂，纵筋的销栓力逐渐减弱，梳状齿的作用较小，梁上的荷载绝大部分由上部拱体承担，纵筋则作为拱的拉杆。

5.3.2　有腹筋梁的斜截面受剪机理

1. 拱形桁架模型

拱形桁架模型将开裂后的有腹筋梁看作拱形桁架，其中拱体是上弦杆，裂缝之间的混凝土齿块是受压的斜腹杆，箍筋则是受拉腹杆，受拉纵筋是下弦杆，如图 5.10 所示。与无腹筋梁梳形拱模型的主要区别是：①考虑了箍筋的受拉作用；②考虑了斜裂缝间混凝土的受压作用。

有腹筋梁在临界斜裂缝形成后，通过腹筋将内拱的力直接传递给基本拱体，最后传递给支座。可见，有腹筋梁的传力机理有别于无腹筋梁，可将其比拟为拱形桁架。基本拱体比拟为拱形桁架中的上弦压杆，斜裂缝间的混凝土比拟为拱形桁架中的受压腹杆，腹筋比拟为受拉腹杆，纵向钢筋比拟为受拉下弦杆。当受拉腹杆弱时多数发生斜拉破坏，当受拉腹杆合适时多数发生剪压破坏，当受拉腹杆过强时多数发生斜压破坏。

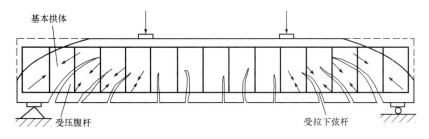

图 5.10　有腹筋梁拱形桁架模型

2. 桁架模型

桁架模型将有斜裂缝的钢筋混凝土梁比拟为一个铰接桁架，受压区混凝土为上弦杆，受拉纵筋为下弦杆，腹筋为竖向拉杆，斜裂缝间的混凝土则为斜压杆。

在桁架模型不断发展完善的过程中，从最早的古典桁架模型理论，逐步发展形成了不同精度的桁架模型理论，近年来又形成了基于古典桁架模型的压力场理论、软化桁架模型和桁架拱模型等。

5.4　影响受剪承载力的主要因素

试验表明，影响梁斜截面受剪承载力的因素很多，其中主要因素有剪跨比、混凝土强度、箍筋的配箍率和纵筋的配筋率等。

5.4.1　剪跨比 λ

对于无腹筋梁，剪跨比 λ 是影响其破坏形态和受剪承载力的最主要因素。随着 λ 的增大，无腹筋梁依次发生斜压破坏（$\lambda<1$）、剪压破坏（$1\leq\lambda\leq3$）和斜拉破坏（$\lambda>3$）；随着 λ 的增大，无腹筋梁的受剪承载力降低。当 $\lambda>3$ 时，剪跨比对无腹筋梁受剪承载力的影响已不明显。图 5.11 所示为不同剪跨比构件的破坏形态变化及剪跨比 λ 对无腹筋梁受剪承载力的影响。

对于有腹筋梁，剪跨比 λ 对梁受剪承载力的影响程度与配箍率有关。如图 5.12 所示，有腹筋梁的受剪承载力也随着 λ 的增大而降低。配箍率较低时影响较大；随着配箍率的增大，其影响逐渐减小。

5.4.2　混凝土强度

梁的斜截面剪切破坏都是由于混凝土达到相应应力状态下的极限强度而发生的。斜压破坏时的梁抗剪承载力取决于混凝土的抗压强度，斜拉破坏时的梁抗剪承载力取决于混凝土的抗拉强度，剪压破坏时的梁抗剪承载力取决于混凝土的剪压复合受力强度。在剪压破坏中，截面部分混凝土呈现受压状态，也有部分混凝土呈现受拉状态。可见，混凝土强度对梁的受剪承载力影响很大。

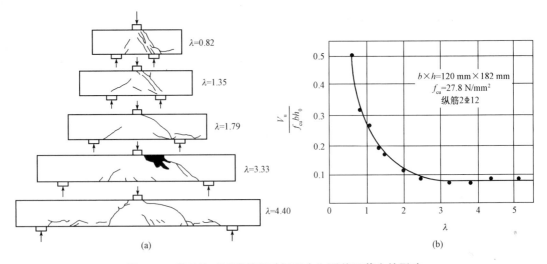

图 5.11 剪跨比对无腹筋梁破坏形态和受剪承载力的影响

(a) 剪跨比对破坏形态的影响；(b) 剪跨比对受剪承载力的影响

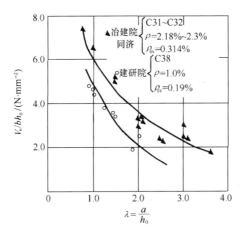

图 5.12 剪跨比对有腹筋梁受剪承载力的影响

图 5.13 所示为混凝土强度对集中荷载作用下无腹筋梁受剪承载力的影响。从图中可以看出，梁的受剪承载力随混凝土强度提高而增大；且梁的名义剪应力 $[V_c/(bh_0)]$ 与混凝土立方体抗压强度 f_{cu} 呈非线性关系 [见图 5.13（a）]，而与混凝土轴心抗拉强度 f_t 近似呈线性关系 [见图 5.13（b）]。

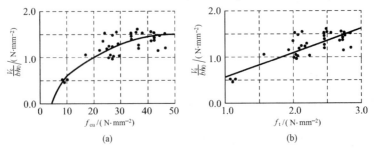

图 5.13 混凝土强度对无腹筋梁受剪承载力的影响

(a) 梁名义剪应力与混凝土立方体抗压强度关系；(b) 梁名义剪应力与混凝土轴心抗拉强度关系

5.4.3 箍筋的配箍率与箍筋强度

如前所述,有腹筋梁出现斜裂缝后,箍筋不仅直接承担部分剪力,而且还能有效地抑制斜裂缝的开展,间接提高梁的受剪承载力。试验表明,当配箍率 ρ_{sv} 在适当范围内时,梁的受剪承载力随着配箍率 ρ_{sv} 和箍筋强度 f_{yv} 的提高而增大。图 5.14 所示为配箍率 ρ_{sv} 和箍筋强度 f_{yv} 的乘积对梁受剪承载力的影响。由图可见,当其他条件相同时,两者大致呈线性关系。

5.4.4 纵筋的配筋率 ρ

试验表明,梁的受剪承载力随纵筋配筋率 ρ 的提高而增大。这是由于纵筋能抑制斜裂缝的开展,提高剪压区混凝土的抗剪能力;纵筋的作用可以减小斜裂缝的宽度,增大斜裂缝处的集料咬合作用;同时,增加纵筋配筋率 ρ 可提高纵筋的销栓作用。图 5.15 所示为纵筋配筋率 ρ 对梁受剪承载力的影响。由图可见,$V_u / (f_t b h_0)$ 与纵筋配筋率 ρ 大致呈线性关系,且剪跨比 λ 越小影响越大,这是由于剪跨比 λ 越小,纵筋的销栓作用越大。

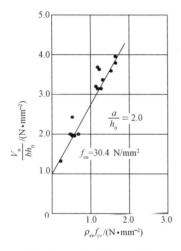

图 5.14 配箍率和箍筋强度对梁受剪承载力的影响

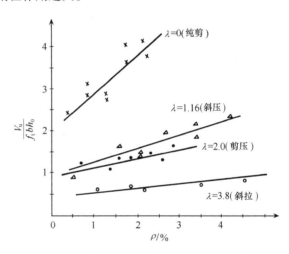

图 5.15 纵筋配筋率对梁受剪承载力的影响

5.4.5 斜截面上的集料咬合力

斜裂缝处的集料咬合力对无腹筋梁的斜截面受剪承载力影响较大。对于有腹筋梁,集料咬合力所占比例较小。

5.4.6 截面尺寸和形状

(1) 截面尺寸的影响。截面尺寸对无腹筋梁的受剪承载力有较大的影响。尺寸大的构件,破坏时的平均剪应力比尺寸小的构件要低。有试验表明,在其他参数(混凝土强度、纵筋配筋率、剪跨比)保持不变时,梁高扩大 4 倍,破坏时的平均剪应力可下降 25% ~ 30%。当截面有效高度 h_0 超过 2 000 mm 后,其受剪承载力还会降低。

对于有腹筋梁,截面尺寸的影响相对较小。

(2) 截面形状的影响。这主要是指 T 形梁,其翼缘大小对受剪承载力有影响。适当增加翼缘宽度,可提高受剪承载力 25%,但翼缘过大,增大作用变小。另外,加大梁宽也可提高受剪承载力。

5.4.7 其他因素

（1）预应力。预应力能阻滞斜裂缝的出现和开展，增加混凝土剪压区高度，从而提高混凝土所承担的抗剪能力。预应力混凝土梁的斜裂缝长度比钢筋混凝土梁有所增长，也提高了斜裂缝内箍筋的抗剪能力。

（2）梁的连续性。试验表明，连续梁的受剪承载力与相同条件下的简支梁相比，仅在受集中荷载时低于简支梁，而在受均布荷载时则是相当的。即使在承受集中荷载作用的情况下，也只有中间支座附近的梁段因受异号弯矩的影响，抗剪承载力有所降低；边支座附近梁段的抗剪承载力与简支梁相同。

5.5 斜截面受剪承载力的计算

5.5.1 基本假定

如前所述，钢筋混凝土梁沿斜截面有三种主要的破坏形态。对于斜压破坏，通常用控制截面的最小尺寸来防止；对于斜拉破坏，则用满足箍筋的最小配箍率条件及构造要求来防止；对于剪压破坏，因其承载力变化幅度较大，必须通过计算，使构件满足一定的斜截面受剪承载力，从而防止剪压破坏。

梁的受剪机理复杂，影响受剪承载力的因素众多。所以《混凝土结构设计规范》采用"理论与试验相结合"的方法，在基本假设的基础上，通过对大量试验数据的统计分析来得出半理论半经验的斜截面受剪承载力实用计算公式。《混凝土结构设计规范》中所规定的计算公式，就是根据剪压破坏形态而建立的，其基本假定如下：

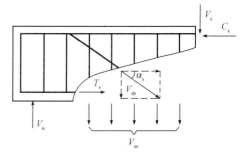

图 5.16 受剪承载力的组成

（1）假定剪压破坏时，梁的斜截面受剪承载力由剪压区混凝土、箍筋和弯起钢筋三部分承载力组成，忽略纵筋的销栓作用和斜裂缝交界面上集料的咬合作用，如图 5.16 所示。

根据图 5.16 中隔离体力的平衡条件 $\Sigma Y = 0$ 可得

$$V_u = V_c + V_{sv} + V_{sb} \tag{5.7}$$

并记

$$V_{cs} = V_c + V_{sv} \tag{5.8}$$

式中 V_u——斜截面受剪承载力设计值；

V_c——剪压区混凝土所承受的剪力设计值；

V_{sv}——与斜裂缝相交的箍筋所承受的剪力设计值；

V_{sb}——与斜裂缝相交的弯起钢筋所承受的剪力设计值；

V_{cs}——斜截面上混凝土和箍筋的受剪承载力设计值。

（2）假定剪压破坏时，与斜裂缝相交的箍筋和弯起钢筋都达到其屈服强度。

试验表明，与斜裂缝相交的弯起钢筋作用与箍筋相同，相当于桁架模型中的斜拉腹杆，可以提高构件斜截面受剪承载力。考虑弯起钢筋与破坏斜截面相交位置的不确定性，弯起钢筋的应力可能达不到屈服强度。因此，《混凝土结构设计规范》对弯起钢筋的强度乘以 0.8 的钢筋应力不均匀系数,并取其抗拉强度设计值为f_{yv}。

(3) 斜裂缝处的集料咬合力和纵筋的销栓力,在无腹筋梁中的作用比较显著,两者承受的剪力可达总剪力的50%~90%;但在有腹筋梁中,由于箍筋的抗剪作用,两者所承受的剪力仅占总剪力的20%左右。研究表明,只有当纵向受拉钢筋的配筋率大于1.5%时,集料咬合力和销栓力才对无腹筋梁的受剪承载力有较明显的影响。所以为了计算简便,一般地不计入集料咬合力和销栓力对受剪承载力的贡献。

(4) 截面尺寸的影响主要对无腹筋受弯构件较明显,故仅在不配箍筋和弯起钢筋的厚板计算时才予以考虑。

(5) 剪跨比是影响斜截面承载力的重要因素之一。但为了计算公式应用简便,仅在计算受集中荷载为主的独立梁时才考虑λ的影响。

5.5.2 斜截面受剪承载力计算公式

1. 仅配箍筋的受弯构件斜截面受剪承载力计算公式

(1) 矩形、T形和I形截面的一般受弯构件的计算公式。

矩形、T形和I形截面的一般受弯构件,当仅配置箍筋时的斜截面受剪承载力按下式计算:

$$V \leq V_{cs} \tag{5.9}$$

$$V_{cs} = 0.7 f_t b h_0 + f_{yv} \frac{A_{sv}}{s} h_0 \tag{5.10}$$

式中 V_{cs}——构件斜截面上混凝土与箍筋的受剪承载力设计值;

f_{yv}——箍筋的抗拉强度设计值;

A_{sv}——与斜裂缝相交的同一弯起平面内箍筋的截面面积;

s——沿构件长度方向的箍筋间距。

(2) 集中荷载作用下独立梁的计算公式。

对于集中荷载作用下(包括作用有多种荷载,其中集中荷载对支座截面或节点边缘所产生的剪力值占总剪力值的75%以上的情况)的独立梁,当仅配置箍筋时的斜截面受剪承载力按下式计算

$$V_{cs} = \frac{1.75}{\lambda + 1} f_t b h_0 + f_{yv} \frac{A_{sv}}{s} h_0 \tag{5.11}$$

式中 λ——计算截面的剪跨比,可取$\lambda = a/h_0$;当$\lambda < 1.5$时,取$\lambda = 1.5$,当$\lambda > 3$时,取$\lambda = 3$。a取集中荷载作用点至支座截面或节点边缘的距离。

独立梁是指不与楼板整体浇筑的梁。当剪跨比λ为1.5~3.0时,式(5.11)中的第一项系数1.75/($\lambda + 1$)在0.44和0.7之间变化,说明随着剪跨比的增大,梁的受剪承载力降低,同时,也说明在集中荷载作用下独立梁的剪压区混凝土提供的受剪承载力比一般受弯构件的低。

2. 既配箍筋又配弯起钢筋的受弯构件斜截面受剪承载力计算公式

梁除配置箍筋外,有时还配有弯起钢筋。此时,矩形、T形和I形截面受弯构件的斜截面承载力应按下式计算:

$$V \leq V_{cs} + 0.8 f_y A_{sb} \sin\alpha_s \tag{5.12}$$

式中 f_y——弯起钢筋的抗拉强度设计值;

A_{sb}——与斜裂缝相交的同一截面内弯起钢筋的截面面积;

α_s——弯起钢筋与梁纵向轴线的夹角,一般为45°;当梁截面高度超过800 mm时,取60°;

0.8——应力不均匀系数,用来考虑靠近剪压区的弯起钢筋在斜截面破坏时,可能达不到钢筋抗拉强度设计值的情况;

V_{cs}——梁斜截面上混凝土和箍筋的受剪承载力设计值。对于一般受弯构件和集中荷载作用下的独立梁分别按式(5.10)和式(5.11)计算。

3. 板类受弯构件的斜截面受剪承载力计算公式

对于不配置箍筋和弯起钢筋的一般板类受弯构件,其斜截面受剪承载力应按下式计算:

$$V \leqslant V_u = 0.7\beta_h f_t b h_0 \tag{5.13}$$

$$\beta_h = \left(\frac{800}{h_0}\right)^{\frac{1}{4}} \tag{5.14}$$

式中 β_h——截面高度影响系数;当 $h_0 < 800$ mm 时,取 $h_0 = 800$ mm;当 $h_0 > 2\,000$ mm 时,取 $h_0 = 2\,000$ mm。

5.5.3 斜截面受剪承载力计算公式的适用范围

上述梁的斜截面受剪承载力计算公式是根据剪压破坏形态建立的,为防止发生斜压破坏和斜拉破坏,还应规定其上下限值。

(1) 公式的上限——截面限制条件。当发生斜压破坏时,梁腹的混凝土被压碎,箍筋不屈服,其受剪承载力主要取决于构件的腹板宽度、截面高度及混凝土强度。因此,只要保证构件截面尺寸不太小,就可防止斜压破坏的发生。矩形、T形和I形截面的受弯构件,其受剪截面应符合下列要求:

当 $h_w/b \leqslant 4$ 时(厚腹梁,也即一般梁),应满足

$$V \leqslant 0.25\beta_c f_c b h_0 \tag{5.15a}$$

当 $h_w/b \geqslant 6$ 时(薄腹梁),应满足

$$V \leqslant 0.2\beta_c f_c b h_0 \tag{5.15b}$$

当 $4 < h_w/b < 6$ 时,按线性内插法确定。

式中 V——构件斜截面上的最大剪力设计值;

β_c——混凝土强度影响系数。当混凝土强度等级不超过 C50 时,取 $\beta_c = 1.0$;当混凝土强度等级为 C80 时,取 $\beta_c = 0.8$,其间按线性内插法确定;

f_c——混凝土轴心抗压强度设计值;

b——矩形截面的宽度,T形或I形截面的腹板宽度;

h_w——截面的腹板高度:矩形截面取有效高度 h_0;T形截面取有效高度减去翼缘高度;I形截面取腹板净高(见图 5.17)。

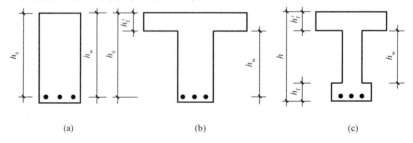

图 5.17 截面的腹板高度 h_w

(a) 矩形截面;(b) T形截面;(c) I形截面

（2）公式的下限——最小配箍率和构造配箍条件。如果梁内箍筋数量配置过少或箍筋间距过大，在剪跨比 λ 较大时斜裂缝一旦出现，箍筋应力就会突然增加而屈服，甚至被拉断，导致发生斜拉破坏。为了避免这类破坏，当 $V > 0.7 f_t b h_0$ 时，应按计算配置腹筋，且所配箍筋除满足相关的构造规定外，还应满足箍筋的最小配箍率 $\rho_{sv,min}$ 要求，即

$$\rho_{sv} = \frac{A_{sv}}{bs} \geqslant \rho_{sv,min} = 0.24 \frac{f_t}{f_{yv}} \tag{5.16}$$

当梁的剪力设计值较小，矩形、T 形、I 形截面的一般受弯构件满足式（5.17a）或集中荷载作用下的独立梁满足式（5.17b）时，则可不进行斜截面受剪承载力计算，而只需按构造规定配筋，即满足箍筋最大间距、最小直径以及箍筋设置的要求。

$$V \leqslant 0.7 f_t b h_0 \tag{5.17a}$$

$$V \leqslant \frac{1.75}{\lambda + 1} f_t b h_0 \tag{5.17b}$$

5.5.4 斜截面受剪承载力计算方法

1. 计算截面的选取

应选择作用效应大而抗力小或抗力发生突变的截面作为斜截面受剪承载力的计算截面，具体如下：

(1) 支座边缘处的截面 [见图 5.18（a）、(b) 截面 1-1]；
(2) 受拉区弯起钢筋弯起点处的截面 [见图 5.18（a）截面 2-2、截面 3-3]；
(3) 箍筋截面面积或间距改变处的截面 [见图 5.18（b）截面 4-4]；
(4) 截面尺寸改变处的截面。

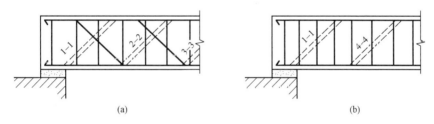

图 5.18 斜截面受剪承载力剪力设计值的计算截面

(a) 支座边缘处和钢筋弯起点处截面；
(b) 支座边缘处和截面面积或间距改变处截面

2. 计算步骤

钢筋混凝土梁的承载力计算包括正截面受弯承载力计算和斜截面受剪承载力计算两个方面。通常后者是在前者的计算结果上进行的，也即截面尺寸和纵向钢筋等都已初步选定。此时，截面设计时，已知内力设计值 V（或荷载、跨度等）、截面尺寸、混凝土和钢筋的强度等级，求腹筋，可按流程图（见图 5.19）进行。

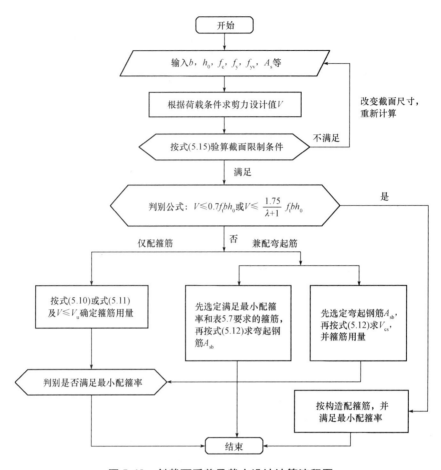

图 5.19 斜截面受剪承载力设计计算流程图

3. 设计例题

【例 5.1】某钢筋混凝土矩形截面简支梁，净跨 $l_n = 4\,000$ mm，如图 5.20 所示，环境类别为二 a 类，安全等级二级。承受均布荷载设计值 $q = 120$ kN/m（包括自重），混凝土强度等级为 C25，箍筋采用 HPB300 级钢筋，纵筋为 HRB400 级钢筋。试配抗剪腹筋（分仅配箍筋和既配箍筋又配弯起钢筋两种情况）。

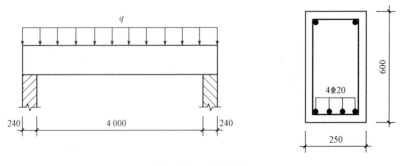

图 5.20 例 5.1 图

解：(1) 确定基本参数。查附表3、附表4，C25混凝土，$\beta_c = 1.0$，$f_t = 1.27 \text{ N/mm}^2$，$f_c = 11.9 \text{ N/mm}^2$。

查附表11，HPB300级钢筋，$f_{yv} = 270 \text{ N/mm}^2$；HRB400级钢筋，$f_y = 360 \text{ N/mm}^2$

查附表20，$c = 25 \text{ mm}$，假定箍筋直径为8 mm，$a_s = c + d_v + d/2 = 25 + 8 + 20/2 = 43$（mm）

$h_0 = h - a_s = 600 - 43 = 557$（mm）

(2) 求剪力设计值。支座边缘截面的剪力最大，其设计值为

$V = 0.5 q l_n = 0.5 \times 120 \times 4 = 240$（kN）

(3) 验算截面限制条件。

$h_w = h_0 = 557 \text{ mm}$，$h_w/b = 557/250 = 2.23 < 4$，属厚腹梁，应按式（5.15a）验算：

$0.25 \beta_c f_c b h_0 = 0.25 \times 1.0 \times 11.9 \times 250 \times 557 = 414\,269$（N）$= 414.3 \text{ kN} > V = 240 \text{ kN}$

截面符合要求。

(4) 验算计算配筋条件。

$0.7 f_t b h_0 = 0.7 \times 1.27 \times 250 \times 557 = 123\,793$（N）$= 123.8 \text{ kN} < V = 240 \text{ kN}$

故应按计算配置箍筋。

(5) 仅配箍筋。

按式（5.10），令 $V \leq V_u$，得

$$\frac{A_{sv}}{s} \geq \frac{V - 0.7 f_t b h_0}{f_{yv} h_0} = \frac{240 \times 10^3 - 0.7 \times 1.27 \times 250 \times 557}{270 \times 557} = 0.773 \text{（mm}^2\text{/mm)}$$

验算箍筋的最小配箍率

$$\rho_{sv,min} = 0.24 \frac{f_t}{f_{yv}} = 0.24 \times \frac{1.27}{270} \times 100\% = 0.113\%$$

$$\rho_{sv} = \frac{A_{sv}}{bs} = \frac{0.773}{250} \times 100\% = 0.309\% > \rho_{sv,min} = 0.113\%，满足要求。$$

选 Φ8 的双肢箍，则箍筋间距 s 为

$$s \leq \frac{A_{sv}}{0.773} = \frac{n A_{sv1}}{0.773} = \frac{2 \times 50.3}{0.773} = 130.1 \text{（mm）}$$

因此，箍筋选配 Φ8@130 的双肢箍，且所选箍筋的间距和直径满足表5.7的要求。

由于混凝土梁宜采用箍筋作为承受剪力的钢筋，因此本例的计算可以到此为止。下面配弯起钢筋的计算是从教学目的出发的。

(6) 既配箍筋又配弯起钢筋。可分"先选好箍筋再计算弯起钢筋"和"先选好弯起钢筋再计算箍筋"两种情况。

① 先选好箍筋再计算弯起钢筋。

箍筋选 Φ8@250，所选箍筋的间距和直径满足表5.7的要求。

验算所选箍筋的最小配箍率。

$$\rho_{sv} = \frac{n A_{sv1}}{bs} = \frac{2 \times 50.3}{250 \times 250} \times 100\% = 0.161\% > \rho_{sv,min} = 0.113\%，满足要求。$$

求混凝土和箍筋的受剪承载力设计值 V_{cs}

$$V_{cs} = 0.7 f_t b h_0 + f_{yv} \frac{A_{sv}}{s} h_0 = 0.7 \times 1.27 \times 250 \times 557 + 270 \times \frac{2 \times 50.3}{250} \times 557 = 184\,310 \text{（N）} = 184.3 \text{ kN}$$

由 $V \leqslant V_{cs} + 0.8 f_{yv} A_{sb} \sin\alpha_s$ 求 A_{sb}：

$$A_{sb} \geqslant \frac{V - V_{cs}}{0.8 f_{yv} \sin\alpha_s} = \frac{(240 - 184.3) \times 10^3}{0.8 \times 360 \times \sin 45°} = 273.5 \text{ (mm}^2\text{)}$$

故弯起 1Φ20，$A_{sb} = 314.2 \text{ mm}^2 \geqslant 273.5 \text{ mm}^2$，满足要求。

验算弯起钢筋弯起点处截面的受剪承载力：
弯起钢筋弯起点处截面的剪力设计值由图 5.21 可得
$V_1 = V - q \times 0.56 = 240 - 120 \times 0.56 = 172.8 \text{ (kN)} < V_{cs} = 184.3 \text{ kN}$，
故不需要弯起第二排钢筋。

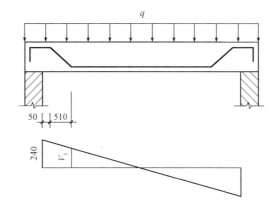

图 5.21 弯起钢筋弯起点处截面的剪力设计值

② 先选好弯起钢筋再计算箍筋。
在截面下部所配纵筋中先弯起 1Φ20，弯起角为 45°，则
$V_{sb} = 0.8 f_{yv} A_{sb} \sin\alpha_s = 0.8 \times 360 \times 314.2 \times \sin 45° = 63\,986 \text{ (N)} = 64.0 \text{ kN}$
$V_{cs} = V - V_{sb} = 240 - 64.0 = 176.0 \text{ (kN)}$

由 $V_{cs} = 0.7 f_t b h_0 + f_{yv} \dfrac{A_{sv}}{s} h_0$ 得到：

$$\frac{A_{sv}}{s} = \frac{V_{cs} - 0.7 f_t b h_0}{f_{yv} h_0} = \frac{176.0 \times 10^3 - 0.7 \times 1.27 \times 250 \times 557}{270 \times 557} = 0.347 \text{ (mm}^2/\text{mm)}$$

验算箍筋的最小配筋率：

$$\rho_{sv} = \frac{A_{sv}}{bs} = \frac{0.347}{250} \times 100\% = 0.139\% > \rho_{sv,\min} = 0.113\%，满足要求。$$

选双肢箍，则 Φ8 箍筋间距 s 为

$$s \leqslant \frac{A_{sv}}{0.347} \times 100\% = \frac{nA_{sv1}}{0.347} = \frac{2 \times 50.3}{0.347} = 289.9 \text{ (mm)}$$

所选箍筋的间距和直径还应满足表 5.7 的要求，故箍筋选配双肢箍 Φ8@250。
验算弯起钢筋弯起点处截面的受剪承载力的步骤同前。

【例 5.2】某钢筋混凝土矩形截面简支梁，跨度 $l = 6\,000 \text{ mm}$，截面尺寸 250 mm × 700 mm，承受均布荷载设计值 $q = 10 \text{ kN/m}$（包括梁自重），三个集中荷载设计值 $F_1 = 150 \text{ kN}$、$F_2 = 100 \text{ kN}$、$F_3 = 50 \text{ kN}$，如图 5.22（a）所示。环境类别为二 a 类，安全等级为二级，混凝土强度等级为 C30，箍筋采用 HPB300 级钢筋，梁下部已配有 4Φ25 的纵向钢筋（HRB400 级）。试配抗剪箍筋。

第5章 受弯构件斜截面承载力的计算

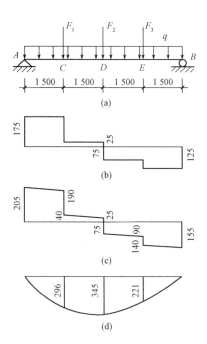

图 5.22 例 5.2 图
(a) 简支梁；(b)、(c) 剪力设计值；(d) 弯矩设计值

解：(1) 确定基本参数。

查附表 3、附表 4，C30 混凝土，$\beta_c = 1.0$，$f_t = 1.43 \text{ N/mm}^2$，$f_c = 14.3 \text{ N/mm}^2$；

查附表 11，HPB300 级钢筋，$f_{yv} = 270 \text{ N/mm}^2$；HRB400 级钢筋，$f_y = 360 \text{ N/mm}^2$；

查附表 20，二 a 类环境，$c = 25 \text{ mm}$，假定钢筋直径为 6 mm，

$a_s = c + d_v + d/2 = 25 + 6 + 25/2 = 43.5$ （mm）

$h_0 = h - a_s = 700 - 43.5 = 656.5$ （mm）

(2) 求剪力设计值。求得荷载作用下的剪力、弯矩设计值如图 5.22（b）~（d）所示。

(3) 验算截面限制条件。

$h_w = h_0 = 656.5 \text{ mm}$，$h_w/b = 656.5/250 = 2.63 < 4$，属厚腹梁。

$0.25\beta_c f_c b h_0 = 0.25 \times 1.0 \times 14.3 \times 250 \times 656.5 = 586\ 747$（N）$= 586.7 \text{ kN} > V_{\max} = 205 \text{ kN}$

故截面满足要求。

(4) 选择计算公式。

A 支座：$V_集 / V_总 = 175/205 = 85.4\% > 75\%$

B 支座：$V_集 / V_总 = 125/155 = 80.6\% > 75\%$

集中荷载在支座产生的剪力占支座总剪力的比例均在 75% 以上，故应选集中荷载作用下独立梁的受剪承载力计算公式计算。

(5) 计算箍筋数量。根据剪力的变化情况，可将梁分成 AC、CD、DE、EB 四个区段进行计算。

① 计算 AC 区段的箍筋数量。

$\lambda = \dfrac{a}{h_0} = \dfrac{1\ 500}{656.5} = 2.28$

验算计算配置箍筋条件

$$\frac{1.75}{\lambda+1}f_t bh_0 = \frac{1.75}{2.28+1} \times 1.43 \times 250 \times 656.5 = 125\ 220\ (\text{N}) = 125.2\ \text{kN} < 205\ \text{kN}$$

所以应按计算配置箍筋。

由 $V \leqslant \frac{1.75}{\lambda+1}f_t bh_0 + f_{yv}\frac{A_{sv}}{s}h_0$ 得到：

$$\frac{A_{sv}}{s} \geqslant \frac{V-\frac{1.75}{\lambda+1}f_t bh_0}{f_{yv}h_0} = \frac{205\times10^3 - 125\ 220}{270\times656.5} = 0.450\ (\text{mm}^2/\text{mm})$$

验算箍筋的最小配箍率条件

$0.7f_t bh_0 = 0.7 \times 1.43 \times 250 \times 656.5 = 164\ 289\ (\text{N}) = 164.3\ \text{kN} < V = 205\ \text{kN}$

所以应满足箍筋的最小配箍率

$$\rho_{sv,min} = 0.24\frac{f_t}{f_{yv}} = 0.24 \times \frac{1.43}{270} \times 100\% = 0.127\%$$

$$\rho_{sv} = \frac{A_{sv}}{bs} = \frac{0.446}{250} \times 100\% = 0.178\% > \rho_{sv,min} = 0.127\%,\ 满足要求。$$

选 φ6 的双肢箍，则箍筋间距 s 为

$$s \leqslant \frac{A_{sv}}{0.450} = \frac{nA_{sv1}}{0.450} = \frac{2\times28.3}{0.450} = 125.8\ (\text{mm})$$

因此，箍筋选配 φ6@120 的双肢箍，且所选箍筋的间距和直径满足表 5.7 的要求。

②计算 *CD* 区段的箍筋数量。对于承受多个集中荷载的简支梁，中间区段宜采用广义剪跨比计算受剪承载力。

$$\lambda = \frac{M}{Vh_0} = \frac{345\times10^6}{25\times10^3\times656.5} = 21.0 > 3$$

故取 $\lambda = 3$

验算计算配置箍筋条件

$\frac{1.75}{\lambda+1}f_t bh_0 = \frac{1.75}{3+1} \times 1.43 \times 250 \times 656.5 = 102\ 681\ (\text{N}) = 102.7\ \text{kN} > 40\ \text{kN}$

$0.7f_t bh_0 = 0.7 \times 1.43 \times 250 \times 656.5 = 164\ 289\ (\text{N}) = 164.3\ \text{kN} > V = 40\ \text{kN}$

因此，仅需按表 5.7 的构造要求选配箍筋。

③计算 *DE* 区段的箍筋数量。

$$\lambda = \frac{M}{Vh_0} = \frac{345\times10^6}{75\times10^3\times656.5} = 7.01 > 3$$

故取 $\lambda = 3$

验算计算配置箍筋条件

$\frac{1.75}{\lambda+1}f_t bh_0 = \frac{1.75}{3+1} \times 1.43 \times 250 \times 656.5 = 102\ 681\ (\text{N}) = 102.7\ \text{kN} > 90\ \text{kN}$

$0.7f_t bh_0 = 0.7 \times 1.43 \times 250 \times 656.5 = 164\ 289\ (\text{N}) = 164.3\ \text{kN} > V = 90\ \text{kN}$

因此，仅需按表 5.7 的构造要求选配箍筋。

④计算 *EB* 区段的箍筋数量。

$$\lambda = \frac{a}{h_0} = \frac{1\ 500}{656.5} = 2.28$$

验算计算配置箍筋条件

$$\frac{1.75}{\lambda+1}f_t bh_0 = \frac{1.75}{2.28+1} \times 1.43 \times 250 \times 656.5 \text{N} = 125\ 220.4\ (\text{N}) = 125.2\ \text{kN} < 155\ \text{kN}$$

故应按计算配置箍筋。

由 $V \leqslant \frac{1.75}{\lambda+1}f_t bh_0 + f_{yv}\frac{A_{sv}}{s}h_0$ 得

$$\frac{A_{sv}}{s} \geqslant \frac{V - \frac{1.75}{\lambda+1}f_t bh_0}{f_{yv}h_0} = \frac{155 \times 10^3 - 125\ 220.4}{270 \times 656.5} = 0.168\ (\text{mm}^2/\text{mm})$$

验算箍筋的最小配筋率条件：

$0.7f_t bh_0 = 0.7 \times 1.43 \times 250 \times 656.5 = 164\ 289.1\ (\text{N}) = 164.3\ \text{kN} > V = 155\ \text{kN}$

所以可不验算箍筋的最小配箍率。

选 Φ6 的双肢箍，则箍筋间距 s 为

$$s \leqslant \frac{A_{sv}}{0.168} = \frac{nA_{sv1}}{0.168} = \frac{2 \times 28.3}{0.168} = 337\ (\text{mm})$$

因此，箍筋选配 Φ6@330 的双肢箍，且所选箍筋的间距和直径满足表 5.7 的要求。

箍筋的配置结果：AC 段：Φ6@120；为方便施工，CD 段、DE 段和 EB 段：Φ6@330。

【例 5.3】某钢筋混凝土 T 形截面简支梁，跨度 $l = 4\ 000$ mm，承受均布荷载设计值 $q = 30$ kN/m（包括梁自重），集中荷载设计值 $P = 400$ kN，截面尺寸如图 5.23（a）所示。环境类别为二 a 类，安全等级为二级，混凝土强度等级为 C30，箍筋采用 HPB300 级钢筋，纵筋为 HRB400 级钢筋，梁下部已配有 5Φ25 的纵向钢筋。试配抗剪腹筋（要求：AC 段利用已有的纵向钢筋，既配箍筋又配弯起钢筋；CB 段仅配箍筋）。

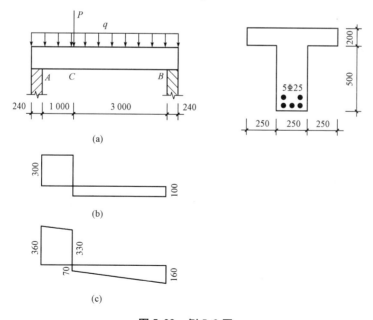

图 5.23 例 5.3 图
（a）T 形截面简支梁；（b）、（c）剪力设计值

解：(1) 确定基本参数。

查附表 3、附表 4，C30 混凝土，$\beta_c = 1.0$，$f_t = 1.43\ \text{N/mm}^2$，$f_c = 14.3\ \text{N/mm}^2$

查附表 11，HPB300 级钢筋，$f_{yv} = 270 \text{ N/mm}^2$；HRB400 级钢筋，$f_y = 360 \text{ N/mm}^2$

查附表 20，二 a 类环境，$c = 25 \text{ mm}$，假定箍筋直径为 8 mm

$a_s = c + d_v + d + e/2 = 25 + 8 + 25 + 25/2 = 70.5$（mm）

$h_0 = h - a_s = 700 - 70.5 = 629.5$（mm）

（2）求剪力设计值。求得集中荷载和全部荷载作用下的剪力设计值如图 5.23（b）、（c）所示。

（3）验算截面限制条件。

$h_w = h_0 - h'_f = 629.5 - 200 = 429.5$（mm），$h_w/b = 429.5/250 = 1.718 < 4$，属厚腹梁；

$0.25\beta_c f_c b h_0 = 0.25 \times 1.0 \times 14.3 \times 250 \times 629.5 = 562\ 616$（N）$= 562.6 \text{ kN} > V_{max} = 360 \text{ kN}$

故截面满足要求。

（4）选择计算公式。

A 支座：$V_集/V_总 = 300/360 = 83.3\% > 75\%$

B 支座：$V_集/V_总 = 100/160 = 62.5\% < 75\%$

故 AC 段应选用集中荷载作用下独立梁的受剪承载力计算公式；CB 段应选用一般受弯构件的受剪承载力计算公式。

（5）计算腹筋数量。根据剪力的变化情况，可将梁分成 AC、CB 两个区段进行计算。

①计算 AC 区段的腹筋数量。

$\lambda = \dfrac{a}{h_0} = \dfrac{1\ 000}{629.5} = 1.59$

验算计算配置箍筋条件：

$\dfrac{1.75}{\lambda + 1} f_t b h_0 = \dfrac{1.75}{1.59 + 1} \times 1.43 \times 250 \times 629.5 = 152\ 058$（N）$= 152.1 \text{kN} < 360 \text{ kN}$

故应按计算配置腹筋，根据题意弯起 1⌀25，弯起角为 45°。则弯起钢筋承担的剪力 V_{sb}：

$V_{sb} = 0.8 f_{yv} A_{sb} \sin 45° = 0.8 \times 360 \times 490.9 \times \sin 45° = 99\ 970$（N）$= 99.97 \text{ kN}$

则由混凝土和箍筋承担的剪力 V_{cs}：

$V_{cs} = V - V_{sb} = 360 - 99.97 = 260.03$（kN）

由 $V_{cs} = \dfrac{1.75}{\lambda + 1} f_t b h_0 + f_{yv} \dfrac{A_{sv}}{s} h_0$ 得

$\dfrac{A_{sv}}{s} = \dfrac{V_{cs} - \dfrac{1.75}{\lambda + 1} f_t b h_0}{f_{yv} h_0} = \dfrac{260.03 \times 10^3 - 152\ 058}{270 \times 629.5} = 0.635$（mm²/mm）

验算箍筋的最小配箍率条件：

$0.7 f_t b h_0 = 0.7 \times 1.43 \times 250 \times 629.5 = 157\ 532.4$（N）$= 157.5 \text{ kN} < V = 360 \text{ kN}$

故应满足箍筋的最小配箍率。

$\rho_{sv,min} = 0.24 \dfrac{f_t}{f_{yv}} = 0.24 \times \dfrac{1.43}{270} \times 100\% = 0.127\%$

$\rho_{sv} = \dfrac{A_{sv}}{bs} = \dfrac{0.635}{250} \times 100\% = 0.254\% > \rho_{sv,min} = 0.127\%$，满足要求。

选 $\phi 8$ 的双肢箍，则箍筋间距 s 为

$s \leqslant \dfrac{A_{sv}}{0.635} = \dfrac{nA_{sv1}}{0.635} = \dfrac{2 \times 50.3}{0.635} = 158$（mm）

因此，箍筋选配 Φ8@150 的双肢箍，且所选箍筋的间距和直径满足表 5.7 的要求。

由于 C 截面左侧的剪力设计值为 330 kN，大于 V_{cs} = 260.03 kN，所以 AC 区段应均匀布置弯起钢筋。为此，AC 区段布置两排弯起钢筋，每排1Φ25，如图 5.24 所示。

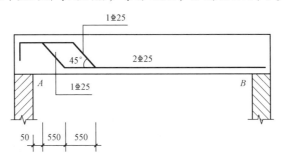

图 5.24 弯起钢筋的布置

②计算 CB 区段的箍筋数量。CB 段按一般受弯构件的受剪承载力计算公式计算。
验算计算配筋条件：
$0.7f_t bh_0 = 0.7 \times 1.43 \times 250 \times 629.5 = 157\,532.4$（N）$= 157.5$ kN $< V = 160$ kN

所以应按计算配置箍筋，且应满足箍筋的最小配箍率。但由于 157.5 kN 接近 160 kN，且在箍筋的规格、级别已定的前提下，直接由箍筋的最小配箍率来确定箍筋间距。

箍筋的最小配箍率：

$$\rho_{sv,\min} = 0.24 \frac{f_t}{f_{yv}} = 0.24 \times \frac{1.43}{270} \times 100\% = 0.127\%$$

令 $\rho_{sv} = \dfrac{nA_{sv1}}{bs} = \dfrac{2 \times 50.3}{250 \times s} \geq \rho_{sv,\min} = 0.127\%$，推得 $s \leq 317$ mm

综合表 5.7 可知，在 $V > 0.7f_t bh_0$ 时，该梁箍筋的最大间距为 250 mm。

因此，CB 区段选配 Φ8@250 的双肢箍。

5.6 保证截面受弯承载力的构造措施

5.6.1 正截面受弯承载力图（抵抗弯矩图）

抵抗弯矩图又称材料图，是根据实际配置的纵向受力钢筋所确定的梁各正截面所能抵抗的弯矩而绘制的图形。可见，抵抗弯矩图是抗力图。

1. 纵向钢筋沿梁长不变时的抵抗弯矩图

图 5.25（a）所示为一矩形截面简支梁，梁下部配有 2Φ25 + 2Φ20 的通长纵向钢筋，纵筋在支座内锚固可靠，利用第 4 章的知识可求得梁各正截面所能抵抗的极限弯矩 M_u 相等，所以该梁的抵抗弯矩图为一矩形 abdc，如图 5.25（b）所示。

每根钢筋所能抵抗的弯矩 M_{ui} 可近似地按该钢筋的截面面积 A_{si} 与钢筋总面积 A_s 的比值进行分配，如式（5.18）和图 5.25（b）所示。如图 5.25（b）所示，m 点截面处①②③④号钢筋的强度被充分利用，n 点和 k 点截面处可不需要④号钢筋，仅需①②③号钢筋充分利用强度即可。

因此，m 点称为④号钢筋的"强度充分利用点"，n 点和 k 点称为④号钢筋的"理论截断点"。

$$M_{ui} = \frac{A_{si}}{A_s} M_u \tag{5.18}$$

2. 纵向钢筋弯起时的抵抗弯矩图

图 5.25（c）所示为梁的④号钢筋在 E、F 截面弯起的情况，其抵抗弯矩图如图 5.25（d）所示。弯起钢筋所能抵抗的弯矩取值为：在弯起钢筋弯起点处截面［图 5.25（c）中的 E、F 点处截面］的④号钢筋强度得到充分利用，在④号钢筋弯起与梁中心线交点处截面［图 5.25（c）中的 G、H 点处截面］的抵抗弯矩为零，其间以斜直线相连［图 5.25（d）中的斜直线 ge、fh］。

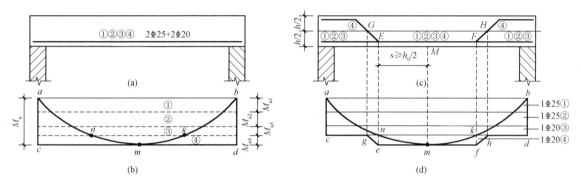

图 5.25 纵筋通长及弯起时的抵抗弯矩图

（a）通长配筋；（b）通长配筋的抵抗弯矩图；（c）④号钢筋弯起；（d）④号钢筋弯起的抵抗弯矩图

3. 纵向钢筋截断时的抵抗弯矩图

图 5.26 所示为一连续梁中间支座的设计弯矩图、配筋及其抵抗弯矩图。I、J 点是③号钢筋的理论截断点，M、N 点是②号钢筋的理论截断点，钢筋应从理论截断点延伸一段距离 l_d 后再截断，该点称为"实际截断点"。延伸长度应符合本章 5.6.3 节的规定。

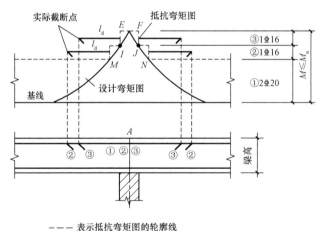

——— 表示抵抗弯矩图的轮廓线

图 5.26 纵筋截断时的抵抗弯矩图

5.6.2 纵筋的弯起

如前所述，纵筋的弯起通常位于弯剪段，该区段涉及正截面受弯、斜截面受剪和斜截面受弯三个方面。因此,纵筋的弯起须满足下列三个方面的要求。

1. 保证正截面受弯承载力

为保证正截面受弯承载力,必须使纵筋弯起后的抵抗弯矩图包住设计弯矩图。为此,纵筋的弯起点 [图 5.25(c)中的 E、F 点] 须位于纵筋强度的充分利用截面 [图 5.25(d)中 m 点所对应的截面] 以外,同时弯起钢筋与梁中心线的交点 [图 5.25(c)中的 G、H 点] 应位于不需要该钢筋的截面 [图 5.25(d)中 n 点和 k 点所对应的截面] 之外。图 5.25 中弯起④号钢筋后梁的抵抗弯矩图为 $abdhfegc$。

2. 保证斜截面受剪承载力

当弯起钢筋用作受剪钢筋时,弯起钢筋的数量须由斜截面受剪承载力计算确定。为了使每根弯起钢筋都能与斜裂缝相交,布置弯起钢筋时,支座边缘到第一排弯起钢筋弯终点的距离,以及前一排的弯起点至后一排的弯终点的距离不应大于表 5.7 中规定的 $V > 0.7 f_t b h_0$ 时箍筋最大间距 $s_{\max}$,如图 5.27 所示。

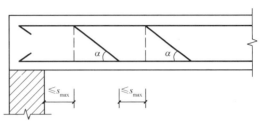

图 5.27　弯起钢筋的弯终点位置

3. 保证斜截面受弯承载力

④号钢筋弯起后,考虑支座附近可能出现斜裂缝,为保证斜截面的受弯承载力,④号钢筋弯起后与弯起前的斜截面受弯承载力不应降低。如图 5.28 所示,斜裂缝在支座附近出现后,导致Ⅱ-Ⅱ截面处钢筋的拉应力与斜裂缝顶端Ⅰ-Ⅰ截面位置的钢筋拉应力相等,如钢筋全部伸入支座,斜截面的受弯承载力不会变化,但如果部分钢筋过早弯起,则可能会产生沿斜截面受弯承载力不足的问题。

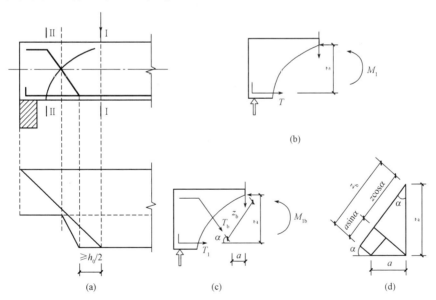

图 5.28　斜截面受弯承载力分析

(a) 斜截面;(b) 弯矩和剪力;(c) 弯矩和剪力的力臂;(d) 力臂的几何关系

下面以图 5.28 所示,分析保证斜截面受弯承载力的要求。如图 5.28(b)所示,④号钢筋弯起前Ⅰ-Ⅰ截面承受弯矩 M_I 为

$$M_\mathrm{I} = Tz = f_y A_s z \tag{5.19}$$

④号钢筋弯起后Ⅱ-Ⅱ截面承受弯矩 $M_Ⅱ$ 为

$$M_Ⅱ = T_1 z + T_b z_b = f_y(A_s - A_{sb})z + f_y A_{sb} z_b \tag{5.20}$$

式中 A_s——钢筋弯起前的总钢筋面积,即①②③④号钢筋面积之和;

A_{sb}——弯起钢筋的面积,即④号钢筋面积;

T——钢筋弯起前纵筋的总拉力;

T_1——钢筋弯起后伸入支座钢筋的拉力;

T_b——弯起钢筋的拉力;

z——钢筋弯起前 T 至受压区混凝土压应力合力点的力臂;

z_b——钢筋弯起后 T_b 至受压区混凝土压应力合力点的力臂。

钢筋弯起后,为保证斜截面受弯承载力,应满足 $M_Ⅱ \geq M_Ⅰ$,即

$$z_b \geq z \tag{5.21}$$

设弯起点到Ⅰ-Ⅰ截面的距离为 a,钢筋弯起角度为 α,由图5.28(d)所示的几何关系可得弯起钢筋到Ⅰ-Ⅰ截面受压区合力点的垂直距离为

$$z_b = a\sin\alpha + z\cos\alpha \tag{5.22}$$

由 $z_b \geq z$ 得

$$a \geq \frac{z(1-\cos\alpha)}{\sin\alpha} \tag{5.23}$$

一般钢筋弯起角度为 $45° \sim 60°$,可近似取 $z = 0.9h_0$,则 $a \geq (0.37 \sim 0.52)h_0$,可取

$$a \geq 0.5h_0 \tag{5.24}$$

以上分析表明,弯起钢筋时,为保证斜截面的受弯承载力,钢筋弯起点到该钢筋的充分利用点之间的距离应大于 $0.5h_0$。

5.6.3 纵筋的截断

一般来说,弯矩沿梁长是变化的,纵筋先由最大弯矩计算得到。因此,在弯矩较小的区段可将一部分纵向钢筋弯起或截断。在正弯矩区段,由于弯矩图变化平缓,所以根据跨中最大正弯矩配置的纵向钢筋一般只弯起不截断,通常直接伸入支座内锚固。而在负弯矩区段,由于弯矩图的变化梯度大,因此可根据弯矩图的变化将按支座最大负弯矩配置的纵向钢筋分批截断,且实际截断点与该钢筋强度充分利用截面的距离 l_{d1} 和与不需要该钢筋截面的距离 l_{d2}(见图5.29)应满足表5.3所列的要求。

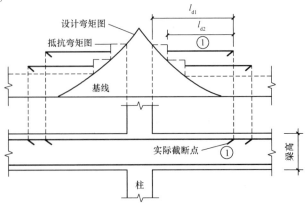

图5.29 纵筋截断时的延伸长度

表 5.3 纵筋截断时的延伸长度取值

剪力	从强度充分利用截面的延伸长度 l_{d1}	从不需要该钢筋截面的延伸长度 l_{d2}
$V \leqslant 0.7 f_t b h_0$	$\geqslant 1.2 l_a$	$\geqslant 20d$
$V > 0.7 f_t b h_0$	$\geqslant 1.2 l_a + h_0$	$\geqslant 20d$ 和 h_0 较大者
$V > 0.7 f_t b h_0$ 且截断点仍位于负弯矩受拉区内	$\geqslant 1.2 l_a + 1.7 h_0$	$\geqslant 20d$ 和 $1.3 h_0$ 较大者

5.7 梁、板内钢筋的其他构造要求

5.7.1 纵向受力钢筋的构造要求

1. 纵向钢筋的直径、根数

梁的纵向受力钢筋应符合下列规定：

(1) 伸入梁支座范围内的钢筋不应少于两根。

(2) 梁高不小于 300 mm 时，钢筋直径不应小于 10 mm；梁高小于 300 mm 时，钢筋直径不应小于 8 mm。

(3) 当梁端实际受到部分约束但按简支计算时，应在支座区上部设置纵向构造钢筋。其截面面积不应小于梁跨中下部纵向受力钢筋计算所需截面面积的 1/4，且不应少于两根。该纵向构造钢筋自支座边缘向跨内伸出的长度不应小于 $l_0/5$，l_0 为梁的计算跨度。

(4) 在钢筋混凝土悬臂梁中，应有不少于两根上部钢筋伸至悬臂端，并向下弯折不小于 $12d$；其余钢筋不应在梁的上部截断，而应按《混凝土结构设计规范》第 9.2.8 条规定的弯起点位置向下弯折，并按《混凝土结构设计规范》第 9.2.7 条的规定在梁的下部锚固。

2. 纵筋的弯起构造

(1) 由于弯起钢筋承受的拉力比较大，传力集中，这有可能引起弯起处混凝土的劈裂裂缝。因此，位于梁侧边的钢筋不宜弯起，位于梁底的角筋不能弯起，弯起钢筋的直径也不宜太大。

(2) 弯起钢筋的弯起角 α 一般为 45°，当梁高大于 800 mm 时，宜为 60°。

(3) 弯起钢筋的弯下点外应留有平行于梁轴线方向的锚固长度，在受拉区不应小于 $20d$，在受压区不应小于 $10d$，如图 5.30 所示，d 为弯起钢筋的直径；对于光圆钢筋，在其末端还应设弯钩。

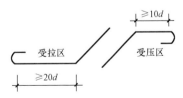

图 5.30 弯起钢筋的锚固要求

(4) 当不能利用纵向钢筋弯起抗剪时，可单独设置抗剪的弯筋，且该筋应布置成"鸭筋"形式 [见图 5.31 (a)]，不能采用"浮筋" [见图 5.31 (b)]。这是因为浮筋一端锚固在受拉区，且锚固长度有限，其锚固不可靠。

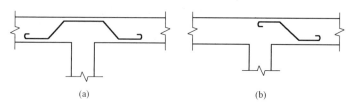

图 5.31 鸭筋和浮筋

（a）鸭筋；（b）浮筋

3. 纵向钢筋的锚固

（1）梁下部纵向钢筋的锚固。

①简支梁和连续梁简支端下部纵向钢筋的锚固。理想简支梁端弯矩为零，但实际工程中简支梁支座仍有可能在梁端区域出现斜裂缝（见图5.32），此时纵筋的拉力会突然增加。因此，为防止斜裂缝形成后纵向钢筋被拔出而破坏，梁简支端下部纵向钢筋从支座边缘算起伸入支座的锚固长度（见图5.32）应满足表5.4 的要求。

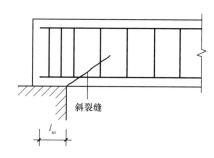

图 5.32 纵筋在梁简支端支座内的锚固

表 5.4 简支端下部纵向钢筋在支座内的锚固长度 l_{as}

剪力条件	l_{as}
$V \leqslant 0.7 f_t b h_0$	$\geqslant 5d$
$V > 0.7 f_t b h_0$	$\geqslant 12d$（带肋钢筋）
	$\geqslant 15d$（光圆钢筋）
注：d 为纵向受力钢筋的最大直径	

②框架梁下部纵向钢筋在节点内的锚固。框架梁下部纵向钢筋在中间节点内的锚固应符合表5.5 的要求。

表 5.5 框架梁下部纵向钢筋的锚固

钢筋强度的利用情况	锚固要求
计算中不利用该钢筋的强度	该钢筋伸入节点或支座的锚固长度应符合表5.4 中 $V > 0.7 f_t b h_0$ 时的要求
计算中充分利用该钢筋的抗拉强度（有四种锚固形式）	（1）采用直线方式锚固在节点或支座内，如图5.33（a）所示
	（2）采用带90°弯折的锚固形式，如图5.33（b）所示
	（3）采用钢筋端部加机械锚头的锚固形式，要求如图5.34（a）所示
	（4）采用在节点或支座外梁中弯矩较小处设置搭接接头的形式，如图5.33（c）所示

续表

钢筋强度的利用情况	锚固要求
计算中充分利用该钢筋的抗压强度 （有两种锚固形式）	（1）采用直线方式锚固在节点或支座内，且直线锚固长度 $\geq 0.7l_a$ （2）采用在节点或支座外梁中弯矩较小处设置搭接接头的形式，如图 5.33（c）所示

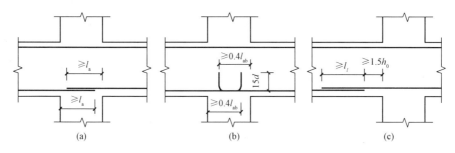

图 5.33　梁下部纵向钢筋在中间节点或中间支座范围的锚固与搭接
（a）节点中的直线锚固；（b）节点中的弯折锚固；（c）节点或支座范围外的搭接

连续梁下部纵向钢筋在中间支座处的锚固同样应满足表 5.5 和图 5.33 所示的要求。对于框架梁的中间层端节点和顶层端节点的下部纵向钢筋，当计算中充分利用该钢筋的抗拉强度时，钢筋的锚固方式及长度应与上部钢筋的规定相同；当计算中不利用该钢筋的强度或仅利用该钢筋的抗压强度时，伸入节点的锚固长度应分别符合表 5.5 中的规定。

（2）梁上部纵向钢筋的锚固。

①框架梁上部纵向钢筋在中间层端节点内的锚固。框架梁上部纵向钢筋在中间层端节点内的锚固形式有三种：

a. 当柱截面尺寸足够时，采用直线锚固的形式，直线锚固长度不应小于 l_a，且伸过柱中心线不宜小于 $5d$，d 为梁上部纵向钢筋的直径。

b. 当柱截面尺寸不足时，梁上部纵向钢筋可采用钢筋端部加机械锚头的锚固方式。梁上部纵向钢筋宜伸至柱外侧纵筋内边，包括机械锚头在内的水平投影锚固长度不应小于 $0.4l_{ab}$ ［见图 5.34（a）］。

c. 梁上部纵向钢筋也可采用 90° 弯折锚固的方式，此时梁上部纵向钢筋应伸至节点对边并向节点内弯折，其包含弯弧在内的水平投影长度不应小于 $0.4l_{ab}$，弯折钢筋在弯折平面内包含弯弧段的投影长度不应小于 $15d$ ［见图 5.34（b）］。

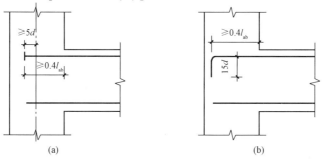

图 5.34　梁上部纵向钢筋在中间层端节点内的锚固
（a）钢筋端部加机械锚头锚固；（b）钢筋末端 90° 弯折锚固

②框架梁上部纵向钢筋在顶层端节点内的锚固。顶层端节点处的梁、柱端均主要承受负弯矩作用，相当于一段90°的折梁。因此，顶层端节点处的梁上部纵向钢筋和柱外侧纵向钢筋实质是搭接，搭接形式有以下两种：

a. 搭接接头可沿顶层端节点外侧及梁端顶部布置［见图5.35（a）］。此搭接接头的搭接长度不应小于$1.5l_{ab}$，其中，伸入梁内的外侧柱纵向钢筋截面面积不宜小于外侧柱纵向钢筋全部截面面积的65%；梁宽范围以外的外侧柱纵向钢筋宜沿节点顶部伸至柱内边，当柱纵向钢筋位于柱顶第一层时，至柱内边后宜向下弯折不小于$8d$后截断；当柱纵向钢筋位于柱顶第二层时，可不向下弯折。当柱外侧纵向钢筋配筋率大于1.2%时，伸入梁内的柱纵向钢筋应满足上述规定且宜分两批截断，截断点之间的距离不宜小于$20d$。梁上部纵向钢筋应伸至节点外侧并向下弯至梁下边缘高度位置截断。该种搭接接头的优点是梁上部钢筋不伸入柱内，有利于在梁底标高处设置柱混凝土施工缝。

b. 搭接接头也可沿节点外侧直线布置［见图5.35（b）］。此搭接接头的搭接长度不应小于$1.7l_{ab}$。当上部梁纵向钢筋的配筋率大于1.2%时，弯入柱外侧的梁上部纵向钢筋应满足以上规定的搭接长度，且宜分两批截断，其截断点之间的距离不宜小于$20d$。该种搭接接头的优点是可改善节点顶部钢筋的拥挤情况，从而有利于自上而下浇筑混凝土，适用于梁上部纵向钢筋和柱外侧纵向钢筋数量较多的场合。

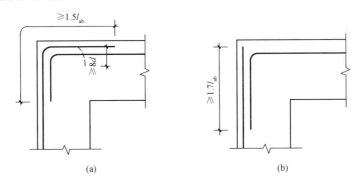

图5.35 梁上部纵向钢筋和柱外侧纵向钢筋在顶层端节点的搭接
（a）位于节点外侧和梁端顶部的弯折搭接接头；（b）位于柱顶部外侧的直线搭接接头

③框架梁或连续梁上部纵向钢筋在中间节点或中间支座内的锚固。框架梁或连续梁上部纵向钢筋应贯穿中间节点或中间支座范围，该钢筋自节点或支座边缘向跨中的截断位置应符合表5.3的要求。

4. 纵向钢筋连接

钢筋长度不满足施工要求时，须将钢筋进行连接才能满足使用要求。钢筋连接的方式有绑扎搭接、机械连接和焊接。由于连接接头区域受力复杂，所以钢筋的接头宜设置在受力较小处，在同一根钢筋上宜少设接头。

（1）绑扎搭接。

①接头连接区段的长度与接头面积百分率。同一构件中相邻纵向受力钢筋的绑扎搭接接头宜相互错开。

钢筋绑扎搭接接头连接区段的长度为1.3倍搭接长度，凡搭接接头中点位于该连接区段长度内的搭接接头均属于同一连接区段。同一连接区段内纵向钢筋搭接接头面积百分率为该区段内有搭接接头的纵向受力钢筋截面面积与全部纵向受力钢筋截面面积的比值（见图5.36）。

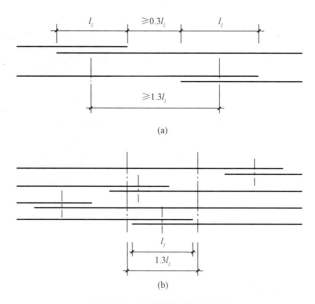

图 5.36 钢筋搭接接头间距

(a) 搭接接头间距；(b) 同一搭接范围

注：图中所示同一连接区段内的搭接接头钢筋为两根，当钢筋直径相同时，钢筋搭接接头面积百分率为 50%。

位于同一连接区段内的受拉钢筋搭接接头面积百分率：对梁类、板类及墙类构件，不宜大于 25%；对柱类构件，不宜大于 50%。当工程中确有必要增大受拉钢筋搭接接头面积百分率时，对梁类构件，不应大于 50%；对板类、墙类及柱类构件，可根据实际情况放宽。

并筋采用绑扎搭接连接时，应按每根单筋错开搭接的方式连接。接头面积百分率应按同一连接区段内所有的单根钢筋计算。并筋中钢筋的搭接长度应按单筋分别计算。

②受拉钢筋的搭接长度。纵向受拉钢筋绑扎搭接接头的搭接长度应根据位于同一连接区段内的钢筋搭接接头面积百分率按下式计算：

$$l_l = \zeta_l l_a \tag{5.25}$$

式中 l_l ——纵向受拉钢筋的搭接长度；

l_a ——纵向受拉钢筋的锚固长度；

ζ_l ——纵向受拉钢筋搭接长度修正系数，按表 5.6 取用。当纵向搭接钢筋接头面积百分率为表中的中间值时，修正系数可按内插取值。

表 5.6 纵向受拉钢筋搭接长度修正系数

纵向受拉钢筋搭接接头面积百分率/%	≤25	50	100
ζ_l	1.2	1.4	1.6

③受压钢筋的搭接长度。构件中的纵向受压钢筋，当采用搭接连接时，其受压搭接长度不应小于纵向受拉钢筋搭接长度的 70%，且不应小于 200 mm。

④搭接长度范围内的箍筋配置要求。在纵向受力钢筋搭接长度范围内应配置箍筋，其直径不应小于搭接钢筋直径的 25%。对梁、柱等杆状构件，箍筋间距不应大于搭接钢筋直径的 5 倍，对板、墙等平面构件间距不大于搭接钢筋直径的 5 倍，且均不应大于 100 mm；当受压钢筋直径 $d > 25$ mm 时，还应在搭接头两个端面外 100 mm 范围内各设置两道箍筋。

需要注意的是,需进行疲劳验算的构件,其纵向受拉钢筋不得采用绑扎搭接接头。

(2)机械连接。钢筋的机械连接是通过连接件的直接或间接的机械咬合作用或钢筋端面的承压作用,将一根钢筋中的力传递到另一根钢筋的连接方法。国内外常用的钢筋机械连接方法主要有套筒挤压连接接头、锥螺纹连接接头、直螺纹连接接头、熔融金属充填接头、水泥灌浆充填接头、受压钢筋端面平接头六种。图 5.37 所示为锥螺纹连接接头。

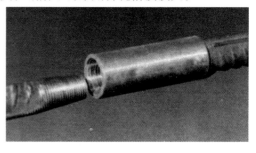

图 5.37 锥螺纹连接接头

纵向受力钢筋机械连接接头宜相互错开。钢筋机械连接接头连接区段的长度为 $35d$(d 为纵向受力钢筋的较大直径),凡接头中点位于该连接区段长度内的机械连接接头均属于同一连接区段。

位于同一连接区段内的纵向受拉钢筋接头面积百分率不宜大于 50%;但对板、墙、柱及预制构件的拼接处,可根据实际情况放宽。纵向受压钢筋的接头百分率可不受限制。

机械连接套筒的保护层厚度宜满足有关钢筋最小保护层厚度的规定。机械连接套筒的横向净间距不宜小于 25 mm;套筒处箍筋的间距仍应满足构造要求。

直接承受动力荷载结构构件中的机械连接接头,除应满足设计要求的抗疲劳性能外,位于同一连接区段内的纵向受力钢筋接头面积百分率不应大于 50%。

(3)焊接。焊接常用的连接方法有闪光对焊、电弧焊、电渣压力焊、气压焊和埋弧压力焊等。

细晶粒热轧带肋钢筋以及直径大于 28 mm 的带肋钢筋,其焊接应经试验确定;余热处理钢筋不宜焊接。

纵向受力钢筋的焊接接头应相互错开。钢筋焊接接头连接区段的长度为 $35d$(d 为纵向受力钢筋的较大直径)且不小于 500 mm,凡接头中点位于该连接区段长度内的焊接接头均属于同一连接区段。

纵向受拉钢筋的接头面积百分率不宜大于 50%,但对预制构件的拼接处,可根据实际情况放宽。纵向受压钢筋的接头百分率可不受限制。

需要注意的是,需进行疲劳验算的构件,其纵向受拉钢筋不宜采用焊接接头,除端部锚固外不得在钢筋上焊有附件。当直接承受吊车荷载的钢筋混凝土吊车梁、屋面梁及屋架下弦的纵向受拉钢筋必须采用焊接接头时,应符合下列规定:

①必须采用闪光接触对焊,并去掉接头的毛刺及卷边。

②同一连接区段内纵向受拉钢筋焊接接头面积百分率不应大于 25%,此时,焊接接头连接区段的长度应取为 $45d$(d 为纵向受力钢筋的较大直径)。

③疲劳验算时,焊接接头应符合疲劳应力幅限值的规定。

5.7.2 箍筋的构造

1. 箍筋的形式和肢数

箍筋的形式有封闭式和开口式两种(见图 5.38)。为方便纵筋的固定,钢筋混凝土梁一般采用封闭式箍筋;对于配有计算需要的纵向受压钢筋的梁以及承受扭矩作用的梁,必须采用封闭式箍筋。对于现

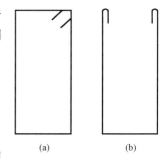

图 5.38 箍筋的形式
(a)封闭式;(b)开口式

浇T形截面梁,当没有扭矩和动荷载作用时,在正弯矩作用区段可采用开口式箍筋,但箍筋的端部应锚固在受压区。

箍筋的肢数有单肢、双肢、三肢和四肢等(见图5.39)。当梁宽不大于400 mm时,一般采用双肢箍筋;当梁宽大于400 mm且一层内计算需要的纵向受压钢筋多于3根时,或梁宽不大于400 mm但一层内计算需要的纵向受压钢筋多于4根时,应设置复合箍筋;当梁宽小于100 mm时,可采用单肢箍筋。

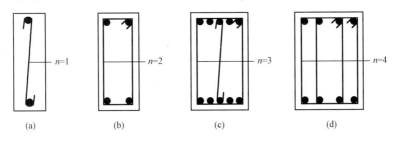

图5.39 箍筋的肢数
(a)单肢箍;(b)双肢箍;(c)三肢箍;(d)四肢箍

2. 箍筋的间距和直径

箍筋的间距和直径除应满足计算要求外,箍筋的最大间距s_{max}和最小直径d_{min}应满足表5.7的要求。

表5.7 梁中箍筋的最大间距s_{max}和最小直径d_{min} mm

梁高 h	最大间距 s_{max}		最小直径 d_{min}
	$V > 0.7 f_t b h_0$	$V \leq 0.7 f_t b h_0$	
$150 < h \leq 300$	150	200	6
$300 < h \leq 500$	200	300	
$500 < h \leq 800$	250	350	
$h > 800$	300	400	8

当梁中配有符合计算要求的纵向受压钢筋时,箍筋应做成封闭式;箍筋间距不应大于15d(d为纵向受压钢筋的最小直径)和400 mm;当一层内的纵向受压钢筋多于5根且直径大于18 mm时,箍筋的间距不应大于10d。同时箍筋直径不应小于0.25d(d为纵向受压钢筋的最大直径)。

3. 箍筋的布置

对于按承载力计算需要箍筋的梁,应按计算结果和构造要求配置箍筋。

对于按承载力计算不需要箍筋的梁:①当截面高度h > 300 mm时,应沿梁全长设置箍筋。②当截面高度h = 150~300 mm时,可仅在构件端部1/4跨度范围内设置箍筋;但当在构件中部1/2跨度范围内有集中荷载作用时,则应沿梁全长设置箍筋。③当截面高度h < 150 mm时,可不设箍筋。

5.7.3 纵向钢筋的其他构造要求

1. 架立钢筋

为了固定箍筋并与纵向受力钢筋形成骨架,在梁的受压区应设置架立钢筋。架立钢筋的直径:当梁的跨度<4 m时,不宜小于8 mm;当梁的跨度为4~6 m时,不应小于10 mm;当梁的跨度>6 m时,不宜小于12 mm。

2. 梁侧纵向构造钢筋（又称腰筋）

当梁的腹板高度 $h_w \geq 450$ mm 时，在梁的两个侧面应沿高度配置纵向构造钢筋。每侧纵向构造钢筋（不包括梁上、下部受力钢筋及架立钢筋）的截面面积不应小于腹板截面面积 bh_w 的 0.1%，且其间距不宜大于 200 mm。腹板高度 h_w 的取值如图 5.17 所示。

思考题

5.1 为什么受弯构件一般在跨中产生垂直裂缝而在支座附近区段产生斜裂缝？

5.2 什么是剪跨比和计算剪跨比？斜截面受剪承载力计算时，什么情况下需要考虑剪跨比的影响？

5.3 梁的斜截面受剪破坏形态有几种？各自的破坏特征如何？

5.4 什么是箍筋的配箍率？箍筋的作用有哪些？箍筋的构造又从哪几个方面做出规定？

5.5 影响梁斜截面受剪承载力的主要因素是什么？

5.6 《混凝土结构设计规范》是以哪种破坏形态为基础来建立斜截面受剪承载力计算公式的？建立计算公式时又做了哪两个基本假定？

5.7 斜压破坏、剪压破坏和斜拉破坏都是脆性破坏，为什么《混凝土结构设计规范》以剪压破坏的受力特征为依据来建立受弯构件的斜截面受剪承载力计算公式？

5.8 实际工程中，按规范设计的受弯构件为什么不会发生斜截面受剪破坏？

5.9 进行斜截面受剪承载力计算时，《混凝土结构设计规范》将受弯构件分成哪两类？以仅配置箍筋的梁为例，分别写出两类受弯构件的斜截面受剪承载力计算公式。

5.10 为什么弯起钢筋的设计强度取 $0.8f_y$？

5.11 斜截面受剪承载力计算公式的适用条件有哪些？设置这些适用条件的意义是什么？

5.12 斜截面受剪承载力计算时，通常选取哪些截面作为计算截面？计算截面处的剪力设计值又是如何计算的？

5.13 什么是抵抗弯矩图？为保证正截面受弯承载力，它与设计弯矩图的关系应当如何？

5.14 为保证正截面受弯承载力、斜截面受剪承载力和斜截面受弯承载力，纵筋的弯起应分别满足哪些构造规定？

习 题

5.1 某受均布荷载作用的钢筋混凝土矩形截面简支梁，$b \times h = 250$ mm $\times 600$ mm，环境类别为一类，安全等级为二级，混凝土强度等级为 C30，承受剪力设计值 $V = 230$ kN，纵筋直径为 20 mm，选用箍筋直径为 8 mm 的 HPB300 级钢筋，求受剪所需的箍筋用量。

5.2 如图 5.40 所示，钢筋混凝土梁 $b \times h = 200$ mm $\times 550$ mm，环境类别一类，安全等级二级，混凝土强度等级为 C30，均布荷载设计值 $q = 50$ kN/m（包括自重），纵筋直径为 20 mm，箍筋采用直径为 6 mm 的 HPB300 级钢筋，求截面 A、$B_左$、$B_右$ 受剪所需的箍筋。

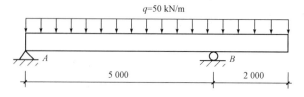

图 5.40 习题 5.2 图

第5章 受弯构件斜截面承载力的计算

5.3 如图 5.41 所示，钢筋混凝土简支梁 $b \times h = 250 \text{ mm} \times 650 \text{ mm}$，环境类别为一类，安全等级为二级，混凝土强度等级为 C30，均布荷载设计值为 $q = 98 \text{ kN/m}$（包括自重），纵筋和弯起钢筋采用 HRB400 级钢筋，箍筋采用 HPB300 级钢筋，试求

(1) 当箍筋为 $\Phi 8@200$ 时，弯起钢筋应为多少？

(2) 利用现有纵筋为弯起钢筋，如箍筋直径为 8 mm，求所需箍筋。

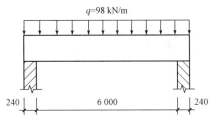

图 5.41 习题 5.3 图

5.4 如图 5.42 所示，钢筋混凝土 T 形截面简支梁，环境类别为二 a 类，安全等级为二级，混凝土强度等级为 C25，均布荷载设计值 $q = 10 \text{ kN/m}$（包括自重），集中荷载设计值 $P = 180 \text{ kN}$，纵筋和弯起钢筋采用 HRB400 级钢筋，箍筋采用直径为 8 mm 的 HPB300 级钢筋，按下列要求为该梁配置钢筋：(1) 按跨中截面的最大弯矩计算正截面受弯所需的纵向钢筋；(2) 当仅配置箍筋时，计算斜截面受剪所需的箍筋；(3) 当剪跨段利用纵筋弯起时，计算斜截面受剪所需的箍筋。

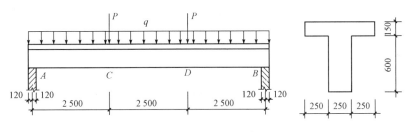

图 5.42 习题 5.4 图

5.5 如图 5.43 所示，某钢筋混凝土矩形截面简支梁，环境类别为二 a 类，安全等级为二级，混凝土强度等级为 C30，箍筋为热轧 HPB300 级钢筋，沿梁全长配置 $\Phi 8@150$ 的双肢箍筋，梁底配有 $3\Phi 25$ 纵向钢筋。不计梁的自重及架立钢筋的作用，求梁所能承担的集中荷载设计值 P，该梁的承载力是由正截面受弯承载力控制还是斜截面受剪承载力控制？

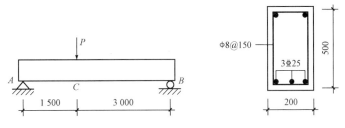

图 5.43 习题 5.5 图

第6章 受压构件承载力的计算

★教学目标

本章要求掌握轴心受压构件的受力全过程、破坏形态、正截面受压承载力的计算方法及主要构造要求；理解螺旋箍筋柱的原理与应用；熟练掌握偏心受压构件正截面两种破坏形态的特征及其正截面应力计算简图；熟练掌握偏心受压构件正截面受压承载力的一般计算公式；熟练掌握对称配筋矩形偏心受压构件正截面受压承载力的计算方法及纵筋与箍筋的主要构造要求；掌握 N_u-M_u 相关曲线的概念及其应用；熟悉偏心受压构件斜截面受剪承载力的计算。

6.1 概　述

受压构件是指以承受轴向压力为主的构件。例如，多层和高层建筑中的框架柱、剪力墙、筒体、单层厂房结构中的排架柱、屋架上弦杆和受压腹杆，烟囱的筒壁、拱以及桥梁结构中的桥墩、桩等都属于受压构件，如图6.1所示。

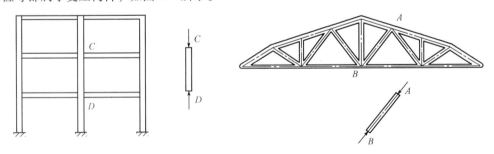

图6.1　受压构件

受压构件按其受力情况，可分为轴心受压构件、单向偏心受压构件和双向偏心受压构件三类。对于单一均质材料的构件，当轴向压力的作用线与构件截面形心线重合时为轴心受压，否则为偏心受压。而钢筋混凝土构件情况复杂，其原因一是混凝土是非均质材料；二是钢筋未必对称布置，要准确地确定截面的物理形心比较困难。在工程上为了方便，一般不考虑上述两点的影响，近似地用轴向压力作用点与构件正截面形心的相对位置来划分构件的类型。当轴向压力的作用点位于正截面形心时，为轴心受压构件；当轴向压力的作用点对正截面的一个主轴有偏心距时，为单向偏心受压构件；当轴向压力的作用点对构件正截面的两个主轴都有偏心距时，为双向偏心受压构件。

6.2 受压构件的一般构造要求

6.2.1 截面形式和尺寸

轴心受压构件一般采用方形或矩形截面，因其构造简单，便于施工，有时考虑建筑要求也可采用圆形截面或其他多边形截面。偏心受压构件一般采用矩形截面，截面的长轴应位于弯矩作用方向或压力偏心所在方向。但为了节约混凝土和减轻柱自重，特别是在装配式柱中，较大尺寸的柱常采用 I 形截面。拱结构的肋常做成 T 形截面。采用离心法制造的柱、桩、电杆以及烟囱、水塔支筒等，常用环形截面。

方形柱的截面尺寸不宜小于 250 mm × 250 mm。为了避免矩形截面轴心受压构件长细比过大，承载力降低过多，常取 $l_0/b \leqslant 30$，$l_0/h \leqslant 25$。此处，l_0 为柱的计算长度，b 为矩形截面短边边长，h 为长边边长。另外，为了施工支模方便，柱截面尺寸宜使用整数，800 mm 及以下的，宜取 50 mm 的倍数；800 mm 以上的，可取 100 mm 的倍数。

对于 I 形截面，翼缘厚度不宜小于 120 mm，因为翼缘太薄，会使构件过早出现裂缝，同时在靠近柱底处的混凝土容易在车间生产过程中碰坏，影响柱的承载力和使用年限。腹板厚度不宜小于 100 mm，抗震区使用 I 形截面柱时，其腹板宜加厚些。

6.2.2 材料的强度等级

混凝土强度等级对受压构件的承载能力影响较大。为了减小构件的截面尺寸、节省钢材，宜采用较高强度等级的混凝土。一般采用 C30、C35、C40，多层或高层建筑的底层柱，必要时可采用高强度等级的混凝土。

纵向钢筋一般采用 HRB400 级、RRB400 级和 HRB500 级，不宜采用高强度钢筋，这是由于它与混凝土共同受压时，不能充分发挥其高强度的作用。箍筋一般采用 HRB400 级、HRB335 级钢筋，也可采用 HPB300 级钢筋。

6.2.3 纵筋

从经济、施工以及受力性能等方面来考虑，轴心受压构件、偏心受压构件全部纵筋配筋率不宜超过 5%；且全部纵筋配筋率不应小于附表 22 中给出的最小配筋百分率 ρ_{min}（%）；同时，截面一侧纵筋配筋率不应小于 0.2%。

轴心受压构件的纵向受力钢筋应沿截面的四周均匀放置，钢筋根数不得少于 4 根［见图 6.2 (a)］。钢筋直径不宜小于 12 mm，通常在 16~32 mm 范围内选用。为了减少钢筋在施工时可能产生的纵向弯曲，宜采用较粗的钢筋。偏心受压构件的纵向受力钢筋应放置在偏心方向截面的两边。当截面高度 $h > 600$ mm 时，在侧面应设置直径为 10~16 mm 的纵向构造钢筋，并相应地设置附加箍筋或拉筋［见图 6.2 (b)］。

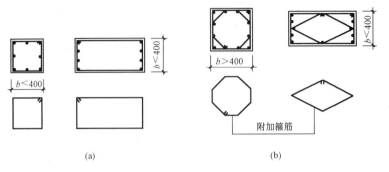

图 6.2　方形、矩形截面箍筋形式

（a）方形截面；（b）矩形截面

纵筋净距不应小于 50 mm。对于水平浇筑混凝土的预制柱，其纵筋最小净距可减小，但不应小于 30 mm 和 1.5d（d 为钢筋的最大直径）。纵向受力钢筋彼此间的中距不应大于 300 mm。

纵筋的连接接头宜设置在受力较小处，同一根钢筋宜少设接头。钢筋的接头可采用机械连接接头，也可采用焊接接头和搭接接头。对于直径大于 25 mm 的受拉钢筋和直径大于 28 mm 的受压钢筋，不宜采用绑扎的搭接接头。

6.2.4　箍筋

为了能箍住纵筋，防止纵筋压屈，柱及其他受压构件中的周边箍筋应做成封闭式；其间距在绑扎骨架中不应大于 15d（d 为纵筋最小直径），且不应大于 400 mm，也不应大于构件横截面的短边尺寸。

箍筋直径不应小于 $d/4$（d 为纵筋最大直径），且不应小于 6 mm。

当柱中全部纵向钢筋的配筋率大于 3% 时，箍筋直径不应小于 8 mm。其间距不应大于 10d（d 为纵筋最小直径），且不应大于 200 mm。箍筋末端应做成 135°弯钩，且弯钩末端平直段长度不应小于箍筋直径的 10 倍。

当柱截面短边尺寸大于 400 mm 且各边纵向钢筋多于 3 根时，或当柱截面短边尺寸不大于 400 mm 但各边纵向钢筋多于 4 根时，应设置复合箍筋。

设置柱内箍筋时，宜使纵筋每隔 1 根位于箍筋的转折点处。

在纵筋搭接长度范围内，箍筋的直径不宜小于搭接钢筋直径的 25%；其箍筋间距不应大于 5d，且不应大于 100 mm；d 为搭接钢筋中的较小直径。当搭接受压钢筋直径大于 25 mm 时，应在搭接接头两个端面外 100 mm 范围内各设置两根箍筋。

对于截面形状复杂的构件，不可采用具有内折角的箍筋，避免产生向外的拉力，致使折角处的混凝土破损［见图 6.3］。

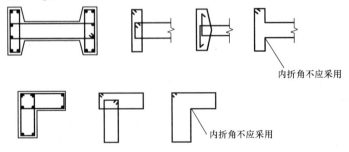

图 6.3　I 形、L 形截面箍筋形式

6.3 轴心受压构件正截面受压承载力

在实际工程中，理想的轴心受压构件是不存在的。但对于某些构件，如以承受恒载为主的框架中柱、桁架的受压腹杆，构件截面上的弯矩很小，以承受轴向压力为主，可以近似按轴心受压构件计算。

按照柱中箍筋配置方式的不同，轴心受压构件可分为两种情况：普通箍筋柱和螺旋箍筋柱。由于构造简单和施工方便，普通箍筋柱是工程中最常见的轴心受压构件，截面形式多为矩形或正方形。当柱承受很大的轴心压力，并且柱截面尺寸受到建筑上和使用上的限制不能加大时，若设计成普通箍筋柱，即使提高混凝土强度等级和增加纵筋配筋量也不足

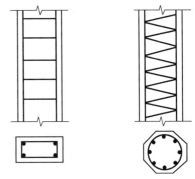

图 6.4 两种箍筋柱

以承受该压力时，可考虑采用螺旋筋或焊接环筋以提高柱的承载力。这种柱的截面形式多为圆形或多边形，如图 6.4 所示。

6.3.1 轴心受压普通箍筋柱正截面承载力计算

根据构件长细比不同，《混凝土结构设计规范》将轴心受压构件分为短柱和长柱两种情况。当长细比 $l_0/b \leqslant 8$（矩形截面，b 为截面较短边长）或 $l_0/d \leqslant 7$（圆形截面，d 为直径）时为短柱，否则为长柱。

1. 轴心受压短柱的破坏形态

短柱在轴心压力作用下，整个截面的应变基本上是均匀分布的，由于纵筋与混凝土之间存在粘结力，两者的应变基本相同。当荷载较小时，构件基本处于弹性阶段，此时纵筋和混凝土的应力值可根据应变协调条件由弹性理论求得；当荷载较大时，混凝土出现塑性变形，其应力增长较慢而纵筋的应力增长较快，纵筋与混凝土的应力比值不再符合弹性关系而是逐渐变大，这种现象称为截面的应力重分布，如图 6.5 所示。随着荷载继续增加，柱中开始出现纵向微细裂缝，在临近破坏荷载时，柱四周裂缝明显加宽，箍筋间的纵筋首先压屈而外鼓，混凝土达到极限压应变而被压碎，柱子即告破坏，如图 6.6 所示。

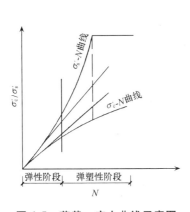

图 6.5 荷载—应力曲线示意图

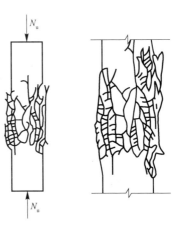

图 6.6 短柱的破坏

试验表明,素混凝土棱柱体构件达到最大压应力值时的压应变值为 0.001 5 ~ 0.002,而钢筋混凝土短柱达到应力峰值时的压应变一般为 0.002 5 ~ 0.003 5。其主要原因是纵向钢筋起到调整混凝土应力的作用,使混凝土的塑性性质得到较好的发挥,改善了受压破坏的脆性性质。破坏时,一般是纵筋先达到屈服强度,此时可继续增加一些荷载。最后,混凝土达到极限压应变值,构件破坏。当纵向钢筋的屈服强度较高时,可能会出现钢筋没有达到屈服强度而混凝土达到了极限压应变值的情况。

计算时,以构件的压应变达到 0.002 为控制条件,此时混凝土达到了棱柱体抗压强度 f_c,相应的纵筋最大应力为 $\sigma_s' = E_s \times 0.002 \sim 2.0 \times 10^5 \times 0.002 = 400$（N/mm²),对于 HPB300 级、HRB335 级、HRB400 级和 RRB400 级热轧钢筋,此值已大于其抗压强度设计值,故计算时可按 f_y' 取值。但对于 500 MPa 级钢筋,在轴心受压构件中,其抗压强度设计值最大只能取 $f_y' = 400$ N/mm²;在偏心受压状态下,混凝土所能达到的压应变可以保证 500 MPa 级钢筋的抗压强度达到与抗拉强度相同的值,即 $f_y' = 435$ N/mm²。

2. 轴心受压长柱的破坏形态

对于长细比较大的柱,试验表明,由各种因素造成的初始偏心对构件的受压承载力影响较大,不可忽略。它将使构件产生附加弯矩和弯曲变形。随着荷载的增加,构件在压力和弯矩的共同作用下而被破坏。对于长细比很大的细长柱,还可能发生丧失稳定的破坏。长柱破坏的特征是凸侧混凝土出现水平裂缝,凹侧出现纵向裂缝直至混凝土压碎,纵筋被压屈而外鼓,如图 6.7 所示。

试验结果表明,长柱的破坏荷载低于相同条件下短柱的破坏荷载,而且长细比越大,承载能力降低越多。此外,在荷载的长期作用下,由于混凝土的徐变,构件的侧向挠度还将继续增加,对构件的受压承载力有一定的不利影响。《混凝土结构设计规范》采用稳定系数来表示长柱承载力的降低程度,即

$$\varphi = N_u^l / N_u^s \quad (6.1)$$

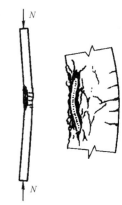

图 6.7 长柱的破坏

式中 N_u^l、N_u^s——长柱和短柱的承载力。

稳定系数 φ 主要与柱的长细比 l_0/b 有关,表 6.1 给出了稳定系数 φ 的取值。

表 6.1 钢筋混凝土轴心受压构件的稳定系数

l_0/b	≤8	10	12	14	16	18	20	22	24	26	28
l_0/d	≤7	8.5	10.5	12	14	15.5	17	19	21	22.5	24
l_0/i	≤28	35	42	48	55	62	69	76	83	90	97
φ	1.00	0.98	0.95	0.92	0.87	0.81	0.75	0.70	0.65	0.60	0.56
l_0/b	30	32	34	36	38	40	42	44	46	48	50
l_0/d	26	28	29.5	31	33	34.5	36.5	38	40	41.5	43
l_0/i	104	111	118	125	132	139	146	153	160	167	174
φ	0.52	0.48	0.44	0.40	0.36	0.32	0.29	0.26	0.23	0.21	0.19

注:表中 l_0 为构件计算长度;b 为矩形截面的短边尺寸;d 为圆形截面的直径;i 为截面最小回转半径

3. 正截面受压承载力计算公式

根据试验分析，配置普通箍筋的钢筋混凝土轴心受压构件破坏时，正截面的计算应力图形如图6.8所示，截面上钢筋应力达到屈服强度，混凝土的压应力为f_c，则轴心受压承载力计算公式为

$$N \leqslant N_u = 0.9\varphi(f_c A + f'_y A'_s) \tag{6.2}$$

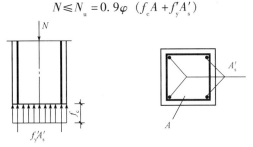

图6.8 普通箍筋柱截面应力计算图形

式中 N——轴向压力设计值；

N_u——轴向压力承载力设计值；

φ——钢筋混凝土构件的稳定系数（见表6.1）；

f_c——混凝土轴心抗压强度设计值；

A——构件截面面积，当纵向受压钢筋的配筋率大于3%时，A应改用$(A-A'_s)$代替；

A'_s——全部纵向钢筋的截面面积；

f'_y——纵向钢筋的抗压强度设计值；

0.9——轴心受压构件的可靠度调整系数。

构件计算长度与构件两端支承情况有关，当两端铰支时，取$l_0 = l$（l是构件实际长度）；当两端固定时，取$l_0 = 0.5l$；当一端固定、一端铰支时，取$l_0 = 0.7l$；当一端固定、一端自由时，取$l_0 = 2.0l$。

实际结构中，构件端部的连接不像上面几种情况那样理想、明确。为此，《混凝土结构设计规范》对单层厂房排架柱、框架柱等的计算长度做了具体规定。

轴心受压构件在加荷后荷载维持不变的条件下，由于混凝土徐变，则随着荷载作用时间的增加，混凝土的压应力逐渐变小，钢筋的压力逐渐变大，一开始变化较快，经过一定时间后趋于稳定。在荷载突然卸载时构件回弹，由于混凝土徐变变形的大部分不可恢复，故当荷载为零时，会使柱中钢筋受压而混凝土受拉（见图6.9）；若柱的配筋率过大，还可能将混凝土拉裂，若柱中纵筋和混凝土之间有很强粘应力时，则能同时产生纵向裂缝，这种裂缝更为危险。为了防止出现这种情况，故要控制柱中纵筋的配筋率，要求全部纵筋配筋率不宜超过5%。

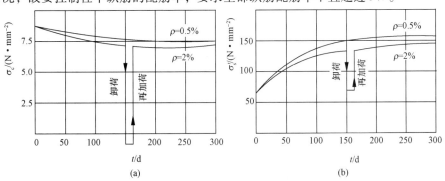

图6.9 长期荷载作用下截面混凝土和钢筋的应力重分布

(a) 混凝土；(b) 钢筋

实际工程中，有截面设计和截面复核两类问题。当为截面设计时，一般先根据经验及构造要求等拟定截面尺寸及选用材料，再按已知的轴向力 N 由式（6.2）计算出 A_s'，然后进行配筋；当为截面复核时，根据已知条件由式（6.2）计算出构件的受压承载力 N_u，将其与该构件实际作用的轴向压力 N 的设计值相比，验算其是否安全。

【例 6.1】某现浇多层钢筋混凝土框架结构，底层中柱按轴心受压构件计算，柱的计算长度 $l_0 = 5.8$ m，截面尺寸为 450 mm × 450 mm，承受轴心压力设计值 2 780 kN，混凝土强度等级为 C25，钢筋为 HRB400 级。确定纵筋截面面积 A_s'，并配置钢筋。

解：（1）确定计算参数。
查附表 3，混凝土 C25：$f_c = 11.9$ N/mm²；查附表 11，HRB400 级钢筋：$f_y' = 360$ N/mm²。
（2）求稳定系数 φ。
$l_0/b = 5\ 800/450 = 12.89$，查表 6.1，内插得 $\varphi = 0.937$。
（3）计算纵筋截面面积 A_s'。

$$A_s' = \frac{N/(0.9\varphi) - f_c A}{f_y'} = \frac{2\ 780 \times 10^3/(0.9 \times 0.937) - 11.9 \times 450 \times 450}{360} = 2\ 463\ (\text{mm}^2)$$

（4）验算配筋率 ρ'。
$\rho' = A_s'/A = 2\ 463/(450 \times 450) = 0.012\ 2 = 1.22\% < 3\%$，同时大于最小配筋率 0.55%，满足要求。选用 8⏀20，$A_s' = 2\ 513$ mm²。

【例 6.2】某钢筋混凝土柱，计算长度 $l_0 = 4.5$ m，截面尺寸为 300 mm × 300 mm，混凝土强度等级为 C30，纵筋采用 HRB400 级钢筋，柱内配置 4⏀20 的纵筋。柱上作用的轴向压力设计值为 1 050 kN，试验算该柱的正截面受压承载力。

解：（1）确定计算参数。
查附表 3，混凝土 C30：$f_c = 14.3$ N/mm²；查附表 11，HRB400 级钢筋：$f_y' = 360$ N/mm²；查附表 24，$A_s' = 1\ 256$ mm²。
（2）求稳定系数 φ。
由 $l_0/b = 4\ 500/300 = 15$，查表 6.1，内插得 $\varphi = 0.895$。
（3）验算配筋率 ρ'。
$\rho' = A_s'/A = 1\ 256/(300 \times 300) = 0.014 = 1.4\% < 3\%$，同时大于最小配筋率 0.55%，满足要求。
（4）承载力验算。
$N_u = 0.9\varphi(f_c A + f_y' A_s') = 0.9 \times 0.895 \times (14.3 \times 300 \times 300 + 360 \times 1\ 256)$
$= 1\ 401\ (\text{kN}) > N = 1\ 050$ kN

因此，截面安全。

6.3.2 轴心受压螺旋箍筋柱正截面承载力计算

当柱承受很大轴心压力，并且柱截面尺寸由于建筑及使用上的要求受到限制，若设计成普通箍筋的柱，即使提高了混凝土强度等级和增加了纵筋配筋量，也不足以承受该轴心压力时，可考虑采用螺旋筋或焊接环筋，以提高承载力。这种柱的截面形状一般为圆形或多边形，图 6.10 即螺旋筋柱和焊接环筋柱的构造形式。

1. 螺旋箍筋柱的受力特点

试验表明，加荷初期，当混凝土压应力较小时，螺旋箍筋或焊接环形箍筋对核心混凝土横向

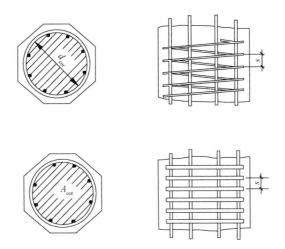

图 6.10　螺旋筋柱和焊接环筋柱的构造形式

变形的约束作用并不明显；随着轴向压力的增大，混凝土的侧向变形逐渐增大，并在螺旋筋或焊接环筋中产生较大的环向拉力，从而对核心混凝土形成间接的被动侧压力；当混凝土的压应变达到无约束混凝土的极限压应变时，螺旋筋或焊接环筋外面的保护层混凝土开始剥落，这时构件并未达到破坏状态，还能继续增加轴向压力，直至最后螺旋筋或焊接环筋的应力达到抗拉屈服强度，就不能再有效地约束混凝土的侧向变形，构件即告破坏。

由图 6.11 可得，螺旋筋或焊接环筋的作用是：约束核心混凝土在纵向受压时产生的横向变形，使核心混凝土处于三向受压状态，从而提高了混凝土的抗压强度和抗变形能力。虽然螺旋筋或焊接环形箍筋水平放置，但间接地起到了提高构件纵向承载力的作用，所以也称这种钢筋为"间接钢筋"。螺旋筋或焊接环筋外的混凝土保护层在螺旋筋或焊接环筋受到较大拉应力时就开裂，故在计算时不考虑此部分混凝土。

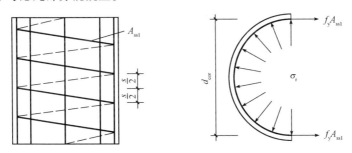

图 6.11　螺旋箍筋柱的构造和约束应力

2. 正截面受压承载力计算公式

根据上述可知，螺旋或焊接环形箍筋所包围的核心截面混凝土处于三向受压状态，三向受压状态下其轴心抗压强度高于单轴的轴心抗压强度，由圆柱体混凝土周围加液压所得近似关系式

$$f = f_c + \beta \sigma_r \tag{6.3}$$

式中　f——被约束后混凝土的轴心抗压强度；

　　　σ_r——间接钢筋的应力达到屈服强度时，柱核心混凝土受到的径向压应力。

一个螺旋箍筋间距 s 范围内 σ_r 在水平方向上的合力为 $\sigma_r s d_{cor}$，由水平方向上的平衡条件可得

$$2f_y A_{ss1} = \sigma_r d_{cor} s \tag{6.4}$$

于是

$$\sigma_r = \frac{2 f_y A_{ss1}}{s d_{cor}} = \frac{2 f_y A_{ss1} \pi d_{cor}}{\frac{\pi d_{cor}^2}{4} \cdot 4 s} = \frac{f_y A_{ss0}}{2 A_{cor}} \tag{6.5}$$

$$A_{ss0} = \frac{\pi d_{cor} A_{ss1}}{s} \tag{6.6}$$

式中 A_{ss1}——单根间接钢筋的截面面积；

f_y——间接钢筋的抗拉强度设计值；

s——间接钢筋沿构件轴线方向的间距；

d_{cor}——构件的核心截面直径，即间接钢筋内表面之间的距离；

A_{ss0}——间接钢筋的换算截面面积；

A_{cor}——构件的核心截面面积。

根据内外力平衡条件，可得出螺旋箍筋柱的正截面受压承载力计算公式

$$N_u = (f_c + \beta \sigma_r) A_{cor} + f'_y A'_s \tag{6.7}$$

将式（6.5）代入，得

$$N_u = f_c A_{cor} + \frac{\beta}{2} f_y A_{ss0} + f'_y A'_s \tag{6.8}$$

令 $2\alpha = \beta/2$，代入上式，同时考虑可靠度调整系数 0.9，《混凝土结构设计规范》规定螺旋式或焊接环式间接钢筋柱的承载力计算公式为

$$N \leq N_u = 0.9 (f_c A_{cor} + 2\alpha f_y A_{ss0} + f'_y A'_s) \tag{6.9}$$

式中，α 称为间接钢筋对混凝土约束折减系数，当混凝土强度等级不超过 C50 时，$\alpha = 1.0$；当混凝土强度等级为 C80 时，$\alpha = 0.85$，其间按线性内插法确定。

为保证在正常使用阶段箍筋外围的混凝土不致过早剥落，按式（6.9）算得的构件受压承载力不应大于按式（6.2）算得的受压承载力的 1.5 倍。当遇到下列任意一种情况时，不应计入间接钢筋的影响，而按式（6.2）进行计算：

（1）当 $l_0/d > 12$ 时，因构件长细比较大，可能由于轴向压力及初始偏心引起纵向弯曲，降低构件的承载能力，使得间接钢筋不能发挥作用。

（2）当按式（6.9）算得的构件受压承载力小于式（6.2）算得的受压承载力时，因式（6.9）中只考虑混凝土的核心截面面积，而当外围混凝土相对较厚而间接钢筋用量较少时，就有可能出现上述情况，实际上构件所能达到的承载力等于式（6.2）的计算结果。

（3）当间接钢筋的换算截面面积 A_{ss0} 小于纵向钢筋的全部截面面积的 25% 时，可以认为间接钢筋配置得太少，它对核心混凝土的约束作用不明显。

在配有螺旋式或焊接环式间接钢筋的柱中，如计算中考虑间接钢筋的作用，则间接钢筋的间距不应大于 80 mm 及 $d_{cor}/5$（d_{cor} 为按间接钢筋内表面确定的核心截面直径），且不宜小于 40 mm。间接钢筋的直径按普通箍筋的有关规定采用。

【例 6.3】 已知，某旅馆底层门厅内现浇钢筋混凝土柱，一类环境，承受轴心压力设计值 $N = 6\,000$ kN，从基础顶面至二层楼面高度 $H = 5.2$ m。混凝土强度等级为 C40，由于建筑要求柱截面为圆形，直径 $d = 470$ mm。柱纵筋采用 HRB400 级钢筋，箍筋采用 HPB300 级钢筋。求柱中配筋。

解：先按配有普通纵筋和箍筋柱计算。

（1）求计算长度 l_0。取钢筋混凝土现浇框架底层柱的计算长度 $l_0 = H = 5.2$ m。

（2）求计算稳定系数 φ。$l_0/d = 5\,200/470 = 11.06$，查表 6.1，内插得 $\varphi = 0.938$。

（3）求纵筋 A_s'。已知圆形混凝土截面面积 $A = \pi d^2/4 = 3.14 \times 470^2/4 = 17.34 \times 10^4$（$mm^2$），由式（6.2）得

$$A_s' = \frac{1}{f_y}\left(\frac{N}{0.9\varphi} - f_c A\right) = \frac{1}{360} \times \left(\frac{6\,000 \times 10^3}{0.9 \times 0.938} - 19.1 \times 17.34 \times 10^4\right) = 10\,543 \ (mm^2)$$

（4）求配筋率 ρ'。$\rho' = \dfrac{A_s'}{A} = \dfrac{10\,543}{17.34 \times 10^4} \times 100\% = 6.08\% > 5\%$，不可以。

配筋率太高，若混凝土强度等级不再提高，并因 $l_0/d < 12$，可采用螺旋箍筋柱。下面，再按螺旋箍筋柱计算。

（5）假定纵筋配筋率 $\rho' = 0.045$，则得 $A_s' = \rho'A = 7\,803$ mm^2，选 16Φ25，$A_s' = 7\,854$ mm^2。混凝土的保护层取用 20 mm，估计箍筋直径为 10 mm，得

$d_{cor} = d - 30 \times 2 = 470 - 60 = 410$（mm）

$A_{cor} = \pi d_{cor}^2 / 4 = 3.14 \times 410^2 / 4 = 13.20 \times 10^4$（$mm^2$）

（6）混凝土强度等级小于 C50，$\alpha = 1.0$；按式（6.9）求螺旋箍筋的换算截面面积 A_{ss0} 得

$$A_{ss0} = \frac{N/0.9 - (f_c A_{cor} + f_y' A_s')}{2f_y} = \frac{6\,000 \times 10^3/0.9 - (19.1 \times 13.20 \times 10^4 + 360 \times 7\,854)}{2 \times 270}$$

$= 2\,441$（mm^2）

由于 $A_{ss0} > 0.25 A_s' = 0.25 \times 7\,854 = 1\,964$（$mm^2$），满足构造要求。

（7）假定螺旋箍筋直径 $d = 10$ mm，则单肢螺旋箍筋面积 $A_{ss1} = 78.5$ mm^2。螺旋箍筋的间距 s 可通过式（6.5）求得：$s = \pi d_{cor} A_{ss1}/A_{ss0} = 3.14 \times 410 \times 78.5/2\,441 = 41.4$（mm）

取 $s = 40$ mm。

（8）根据所配置的螺旋箍筋 $d = 10$ mm，$s = 40$ mm，重新用式（6.6）及式（6.9）求得间接配筋柱的轴向力设计值 N_u 如下：

$$A_{ss0} = \frac{\pi d_{cor} A_{ss1}}{s} = \frac{3.14 \times 410 \times 78.5}{40} = 2\,527 \ (mm^2)$$

$N_u = 0.9(f_c A_{cor} + 2\alpha f_y A_{ss0} + f_y' A_s') = 0.9 \times (19.1 \times 13.20 \times 10^4 + 2 \times 1 \times 270 \times 2\,527 + 360 \times 7\,854)$

$= 6\,041.9$ kN

按式（6.2）得：

$N_u = 0.9\varphi(f_c A + f_c' A_s')$

$= 0.9 \times 0.938 \times [19.1 \times (17.34 \times 10^4 - 7\,854) + 360 \times 7\,854]$

$= 5\,056.22$（kN）

且 $1.5 \times 5\,056.23 = 7\,584.34$（kN）$> 6\,041.9$（kN）

满足要求。

6.4 偏心受压构件正截面受力性能分析

一般的偏心受压构件截面上除作用有轴向压力和弯矩外，还作用有剪力。因此，对偏心受压构件既要进行正截面承载力计算，又要进行斜截面受剪承载力计算，有时还要进行裂缝的宽度验算。本节主要讨论偏心受压构件在轴向压力和弯矩作用下的正截面受力性能。

钢筋混凝土偏心受压构件的纵向钢筋通常布置在截面偏心方向的两侧，离偏心压力较近一侧的纵向钢筋受压，其截面面积用 A'_s 表示，而另一侧的纵向钢筋则随轴向压力偏心距的大小可能受拉也可能受压，无论受拉还是受压，其截面面积用 A_s 表示。

6.4.1 偏心受压短柱的破坏形态

试验表明，钢筋混凝土偏心受压短柱的破坏形态根据偏心距与纵向钢筋的配筋率不同，可分为受拉破坏和受压破坏两种情况。

1. 受拉破坏形态

受拉破坏又称大偏心受压破坏，它发生于轴向力 N 的相对偏心距较大，且受拉钢筋配置得不太多时。此时，在靠近轴向力作用的一侧受压，另一侧受拉。随着荷载的增加，首先在受拉区产生横向裂缝；荷载再增加，受拉区的裂缝随之不断地开展，在破坏前主裂缝逐渐明显，受拉钢筋的应力达到屈服强度，进入流幅阶段，最后压区边缘混凝土达到其极限压应变值，出现纵向裂缝而混凝土被压碎，构件即告破坏，破坏时压区的纵筋也能达到受压屈服强度。构件破坏时，其正截面上的应力状态如图 6.12（a）所示，构件破坏时的立面展开图如图 6.12（b）所示。

受拉破坏的主要特征是：破坏从受拉区开始，受拉钢筋首先屈服，而后受压区边缘混凝土被压碎，这种破坏属延性破坏类型，此破坏形态与适筋梁的破坏形态相似。

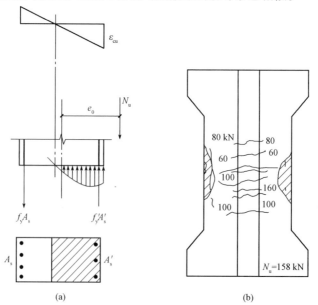

图 6.12 受拉破坏时的截面应力和受拉破坏形态
（a）截面应力；（b）受拉破坏形态

2. 受压破坏形态

受压破坏形态又称小偏心受压破坏，截面破坏是从受压区开始的，发生于以下两种情况。

（1）当轴向力 N 的相对偏心距较小时，构件截面全部受压或大部分受压，如图6.13（a）或图6.13（b）所示的情况。一般情况下，破坏时靠近轴向力 N 一侧的混凝土被压坏，同侧的受压钢筋的应力也达到抗压屈服强度。而离轴向力 N 较远一侧的钢筋，可能受拉也可能受压，但都不屈服，分别如图6.13（a）或图6.13（b）所示。只有当偏心距很小（对矩形截面 $e_0 \leqslant 0.15$）而轴向力 N 又较大（$N > \alpha_f f_c b h_0$）时，远侧钢筋也可能受压屈服。另外，当相对偏心距很小时，由于截面的实际形心和构件的几何中心不重合，当纵向受压钢筋比纵向受拉钢筋多很多时，也会发生离轴向力作用点较远一侧的混凝土先压坏的现象，称为"反向破坏"。

（2）当轴向力 N 的相对偏心距虽然较大，但配置了特别多的受拉钢筋时，这致使受拉钢筋始终不屈服。破坏时，受压区边缘混凝土达到极限压应变值，受压钢筋应力达到抗压屈服强度，而远侧钢筋受拉而不屈服，其截面上的应力状态如图6.13（a）所示。破坏无明显预兆，压碎区段较长，混凝土强度越高，破坏越具有突然性［见图6.13（c）］。

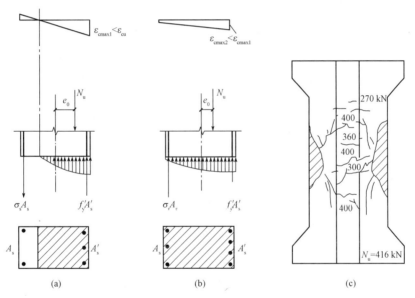

图6.13 受压破坏时的截面应力和受压破坏形态

（a）、（b）截面应力；（c）受压破坏形态

受压破坏的主要特征是：破坏始于受压区混凝土的压碎，远离轴向压力一侧的钢筋可能受拉也可能受压，一般都达不到屈服强度。这种破坏形态在破坏前无明显预兆，属脆性破坏类型。

综上可知，"受拉破坏形态"与"受压破坏形态"都属于材料发生了破坏，它们的相同之处是截面的最终破坏都是受压区边缘混凝土达到其极限压应变值而被压碎，不同之处在于截面破坏的起因，受拉破坏源于受拉钢筋屈服，受压破坏源于受压区边缘混凝土被压碎。

试验还表明，从加载开始到接近破坏为止，用较大的测量标距量测得到的偏心受压构件截面平均应变值都较好地符合平截面假定。

在"受拉破坏形态"与"受压破坏形态"之间存在着一种界限破坏形态，称为"界限破坏"。它有横向主裂缝，而且比较明显。其主要特征是：在受拉钢筋应力达到屈服强度的同时，受压区混凝土被压碎。界限破坏形态也属于受拉破坏形态。

6.4.2 附加偏心距

由于实际工程中竖向荷载作用位置的不确定性、混凝土质量的不均匀性、配筋的不对称性以及施工偏差等因素，《混凝土结构设计规范》规定，在偏心受压构件受压承载力计算中，必须计入轴向压力在偏心方向的附加偏心距 e_a，其值取 20 mm 和偏心方向截面尺寸的 1/30 两者中的较大值。正截面计算时所取的初始偏心距 e_i 应为

$$e_i = e_0 + e_a \tag{6.10}$$

$$e_0 = \frac{M}{N} \tag{6.11}$$

式中　e_0——轴向压力对截面的偏心距；

　　　e_a——附加偏心距，其值取 20 mm 和偏心方向截面尺寸的 1/30 两者中的较大值；

　　　M、N——偏心受压构件弯矩和轴力设计值。

6.4.3 偏心受压长柱的破坏类型

钢筋混凝土受压构件在承受偏心力作用后，将产生纵向弯曲变形，即会产生侧向变形（变位）。对于长细比小的短柱，侧向挠度小，计算时一般可忽略其影响。而对长细比较大的长柱，由于侧向变形的影响，各截面所受的弯矩不再是 Ne_i，而变成 $N(e_i+y)$（见图 6.14），e_i 为初始偏心距，y 为构件任意点的水平侧向变形。在柱高度中点处，侧向变形最大，截面上的弯矩为 $N(e_i+f)$。f 随着荷载的增大而不断加大，因而弯矩的增长也越来越快。一般把偏心受压构件截面弯矩中的 Ne_i 称为初始弯矩或一阶弯矩（不考虑构件侧向变形时的弯矩），将 Nf 或 Ny 称为附加弯矩或二阶弯矩。由于二阶弯矩的影响，偏心受压构件会出现不同的破坏类型。

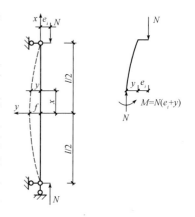

图 6.14　偏心受压构件的受力图示

在偏心受压短柱中，虽然偏心力作用将产生一定的侧向变形，但其值很小，一般可忽略不计。对于长细比较大的长柱，受偏心力作用时的侧向变形 f 较大，二阶弯矩影响已不可忽视，设计时必须予以考虑。图 6.15 所示为一偏心受压长柱的荷载—侧向变形试验曲线。

偏心受压长柱在纵向弯曲影响下，可能发生失稳破坏与材料破坏。长细比很大时，构件的破坏是由于构件纵向弯曲失去平衡引起的，称为"失稳破坏"。当柱长细比在一定范围内时，虽然在承受偏心受压荷载后，偏心距由 e_i 增加到 e_i+f，使柱的承载能力比同样截面的短柱减小，但就其破坏本质来讲，仍属于"材料破坏"，即截面材料强度耗尽的破坏。

图 6.16 给出了截面尺寸、配筋和材料强度等完全相同，仅长细比不同的三根柱从加载到破坏的路径示意图。其中，曲线 $ABCD$ 表示钢筋混凝土偏心受压构件截面破坏时承载力 N 与 M 之间的关系。对于给定截面尺寸、配筋及材料强度的偏心受压构件，截面承受的内力值 N 与 M 并不是独立的，而是彼此相关，即受压构件截面可以在不同的 N 与 M 组合下达到其承载力能力极限状态。

当为短柱时，由于短柱的纵向弯曲很小，可假定偏心距自始至终是不变的，即 M/N 为常数，其变化轨迹是直线，属"材料破坏"。直线 OB 表示长细比小的短柱从加载到破坏点 B 时 N 和 M 的关系线。

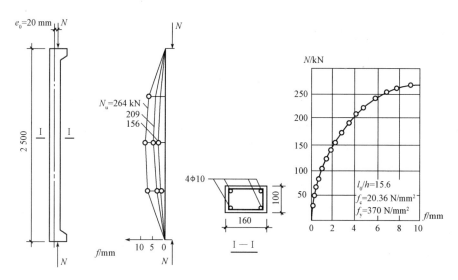

图 6.15　长柱实测 N-f 曲线

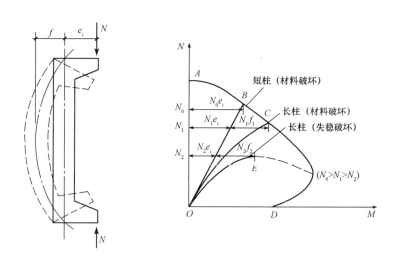

图 6.16　不同长细比柱从加载到破坏的 N-M 关系

在长柱中，偏心距随着纵向力加大而不断呈非线性增加，即 M/N 是变数，其变化轨迹呈曲线形状，但也属"材料破坏"。曲线 OC 是长柱从加载到破坏点 C 时 N 和 M 的关系曲线。

若柱的长细比很大时，则在没有达到 M、N 的材料破坏关系曲线 $ABCD$ 前，由于轴向力的微小增量 ΔN 可引起不收敛的弯矩 M 的增加而破坏，即"失稳破坏"。曲线 OE 即属于这种类型。在 E 点的承载力已达最大，但此时截面内的钢筋应力并未达到屈服强度，混凝土也未达到极限压应变值，截面上钢筋与混凝土均未达到材料破坏。

在图 6.16 中，短柱、长柱和细长柱的初始偏心距是相同的，但破坏类型不同：短柱和长柱分别为 OB 和 OC 受力路径，为材料破坏；细长柱为 OE 受力路径，为失稳破坏。随着长细比的增大，各构件截面承载力 N 也不同，其值分别为 N_0、N_1 和 N_2，且 $N_0 > N_1 > N_2$。这表明，构件长细比的加大会降低构件正截面受压承载力。产生这一现象的原因是，当长细比较大时，偏心受压构件纵向弯曲引起了不可忽略的附加弯矩（二阶弯矩）。

6.4.4 偏心受压长柱的二阶效应

轴向压力对偏心受压构件的侧移和挠曲产生附加弯矩和附加曲率的荷载效应，称为偏心受压的二阶荷载效应，简称为二阶效应。其中，由构件挠曲产生的二阶效应，习惯上称为 $P\text{-}\delta$ 效应；由侧移产生的二阶效应，习惯上称为 $P\text{-}\Delta$ 效应。考虑二阶效应后，构件某个截面的弯矩值可能会大于构件端部截面的弯矩，设计时应取弯矩最大的截面进行计算。

1. 构件自身挠曲产生的二阶效应（$P\text{-}\delta$ 效应）

（1）杆端同号弯矩的 $P\text{-}\delta$ 效应。偏心受压构件在杆端同号弯矩 M_1、M_2（$M_2 > M_1$）和轴向力 N 的共同作用下，将产生单曲率弯曲，如图 6.17（a）所示。

不考虑二阶效应时，杆件的弯矩图如图 6.17（b）所示，杆端 B 截面的弯矩 M_2 最大，因此，整个构件的截面承载力计算以此截面为控制截面来进行。

考虑二阶效应后，轴向力 P 对杆件中部的任一截面产生附加弯矩 $P\delta$，与一阶弯矩 M_0 叠加，得到总弯矩

$$M = M_0 + P\delta \tag{6.12}$$

式中 δ——任一截面的挠度值。

图 6.17（c）所示为附加弯矩图，图 6.17（d）所示为叠加的总弯矩图。如果附加弯矩 $P\delta$ 比较大，且杆端弯矩 M_1 接近 M_2，就有可能发生构件中部一截面的弯矩 $M > M_2$。原来构件的控制截面由杆端截面转移到杆件长度中部弯矩最大的那个截面。例如，当 $M_1 = M_2$ 时，这个控制截面就在杆件长度的中点。可见，当控制截面转移到杆件长度中部时，需考虑 $P\text{-}\delta$ 效应。

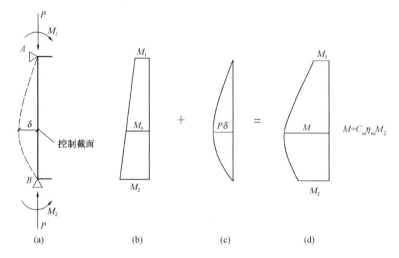

图 6.17 杆端弯矩同号时的二阶效应（$P\text{-}\delta$ 效应）

(a) 单曲率弯曲；(b) 弯矩图（不考虑二阶效应）；(c) 附加弯矩图；(d) 总弯矩图

（2）杆端异号弯矩的 $P\text{-}\delta$ 效应。当杆端承受异号弯矩时，此时杆件按双曲率弯曲，杆件长度中部有反弯点，最典型的是框架柱，如图 6.18 所示。虽然轴向压力对杆件长度中部的截面将产生附加弯矩，增大其弯矩值，考虑二阶效应后的最大弯矩值一般不会超过端节点截面的弯矩值（或有一定增大，但增加值较小），即不大会发生控制截面转移的情况，故一般不必考虑二阶效应。

（3）考虑 $P\text{-}\delta$ 效应的条件。当杆端弯矩同号时，发生控制截面转移的情况并不普遍。另外，

第6章 受压构件承载力的计算

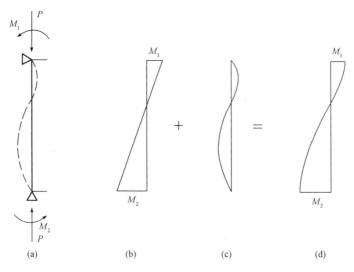

图 6.18 杆端弯矩异号时的二阶效应（$P\text{-}\delta$ 效应）

轴向应力较小时，二阶效应较小。为了减少计算工作量，《混凝土结构设计规范》规定，当只要满足下述三个条件中的一个条件时，就应考虑 $P\text{-}\delta$ 效应：

$$M_1/M_2 > 0.9 \tag{6.13a}$$

轴压比
$$N/(f_c A) > 0.9 \tag{6.13b}$$

长细比
$$\frac{l_c}{i} > 34 - 12(M_1/M_2) \tag{6.13c}$$

式中 M_1、M_2——已考虑侧移影响的偏心受压构件两端截面按结构弹性分析确定的同一主轴的组合弯矩设计值。绝对值较大端为 M_2，绝对值较小端为 M_1，当构件按单曲率弯曲时，M_1/M_2 取正值。

l_c——构件的计算长度，可近似取偏心受压构件相应主轴方向上下支撑点之间的距离；

i——偏心方向的截面回转半径；

A——偏心方向的截面面积。

（4）考虑 $P\text{-}\delta$ 效应控制截面的弯矩设计值。《混凝土结构设计规范》规定，除排架结构柱外的其他偏心受压构件，考虑轴向压力在挠曲杆件中产生的二阶效应后控制截面弯矩设计值应按下式计算：

$$M = C_m \eta_{ns} M_2 \tag{6.14}$$

$$C_m = 0.7 + 0.3 \frac{M_1}{M_2} \tag{6.15}$$

$$\eta_{ns} = 1 + \frac{1}{1\,300(M_2/N + e_a)/h_0} \left(\frac{l_c}{h}\right)^2 \zeta_c \tag{6.16}$$

$$\zeta_c = \frac{0.5 f_c A}{N} \tag{6.17}$$

当 $C_m \eta_{ns}$ 小于 1.0 时取 1.0；对剪力墙肢类及核心筒墙肢类构件，可取 $C_m \eta_{ns}$ 等于 1.0。

式中 C_m——构件端截面偏心距调节系数，当小于 0.7 时取 0.7；

η_{ns}——弯矩增大系数；

N——与弯矩设计值 M_2 相应的轴向压力设计值;

e_a——附加偏心距,按式 (6.10) 计算;

ζ_c——截面曲率修正系数,当计算值大于 1.0 时取 1.0;

h——截面高度;对环形截面,取外直径;对圆形截面,取直径;

h_0——截面有效高度;对环形截面,取 $h_0 = r_2 + r_s$;对圆形截面,取 $h_0 = r + r_s$,其中,r_2 和 r_s 按《混凝土结构设计规范》附录 E 第 E.0.3 条和第 E.0.4 条计算;

A——构件截面面积。

2. 由侧移产生的二阶效应

图 6.19 (a) 所示为单层单跨框架在水平荷载 F 作用下,框架柱的弯矩图;图 6.19 (b) 所示为轴向压力 P 对框架柱侧移产生的附加弯矩图;图 6.19 (c) 所示为上述两个弯矩图叠加后的合成弯矩图。可见,$P\text{-}\Delta$ 效应引起的附加弯矩将增大框架柱截面的弯矩设计值,故在框架柱的内力计算中应考虑 $P\text{-}\Delta$ 效应。

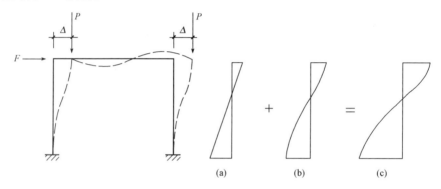

图 6.19 由侧移产生的二阶效应 ($P\text{-}\Delta$ 效应)
(a) 水平荷载弯矩图;(b) 侧移产生的附加弯矩;(c) 合成弯矩图

$P\text{-}\Delta$ 效应计算属于结构整体层面的问题,一般在结构整体分析中考虑,属于考虑几何非线性的内力计算问题,可采用有限元分析方法计算。也就是说,在偏心受压构件截面计算时给出的内力设计值中已经包含了 $P\text{-}\Delta$ 效应,故不必在截面承载力计算中再考虑。

排架柱和框架柱考虑二阶效应也可采用增大系数的简化计算方法,具体见《混凝土结构设计规范》附录 B。

总之,$P\text{-}\Delta$ 效应在结构内力计算中考虑;$P\text{-}\delta$ 效应是在杆端弯矩同号时,当满足式 (6.13) 三个条件中任一个条件的情况下,必须在截面承载力计算中予以考虑,其他情况则不予考虑。

6.5 矩形截面偏心受压构件正截面受压承载力

6.5.1 大、小偏心受压破坏类型的判别

受弯构件正截面承载力计算的基本假定同样也适用于偏心受压构件正截面受压承载力的计算,即截面的平均应变符合平截面假定。偏心受压构件随着轴向压力偏心距的增大,破坏形态由受压破坏过渡到受拉破坏,受压破坏和受拉破坏的界限称为界限破坏。

界限破坏时，受拉钢筋达到屈服的同时受压混凝土边缘压应变达到极限压应变。偏心受压构件正截面在各种破坏情况下，沿截面高度的平均应变分布如图 6.19 所示。

在图 6.20 中，ε_{cu} 表示受压区边缘混凝土极限应变值；ε_y 表示受拉纵筋在屈服点时的应变值；ε_y' 表示受压纵筋屈服时的应变值，$\varepsilon_y' = f_y'/E_s$；$x_{cb}$ 表示界限状态时截面受压区的实际高度。

从图 6.20 中可以看出，当受压区太小，混凝土达到极限应变值时，受压纵筋的应变很小，使其达不到屈服强度；当受压区达到 x_{cb} 时，混凝土和受拉纵筋分别达到极限压应变值和屈服点应变值即界限破坏形态。

与受弯构件相同，界限破坏时相对受压区高度用 ξ_b 表示。由于受压的界限破坏和受弯的界限破坏的破坏特征相同，而且受压构件采用了与受弯构件相同的计算假定，因此，ξ_b 的大小与受弯构件相同，具体见式（4.6）或表 4.6。

显然，当 $x \leqslant x_b$（$\xi \leqslant \xi_b$）时为大偏心受压破坏形态，$x > x_b$（$\xi > \xi_b$）时为小偏心受压破坏形态。

6.5.2 矩形截面偏心受压构件正截面受压承载力计算公式

1. 大偏心受压构件基本计算公式及适用条件

与受弯构件相似，将偏心受压构件正截面混凝土受压区的曲线应力图形等效为矩形应力图形，其应力值取为 $\alpha_1 f_c$，受压区高度取为 x。大偏心受压构件正截面受压承载力的计算如图 6.21 所示。

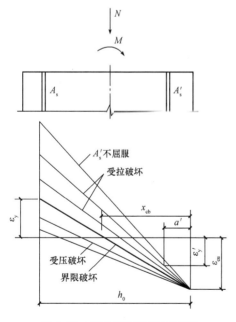

图 6.20　偏心受压构件正截面
破坏时截面应变分布

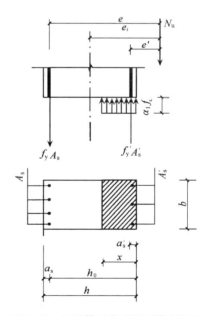

图 6.21　矩形截面非对称配筋大偏心
受压构件截面应力计算图形

（1）基本公式。由纵向力的平衡条件及各力对受拉钢筋合力点取矩的力矩平衡条件，可得出非对称配筋矩形截面大偏心受压构件的受压承载力计算公式。

由力的平衡条件 $\sum Y = 0$，得

$$N \leqslant N_u = \alpha_1 f_c b x + f_y' A_s' - f_y A_s \tag{6.18}$$

由力矩平衡条件 $\sum M_{A_s} = 0$，得

$$Ne \leq N_u e = \alpha_1 f_c bx \left(h_0 - \frac{x}{2}\right) + f'_y A'_s (h_0 - a'_s) \quad (6.19)$$

$$e = e_i + \frac{h}{2} - a_s \quad (6.20)$$

$$e_i = e_0 + e_a \quad (6.21)$$

$$e_0 = M/N \quad (6.22)$$

式中　N_u——受压承载力设计值；

　　　e——轴向压力作用点至受拉钢筋 A_s 合力点之间的距离；

　　　e_i——初始偏心距，按式（6.10）计算；

　　　e_0——轴向压力对截面的偏心距；

　　　e_a——附加偏心距，其值取 20 mm 和偏心方向截面尺寸的 1/30 中的较大值；

　　　M——控制截面弯矩设计值，考虑二阶效应时按式（6.14）计算；

　　　N——与 M 相对应的轴向压力设计值。

其余符号的意义及计算同前。

（2）适用条件。

①为了保证构件破坏时受拉区钢筋应力先达到屈服强度，要求

$$x \leq x_b \quad 或 \quad \xi \leq \xi_b \quad (6.23)$$

式中　x_b——界限破坏时等效矩形应力图形中混凝土受压区高度，$x_b = \xi_b h_0$，ξ_b 与受弯构件的相同，见表 4.6。

②为了保证构件破坏时，受压钢筋应力能达到屈服强度 f'_y，与双筋受弯构件一样，要求满足

$$x \geq 2a'_s \quad (6.24)$$

式中　a'_s——纵向受压钢筋合力点至受压区边缘的距离。

当计算中考虑受压钢筋 A'_s 的作用，且 $x < 2a'_s$ 时，可偏安全地取 $x = 2a'_s$，并对受压钢筋合力点 A'_s 取矩，得

$$Ne' \leq N_u e' = f_y A_s (h_0 - a'_s) \quad (6.25)$$

式中　e'——轴向压力作用点至受压钢筋 A'_s 合力点之间的距离

$$e' = e_i - \frac{h}{2} + a'_s \quad (6.26)$$

2. 小偏心受压构件基本计算公式及适用条件

（1）基本公式。由试验结果可知，小偏心受压构件破坏时受压区混凝土已被压碎，受压钢筋 A'_s 的压力总能达到屈服强度，而远离轴压力一侧的钢筋 A_s 可能受拉，也可能受压，但均达不到屈服强度，所以 A_s 的应力用 σ_s 表示。混凝土受压区应力图形仍等效为矩形应力图形，其应力值取为 $\alpha_1 f_c$，受压区高度取为 x。小偏心受压构件的正截面受压承载力的计算如图 6.22 所示。

由纵向力的平衡条件及各力对 A_s 合力点及对 A'_s 合力点取矩的力矩平衡条件，可得出非对称配筋矩形截面小偏心受压构件的受压承载力计算公式。

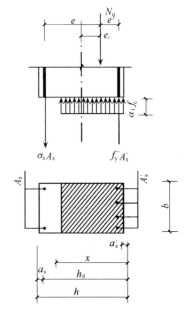

图 6.22　矩形截面非对称配筋小偏心受压构件截面应力计算图形

由力的平衡条件 $\sum Y = 0$，得

$$N \leqslant N_u = \alpha_1 f_c bx + f'_y A'_s - \sigma_s A_s \qquad (6.27)$$

由力矩平衡条件 $\sum M_{A_s} = 0$，$\sum M_{A'_s} = 0$ 得

$$Ne \leqslant N_u e = \alpha_1 f_c bx \left(h_0 - \frac{x}{2} \right) + f'_y A'_s (h_0 - a'_s) \qquad (6.28)$$

$$Ne' \leqslant N_u e' = \alpha_1 f_c bx \left(\frac{x}{2} - a'_s \right) - \sigma_s A_s (h_0 - a'_s) \qquad (6.29)$$

$$e' = e_i - \frac{h}{2} + a'_s$$

式中 σ_s——受拉钢筋 A_s 的应力值，其与相对受压区高度 ξ 之间为直线关系，如图 6.22 所示，可近似按下式计算

$$\sigma_s = \left(\frac{\xi - \beta_1}{\xi_b - \beta_1} \right) f_y \qquad (6.30)$$

下面说明式（6.30）的建立过程。

根据平截面假定做出的截面应变关系可以写出 A_s 的应力 σ_s 与相对受压区高度 ξ 之间的关系式如下：

$$\sigma_s = E_s \varepsilon_{cu} \left(\frac{\beta_1 x}{h_0} - 1 \right) \qquad (6.31)$$

如果采用式（6.31）计算钢筋应力 σ_s，则应用上述小偏心受压构件基本式（6.27）和式（6.28）求解 x，需要解 x 的三次方程，不便于手算。

经过大量的试验资料及分析表明，小偏心受压时实测的受拉侧或受压较小侧的钢筋应力 σ_s 与 ξ 接近直线关系，如图 6.23 所示。为方便计算，《混凝土结构设计规范》取 σ_s 与 ξ 之间为直线关系。当 $\xi = \xi_b$ 时（即界限破坏时），$\sigma_s = f_y$；当 $\xi = \beta_1$ 时，由式（6.31）可知，$\sigma_s = 0$。根据这两点建立直线方程，得到式（6.30）。

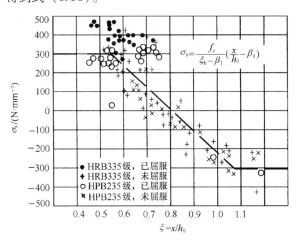

图 6.23 纵向钢筋 A_s 的应力 σ_s 与 ξ 之间的关系

（2）适用条件。小偏心受压应满足 $\xi > \xi_b$、$-f'_y \leqslant \sigma_s \leqslant f_y$ 及 $x \leqslant h$ 的条件。当纵向受力钢筋 A_s 的应力达到受压屈服时，即 $\sigma_s = -f'_y$ 且 $f_y = f'_y$，由式（6.30），可得到此时相对受压区高度为

$$\xi_{cy} = 2\beta_1 - \xi_b \tag{6.32}$$

（3）矩形截面小偏心受压构件反向受压破坏的正截面承载力计算。当轴向力较大而偏心距很小时，A_s' 比 A_s 大得多，截面的实际形心轴偏向 A_s'，导致偏心方向的改变，有可能在离轴向力较远一侧的边缘混凝土先压坏的情况，此时钢筋 A_s 受压，其应力可达到抗压强度设计值 f_y'，称为反向受压破坏。截面承载力计算图形如图 6.24 所示。

为避免这种反向破坏的发生，还应按下面公式进行验算，对 A_s 合力点取矩，得

$$A_s = \frac{N_u e' - \alpha_1 f_c bh\left(h_0' - \dfrac{h}{2}\right)}{f_y'(h_0' - a_s)} \tag{6.33}$$

$$e' = \frac{h}{2} - a_s' - (e_0 - e_a) \tag{6.34}$$

式中 h_0'——受压钢筋 A_s' 合力点至截面远边的距离，即

$$h_0' = h - a_s' \tag{6.35}$$

《混凝土结构设计规范》规定，对采用非对称配筋的小偏心受压构件，当轴向压力设计值 $N > f_c bh$ 时，为了防止发生受压破坏，应先按式（6.33）计算 A_s，然后与 A_s 取最小配筋率 $\rho_{\min} bh$ 相比较，取两者中较大值作为 A_s 的取值。按反向受压破坏计算时，初始偏心距 $e_i = e_0 - e_a$，这是考虑了不利方向的附加偏心距，偏于安全。注意：式（6.34）仅适用于反向破坏式（6.33）。

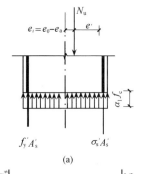

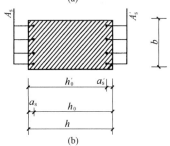

图 6.24 矩形截面小偏心反向受压构件截面应力计算图形

6.6 矩形截面非对称配筋偏心受压构件正截面受压承载力计算

与受弯构件正截面受弯承载力计算相同，偏心受压构件正截面受压承载力的计算也分为截面设计与截面复核两类问题。无论何种问题，计算时首先要确定是否要考虑 $P\text{-}\delta$ 效应。

6.6.1 截面设计

已知构件所采用的混凝土强度等级和钢筋种类、截面尺寸 $b \times h$、截面上作用的轴向压力设计值 N 和弯矩设计值 M 以及构件的计算长度 l_c，要求确定钢筋截面面积 A_s 和 A_s'。如前所述，区分两种偏心受压破坏的界限为：$\xi \leq \xi_b$，为大偏心受压破坏；$\xi > \xi_b$，为小偏心受压破坏。但在截面配筋设计时，A_s 及 A_s' 尚未确定，从而 ξ 也为未知，故无法采用上面界限条件判别。

根据统计资料与理论分析可知：在非对称配筋情况下，当 $e_i > 0.3 h_0$ 时，可按大偏压破坏计算截面配筋；当 $e_i \leq 0.3 h_0$ 时，可按小偏心受压计算截面配筋。然后，应用相关计算公式求得钢筋截面面积 A_s 及 A_s'，再根据 A_s、A_s' 计算混凝土受压区高度 x，用 $x \leq x_b$ 和 $x > x_b$ 来检查原先假定是否正确，如果不正确需重新计算。

但无论大小偏心受压构件，A_s 及 A_s' 应满足最小配筋率的规定，同时满足全部纵筋配筋率不宜超过 5% 的规定，即 $(A_s + A_s') \leq 0.05bh$。在弯矩作用平面受压承载力计算之后，均应按轴心

受压构件验算弯矩作用平面外的受压承载力，验算公式为式（6.2）。

（1）大偏心受压构件的截面设计。

①第一种情况：A_s 和 A_s' 均未知。令 $N = N_u$，$M = Ne_0$，由大偏心受压基本计算公式可以得出。此时有 A_s、A_s' 和 x 三个未知数，而只有式（6.18）和式（6.19）两个基本公式，因而无唯一解。与双筋受弯构件类似，为使总钢筋面积（$A_s + A_s'$）最小，可取 $x = \xi_b h_0$，并将其代入式（6.19），则得计算 A_s' 的公式

$$A_s' = \frac{Ne - \alpha_1 f_c b h_0^2 \xi_b (1 - 0.5\xi_b)}{f_y'(h_0 - a')} \tag{6.36}$$

若算得的 $A_s' \geq \rho_{min} bh = 0.002bh$，则将计算的 A_s' 和 A_s 代入式（6.18），便可由下式求出 A_s

$$A_s = \frac{\alpha_1 f_c b \xi_b h_0 + f_y' A_s' - N}{f_y} \tag{6.37}$$

若计算的 $A_s' < \rho_{min} bh = 0.002bh$，应取 $A_s' = 0.002bh$，然后按 A_s' 已知的情况另行计算。最后，按轴心受压构件，验算垂直于弯矩作用平面的受压承载力，验算式（6.2）中的 A_s' 应为 $A_s + A_s'$。当计算的 N_u 小于 N 时，应重新设计截面。

②第二种情况：已知 A_s'，求 A_s。

此类问题往往是因为承受变号弯矩或如上所述需要满足 A_s' 最小配筋率等构造要求，必须配置截面面积为 A_s' 的钢筋，然后求 A_s。这时，两个基本公式，求 x 与 A_s 两个未知数，有唯一解。先由式（6.18）、式（6.19）联立解二次方程求 x，x 有两个根，找出其中一个根是真实的 x，也可按下式直接算出 x

$$x = h_0 - \sqrt{h_0^2 - \frac{2[Ne - f_y' A_s'(h_0 - a_s')]}{\alpha_1 f_c b}} \tag{6.38}$$

除上述计算方法外，也可仿照双筋截面已知 A_s' 求 A_s 的解法，令 $M_{u2} = Ne - f_y' A_s'(h_0 - a_s')$，再计算出 $\alpha_s = \frac{M_{u2}}{\alpha_1 f_c b h_0^2}$，利用 $\xi = 1 - \sqrt{1 - 2\alpha_s}$，计算出 x。注意根据 x 的范围，采用不同的公式计算 A_s，具体如下：

若 $2a' \leq x \leq \xi_b h_0$，则将 x 代入式（6.18）得

$$A_s = \frac{\alpha_1 f_c bx + f_y' A_s' - N}{f_y} \tag{6.39}$$

若 $x > \xi_b h_0$，则说明原有受压钢筋数量不足，应增加 A_s'，按第一种情况（A_s 和 A_s' 均未知）或增大截面尺寸后重新计算。

若 $x < 2a'$，则可按照双筋截面受弯构件的方法，偏于安全地近似对受压钢筋 A_s' 合力重心取矩后，得 A_s 的计算公式如下

$$A_s = \frac{Ne'}{f_y(h_0 - a_s')} \tag{6.40}$$

式中 $e' = e_i - \frac{h}{2} + a_s'$。

另外，不考虑受压钢筋 A_s'，即取 $A_s' = 0$，利用式（6.18）、式（6.19）计算 A_s，然后与用式（6.40）求得的 A_s 做比较，取其中的较小值配筋。

最后也要按轴心受压构件验算垂直于弯矩作用平面的受压承载力。

由上述可知，大偏心受压构件的截面设计方法，无论 A_s' 是未知还是已知，都基本上与双筋

受弯构件相近。

(2) 小偏心受压构件的截面设计。从式（6.27）、式（6.28）和应力表达式（6.30）可以看出，有 A_s、A'_s、ξ（或 x）及 σ_s 四个未知数，故无唯一解，如果仍以（$A_s + A'_s$）总量最小为补充条件，则计算过程非常复杂。对于小偏心受压，$\sigma_s < f_y$，A_s 未达到受拉屈服；而由式（6.32）知，若 $\xi < \xi_{cy}$，则 $\sigma_s > -f'_y$，即 A_s 未达到受压屈服。由此可见，当 $\xi_b < \xi < \xi_{cy}$ 时，A_s 无论是受拉还是受压，无论配筋多少，都不能达到屈服，因而可取 $A_s = 0.002bh$，这样算得的总用钢量（$A_s + A'_s$）一般为最少。

另外，当 $N > f_c bh$ 时，为使 A_s 配置不致过少，据式（6.33）知，A_s 应满足

$$A_s \geqslant \frac{Ne' - \alpha_1 f_c bh\left(h'_0 - \dfrac{h}{2}\right)}{f'_y(h'_0 - a)} \tag{6.41}$$

式中，e' 由式（6.34）算得。

综上所述，当 $N \leqslant f_c bh$ 时，A_s 取 $0.002bh$；当 $N > f_c bh$ 时，A_s 应取 $0.002bh$ 和按式（6.41）算得的两数值中的大者。

A_s 确定后，将实际选配的 A_s 数值代入式（6.27）、式（6.28），并利用 $\sigma_s = \dfrac{\xi - \beta_1}{\xi_b - \beta_1} f_y$，得到关于 ξ 的一元二次方程，则

$$\xi = u + \sqrt{u^2 + v^2} \tag{6.42}$$

其中

$$u = \frac{a'_s}{h_0} + \left(1 - \frac{a'_s}{h_0}\right) \frac{f_y A_s}{(\xi_b - \beta_1)\, \alpha_1 f_c bh_0} \tag{6.43}$$

$$v = \frac{2\,Ne'}{\alpha_1 f_c bh_0^2} - 2\beta_1 \left(1 - \frac{a'_s}{h_0}\right) \frac{f_y A_s}{(\xi_b - \beta_1)\, \alpha_1 f_c bh_0} \tag{6.44}$$

计算 ξ，如果计算出的 $\xi \leqslant \xi_b$，应按大偏心受压构件重新计算，出现这种情况是由于截面尺寸过大造成的。如果计算出的 $\xi > \xi_b$，小偏心受压可分为以下三种情况：

① 若 $\xi_b < \xi < \xi_{cy} = 2\beta_1 - \xi_b$，则将 ξ 代入式（6.27）、式（6.28），求得受压钢筋面积 A'_s。

② 若 $\xi_{cy} \leqslant \xi \leqslant h/h_0$，此时 $\sigma_s = -f'_y$，式（6.27）和式（6.28）转化为

$$N \leqslant \alpha_1 f_c b\xi h_0 + f'_y A'_s + f'_y A_s \tag{6.45}$$

$$Ne \leqslant \alpha_1 f_c bh_0^2 \xi\,(1 - 0.5\xi) + f'_y A'_s(h_0 - a') \tag{6.46}$$

将 A_s 代入式（6.45）、式（6.46），重新求解和 A'_s。

③ 若 $\xi > \xi_{cy}$ 且 $\xi > h/h_0$，此时为全截面受压，应取 $\sigma_s = -f'_y$，由式（6.27）直接解得

$$A'_s = \frac{N - A_s f'_y - \alpha_1 f_c bh}{f'_y} \tag{6.47}$$

设计小偏心受压构件时，还应注意须满足 $A'_s \geqslant 0.002bh$ 的要求。

最后，按轴心受压构件验算垂直于弯矩作用平面的受压承载力，如果不满足要求，应重新计算。

6.6.2 截面复核

截面复核问题一般是已知截面尺寸 $b \times h$，配筋面积 A_s 和 A'_s，混凝土强度等级与钢筋强度等级，构件长细比 l_c/h，轴向力设计值 N 及偏心距 e_0，要求验算截面是否能承受此轴向力设计值

N；或已知轴向力设计值 N，求截面所能承受的弯矩设计值 M。

（1）已知轴力设计值 N，求弯矩设计值 M。可先假设为大偏心受压，则由式（6.18）算得 x，即

$$x = \frac{N - f'_y A'_s + f_y A_s}{\alpha_1 f_c b} \quad (6.48)$$

①若 $x \leq \xi_b h_0$，即为大偏心受压，此时的截面复核方法为：将 x 代入式（6.19）求出 e，由式（6.20）算得 e_i，从而易得 e_0，则所求的弯矩设计值 $M = Ne_0$。

②若 $x > \xi_b h_0$，按小偏心受压进行截面复核：由式（6.27）和式（6.28）求 x，将 x 代入式（6.28）算得 e，也按式（6.20）算得 e_i，然后求出 e_0，则所求的弯矩设计值 $M = Ne_0$。

（2）已知轴向力作用的偏心距 e_0，求轴力设计值 N。先假定为大偏心受压，但由于此时 N 未知，而式（6.18）、式（6.19）中均含 N，故必须重新建立一个不含 N 的平衡方程。据图 6.20，对 N 作用点取矩得

$$\alpha_1 f_c b x \left(e_i - \frac{h}{2} + \frac{x}{2} \right) = f_y A_s \left(e_i + \frac{h}{2} - a_s \right) - f'_y A'_s \left(e_i - \frac{h}{2} + a'_s \right) \quad (6.49)$$

按式（6.49）求出 x。若 $x \leq \xi_b h_0$，为大偏心受压，将 x 等数据代入式（6.18）便可算得 N；若 $x > \xi_b h_0$，则为小偏心受压，将式（6.49）的 f_y 改为 σ_s 得

$$\alpha_1 f_c b x \left(e_i - \frac{h}{2} + \frac{x}{2} \right) = \sigma_s A_s \left(e_i + \frac{h}{2} - a_s \right) - f'_y A'_s \left(e_i - \frac{h}{2} + a'_s \right) \quad (6.50)$$

将式（6.30）代入式（6.50）即可求出 x，将 x 等数据代入式（6.27）便可算得 N。

【例 6.4】已知，柱截面尺寸：$b = 300$ mm，$h = 400$ mm，$a_s = a'_s = 40$ mm；混凝土强度等级为 C30，钢筋采用 HRB400 级；$l_c/h = 6$；荷载作用下柱的轴向力设计值 $N = 396$ kN，杆端弯矩设计值 $M_1 = 0.92 M_2$，$M_2 = 218$ kN·m。

求钢筋截面面积 A'_s 及 A_s。

解：因 $\dfrac{M_1}{M_2} = 0.92 > 0.9$，故需考虑 P-δ 效应：

$C_m = 0.7 + 0.3 \dfrac{M_1}{M_2} = 0.976$

$\zeta_c = \dfrac{0.5 f_c A}{N} = 0.5 \times \dfrac{14.3 \times 300 \times 400}{396 \times 10^3} = 2.17 > 1$，取 $\zeta_c = 1$

$e_a = \max\left\{20, \dfrac{400}{30}\right\} = 20$ mm

$\eta_{ns} = 1 + \dfrac{1}{1\,300 \dfrac{\left(\dfrac{M_2}{N} + e_a\right)}{h_0}} \left(\dfrac{l_c}{h}\right)^2 \zeta_c = 1 + \dfrac{1}{1\,300 \times \dfrac{\dfrac{218 \times 10^6}{396 \times 10^3} + 20}{360}} \times (6)^2 \times 1 = 1.017$

$C_m \eta_{ns} = 0.976 \times 1.017 = 0.993 < 1$，取 $C_m \eta_{ns} = 1$

则 $e_i = \dfrac{M}{N} + e_a = \dfrac{218 \times 10^6}{396 \times 10^3} + 20 = 551 + 20 = 571$（mm）

因 $e_i = 571$ mm $> 0.3 h_0 = 0.3 \times 360 = 108$（mm），先按大偏压情况计算

$e = e_i + h/2 - a_s = 571 + 400/2 - 40 = 731$（mm）

由式（6.36）得

$$A'_s = \frac{Ne - \alpha_1 f_c b h_0^2 \xi_b (1 - 0.5\xi_b)}{f_y (h_0 - a'_s)}$$

$$= \frac{396 \times 10^3 \times 731 - 1.0 \times 14.3 \times 300 \times 360^2 \times 0.518 \times (1 - 0.5 \times 0.518)}{360 \times (360 - 40)}$$

$$= 660 \text{ (mm}^2) > \rho'_{min} bh = 0.002 \times 300 \times 400 = 240 \text{ (mm}^2)$$

由式（6.37）得

$$A_s = \frac{\alpha_1 f_c b h_0 \xi - N}{f_y} + \frac{f'_y}{f_y} A'_s = \frac{1.0 \times 14.3 \times 300 \times 360 \times 0.518 - 396 \times 10^3}{360} + 660$$

$$= 1\ 782 \text{ (mm}^2)$$

受拉钢筋 $N = 160$ kN 选取 3⌀22 + 2⌀20（$A_s = 1\ 768$ mm^2），受压钢筋 $N = 160$ kN 选取 2⌀18 + 1⌀14（$A'_s = 662.9$ mm^2）。

由式（6.18），求出 $x = \dfrac{N - f'_y A'_s + f_y A_s}{\alpha_1 f_c b} = \dfrac{396 \times 10^3 - 360 \times 662.9 + 360 \times 1\ 768}{1.0 \times 14.3 \times 300} = 185$ (mm)

$$\xi = \frac{x}{h_0} = \frac{185}{360} < \xi_b$$

故前面假定为大偏心受压是正确的。

垂直于弯矩作用平面的承载力经验算满足要求，此处从略。

【例6.5】已知条件同例6.4，并已知 $A'_s = 942$ mm^2（3⌀20）。
求受拉钢筋截面面积 A_s。

解：令 $N = N_u$，
由式（6.19）知

$M_{u2} = Ne - f'_y A'_s (h_0 - a'_s) = 396 \times 10^3 \times 731 - 360 \times 942 \times (360 - 40) = 181$ (kN·m)

$$\alpha_s = \frac{M_{u2}}{\alpha_1 f_c b h_0^2} = \frac{181 \times 10^6}{1 \times 14.3 \times 300 \times 360^2} = 0.326$$

$\xi = 1 - \sqrt{1 - 2\alpha_s} = 1 - \sqrt{1 - 2 \times 0.326} = 0.41 < \xi_b = 0.518$，是大偏心受压。

$x = \xi h_0 = 0.41 \times 360 = 148$ (mm) $> 2a'_s = 80$ mm

由式（6.18）得

$$A_s = \frac{\alpha_1 f_c b x + f'_y A'_s - N}{f_y} = \frac{1 \times 14.3 \times 300 \times 148 + 360 \times 942 - 396 \times 10^3}{360} = 1\ 606 \text{ (mm}^2)$$

选用 2⌀20 + 2⌀25（$A_s = 1\ 610$ mm^2）

比较例6.4与例6.5可看出，当取 $\xi = \xi_b$ 时，总的用钢量计算值为 662.9 + 1 768 = 2 430.9（mm^2），比例6.5求得的总用钢量 942 + 1 606 = 2 548（mm^2）少4.6%。

【例6.6】已知，柱截面宽度 $b = 300$ mm，截面高度 $h = 500$ mm，$a_s = a'_s = 40$ mm，受压钢筋采用 4⌀22，$A'_s = 1\ 520$ mm^2（HRB400级钢筋），混凝土强度等级为C30，构件的计算长度 $l_c = 6$ m；$N = 160$ kN，杆端弯矩设计值 $M_1 = M_2 = 250.9$ kN·m。

求受拉钢筋截面面积 A_s。

解：由式（6.13c） $\dfrac{l_c}{i} = \dfrac{l_c}{\sqrt{\dfrac{1}{12}}h} = \dfrac{6\ 000}{0.289 \times 500} = 41.5 > 34 - 12\left(\dfrac{M_1}{M_2}\right) = 22$，

故考虑 P-δ 效应：

$\dfrac{M_2}{N} = \dfrac{250.9 \times 10^6}{160 \times 10^3} = 1\,568$ （mm）

$e_a = 20$ mm

$\zeta_c = \dfrac{0.5 f_c A}{N} = \dfrac{0.5 \times 14.3 \times 300 \times 500}{160 \times 10^3} = 6.70 > 1$ ，取 $\zeta_c = 1$

构件长细比 $\dfrac{l_c}{h} = \dfrac{6\,000}{500} = 12$

$\eta_{ns} = 1 + \dfrac{1}{1\,300 \dfrac{\left(\dfrac{M_2}{N} + e_a\right)}{h_0}} \left(\dfrac{l_c}{h}\right)^2 \zeta_c = 1 + \dfrac{1}{1\,300 \times 3.453} \times (12)^2 \times 1 = 1.032$

$C_m = 0.7 + 0.3 \dfrac{M_1}{M_2} = 1$

$M = C_m \eta_{ns} M_2 = 1 \times 1.032 \times 250.9 = 259$ （kN·m）

$e_i = \dfrac{M}{N} + e_a = 1\,619 + 20 = 1\,639$ （mm） $> 0.3 h_0 = 0.3 \times 460 = 138$ （mm），可按大偏心受压情况计算。

$e = e_i + \dfrac{h}{2} - a_s = 1\,639 + 500/2 - 40 = 1\,849$ （mm）

$M_{u2} = Ne - f_y' A_s' (h_0 - a_s') = 160 \times 10^3 \times 1\,849 - 360 \times 1\,520 \times (460 - 40) = 66.02$ （kN·m）

$\alpha_s = \dfrac{M_{u2}}{\alpha_1 f_c b h_0^2} = \dfrac{66.02 \times 10^6}{1 \times 14.3 \times 300 \times 460^2} = 0.073$

$\xi = 1 - \sqrt{1 - 2\alpha_s} = 1 - \sqrt{1 - 2 \times 0.073} = 0.076 < \xi_b = 0.518$，说明假定大偏心受压是正确的。

$x = \xi h_0 = 0.076 \times 460 = 35$ （mm） $< 2a_s' = 80$ （mm）

按式（6.40）计算 A_s

$A_s = \dfrac{N(e_i - h/2 + a_s')}{f_y (h_0 - a_s')} = \dfrac{160 \times 10^3 \times (1\,639 - 500/2 + 40)}{360 \times (460 - 40)} = 1\,512$ （mm²）

如果按不考虑受压钢筋 A_s' 的情况进行计算：

$M_{u2} = Ne = 160 \times 10^3 \times 1\,849 = 295.84$ （kN·m）

$\alpha_s = 0.326$，$\xi = 0.410$，$x = 189$ mm，$A_s = 3\,327$ mm²

说明：本题如不考虑受压钢筋，受拉钢筋 A_s 会得到较大数值。因此，本题取 $A_s = 1\,512$ mm² 来配筋，选用 4Φ22（$A_s = 1\,520$ mm²）。

【例6.7】已知：柱截面尺寸 $b = 300$ mm，$h = 700$ mm，$a_s = a_s' = 45$ mm，采用 HRB400 级钢筋，$f_y = f_y' = 360$ N/mm²，混凝土强度等级为 C40，$f_c = 19.1$ N/mm²，构件的计算长度 $l_c = 5$ m，$N = 600$ kN，杆端弯矩设计值 $M_1 = M_2 = 180$ kN·m。

求钢筋截面面积 A_s 及 A_s'。

解：由式（6.13c）$\dfrac{l_c}{i} = \dfrac{l_c}{\sqrt{\dfrac{1}{12}} h} = \dfrac{5\,000}{0.289 \times 700} = 24.7 > 34 - 12\left(\dfrac{M_1}{M_2}\right) = 22$，

故考虑 P-δ 效应。

$$C_m = 0.7 + 0.3 \frac{M_1}{M_2} = 1$$

$$\zeta_c = \frac{0.5 f_c A}{N} = \frac{0.5 \times 19.1 \times 300 \times 700}{600\ 000} = 3.3 > 1,\ 取\ \zeta_c = 1$$

$$e_a = 700/30 = 23\ (mm)\ (>20\ mm) \quad h_0 = h - a_s = 700 - 45 = 655\ (mm)$$

$$\eta_{ns} = 1 + \frac{1}{1\ 300 \left(\frac{M_2}{N} + e_a\right)/h_0} \left(\frac{l_c}{h}\right)^2 \zeta_c = 1 + \frac{1}{1\ 300 \times 0.493} \times (7.14)^2 \times 1 = 1.08$$

$$M = C_m \eta_{ns} M_2 = 1 \times 1.08 \times 180 = 194.4\ (kN \cdot m)$$

$$e_0 = \frac{M}{N} = \frac{194.4 \times 10^6}{600 \times 10^3} = 324\ (mm)$$

则 $e_i = e_0 + e_a = 324 + 23 = 347\ (mm) > 0.3 h_0 = 0.3 \times 655 = 197\ (mm)$

可先按大偏心受压情况计算:

$$e = e_i + \frac{h}{2} - a_s = 347 + 700/2 - 45 = 652\ (mm)$$

令用钢量最省,由式 (6.36) 得

$$A_s' = \frac{Ne - \alpha_1 f_c b h_0^2 \xi_b (1 - 0.5 \xi_b)}{f_y (h_0 - a_s')}$$

$$= \frac{600 \times 10^3 \times 652 - 1.0 \times 19.1 \times 300 \times 655^2 \times 0.518 \times (1 - 0.5 \times 0.518)}{360 \times (655 - 45)}$$

$$= 负数$$

取 $A_s' = \rho_{min}' bh = 0.002 \times 300 \times 700 = 420\ (mm^2)$

选用 4⌀12 ($A_s' = 452\ mm^2$),此时,该题就转变成已知受压钢筋 $A_s' = 452\ mm^2$,求受拉钢筋 A_s 的问题,下面计算从略。

[例 6.8] 已知:柱截面尺寸 $b = 400\ mm$,$h = 600\ mm$,$a_s = a_s' = 40\ mm$,混凝土强度等级为 C40,钢筋采用 HRB400 级,A_s 选用 4⌀20 ($A_s = 1\ 256\ mm^2$),A_s' 选用 4⌀22 ($A_s' = 1\ 520\ mm^2$)。构件的计算长度 $l_c = 4\ m$,承受轴向力设计值 $N = 1\ 200\ kN$,两杆端弯矩设计值的比值为 $M_1 = 0.85 M_2$。

求该截面在 h 方向能承受的弯矩设计值。

解:因 $M_1/M_2 = 0.85 < 0.9$

$$\frac{N}{f_c A} = 0.26 < 0.9$$

$$\frac{l_c}{i} = 23.1 < 34 - 12\left(\frac{M_1}{M_2}\right) = 23.8$$

故不考虑 $P-\delta$ 效应。

令 $N = N_u$,由式 (6.48) 得

$$x = \frac{N - f_y' A_s' + f_y A_s}{\alpha_1 f_c b} = \frac{1\ 200 \times 10^3 - 360 \times 1\ 520 + 360 \times 1\ 256}{1.0 \times 19.1 \times 400}$$

$$= 145\ (mm) < \xi_b h_0 = 0.518 \times 560 = 290\ (mm)$$

属于大偏心受压情况。

$x = 145 \text{ mm} > 2a_s' = 2 \times 45 = 90$（mm），说明受压钢筋能达到屈服强度。由式（6.19）得

$$e = \frac{\alpha_1 f_c bx\left(h_0 - \dfrac{x}{2}\right) + f_y' A_s'(h_0 - a_s')}{N}$$

$$= \frac{1.0 \times 19.1 \times 400 \times 145 \times (560 - 145/2) + 360 \times 1\,520 \times (560 - 40)}{1\,200 \times 10^3}$$

$= 687$（mm）

$e_i = e - \dfrac{h}{2} + a_s = 687 - \dfrac{600}{2} + 40 = 427$（mm）

由：$e_i = e_0 + e_a$

则 $e_0 = e_i - e_a = 427 - 20 = 407$（mm）

$M = Ne_0 = 1\,200 \times 0.407 = 488.4$（kN·m）

该截面在 h 方向能承受的弯矩设计值为 $M = 488.4$ kN·m。

【例 6.9】 已知柱截面尺寸为 $400 \text{ mm} \times 600 \text{ mm}$，$a_s = a_s' = 45$ mm，混凝土强度等级为 C35，$f_c = 16.7 \text{ N/mm}^2$，采用 HRB400 级钢筋，$l_c = 3$ m，柱的轴向压力设计值 $N = 4\,600$ kN，杆端弯矩设计值 $M_1 = 0.5 M_2$，$M_2 = 130$ kN·m。

求钢筋截面面积 A_s 和 A_s'。

解：因轴压比 $\dfrac{N}{f_c bh} = \dfrac{4\,600 \times 10^3}{16.7 \times 400 \times 600} = 1.15 > 0.9$，故要考虑 $P\text{-}\delta$ 效应。

$C_m = 0.7 + 0.3 \dfrac{M_1}{M_2} = 0.7 + 0.3 \times 0.5 = 0.85$

$$\eta_{ns} = 1 + \frac{1}{1\,300 \dfrac{\left(\dfrac{M_2}{N} + e_a\right)}{h_0}} \left(\dfrac{l_c}{h}\right)^2 \zeta_c$$

$$= 1 + \frac{1}{1\,300 \times \left(\dfrac{130 \times 10^6}{4\,600 \times 10^3} + 20\right)/555} \times \left(\dfrac{3\,000}{600}\right)^2 \times 0.436 = 1.096$$

$C_m \eta_{ns} = 0.85 \times 1.096 = 0.932 < 1.0$，取 $C_m \eta_{ns} = 1.0$

故弯矩设计值 $M = C_m \eta_{ns} M_2 = 1.0 \times 130 = 130$（kN·m）

$e_i = e_0 + e_a = 28.26 + 20 = 48.26$（mm）$< 0.3 h_0 = 0.3 \times 555 = 166.5$（mm）

故初步按小偏心受压计算，并分为两个步骤。

（1）确定 A_s。

$N = 4\,600 \text{ kN} > f_c bh = 16.7 \times 400 \times 600 = 4\,008$（kN），故令 $N = N_u$，按反向破坏的式（6.33）、式（6.34）求 A_s。

$e = \dfrac{h}{2} - a_s' - (e_0 - e_a) = \dfrac{600}{2} - 45 - (28.26 - 20) = 246.74$（mm）

$$A_s = \frac{Ne - \alpha_1 f_c bh\left(h_0 - \dfrac{h}{2}\right)}{f_y(h_0 - a_s)}$$

$$= \frac{4\,600 \times 10^3 \times 246.74 - 1 \times 16.7 \times 400 \times 600 \times (555 - 300)}{360 \times (555 - 45)}$$

$= 615 \ (\text{mm}^2) > 0.002bh = 0.002 \times 400 \times 600 = 480 \ (\text{mm}^2)$

因此取 $A_s = 615 \ \text{mm}^2$ 作为补充条件。

（2）求 ξ，并按 ξ 的情况求 A'_s：

$$\xi = u + \sqrt{u^2 + v}$$

$$u = \frac{a_s}{h_0} + \frac{f_y A_s}{(\xi_b - \beta_1)\alpha_1 f_c b h_0}\left(1 - \frac{a_s}{h_0}\right)$$

$$= \frac{45}{555} + \frac{360 \times 615}{(0.518 - 0.8) \times 1 \times 16.7 \times 400 \times 555} \times \left(1 - \frac{45}{555}\right)$$

$$= 0.081 - 0.1946 = -0.1136$$

$$v = \frac{2Ne}{\alpha_1 f_c b h_0^2} - \frac{2\beta_1 f_y A_s}{(\xi_b - \beta_1)\alpha_1 f_c b h_0}\left(1 - \frac{a_s}{h_0}\right)$$

$$= \frac{2 \times 4600 \times 10^3 \times 246.74}{1 \times 16.7 \times 400 \times 555^2} - \frac{2 \times 0.8 \times 360 \times 615}{(0.518 - 0.8) \times 1 \times 16.7 \times 400 \times 555} \times \left(1 - \frac{45}{555}\right)$$

$$= 1.103 + 0.3114 = 1.4144$$

$$\xi = -0.1136 + \sqrt{(-0.1136)^2 + 1.4144} = 1.0812 > \xi_b = 0.518$$

为小偏心受压。

$\xi_{cy} = 2\beta_1 - \xi_b = 2 \times 0.8 - 0.518 = 1.082 > \xi = 1.0812$，故属于小偏心受压的第一种情况：$\xi_{cy} > \xi > \xi_b$，由力的平衡方程得

$$A'_s = \frac{N - \alpha_1 f_c b h_0 + \left(\dfrac{\xi - \beta_1}{\xi_b - \beta_1}\right) f_y A_s}{f'_y}$$

$$= \frac{4600 \times 10^3 - 1 \times 16.7 \times 1.0812 \times 400 \times 555 + \dfrac{1.0812 - 0.8}{0.518 - 0.8} \times 360 \times 615}{360}$$

$$= 1030 \ (\text{mm}^2)$$

对 A'_s 采用 3⌀16，$A_s = 603 \ \text{mm}$，对 A'_s 采用 6⌀25，$A'_s = 2945 \ \text{mm}^2$

最后，验算垂直于弯矩作用平面的轴心受压承载能力。

由 $\dfrac{l_0}{b} = \dfrac{3000}{400} = 7.5$，查表6.1，得 $\varphi = 1.0$，按式（6.2）得

$$N_u = 0.9\varphi[f_c b h + f'_y(A_s + A'_s)]$$

$$= 0.9 \times 1.0 \times [16.7 \times 400 \times 600 + 360 \times (603 + 2945)]$$

$$= 54756.6 \ (\text{kN}) > N = 4600 \ \text{kN}，满足要求。$$

以上是理论计算的结果，A_s 与 A'_s 相差太大，为实用可加大 A_s，使 A'_s 减小，但 $(A_s + A'_s)$ 的总量将增加。

【例6.10】 已知：框架柱截面尺寸 $b = 500 \ \text{mm}$，$h = 700 \ \text{mm}$，$a_s = a'_s = 45 \ \text{mm}$，混凝土强度等级为C35，采用HRB400级钢筋，A_s 选用 6⌀25（$A_s = 2945 \ \text{mm}^2$），A'_s 选用 4⌀25（$A'_s = 1964 \ \text{mm}^2$）。构件的计算长度 $l_c = 12.25 \ \text{m}$，轴向力的偏心距 $e_0 = 600 \ \text{mm}$。

求截面能承受的轴向力设计值 N_u。

解：框架柱的反弯点在柱间，故考虑 $P\text{-}\delta$ 效应。

$$e_0 = 600 \ \text{mm}, \quad e_a = \max\left\{20, \dfrac{700}{30}\right\} = 23 \ (\text{mm})$$

则 $e_i = e_0 + e_a = 600 + 23 = 623$ （mm）

由图 6.20，对 N_u 点取矩，得

$$\alpha_1 f_c bx \left(e_i - \frac{h}{2} + \frac{x}{2} \right) = f_y A_s \left(e_i + \frac{h}{2} - a_s \right) - f'_y A'_s \left(e_i + \frac{h}{2} - a'_s \right)$$

代入数据，则

$$1.0 \times 16.7 \times 500 x \left(623 - 350 + \frac{x}{2} \right)$$
$$= 360 \times 2\,945 \times (623 + 350 - 45) - 360 \times 1\,964 \times (623 - 350 + 45)$$

移项求解：

$$x^2 + 546 x - 181\,803 = 0$$

$$x = \frac{1}{2} \times \left(-546 + \sqrt{546^2 + 4 \times 181\,803} \right) = 233 \text{ (mm)}$$

故 $2a'_s = 2 \times 45 = 90$ （mm） $< x < x_b = 0.518 \times 655 = 339$ （mm）

由式（6.18）得

$$N_u = \alpha_1 f_c bx + f'_y A'_s - f_y A_s = 1.0 \times 16.7 \times 500 \times 233 + 360 \times 1\,964 - 360 \times 2\,945 = 1\,592.4 \text{ (kN)}$$

该截面能承受的轴向力设计值为

$N_u = 1\,592.4$ kN

【例 6.11】已知：柱截面尺寸 $b = 300$ mm，$h = 600$ mm，$a_s = a'_s = 45$ mm；混凝土强度等级为 C40，采用 HRB400 级钢筋，A_s 选用 4⌀16（$A_s = 804$ mm²），A'_s 选用 4⌀25（$A'_s = 1\,964$ mm²），构件计算长度 $l_c = l_0 = 7.2$ m，$-M_1 = M_2$，在荷载作用下框架柱的轴向设计值 $N = 3\,500$ kN。

求该截面 h 方向能承受的弯矩设计值。

解：因 $\frac{M_1}{M_2} = -1$，反弯点在框架柱间，此时不考虑 P-δ 效应。

先按大偏心受压计算式（6.18），求算 x：

$$x = \frac{N - f'_y A'_s + f_y A_s}{\alpha_1 f_c b} = \frac{3\,500 \times 10^3 - 360 \times 1\,964 + 360 \times 804}{1.0 \times 19.1 \times 300}$$
$$= 538 \text{ (mm)} > \xi_b h_0 = 0.518 \times 555 = 287 \text{ (mm)}$$

属于小偏心受压破坏情况。可先验算垂直于弯矩作用平面的承载能力是否安全，该方向可视为轴心受压。

由已知条件 $l_0/b = 7\,200/300 = 24$，查表 6.1，得：$\varphi = 0.65$，按式（6.2）得

$$N = 0.9\varphi \left[f_c bh + f'_y (A_s + A'_s) \right]$$
$$= 0.9 \times 0.65 \times [19.1 \times 300 \times 600 + 360 \times (1\,964 + 804)]$$
$$= 2\,594.17 \text{ (kN)} < 3\,500 \text{ kN}$$

上述计算结果说明，该偏心受压构件在垂直弯矩平面的承载力是不安全的。可通过加宽截面尺寸、提高混凝土强度等级或加大钢筋截面来解决，然后进行计算。

采用加宽 b 值，取 $b = 400$ mm，重新计算稳定系数 φ。

由已知条件 $l_0/b = 7\,200/400 = 18$，查表 6.1 得 $\varphi = 0.81$，按式（6.2）得

$$N = 0.9\varphi [f_c bh + f'_y (A_s + A'_s)]$$
$$= 0.9 \times 0.81 \times [19.1 \times 400 \times 600 + 360 \times (1\,964 + 804)]$$
$$= 4\,068.17 \text{ (kN)} > 3\,500 \text{ kN}$$

满足要求。

下面再求该截面在 h 方向能承受的弯矩设计值，由式（6.18）得

$$x = \frac{N - f_y'A_s' + f_y A_s}{\alpha_1 f_c b} = \frac{3\,500 \times 10^3 - 360 \times 1\,964 + 360 \times 804}{1.0 \times 19.1 \times 400}$$

$$= 403 \text{（mm）} > \xi_b h_0 = 0.518 \times 555 = 287 \text{（mm）}$$

属于小偏心受压破坏情况。

由式（6.27）和式（6.30），取 $\beta_1 = 0.8$，重求值。

$$\frac{x}{h_0} = \frac{N - f_y'A_s' - \dfrac{0.8}{\xi_b - 0.8}f_y A_s}{\alpha_1 f_c b h_0 - \dfrac{1}{\xi_b - 0.8}f_y A_s} = \frac{3\,500\,000 - 360 \times 1\,964 - \dfrac{0.8 \times 360 \times 804}{0.518 - 0.8}}{1.0 \times 19.1 \times 400 \times 555 - \dfrac{360 \times 804}{0.518 - 0.8}}$$

$$= 0.686$$

$x = 0.686 h_0 = 0.686 \times 555 = 380.7 \text{（mm）} < \xi_{cy} h_0 = (2\beta_1 - \xi_b) h_0 = 1.056 \times 555 = 586 \text{（mm）}$

由式（6.28）求 e：

$$e = \frac{\alpha_1 f_c b x \left(h_0 - \dfrac{x}{2}\right) + f_y' A_s'(h_0 - a_s')}{N}$$

$$= \frac{1.0 \times 19.1 \times 400 \times 380.7 \times (555 - 380.7/2) + 360 \times 1\,964 \times (555 - 45)}{3\,500 \times 10^3}$$

$$= 406 \text{（mm）}$$

$e_i = e - \dfrac{h}{2} + a_s = 406 - \dfrac{600}{2} + 45 = 151 \text{（mm）}$

$e_a = 600/30 = 20 \text{（mm）}$

故 $e_0 = e_i - e_a = 151 - 20 = 131 \text{（mm）}$

则该截面在 h 方向能承受的弯矩设计值

$M = Ne_0 = 3\,500 \times 10^3 \times 0.131 = 458.5 \text{（kN·m）}$

6.7 矩形截面对称配筋偏心受压构件正截面受压承载力计算

实际工程中，偏心受压构件在不同荷载的作用下，可能承受变号弯矩，如果弯矩相差不多或者虽然相差较大，但按对称配筋设计所得钢筋总量与非对称配筋设计的钢筋总量相比相差不多时，宜采用对称配筋。如框架柱承受来自相反方向的风荷载时，应设计成对称配筋截面，装配式柱一般也采用对称配筋，以免吊装时发生位置方向的差错，设计和施工也比较简便。所谓对称配筋，就是截面两侧的钢筋数量和钢筋种类都相同，即 $A_s = A_s'$，$f_y = f_y'$，$a_s = a_s'$。

6.7.1 截面设计

1. 大、小偏心受压破坏的设计判别

由于采用对称配筋，$A_s = A_s'$，$f_y = f_y'$，$a_s = a_s'$，所以从大偏心受压构件的基本计算公式可以直接得出 x，即

$$x = \frac{N}{\alpha_1 f_c b h_0} \tag{6.51}$$

因此，无论大小偏心受压构件都可以首先按大偏心受压构件考虑，通过比较 x 与 $\xi_b h_0$ 来确定构件的偏心类型。当 $x \leq x_b (\xi \leq \xi_b)$ 时，应按大偏心受压构件计算；当 $x > x_b (\xi > \xi_b)$ 时，应按小偏心受压构件计算。

截面设计时，非对称配筋矩形截面偏心受压构件由于不能先计算出 x，一般根据偏心距近似判别受力状态，而对称配筋时，可以利用式（6.51）计算 x 进行大、小偏心受压构件的判别，但按式（6.51）有时会出现矛盾的情况。

例如，当轴向压力的偏心距很小甚至接近轴心受压时，应该属于小偏心受压。但当截面尺寸较大而轴向 N 又较小，由式（6.51）可能求得的 $x < \xi_b h_0$，则判定为大偏心受压，这显然不符合实际情况。也就是说会出现 $\eta e_i < 0.3 h_0$ 而 $x < \xi_b h_0$ 的情况。此时，无论用大偏心受压或小偏心受压公式计算，所得的配筋均由最小配筋率控制，所以仍可用式（6.51）判别。

2. 大偏心受压构件

将 $A_s = A_s'$，$f_y = f_y'$ 代入式（6.18）、式（6.19），可得对称配筋大偏心受压构件的基本计算式

$$N \leq N_u = \alpha_1 f_c bx \tag{6.52}$$

$$Ne \leq N_u e = \alpha_1 f_c bx \left(h_0 - \frac{x}{2} \right) + f_y' A_s' (h_0 - a_s') \tag{6.53}$$

式（6.52）和式（6.53）的适用条件仍然是 $x \leq \xi_b h_0$ 和 $x \geq 2a_s'$。若 $x > \xi_b h_0$ 时（$\xi > \xi_b$），则认为受拉筋 A_s 未达到受拉屈服强度，属于"受压破坏"情况，不能用大偏心受压的计算公式进行配筋计算。此时，要用小偏心受压公式进行计算。当 $x < 2a_s'$ 时，可按不对称配筋计算方法处理，按式（6.40），即

$$A_s' = A_s = \frac{Ne'}{f_y (h_0 - a_s')}$$

3. 小偏心受压构件

将 $A_s = A_s'$ 代入式（6.27）和式（6.28），得到对称配筋小偏心受压构件的基本计算式，即

$$N \leq N_u = \alpha_1 f_c b \xi h_0 + f_y' A_s' - \sigma_s A_s' \tag{6.54}$$

$$Ne \leq N_u e = \alpha_1 f_c b h_0^2 \xi (1 - 0.5\xi) + f_y' A_s' (h_0 - a_s') \tag{6.55}$$

式中，σ_s 仍按公式（6.30）计算，且应满足式（6.30）的要求，其中 $f_y = f_y'$。

应用基本公式时，需要求解 ξ 的三次方程，非常不方便。为了简化计算，给出 ξ 的近似计算公式，近似公式推导如下：

由式（6.54）、$\xi = \dfrac{x}{h_0}$，令 $N = N_u$ 得

$$f_y' A_s' = f_y A_s = (N - \alpha_1 f_c b \xi h_0) \frac{\xi_b - \beta_1}{\xi_b - \xi}$$

将上式代入式（6.55）得

$$Ne \frac{\xi_b - \xi}{\xi_b - \beta_1} = \alpha_1 f_c b h_0^2 \xi (1 - 0.5\xi) \frac{\xi_b - \xi}{\xi_b - \beta_1} + (N - \alpha_1 f_c b \xi h_0)(h_0 - a') \tag{6.56}$$

式（6.56）为 ξ 的三次方程，求解较麻烦。令

$$\bar{y} = \xi (1 - 0.5\xi) \frac{\xi_b - \xi}{\xi_b - \beta_1} \tag{6.57}$$

对于选定的钢筋和混凝土，ξ_b 及 β_1 已知，经试验发现，当 ξ 在 ξ_b 和 h/h_0 之间时，$\bar{y}$ 与 ξ 接近直线关系，为简化计算，《混凝土结构设计规范》对各种钢筋级别和混凝土强度等级，统一取为

$$\bar{y} = 0.43 \frac{\xi_b - \xi}{\xi_b - \beta_1} \tag{6.58}$$

将式（6.58）代入式（6.56），经整理得到

$$\xi = \frac{N - \xi_b \alpha_1 f_c b h_0}{\dfrac{Ne - 0.43\alpha_1 f_c b h_0^2}{(\beta_1 - \xi_b)(h_0 - a_s')} + \alpha_1 f_c b h_0} + \xi_b \tag{6.59}$$

将 ξ 代入式（6.55），即可求得钢筋面积

$$A_s = A_s' = \frac{Ne - \alpha_1 f_c b h_0^2 \xi(1 - 0.5\xi)}{f_y'(h_0 - a')} \tag{6.60}$$

6.7.2 截面复核

对称配筋与非对称配筋截面复核方法基本相同，计算时在有关公式中取 $A_s = A_s'$，$f_y = f_y'$ 即可。此外，在复核小偏心受压构件时，因采用了对称配筋，故仅须考虑靠近轴向压力一侧的混凝土先破坏的情况。

【例 6.12】 已知条件同例 6.4，设计成对称配筋。求钢筋截面面积 A_s。

解：由例 6.4 的已知条件，可求得 $e_i = 571 \text{ mm} > 0.3 h_0$，属于大偏心受压情况。由式（6.52）及式（6.53）得

$$x = \frac{N}{\alpha_1 f_c b} = \frac{396 \times 10^3}{1.0 \times 14.3 \times 300} = 92.3 \text{ (mm)}, \quad 2a_s' < x < 0.518 h_0$$

$$\begin{aligned}
A_s = A_s' &= \frac{Ne - \alpha_1 f_c b x (h_0 - x/2)}{f_y(h_0 - a_s)} \\
&= \frac{396 \times 10^3 \times 731 - 1.0 \times 14.3 \times 300 \times 92.3 \times (360 - 92.3/2)}{360 \times (360 - 40)} \\
&= 1\,434 \text{ (mm}^2\text{)}
\end{aligned}$$

每边配置 3⌀20 + 2⌀18（$A_s = 1\,451 \text{ mm}^2$）。

本题与例 6.4 比较可以看出，当采用对称配筋时，钢筋用量需要多一些。

计算值的比较：例 6.4 中，$A_s + A_s' = 1\,780 + 662.9 = 2\,442.9 \text{ (mm}^2\text{)}$

本题中 $A_s + A_s' = 2 \times 1\,434 = 2\,868 \text{ (mm}^2\text{)}$，可见，采用对称配筋时，钢筋用量稍大一些。

【例 6.13】 已知：轴向力设计值 $N = 3\,500 \text{ kN}$，弯矩 $M_1 = 0.88 M_2$，$M_2 = 350 \text{ kN·m}$，截面尺寸 $b = 400 \text{ mm}$，$h = 700 \text{ mm}$，$a_s = a_s' = 45 \text{ mm}$；混凝土强度等级为 C40，采用 HRB400 级钢筋，构件计算长度 $l_c = l_0 = 3.3 \text{ m}$。

求对称配筋时 $A_s = A_s'$ 的数值。

解：因为 $M_1/M_2 = 0.88 < 0.9$

$$N/(f_c A) = \frac{3\,500 \times 10^3}{19.1 \times 400 \times 700} = 0.65 < 0.9$$

$$\frac{l_c}{i} = \frac{3\,300}{0.289 \times 700} = 16.3 < 34 - 12\frac{M_1}{M_2} = 23.4$$

故不考虑 P-δ 效应。

$M = M_2 = 3\,500 \text{ kN·m}$

$e_a = 700/30 = 23 \text{ (mm)} > 20 \text{ mm}$

$$e_0 = M/N = 350 \times 10^6 \div 3\,500 \times 10^3 = 100 \text{ (mm)}$$

$$e_i = e_0 + e_a = 100 + 23 = 123 \text{ (mm)}$$

$$e_i = 123 \text{ mm} < 0.3h_0 = 0.3 \times 655 = 196.5 \text{ (mm)}$$

$$e = e_i + h/2 - a_s = 123 + 700/2 - 45 = 428 \text{ (mm)}$$

$$x = \frac{N}{\alpha_1 f_c b} = \frac{350 \times 10^4}{1.0 \times 19.1 \times 400} = 458 \text{ (mm)} > x_b = 0.518 \times 655 = 339 \text{ (mm)}$$

属于小偏心受压。

按简化计算方法（近似公式法）计算。

由 $\beta_1 = 0.8$ 和式（6.59），求 ξ

$$\xi = \frac{N - \xi_b \alpha_1 f_c b h_0}{\dfrac{Ne - 0.43\alpha_1 f_c b h_0^2}{(\beta_1 - \xi_b)(h_0 - \alpha)} + \alpha_1 f_c b h_0} + \xi_b$$

$$= \frac{3\,500 \times 10^3 - 0.518 \times 1.0 \times 19.1 \times 400 \times 655}{\dfrac{3\,500 \times 10^3 \times 428 - 0.43 \times 1.0 \times 19.1 \times 400 \times 655^2}{(0.8 - 0.518) \times (655 - 45)} + 1.0 \times 19.1 \times 400 \times 655} + 0.518 = 0.682\,5$$

$$x = \xi h_0 = 0.682\,5 \times 655 = 447 \text{ (mm)}$$

$$A_s = A_s' = \frac{Ne - \alpha_1 f_c b x \left(h_0 - \dfrac{x}{2}\right)}{f_y(h_0 - a_s)}$$

$$= \frac{3\,500 \times 10^3 \times 428 - 1.0 \times 19.1 \times 400 \times 447 \times \left(655 - \dfrac{447}{2}\right)}{360 \times (655 - 45)}$$

$$= 111 \text{ (mm}^2) < \rho'_{\min} bh = 0.2\% \times 400 \times 700 = 560 \text{ (mm}^2)$$

取 $A_s' = A_s = 560 \text{ mm}^2$ 配筋。同时，满足整体配筋率不小于 0.55% 的要求，每边选用 2⌀14 + 2⌀18，$A_s = A_s' = 817 \text{ (mm}^2)$。

另外，还需以轴心受压验算垂直于弯矩作用方向的承载能力。

由 $\dfrac{l_0}{b} = \dfrac{3\,300}{400} = 8.25$ 查表 5.1 得 $\varphi = 0.998$，按式（6.2）得

$$N = 0.9\varphi \left[f_c bh + f_y'(A_s + A_s')\right]$$

$$= 0.9 \times 0.998 \times \left[19.1 \times 400 \times 700 + 360 \times (817 + 817)\right]$$

$$= 5\,332 \text{ (kN)} > 3\,500 \text{ kN}$$

验算结果安全。

6.8　I 形截面对称配筋偏心受压构件正截面受压承载力的计算

尺寸较大的装配式柱往往采用 I 形截面柱，这样可以节省混凝土和减轻柱的自重。I 形截面柱的正截面破坏形态和矩形截面相同。为保证吊装不会出错，I 形截面装配式柱一般都采用对称配筋。

6.8.1 大偏心受压构件

1. 计算公式

（1）$x \leq h'_f$。受压区为矩形和T形截面，按宽度为 b'_f 的矩形截面计算，对称配筋时，$A'_s f'_y = A_s f_y$ ［见图6.25（a）］，计算公式为

$$N \leq N_u = \alpha_1 f_c b'_f x \tag{6.61}$$

$$Ne \leq N_u e = \alpha_1 f_c b'_f x \left(h_0 - \frac{x}{2} \right) + f'_y A'_s (h_0 - a'_s) \tag{6.62}$$

（2）$x > h'_f$。受压区为T形截面［见图6.25（b）］对称配筋时，$A'_s f'_y = A_s f_y$，按下式计算：

$$N \leq N_u = \alpha_1 f_c \left[bx + (b'_f - b) h'_f \right] \tag{6.63}$$

$$Ne \leq N_u e = \alpha_1 f_c \left[bx \left(h_0 - \frac{x}{2} \right) + (b'_f - b) h'_f \left(h_0 - \frac{h'_f}{2} \right) \right] + f'_y A'_s (h_0 - a') \tag{6.64}$$

式中　b'_f——I形截面受压翼缘宽度；

h'_f——I形截面受压翼缘高度。

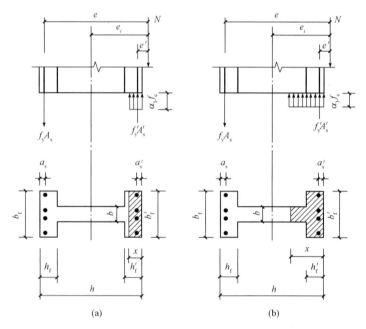

图6.25　I形截面大偏心受压计算图形

（a）受压区为矩形；（b）受压区为T形

2. 适用条件

为了保证上述计算公式中的受拉钢筋 A_s 和受压钢筋 A'_s 均能达到屈服强度，要满足下列条件：

$$x \leq x_b = \xi_b h_0 \text{ 及 } x \geq 2a'_s$$

3. 计算方法

先将I形截面假想为宽度是 b'_f 的矩形截面。令 $N = N_u$，由式（6.57）得

$$x = \frac{N}{\alpha_1 f_c b'_f} \tag{6.65}$$

按 x 的不同，分成下列三种情况：

(1) 当 $x > h'_f$ 时，说明受压区已进入腹板，此 x 无效，应重新计算。改用式（6.63）和式（6.64），可求得钢筋截面面积，此时必须满足 $x \leq \xi_b h_0$ 的条件。

(2) 当 $2a'_s \leq x \leq h'_f$ 时，用式（6.62），可求得钢筋截面面积。

(3) 当 $x < 2a'_s$ 时，近似取 $x = 2a'_s$，用式（6.40）计算配筋量，即

$$A_s = A'_s = \frac{N\left(e_i - \dfrac{h}{2} + a'_s\right)}{f_y(h_0 - a'_s)}$$

最后，应进行垂直于弯矩作用平面的受压承载力验算。

I 形截面非对称配筋的计算方法与前述矩形截面的计算方法并无原则区别，只需注意翼缘的作用，本章从略。

6.8.2 小偏心受压构件

1. 计算公式

小偏心受压 I 形截面，一般不会出现 $x \leq h'_f$ 的情况。这里仅讨论 $x > h'_f$ 的情况。

(1) $x > h'_f$。受压区为 T 形截面[见图 6.26（a）]按下式计算：

$$N \leq N_u = \alpha_1 f_c [bx + (b'_f - b)h'_f] + f'_y A'_s - \sigma_s A_s \tag{6.66}$$

$$Ne \leq N_u e = \alpha_1 f_c \left[bx\left(h_0 - \frac{x}{2}\right) + (b'_f - b)h'_f\left(h_0 - \frac{h'_f}{2}\right)\right] + f'_y A'_s (h_0 - a'_s) \tag{6.67}$$

(2) $x > h - h_f$。受压区为 I 形截面[见图 6.26（b）]按下式计算：

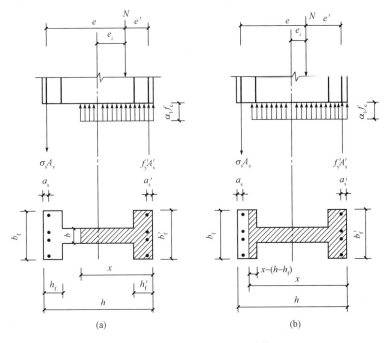

图 6.26 I 形截面小偏心受压计算图形
(a) $x > h'_f$；(b) $x > h - h_f$

$$N \leq N_u = \alpha_1 f_c [bx + (b'_f - b)h'_f + (b_f - b)(h_f + x - h)] + f'_y A'_s - \sigma_s A_s \tag{6.68}$$

$$Ne \leqslant N_u e = \alpha_1 f_c \left[bx\left(h_0 - \frac{x}{2}\right) + (b'_f - b) \, h'_f \left(h_0 - \frac{h'_f}{2}\right) + (b_f - b) \, (h_f + x - h) \, \left(h_f - \frac{h_f + x - h}{2} - a_s\right) \right] +$$
$$f'_y A'_s (h_0 - a'_s) \tag{6.69}$$

小偏心受压时，σ_s 仍可近似按式（6.30）计算。

2. 适用条件

构件处于小偏心受压状态，即 $x > \xi_b h_0$。

3. 计算方法

对称配筋 I 形截面计算方法与对称配筋矩形截面计算方法基本相同，也可采用近似公式计算法进行计算，ξ 的近似计算公式如下：

$$\xi = \frac{N - \alpha_1 f_c (b'_f - b) h'_f - \alpha_1 f_c b h_0 \xi_b}{\dfrac{Ne - \alpha_1 f_c (b'_f - b) h'_f \left(h_0 - \dfrac{h'_f}{2}\right) - 0.43\alpha_1 f_c b h_0^2}{(\beta_1 - \xi_b)(h_0 - a'_s)} + \alpha_1 f_c b h_0} + \xi_b \tag{6.70}$$

求得 ξ 后，可算出 A_s 和 A'_s。当 x 的值不同时，分别按以下情况求 A_s 和 A'_s：

（1）当 $\xi_b h_0 < x \leqslant (h - h_f)$ 时，将 x 代入式（6.67），即可求得 A_s 和 A'_s。

（2）当 $(h - h_f) < x < (2\beta_1 - \xi_b) h_0$ 时，将 x 代入式（6.68），即可求得 A_s 和 A'_s。

（3）当 $(2\beta_1 - \xi_b) h_0 \leqslant x < h$ 时，A_s 已达到受压屈服，取 $\sigma_s = -f'_y$ 代入式（6.68），联立式（6.69），可求得 A_s 和 A'_s。

（4）当 $h \leqslant x < (2\beta_1 - \xi_b) h_0$ 时，取 $x = h$ 代入式（6.69），即可求得 A_s 和 A'_s。

（5）当 $x \geqslant h$ 且 $x \geqslant (2\beta_1 - \xi_b) h_0$ 时，此时全截面受压，且 A_s 已达到受压屈服，取 $\sigma_s = f'_y$ 及 $x = h$ 代入式（6.68）和式（6.69）分别求出 A'_s，然后取大值作为所求的 A_s 和 A'_s。

非对称配筋 I 形截面偏心受压构件正截面承载力的计算方法与前述矩形截面的计算方法类似，仅需注意翼缘的作用，在此从略。

I 形截面偏心受压构件的配筋率应满足最小配筋率要求。

【例 6.14】 已知：I 形截面边柱，$l_c = l_0 = 6.7$ m，柱截面控制内力 $N = 853.5$ kN，$M_1 = M_2 = 352.5$ kN·m，截面尺寸如图 6.27 所示。混凝土强度等级为 C40，采用 HRB400 级钢筋，对称配筋。

求所需钢筋截面面积 A_s 和 A'_s。

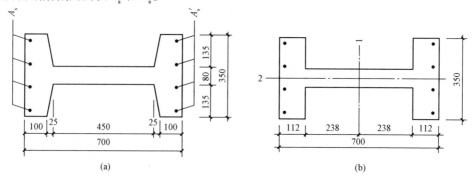

图 6.27 例 6.14 图
(a) I 形截面；(b) 简化截面

解：计算时，可近似地将图 6.27（a）简化为图 6.27（b）。

由于 $l_c/h = \dfrac{6\,700}{700} = 9.57 > 6$，要考虑挠度的二阶效应对偏心距的影响，即需要计算 η_{ns}。

取 $a_s = a_s' = 50$ mm，$C = 0.7 + 0.3\dfrac{M_1}{M_2} = 1$，则

$$e_a = 700/30 = 23 \text{ (mm)} > 20 \text{ mm}, \quad \xi_c = \dfrac{0.5 f_c A}{N} > 1, \quad \xi_c = 1$$

$$\eta_{ns} = 1 + \dfrac{1}{1\,300\left(\dfrac{\dfrac{M_2}{N}+e_a}{h_0}\right)}\left(\dfrac{l_c}{h}\right)^2 \zeta_c = 1 + \dfrac{1}{1\,300 \times \left(\dfrac{\dfrac{352.5 \times 10^6}{853.5 \times 10^3}+23}{650}\right)} \times (9.57)^2 \times 1$$

$$= 1.105$$

$$e_i = M/N + e_a = C_m \eta_{ns} M_2/N + e_a = 479.40 \text{ mm}$$

先按大偏心受压计算，用式（6.65）求出受压区计算高度

$$x = \dfrac{N}{\alpha_1 f_c b_f'} = \dfrac{853.5 \times 10^3}{1.0 \times 19.1 \times 350} = 128 \text{ (mm)} > h_f' = 112 \text{ mm}$$

此时，中和轴在腹板内，应由式（6.63）重新求算 x，得

$$x = \dfrac{N - \alpha_1 f_c h_f'(b_f' - b)}{\alpha_1 f_c b} = \dfrac{853.5 \times 10^3 - 19.1 \times 112 \times (350 - 80)}{19.1 \times 80}$$

$$= 180.57 \text{ (mm)} < x_b = 0.518 \times 650 = 336.7 \text{ (mm)}$$

可用大偏心受压公式计算钢筋：

$$e = e_i + h/2 - a_s = 479.40 + 700/2 - 50 = 779.40 \text{ (mm)}$$

由式（6.64），求得

$$A_s = A_s' = \dfrac{Ne - \alpha_1 f_c\left[bx\left(h_0 - \dfrac{x}{2}\right) + (b_f' - b)h_f'\left(h_0 - \dfrac{h_f'}{2}\right)\right]}{f_y(h_0 - a_s)}$$

$$= \dfrac{853.5 \times 10^3 \times 779.4 - 1 \times 19.1 \times 80 \times 180.57 \times \left(650 - \dfrac{180.57}{2}\right)}{360 \times (650 - 50)} -$$

$$\dfrac{1 \times 19.1 \times (350 - 80) \times 112 \times \left(650 - \dfrac{112}{2}\right)}{360 \times (650 - 50)}$$

$$= 776 \text{ (mm}^2) < \rho'_{min} bh = 0.002 \times 80 \times 700 = 112 \text{ (mm}^2)$$

每边选用 4⌀16，$A_s = A_s' = 804 \text{ mm}^2$。

【例 6.15】 已知条件同例 6.14 的柱，柱的截面控制内力设计值为 $N = 1\,510$ kN，$M = 248$ kN·m。求所需钢筋截面面积（对称配筋）。

解： 先按大偏心受压考虑。

$$x = \dfrac{N}{\alpha_1 f_c b_f'} = \dfrac{1\,510\,000}{19.1 \times 350} = 226 \text{ (mm)}$$

中和轴进入腹板，应由式（6.63）重新计算 x

$$x = \dfrac{N - \alpha_1 f_c h_f'(b_f' - b)}{\alpha_1 f_c b} = \dfrac{1\,510\,000 - 19.1 \times 112 \times (350 - 80)}{1.0 \times 19.1 \times 80}$$

$$= 610 \text{ (mm)} > x_b = 0.518 \times 650 = 336.7 \text{ (mm)}$$

应按小偏心受压公式计算钢筋。

由于 $l_c/h = 6\,700/700 = 9.57 > 6$，要考虑挠度的二阶效应对偏心距的影响，即需要计算 η_{ns}，取 $a_s = a_s' = 50$ mm，$C_m = 0.7 + 0.3M_1/M_2 = 1$，则 $h_0 = 700 - 50 = 650$（mm）。

$$e_a = 700/30 = 23 \text{（mm）} > 20 \text{ mm}, \quad \zeta_c = \frac{0.5f_cA}{N} = 0.737$$

$$\eta_{ns} = 1 + \frac{1}{1\,300\left[\dfrac{\left(\dfrac{M_2}{N}+e_a\right)}{h_0}\right]}\left(\frac{l_c}{h}\right)^2\zeta_c = 1 + \frac{1}{1\,300\times\left[\dfrac{\left(\dfrac{248}{1.51}+23\right)}{650}\right]}\times 9.57^2\times 0.737$$

$$= 1.181$$

$e_i = M/N + e_a = C_m\eta_{ns}M_2/N + e_a = 216.89$ mm

$e = e_i + h/2 - a_s = 216.89 + 700/2 - 50 = 516.89$（mm）

用近似公式法计算。

对于 I 形截面小偏心受压，如果采用近似公式法时，由求 ξ 的公式（6.70）求解。

$$\xi = \frac{N - \alpha_1 f_c(b_f'-b)h_f' - \xi_b\alpha_1 f_c bh_0}{\dfrac{Ne - \alpha_1 f_c(b_f'-b)h_f'(h_0-h_f'/2) - 0.43\alpha_1 f_c bh_0^2}{(0.8-\xi_b)(h_0-a_s')} + \alpha_1 f_c bh_0} + \xi_b$$

把本题的数据代入求得 ξ

$\xi = 0.734$

$x = \xi h_0 = 0.734 \times 650 = 477.10$（mm）

代入式（6.67）得

$A_s = A_s' = 637$ mm^2，每边实取 3Φ18，$A_s = A_s' = 763$ mm^2

垂直于弯矩平面方向需要以轴心受压进行验算。由图 6.26 计算得

$I_{2-2} = 817 \times 10^6$ mm^4

$A = 116\,700$ mm^2

$$i_{2-2} = \sqrt{\frac{I_{2-2}}{A}} = \sqrt{\frac{817\times 10^6}{116\,700}} = 83.7 \text{（mm）}$$

得

$$\frac{l_0}{i_{2-2}} = \frac{6\,700}{83.7} = 80.05$$

查表 6.1 得 $\varphi = 0.672$

按式（6.2）计算，得：

$N = 0.9\varphi[f_cA + f_y'(A_s' + A_s)]$

$\quad = 0.9 \times 0.672 \times [19.1 \times 116\,700 + 360 \times (763 + 763)]$

$\quad = 1\,680$（kN）$> 1\,510$ kN

验算结果安全。

6.9 偏心受压构件正截面承载力 N_u-M_u 相关曲线

对于给定截面尺寸、材料强度等级及配筋的偏心受压构件，当达到正截面受压承载力极限状态时，截面所能承受的抗压承载力 N_u 和抗弯承载力 M_u 是相互关联的。随着偏心距的增大，截面抗压承载力 N_u 会下降，但是当偏心距增大到一定数值时，抗压承载力 N_u 和抗弯承载力 M_u 的关系将发生改变，因此可用 N_u-M_u 相关曲线来表示。

图 6.28 是西南交通大学所做的一组偏心受压试件在不同偏心距作用下所测得承载力 N_u-M_u 之间的试验曲线图。试验表明，小偏心受压情况下，随着轴向压力的增加，正截面受弯承载力随之减小；但在大偏心受压情况下，轴向压力的存在反而使构件正截面的受弯承载力提高。在界限破坏时，正截面受弯承载力达到最大值。

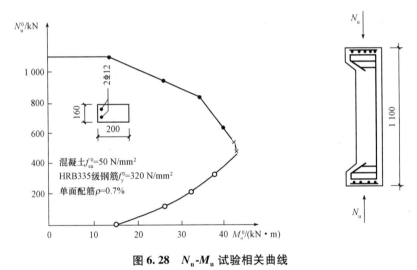

图 6.28 N_u-M_u 试验相关曲线

下面将简述对称配筋矩形截面正截面承载力的设计值 N_u 与 M_u 的关系曲线。

6.9.1 矩形截面对称配筋大偏心受压破坏的 N_u-M_u 相关曲线

将 $e = e_i + \dfrac{h}{2} - a_s$ 及 $N = N_u$，$M_u = N_u e_i$ 代入式（6.52）和式（6.53）可得

$$N_u \left(e_i + \frac{h}{2} - a_s \right) = N_u \left(h_0 - \frac{x}{2} \right) + f_y' A_s' (h_0 - a_s')$$

经整理可得

$$\begin{aligned}
M_u &= -N_u \left(\frac{h}{2} - a_s \right) + N_u \left(h_0 - \frac{x}{2} \right) + f_y' A_s' (h_0 - a_s') \\
&= N_u \left(\frac{2h_0 - x - h + 2a_s}{2} \right) + f_y' A_s' (h_0 - a_s') \\
&= 0.5 N_u (h - x) + f_y' A_s' (h_0 - a_s') \\
&= 0.5 N_u \left(h - \frac{N_u}{\alpha_1 f_c b} \right) + f_y' A_s' (h_0 - a_s')
\end{aligned} \tag{6.71}$$

由式（6.71）可见，M_u 与 N_u 之间是二次函数关系式，N_u 随 M_u 的增大而增大，随 M_u 的减小而减小，如图 6.29 中水平虚线以下的曲线所示。

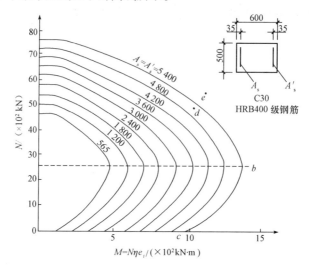

图 6.29 对称配筋时 N_u-M_u 关系曲线

6.9.2 矩形截面对称配筋小偏心受压破坏的 N_u-M_u 相关曲线

现将 $e = e_i + \dfrac{h}{2} - a_s$ 及 $N = N_u$，$M_u = N_u e_i$ 代入式（6.55）可得

$$M_u = -N_u\left(\dfrac{h}{2} - a_s\right) + \xi(1-0.5\xi)\alpha_1 f_c bh_0^2 + f_y' A_s'(h_0 - a_s') \qquad (6.72)$$

由于截面已知，所以上式中等号右边的 $(h/2 - a_s)$、$\alpha_1 f_c bh_0^2$ 和 $f_y' A_s'(h_0 - a_s')$ 是常数，再由 $N_u = \alpha_1 f_c bx + f_y' A_s' - \sigma_s A_s = \alpha_1 f_c b\xi h_0 + f_y' A_s' - \sigma_s A_s$ 可知，ξ 是 N_u 的一次函数，式（6.72）中右边第二项中的 $\xi(1-0.5\xi)$ 可以表达为 N_u 的二次函数，因此小偏心受压时，N_u 与 M_u 之间也是一条二次函数曲线，随着 M_u 的增大，N_u 减小，如图 6.28 中水平虚线以上的曲线所示。

6.9.3 N_u-M_u 相关曲线的特点和用途

1. N_u-M_u 相关曲线的特点

N_u-M_u 相关曲线反映了钢筋混凝土截面偏心受压构件在压力与弯矩共同作用下正截面压弯承载力的变化规律，具有以下特点：

（1）$M_u = 0$ 时，N_u 最大；$N_u = 0$ 时，M_u 不是最大，在界限破坏时，M_u 最大。

（2）在小偏心受压破坏的范围内，N_u 随 M_u 的增大而减小；在大偏心受压破坏的范围内，N_u 随 M_u 的增大而增大。

（3）对称配筋的偏心受压构件，如果截面尺寸相同，混凝土强度等级和钢筋级别相同，而配筋量变化，则在界限破坏时，它们的 N_u 是相同的（因为 $N_b = N_u = \alpha_1 f_c bx = \alpha_1 f_c b\xi_b h_0$）。因此，在以 N_u 为纵坐标的 N_u-M_u 关系曲线上，它们的点在同一水平线上。

2. N_u-M_u 相关曲线的用途

应用 N_u-M_u 的相关方程，可以对一些特定的截面尺寸、特定的混凝土强度和特定的钢筋类型的偏心受压构件，通过计算机预先绘制出一系列图表。设计时可直接查图求得所需的配筋面积，以简化计算，节省大量的计算工作。图 6.29 所示为按照截面尺寸 $b \times h = 500 \text{ mm} \times 600 \text{ mm}$、混凝土强度等级 C30、钢筋采用 HRB400 级而绘制的对称配筋矩形截面偏心受压构件正截面承载力计算图表。设计时，先计算 e_i，然后查找与设计条件完全对应的图表，由 N 和 Ne_i 值便可查出所需的 A_s 和 A_s'。

作用在结构上的荷载往往有多种组合，但它们都不会同时出现或同时达到设计值。因此，一个偏心受压构件截面的内力设计值（M，N）可能会存在多种组合。例如，可按相应的 M 或相应的 N 等进行组合。在多种组合设计值面前，由于 M 和 N 是相互关联的，不容易确定哪一组内力组合最为不利，如果对每一组内力组合都进行配筋计算，最后根据配筋量最大的进行选配钢筋，则计算工作量非常大。而根据图 6.29 中可以看出，对于大偏心受压构件，在 N 相差不多的情况下，M 越大越不利，在 M 相差不多的情况下，N 越小越不利；对于小偏心受压构件，在 N 相差不多的情况下，M 越大越不利；在 M 相差不多的情况下，N 越大越不利。因此，根据以上的内力不利组合原则，可以事先根据轴力和界限轴力的大小关系判定大小偏心受压的类型，然后确定哪一组内力是最不利的，即判断出起控制作用的内力组合（M，N），再根据这一组内力进行配筋计算，这样可以大大减小计算工作量。

6.10 偏心受压构件斜截面受剪承载力

6.10.1 轴向压力对柱受剪承载力的影响

框架结构在竖向和水平荷载共同作用下，柱截面上不仅有轴力和弯矩，而且有剪力。因此，对偏心受压构件还应计算斜截面受剪承载力。

试验研究表明，轴向压力对构件的受剪承载力有提高作用。这主要是轴向压力能够阻滞斜裂缝的出现和开展，增加了混凝土剪压区高度，从而提高混凝土所承担的剪力。轴向压力对箍筋所承担的剪力没有明显影响。根据框架柱截面受剪承载力与轴压比的关系可知：当轴压比 $N/(f_c bh) = 0.3 \sim 0.5$ 时，受剪承载力达到最大值。但轴向压力对受剪承载力的有利作用是有限度的，只有当轴压比增大到一定程度，受剪承载力才会随着轴压比的增大而降低。因此，计算偏压构件斜截面受剪承载力时，只有当轴压比在一定范围内才考虑轴向压力的有利影响。

6.10.2 矩形、T 形截面偏心受压构件的斜截面受剪承载力

根据试验研究，对矩形、T 形截面偏心受压构件的斜截面受剪承载力应按下式计算：

$$V \leq V_u = \frac{1.75}{\lambda + 1} f_t b h_0 + f_{yv} \frac{A_{sv}}{s} h_0 + 0.07N \quad (6.73)$$

式中 λ——偏心受压构件计算截面的剪跨比；

N——与剪力设计值 V 相应的轴向压力设计值，当 $N > 0.3 f_c A$ 时，取 $N = 0.3 f_c A$，此处 A 为构件的截面面积。

计算截面的剪跨比应按下列规定取用：

（1）对各类结构的框架柱，宜取 $\lambda = M/(Vh_0)$；对框架结构中的框架柱，当其反弯点在层高范围内时，可取 $\lambda = H_n/(2h_0)$，当 $\lambda < 1$ 时，取 $\lambda = 1$；当 $\lambda > 3$ 时，取 $\lambda = 3$。式中，M 为计算

截面上与剪力设计值 V 相应的弯矩设计值，H_n 为柱净高。

（2）对其他偏心受压构件，当承受均布荷载时，取 $\lambda = 1.5$；当承受集中荷载（包括作用多种荷载，其中集中荷载对支座截面或节点边缘所产生的剪力值占总剪力值75%以上的情况）时，取 $\lambda = a/h_0$；当 $\lambda < 1.5$ 时，取 $\lambda = 1.5$；当 $\lambda > 3$ 时，取 $\lambda = 3$。此处，a 为集中荷载作用点至支座或节点边缘的距离。

当符合下列公式的要求时

$$V \leq \frac{1.75}{\lambda + 1} f_t b h_0 + 0.07 N \tag{6.74}$$

可不进行斜截面受剪承载力计算，仅需按构造要求配置箍筋。

与受弯构件类似，为防止出现斜压破坏，偏心受压构件的受剪截面同样应满足相关的限制要求。

思考题

6.1 在轴心受压构件中，受压纵筋在什么情况下会达到屈服强度？设计中如何考虑？

6.2 轴心受压构件中为什么不宜采用高强度钢筋？

6.3 为什么螺旋箍筋柱的受压承载力比同等条件的普通箍筋的承载力提高较大？什么情况下不能考虑螺旋箍筋的作用？

6.4 轴心受压短柱和长柱的破坏特征有何不同？

6.5 偏心受压短柱与偏心受压长柱的破坏有何异同？什么是偏心受压构件的二阶效应？在什么情况下应考虑 $P\text{-}\delta$ 效应？

6.6 怎样区分大、小偏心受压破坏的界限？

6.7 为什么要考虑附加偏心距？

6.8 画出矩形截面大、小偏心受压破坏时截面的应力分布图形，并标明钢筋和受压混凝土的应力值。

6.9 钢筋混凝土小偏心受压构件受压承载力计算公式中，离纵向压力 N 较远一侧钢筋 A_s 的应力 σ_s 怎样确定？

6.10 钢筋混凝土矩形截面非对称配筋偏心受压构件，在截面设计和截面复核时，应如何判别大、小偏心受压？

6.11 大偏心受压非对称配筋截面设计，当 A_s 和 A_s' 均未知时如何处理？

6.12 大偏心受压构件非对称配筋设计，在 A_s' 已知条件下，如果出现 $\xi > \xi_b$，说明什么问题？这时应如何计算配筋？

6.13 钢筋混凝土矩形截面小偏心受压构件非对称配筋，当 A_s 和 A_s' 均未知时，为什么可以先确定 A_s 的大小？如何确定？

6.14 钢筋混凝土矩形截面大偏心受压构件，非对称、对称配筋在截面设计时，当出现 $x < 2a_s'$ 时，应怎样计算？

6.15 钢筋混凝土矩形截面对称配筋偏心受压构件，在截面设计和截面复核时，应如何判别大、小偏心受压？

6.16 为什么要对垂直于弯矩作用方向的截面受压承载力进行验算？

6.17 简述偏心受压构件正截面承载力 $N_u\text{-}M_u$ 相关曲线的特点及用途。

6.18 轴向压力对偏心受压构件中的受剪承载力有何影响？计算时如何考虑？

第6章 受压构件承载力的计算

习 题

6.1 已知柱的截面尺寸 $b \times h = 350 \text{ mm} \times 350 \text{ mm}$，柱的计算长度 $l_0 = 6 \text{ m}$，承受轴心压力设计值 $N = 1\,100 \text{ kN}$。混凝土强度等级为 C30，钢筋采用 HRB400 级。试计算其纵向钢筋面积。

6.2 已知圆形截面现浇钢筋混凝土柱，直径不超过 350 mm，承受轴心压力设计值 $N = 3\,000 \text{ kN}$，计算长度 $l_0 = 4.0 \text{ m}$，混凝土强度等级为 C40，柱中纵筋采用 HRB400 级钢筋，箍筋用 HPB300 级钢筋。试设计该柱截面。

6.3 已知矩形截面偏心受压柱，截面尺寸 $b \times h = 300 \text{ mm} \times 500 \text{ mm}$，$a_s = a_s' = 40 \text{ mm}$。柱的计算长度 $l_0 = 3.0 \text{ m}$。承受轴向压力设计值 $N = 800 \text{ kN}$，杆端弯矩设计值 $M_1 = 0.6 M_2$，$M_2 = 160 \text{ kN} \cdot \text{m}$。混凝土强度等级为 C30，纵向钢筋采用 HRB400 级。试计算纵向钢筋的截面面积 A_s 和 A_s'。

6.4 已知矩形截面偏心受压柱，截面尺寸 $b \times h = 300 \text{ mm} \times 600 \text{ mm}$，$a_s = a_s' = 40 \text{ mm}$，计算长度 $l_0 = 3.3 \text{ m}$。承受轴向压力设计值 $N = 550 \text{ kN}$，杆端弯矩设计值 $M_1 = -M_2$，$M = 450 \text{ kN} \cdot \text{m}$，混凝土强度等级为 C35，纵筋采用 HRB400 级。试计算纵向钢筋的截面面积 A_s 和 A_s'。

6.5 矩形截面偏心受压柱，$b \times h = 400 \text{ mm} \times 600 \text{ mm}$，$a_s = a_s' = 40 \text{ mm}$，计算长度 $l_0 = 4.2 \text{ m}$。内力设计值 $N = 3\,180 \text{ kN}$，$M_1 = M_2 = 85 \text{ kN} \cdot \text{m}$。混凝土强度等级为 C40，纵向钢筋为 HRB400 级，求 A_s 和 A_s'。

6.6 矩形截面偏心受压柱，$b \times h = 800 \text{ mm} \times 1\,000 \text{ mm}$，$a_s = a_s' = 40 \text{ mm}$，计算长度 $l_0 = 4.4 \text{ m}$。内力设计值 $N = 7\,500 \text{ kN}$，$M_1 = 0.9 M_2$，$M_2 = 1\,800 \text{ kN} \cdot \text{m}$，混凝土强度等级为 C40，纵筋为 HRB400 级，计算长度 $l_0 = 6 \text{ m}$。求对称配筋时 A_s 和 A_s'。

6.7 已知矩形截面偏心受压柱，截面尺寸 $b \times h = 300 \text{ mm} \times 400 \text{ mm}$，$a_s = a_s' = 40 \text{ mm}$，计算长度 $l_0 = 3.5 \text{ m}$，纵向压力偏心距 $e_0 = 550 \text{ mm}$。混凝土强度等级为 C25，纵筋采用 HRB400 级，$A_s' = 603 \text{ mm}^2$（3⌀16），$A_s = 1\,520 \text{ mm}^2$（4⌀22）。求截面能够承受的偏心压力设计值 N_u。

6.8 矩形截面偏心受压柱，$b \times h = 500 \text{ mm} \times 650 \text{ mm}$，$a_s = a_s' = 40 \text{ mm}$，计算长度 $l_0 = 4.8 \text{ m}$。混凝土强度等级为 C35，纵向钢筋采用 HRB400 级，内力设计值 $N = 2\,310 \text{ kN}$，$M_1 = 0.9 M_2$，$M_2 = 560 \text{ kN} \cdot \text{m}$。采用对称配筋，求 A_s 和 A_s'。

6.9 矩形截面偏心受压柱，$b \times h = 500 \text{ mm} \times 600 \text{ mm}$，$a_s = a_s' = 40 \text{ mm}$，计算长度 $l_0 = 4.5 \text{ m}$。混凝土强度等级为 C35，纵筋采用 HRB400 级，内力设计值 $N = 3\,768 \text{ kN}$，$M_1 = -M_2$，$M_2 = 540 \text{ kN} \cdot \text{m}$。采用对称配筋，求 A_s 和 A_s'。

第 7 章
受拉构件承载力的计算

★ 教学目标

本章要求掌握轴心受拉构件的受力全过程、破坏形态、正截面受拉承载力的计算方法及主要构造要求；掌握偏心受拉构件的受力全过程、两种破坏形态的特征以及对称配筋矩形截面偏心受拉构件正截面受拉承载力的计算方法与配筋的主要构造要求；熟悉偏心受拉构件斜截面受剪承载力的计算。

7.1 概 述

承受轴向拉力且轴向拉力起控制作用或承受轴向拉力与弯矩共同作用的构件，称为受拉构件。混凝土的抗拉强度很低，利用素混凝土抵抗拉力是不合理的。但对于钢筋混凝土构件，在轴向拉力数值较小时，混凝土开裂退出工作后，裂缝截面的拉力由钢筋承担。裂缝周围的混凝土可起到保护钢筋的作用，裂缝间的混凝土可协助钢筋抵抗部分拉力，但是这种构件随着荷载的增加，裂缝宽度也不断开展，设计时除满足承载力的要求外，还应限制构件的裂缝宽度。对于不允许开裂的轴心受拉构件，如圆形水池的池壁环向受拉时，应进行抗裂能力的验算。

与受压构件类似，受拉构件可分为轴心受拉和偏心受拉两种类型。其中，轴向拉力作用线与构件正截面形心线重合且不受弯矩作用的构件，称为轴心受拉构件；轴向拉力作用线与构件正截面形心线不重合或构件承受轴向拉力与弯矩共同作用的构件，称为偏心受拉构件。

由于混凝土是一种非匀质材料，加之荷载不可避免的偏心和施工上的误差，无法满足轴向拉力能通过构件正截面的形心线，理想的轴心受拉构件实际上是不存在的。但当构件上弯矩很小（或偏心距很小）时，为方便计算，可将此类构件简化为轴心受拉构件进行设计，如承受节点荷载的屋架或托架的受拉弦杆、腹杆、刚架、拱的拉杆，以及承受内压力的环形管壁和圆形储液池的壁筒等，如图 7.1（a）、(b) 所示。

偏心受拉构件是一种介于轴心受拉构件与受弯构件之间的受力构件，如矩形水池的池壁、工业厂房双肢柱的受拉肢杆、受地震作用的框架边柱、承受节间荷载的屋架下弦拉杆等，如图 7.1（c）所示。

第 7 章 受拉构件承载力的计算

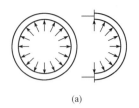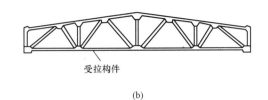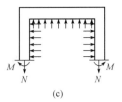

图 7.1 受拉构件工程实例

(a) 圆形储液池；(b) 受节点荷载的屋架；(c) 矩形水池

7.2 轴心受拉构件正截面承载力的计算

7.2.1 轴心受拉构件的受力特点

与适筋梁类似，轴心受拉构件从加载开始到破坏为止，其受力全过程可分为未裂阶段、开裂阶段、破坏阶段三个受力阶段。第Ⅰ阶段为从开始加载到混凝土即将开裂，这一阶段混凝土与钢筋共同受力，轴向拉力与变形基本为线性关系。随着荷载的增加，混凝土很快达到极限拉应变，即将出现裂缝，对于使用阶段不允许开裂的构件，应以此受力状态作为抗裂验算的依据；第Ⅱ阶段从混凝土开裂到受拉钢筋即将屈服。当裂缝出现后，裂缝截面处的混凝土逐渐退出工作，截面上的拉力全部由钢筋承受，对于使用阶段允许出现裂缝的构件，应以此阶段作为裂缝宽度验算的依据；第Ⅲ阶段从受拉钢筋屈服到构件破坏，构件某一裂缝截面的受拉钢筋应力首先达到屈服强度，随即裂缝迅速开展，荷载稍有增加甚至不增加，都会导致裂缝截面的全部钢筋达到屈服强度，构件达到破坏状态，即达到极限荷载 N_u，此受力状态作为截面承载力计算的依据。

7.2.2 轴心受拉构件正截面承载力计算

轴心受拉构件破坏时，混凝土早已被拉裂，全部拉力由钢筋承受，直到钢筋受拉屈服。轴心受拉构件正截面承载力计算公式如下：

$$N \leqslant N_u = f_y A_s \tag{7.1}$$

式中 N——轴向拉力设计值；
N_u——轴心受拉承载力设计值；
f_y——钢筋抗拉强度设计值；
A_s——受拉钢筋的全部截面面积。

轴心受拉构件一侧的受拉钢筋最小配筋率 ρ_{min} 取 0.20% 和 $45\dfrac{f_t}{f_y}$ 中的较大值。

【例 7.1】 已知某钢筋混凝土屋架下弦，截面尺寸 $b \times h = 200 \text{ mm} \times 150 \text{ mm}$，承受的轴心拉力设计值 $N = 272$ kN，混凝土强度等级为 C30，钢筋为 HRB400 级。求截面配筋。

解：查附表 4 得：C30 混凝土，$f_t = 1.43 \text{ N/mm}^2$；查附表 11 得：HRB400 级钢筋，$f_y = 360 \text{ N/mm}^2$。

由式（7.1）得：$A_s = \dfrac{N}{f_y} = \dfrac{272 \times 10^3}{360} = 756$（$\text{mm}^2$），验算最小配筋率满足要求。

选用 3⌀18，$A_s = 763 \text{ mm}^2$。

7.3 偏心受拉构件正截面承载力的计算

7.3.1 偏心受拉构件正截面的破坏形态

根据纵向拉力 N 的作用位置不同，偏心受拉构件可分为大偏心受拉和小偏心受拉两种情况。当轴向拉力 N 作用在 A_s 合力点与 A_s' 合力点之外时（即 $e_0 > h/2 - a_s$），发生大偏心受拉破坏；当轴向拉力 N 作用在 A_s 合力点与 A_s' 合力点之间时（即 $e_0 \leqslant h/2 - a_s$），发生小偏心受拉破坏。

偏心受拉构件纵向钢筋的布置方式与偏心受压构件相同，离轴向拉力较近一侧所配置的钢筋称为受拉钢筋，其截面面积用 A_s 表示；离轴向拉力较远一侧所配置的钢筋称为受压钢筋，其截面面积用 A_s' 表示。根据轴向拉力 N 作用点的位置不同，偏心受拉构件的正截面破坏分为小偏心受拉破坏和大偏心受拉破坏两种破坏形态。

（1）小偏心受拉破坏。当轴向拉力 N 作用在 A_s 合力点与 A_s' 合力点之间时（即 $e_0 \leqslant h/2 - a_s$）（见图 7.2），发生小偏心受拉破坏。随着轴向拉力 N 的增大，混凝土开裂，而且整个截面裂通，拉力全部由钢筋承受。非对称配筋时，只有当纵向拉力 N 作用于钢筋截面面积的"塑性中心"时，两侧纵向钢筋才会同时达到屈服强度，否则纵向拉力 N 近侧钢筋可以屈服，而远侧的钢筋不屈服。如果采用对称钢筋，构件破坏时只有一侧钢筋 A_s 屈服，另一侧钢筋 A_s' 达不到屈服。

（2）大偏心受拉破坏。当轴向拉力 N 作用在 A_s 合力点与 A_s' 合力点之外时（即 $e_0 > h/2 - a_s$）（见图 7.3），发生大偏心受拉破坏。加载开始后，随着轴向拉力 N 的增大，离轴向拉力较近一侧的混凝土首先开裂，但截面不会裂通，离轴向拉力较远一侧仍保留有受压区。否则，对拉力 N 作用点取矩将不满足平衡条件。

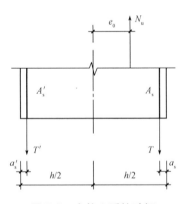

图 7.2 小偏心受拉破坏

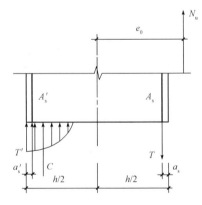

图 7.3 大偏心受拉破坏

破坏特征与 A_s 的数量多少有关。当 A_s 数量适当时，受拉钢筋 A_s 首先屈服，然后受压钢筋 A_s' 应力达到屈服强度，受压区边缘混凝土达到极限压应变而破坏，这与大偏心受压破坏特征类似，设计时应以这种破坏形式为依据。而当 A_s 数量过多时，则首先是受压区混凝土被压坏，受压钢筋 A_s' 屈服，但受拉钢筋 A_s 不屈服，这种破坏形式具有脆性性质，设计时应予以避免。

可见，大、小偏心受拉构件的本质界限是破坏时构件截面上是否存在受压区，而是否存在受压区与轴向拉力 N 作用点的位置有直接关系，所以，在实际设计中以轴向拉力 N 的作用点在钢

筋 A_s 和 A_s' 之间或钢筋 A_s 和 A_s' 之外，作为判别大小偏心受拉的界限，即

(1) 当偏心距 $e_0 \leq h/2 - a_s$ 时，属于小偏心受拉构件；

(2) 当偏心距 $e_0 > h/2 - a_s$ 时，属于大偏心受拉构件。

其中，$e_0 = \dfrac{M}{N}$。

7.3.2 矩形截面小偏心受拉构件的正截面承载力计算

(1) 基本公式。达到承载能力极限状态时，小偏心受拉构件全截面混凝土裂通，裂缝截面的拉力全部由钢筋承担。在设计时，不考虑混凝土的受拉作用，假定构件破坏时钢筋 A_s 及 A_s' 的应力都达到屈服强度。分别对钢筋 A_s 及 A_s' 的合力点取矩（见图 7.4），可得到矩形截面小偏心受拉构件正截面承载力的基本公式：

$$Ne \leq N_u e = f_y A_s' (h_0 - a_s') \tag{7.2a}$$

$$Ne' \leq N_u e' = f_y A_s (h_0' - a_s) \tag{7.2b}$$

式中　e——轴向拉力 N 至钢筋 A_s 合力点的距离，$e = h/2 - e_0 - a_s$；

　　　e'——轴向拉力 N 至钢筋 A_s' 合力点的距离，$e = e_0 + h/2 - a_s'$。

(2) 适用条件。为了保证构件不发生少筋破坏，A_s、A_s' 应满足最小配筋率要求。偏心受拉构件的一侧受拉钢筋最小配筋率取 0.20% 和 $45\dfrac{f_t}{f_y}$ 中的较大值。

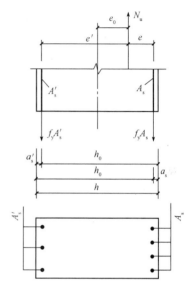

图 7.4　小偏心受拉构件正截面承载力计算简图

当采用对称配筋时，计算公式与式 (7.2b) 相同，即

$$A_s' = A_s = \dfrac{Ne'}{f_y (h_0' - a_s)}$$

《混凝土结构设计规范》规定，轴心受拉及小偏心受拉构件的纵向受拉钢筋不得采用绑扎接头。

7.3.3 矩形截面大偏心受拉构件的正截面承载力计算

达到承载能力极限状态时，大偏心受拉构件离轴向拉力 N 较近一侧的混凝土开裂，钢筋 A_s 受拉屈服；另一侧的混凝土压碎，钢筋 A_s' 受压屈服。因此，在进行正截面承载力计算时，受拉钢筋 A_s 的应力取抗拉强度设计值 f_y，受压钢筋 A_s' 的应力取抗压强度设计值 f_y'，混凝土压应力分布采用等效矩形应力图，其应力值为 $\alpha_1 f_c$，受压区高度为 x，截面应力计算简图如图 7.5 所示。

(1) 基本公式。由力和力矩平衡条件，可得到矩形截面大偏心受拉构件正截面承载力的基本公式

$$N \leq N_u = f_y A_s - f_y' A_s' - \alpha_1 f_c bx \tag{7.3a}$$

$$Ne \leq N_u e = \alpha_1 f_c bx \left(h_0 - \dfrac{x}{2}\right) + f_y' A_s' (h_0 - a_s') \tag{7.3b}$$

式中　e——轴向拉力 N 至钢筋 A_s 合力点的距离，$e = e_0 - h/2 + a_s$。

将 $x=\xi h_0$ 代入式（7.3a）和式（7.3b），并令 $\alpha_s=\xi\left(1-\dfrac{\xi}{2}\right)$，则计算公式还可写成如下形式：

$$N \leqslant N_u = f_y A_s - f'_y A'_s - \alpha_1 f_c b \xi h_0 \quad (7.4a)$$

$$Ne \leqslant N_u e = \alpha_1 f_c \alpha_s b h_0^2 + f'_y A'_s (h_0 - a'_s) \quad (7.4b)$$

（2）适用条件。

① 为了保证构件不发生超筋破坏，应满足

$$x \leqslant \xi_b h_0$$

② 为了保证构件在破坏时受压钢筋应力能够达到抗压强度设计值 f'_y，应满足

$$x \geqslant 2a'_s$$

设计时为使钢筋总用量 $(A_s+A'_s)$ 最少，与偏心受压构件一样，应取 $x_b=\xi_b h_0$，代入式（7.3a）和式（7.3b），可得

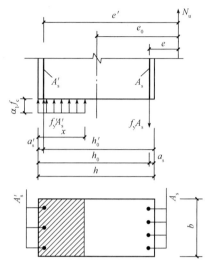

图 7.5 大偏心受拉构件正截面承载力计算简图

$$A'_s = \dfrac{Ne - \alpha_1 f_c b x_b \left(h_0 - \dfrac{x_b}{2}\right)}{f'_y (h_0 - a'_s)} \quad (7.5a)$$

$$A_s = \dfrac{\alpha_1 f_c b x_b + N}{f_y} + \dfrac{f'_y}{f_y} A'_s \quad (7.5b)$$

式中 e'——轴向拉力 N 至钢筋 A'_s 合力点的距离，$e'=e_0+h/2-a'_s$。

若计算中出现 $x<2a'_s$ 的情况，和大偏心受压构件截面设计时相同，近似取 $x=2a'_s$，并对受压钢筋 A'_s 合力点取矩得到

$$Ne' \leqslant N_u e' = f_y A_s (h_0 - a'_s) \quad (7.6)$$

$$A_s = \dfrac{Ne'}{f_y (h_0 - a'_s)} \quad (7.7)$$

利用式（7.7）计算出 A_s，然后取 $A'_s=0$ 计算出 A_s，最后按这两种计算的较小值进行配筋。

对称配筋时，由于 $A_s=A'_s$，$f_y=f'_y$，代入基本公式（7.3a）后，求出的 x 必然为负值，属于 $x<2a'_s$ 的情况。因此，大偏心受拉构件对称配筋时，也应按式（7.7）计算。即

$$A'_s = A_s = \dfrac{Ne'}{f_y (h_0 - a'_s)}$$

7.3.4 截面设计与截面复核

1. 截面设计

对称配筋的矩形截面偏心受拉构件，不论大小偏心均可按下式计算，即

$$A'_s = A_s = \dfrac{Ne'}{f_y (h'_0 - a_s)}$$

非对称配筋时按下列方法进行计算：

（1）当 $e_0 \leqslant \dfrac{h}{2} - a_s$ 时，按照小偏心受拉构件计算。令 $N=N_u$，按式（7.2a）、式（7.2b）计算 A'_s 与 A_s，求得的 A'_s、A_s 应满足最小配筋率要求，即

$$A'_s = \dfrac{Ne}{f_y (h_0 - a'_s)}$$

$$A_s = \frac{Ne'}{f_y(h_0' - a_s)}$$

（2）当 $e_0 > h/2 - a_s$ 时，按照大偏心受拉构件计算。

大偏心受拉构件截面设计有两种情形，分别为"A_s'、A_s 均未知"和"已知 A_s'、求 A_s"两种情形。

① A_s'、A_s 均未知。

a. 令 $N = N_u$，$M = N_u e_0$，由式（7.4a）及式（7.4b）可以看出有两个方程，三个未知数（ξ、A_s'、A_s），不能求得唯一解。为充分发挥受压区混凝土的抗压作用，同偏心受压构件一样，以钢筋总用量（$A_s + A_s'$）作为补充条件，为简化计算，可直接取 $\xi = \xi_b$ 代入式（7.4b）求 A_s'。

$$A_s' = \frac{Ne - \alpha_1 f_c \alpha_{sb} b h_0^2}{f_y'(h_0 - a_s')}$$

其中

$$\alpha_{sb} = \xi_b(1 - 0.5\xi_b)$$

b. 若求得的 $A_s' \geq \rho_{min}' b h_0$，则将 A_s' 及 $\xi = \xi_b$ 代入式（7.4a）求 A_s。

$$A_s = \frac{\alpha_1 f_c b \xi_b h_0 + N}{f_y} + \frac{f_y'}{f_y} A_s' \geq \rho_{min} b h$$

若求得的 $A_s' < \rho_{min}' b h_0$ 甚至出现负值时，取 $A_s' = \rho_{min}' b h_0$，然后转"已知 A_s'，求 A_s"的情形。

② 已知 A_s' 求 A_s。

a. 令 $N = N_u$，$M = N_u e_0$，将已知条件代入式（7.4b）计算 α_s，即

$$\alpha_s = \frac{Ne - f_y' A_s'(h_0 - a_s')}{\alpha_1 f_c b h_0^2}$$

b. 计算 $\xi = 1 - \sqrt{1 - 2\alpha_s}$，同时验算公式的适用条件

$$x \leq \xi_b h_0 \ (\text{或} \ \xi \leq \xi_b)$$

$$x \geq 2a_s' \left(\text{或} \ \xi \geq \frac{2a_s'}{h_0}\right)$$

在计算过程中，若出现 $\xi > \xi_b$，则说明受压区钢筋数量不足，应增加 A_s' 的数量，按照 A_s'、A_s 均未知的情况计算，或者增大截面尺寸重新计算。

若出现 $x < 2a_s'$，应按照式（7.6）计算 A_s，即

$$A_s = \frac{Ne'}{f_y(h_0 - a_s')}$$

然后，取 $A_s' = 0$ 计算出 A_s，最后按这两种计算的较小值进行配筋。

【例 7.2】某钢筋混凝土偏心受拉构件，安全等级为二级，处于一类环境，截面尺寸 $b \times h = 250 \text{ mm} \times 400 \text{ mm}$，承受轴向拉力设计值 $N = 632$ kN，弯矩设计值 $M = 72$ kN·m，采用强度等级为 C30 混凝土和 HRB400 级钢筋。求钢筋截面面积 A_s、A_s'。

解：（1）确定基本参数。

查附表 4 和附表 11，C30 混凝土 $f_t = 1.43$ N/mm^2，HRB400 级钢筋 $f_y = 360$ N/mm^2。

查附表 17，一类环境，C30 混凝土，假定钢筋单排布置，若箍筋直径 $d_v = 6$ mm，则 $a_s' = a_s = 35$ mm，$h_0 = h_0' = 400 - 35 = 365$（mm）

（2）判断偏心类型。

$$e_0 = \frac{M}{N} = \frac{72 \times 10^6}{632 \times 10^3} = 114 \ (\text{mm}) < \frac{h}{2} - a_s = 165 \text{ mm}，属于小偏心受拉构件。$$

(3) 计算几何条件。

$$e = \frac{h}{2} - a_s - e_0 = \frac{400}{2} - 35 - 114 = 51 \text{ (mm)}$$

$$e' = \frac{h}{2} - a'_s + e_0 = \frac{400}{2} - 35 + 114 = 279 \text{ (mm)}$$

(4) 求 A_s 和 A'_s。

由式 (7.2a)、式 (7.2b) 得

$$A'_s = \frac{Ne}{f_y(h_0 - a'_s)} = \frac{632 \times 10^3 \times 51}{360 \times (365 - 35)} = 271 \text{ (mm}^2\text{)}$$

$$A_s = \frac{Ne'}{f_y(h'_0 - a_s)} = \frac{632 \times 10^3 \times 279}{360 \times (365 - 35)} = 1\,484 \text{ (mm}^2\text{)}$$

$$0.45 \frac{f_t}{f_y} = 0.45 \times \frac{1.43}{360} = 0.001\,8 < 0.002,\ \text{取}\ \rho_{\min} = 0.002$$

$$A'_{s,\min} = A_{s,\min} = \rho_{\min} bh = 0.002 \times 250 \times 400 = 200 \text{ (mm}^2\text{)}$$

A_s、A'_s 均满足最小配筋率要求。

查附表 24,A'_s 选 2Φ14($A'_s = 308 \text{ mm}^2$);A_s 选 4Φ22($A_s = 1\,520 \text{ mm}^2$)。

【例 7.3】某钢筋混凝土矩形水池,如图 7.6 所示,安全等级为二级,壁厚为 300 mm,池壁跨中水平向每米宽度上最大弯矩 $M = 540 \text{ kN·m}$,相应的轴向拉力 $N = 360 \text{ kN}$,采用强度等级为 C30 的混凝土,HRB400 级钢筋,试求池壁水平向所需钢筋。

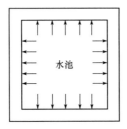 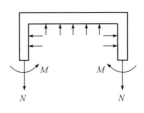

图 7.6 矩形水池池壁弯矩 M 和拉力 N 的示意图

解:(1) 确定基本参数。

查附表 3、附表 4 和附表 11 及表 4.5、表 4.6 可知,C30 混凝土,$f_c = 14.3 \text{ N/mm}^2$,$f_t = 1.43 \text{ N/mm}^2$,HRB400 级钢筋,$f_y = 360 \text{ N/mm}^2$,$\alpha_1 = 1.0$,$\xi_b = 0.518$。

对于水池,取 $c = 30$ mm,且取 $a'_s = a_s = 40$ mm

查附表 22,$\rho_{\min} = 0.2\% > 0.45 \frac{f_t}{f_y} = 0.45 \times \frac{1.43}{360} \times 100\% = 0.179\%$,$\rho'_{\min} = 0.2\%$

(2) 判别类型。

$e_0 = M/N = 540 \times 10^3/360 = 1\,500$(mm) $> h/2 - a_s = 300/2 - 40 = 110$(mm),属于大偏心受拉。

(3) 配筋计算。

$h_0 = 300 - 40 = 260$(mm)

$e = e_0 - h/2 + a_s = 1\,500 - 300/2 + 40 = 1\,390$(mm)

为充分发挥受压区混凝土抗压作用,设计时同偏心受压构件一样,为了使钢筋总用量($A_s +$

A_s') 最小，取 $x = \xi_b h_0$，由式（7.3b）可得

$$A_s' = \frac{Ne - \alpha_1 f_c b h_0^2 \xi_b (1 - 0.5\xi_b)}{f_y'(h_0 - a_s')}$$

$$= \frac{360 \times 10^3 \times 1\,390 - 1.0 \times 14.3 \times 1\,000 \times 260^2 \times 0.518 \times (1 - 0.5 \times 0.518)}{360 \times (260 - 40)} = 1\,633 \text{（mm}^2\text{）}$$

$> \rho_{min}' bh = 0.002 \times 1\,000 \times 300 = 600$（mm²）

由式（7.3a）可得

$$A_s = \frac{\alpha_1 f_c b h_0 \xi_b + f_y' A_s' + N}{f_y} = \frac{1.0 \times 14.3 \times 1\,000 \times 260 \times 0.518 + 360 \times 1\,633 + 360 \times 10^3}{360}$$

$= 7\,983$（mm²） $> \rho_{min} bh = 0.002 \times 1\,000 \times 300 = 600$（mm²）

选配受压钢筋为 ⊈12@70（$A_s' = 1\,616$ mm²）；受拉钢筋 ⊈28@75（$A_s = 8\,205$ mm²）

【例 7.4】 某钢筋混凝土屋架的偏心受拉弦件，处于一类环境，安全等级为二级，截面尺寸 $b \times h = 300 \text{ mm} \times 400 \text{ mm}$。承受轴心拉力设计值 $N = 540$ kN，弯矩设计值 $M = 120$ kN·m，采用强度等级为 C30 的混凝土和 HRB400 级钢筋。试进行配筋计算。

解：（1）确定基本参数。

查附表 3、附表 4 和附表 11 及表 4.5、表 4.6 可知，C30 混凝土 $f_t = 1.43$ N/mm²，$f_c = 14.3$ N/mm²，HRB400 级钢筋 $f_y = 360$ N/mm²，$\alpha_1 = 1.0$，$\xi_b = 0.518$。

查附表 20，一类环境，C30 混凝土，假定钢筋单排布置，若箍筋直径 $d_v = 6$ mm，则 $a_s' = a_s = 35$ mm。

查附表 22，$\rho_{min} = 0.45 \frac{f_t}{f_y} = 0.45 \times \frac{1.43}{360} \times 100\% = 0.179\% < 0.2\%$，$\rho_{min}' = 0.2\%$

（2）判别类型。

$e_0 = M/N = 120 \times 10^3/540 = 222$（mm） $> h/2 - a_s = 400/2 - 35 = 165$（mm），属于大偏心受拉。

（3）配筋计算。

$h_0 = 400 - 35 = 365$（mm）

$x = \xi_b h_0 = 0.518 \times 365 = 189.1$（mm）

$e = e_0 - h/2 + a_s = 222 - 400/2 + 35 = 57$（mm）

为充分发挥受压区混凝土抗压作用，设计时同偏心受压构件一样，为了使钢筋总用量（$A_s + A_s'$）最小，取 $x = \xi_b h_0$，由式（7.3b）可得

$$A_s' = \frac{Ne - \alpha_1 f_c b h_0^2 \xi_b (1 - 0.5\xi_b)}{f_y'(h_0 - a_s')}$$

$$= \frac{540 \times 10^3 \times 57 - 1.0 \times 14.3 \times 300 \times 365^2 \times 0.518 \times (1 - 0.5 \times 0.518)}{360 \times (365 - 35)} < 0$$

按构造要求配置，取 $A_s' = \rho_{min}' bh = 0.2\% \times 300 \times 400 = 240$（mm²）

由式（7.3b）解 x 的一元二次方程式得

$x = 4.53 < 2a_s' = 70$ mm

即 $x < 2a_s'$，$e' = e_0 + \frac{h}{2} - a_s' = 222 + \frac{400}{2} - 35 = 387$（mm）

$$A_s = \frac{Ne'}{f_y(h_0' - a_s)} = \frac{540 \times 10^3 \times 387}{360 \times (365 - 35)} = 1\,759 \text{（mm}^2\text{）}$$

$$> \rho_{\min} bh = 0.215\% \times 300 \times 400 = 258 \text{ (mm}^2\text{)}$$

令 $A'_s = 0$ 时，由式（7.3b）重解 x 的一元二次方程式得：$x = 20.08$ mm

将 x 代入式（7.3a），重求 A_s 得

$$A_s = \frac{N + f'_y A'_s + \alpha_1 f_c bx}{f_y} = \frac{540 \times 10^3 + 1.0 \times 14.3 \times 300 \times 20.08}{360} = 1\,739 \text{ (mm}^2\text{)}$$

A_s 从上面两个值中取较小值，即 $A_s = 1\,739$ mm^2

（4）选配钢筋。

选配受压钢筋 A'_s 为 2Φ14（$A'_s = 308$ mm^2）

选配受拉钢筋 A_s 为 4Φ25（$A_s = 1\,964$ mm^2）

2. 截面复核

已知截面上作用轴向拉力 N 和弯矩 M，截面尺寸 $b \times h$，截面配筋 A_s 及 A'_s，混凝土强度等级及钢筋类型，验算截面上的承载能力是否满足要求。

（1）当 $e_0 \leq \frac{h}{2} - a_s$ 时，按照小偏心受拉构件计算。

承载力复核时，根据已知的 A_s 与 A'_s 及其设计强度，可由式（7.2a）、式（7.2b）分别求得 N_u，其中较小者即构件正截面的极限受拉承载力。

（2）当 $e_0 > h/2 - a_s$ 时，按照大偏心受拉构件计算。

①联立式（7.3a）和式（7.3b），求得 x。

②若 $2a'_s \leq x \leq \xi_b h_0$，则由式（7.3a）计算截面所能承担的轴向拉力 N_u。

③若 $x > \xi_b h_0$，则取 $x = \xi_b h_0$ 代入式（7.3a）和式（7.3b）各计算一个 N_u，并取较小者。

④若 $x < 2a'_s$，则由式（7.6）计算 N_u；同时再按 $A'_s = 0$（即按单侧配筋的情况）求 N_u；由于两种算法均偏安全，故 N_u 取两者中的较大值。

7.4 偏心受拉构件斜截面受剪承载力的计算

对于偏心受拉构件，截面往往在受到弯矩 M 及轴力 N 共同作用的同时，还受到剪力 V 作用，因此，需验算斜截面受剪承载力。

研究表明，由于轴向拉力的存在，混凝土的剪压区高度比仅受到弯矩 M 作用时小，同时轴向拉力的存在也增大了构件中的主拉应力，使得构件中的斜裂缝开展得较长、较宽，且倾角也较大，从而导致构件的斜截面受剪承载力降低。考虑到结构试验条件与实际工程条件的差别，同时考虑拉力的存在对构件抗剪的不利作用，因此通过可靠度的分析，将轴向拉力这种不利影响取为 $0.2N$。

因此，《混凝土结构设计规范》以受弯构件的斜截面受剪承载力计算公式为基础，考虑轴向拉力对斜截面受剪承载力的不利影响，得到矩形、T 形和 I 形截面的偏心受拉构件斜截面受剪承载力计算公式

$$V = \frac{1.75}{\lambda + 1} f_t b h_0 + f_{yv} \frac{A_{sv}}{s} h_0 - 0.2N \tag{7.8}$$

式中 λ——计算截面的剪跨比，与偏心受压构件的取值相同；

N——与剪力设计值 V 相应的轴向拉力设计值。

第7章 受拉构件承载力的计算

轴向拉力的存在主要降低了混凝土的受剪承载能力,对箍筋基本无影响,因此当 N 数值较大时,即

$$\frac{1.75}{\lambda+1}f_t bh_0 - 0.2N \leq 0$$

构件受剪承载力应按下式计算:

$$V = f_{yv}\frac{A_{sv}}{s}h_0$$

且 $f_{yv}\dfrac{A_{sv}}{s}h_0$ 值不得小于 $0.36 f_t bh_0$,即所配箍筋应满足偏心拉剪构件的最小配箍率要求

$$\rho_{sv} = \frac{A_{sv}}{bs} \geq 0.36\frac{f_t}{f_{yv}}$$

与偏心受压构件相同,受剪截面尺寸应符合《混凝土结构设计规范》中的相关要求。

思考题

7.1 大、小偏心受拉破坏的判别条件是什么?与大、小偏心受压破坏的判别条件有何异同?

7.2 大、小偏心受拉构件的受力特点和破坏形态有何不同?

7.3 画出大、小偏心受拉构件的计算简图并写出计算公式。

7.4 分析钢筋混凝土大偏心受拉构件非对称配筋计算中出现 $x < 2a'_s$ 或为负值的原因。应如何计算?

7.5 大偏心受拉构件的正截面承载力计算中,x_b 的取值为什么与受弯构件相同?

7.6 偏心受拉和偏心受压构件斜截面承载力计算公式有何不同?为什么?

习 题

7.1 已知某偏心受拉构件,处于一类环境,安全等级为二级,采用强度等级为 C30 的混凝土和 HRB400 级钢筋,截面尺寸 $b \times h = 300 \text{ mm} \times 500 \text{ mm}$,$a_s = a'_s = 45 \text{ mm}$,承受轴心拉力设计值 $N = 900 \text{ kN}$,弯矩设计值 $M = 90 \text{ kN} \cdot \text{m}$。求钢筋截面面积 A_s、A'_s。

7.2 已知某偏心受拉构件,处于一类环境,安全等级为二级,采用强度等级为 C30 的混凝土和 HRB400 级钢筋截面尺寸 $b \times h = 300 \text{ mm} \times 450 \text{ mm}$,$a_s = a'_s = 45 \text{ mm}$,承受轴心拉力设计值 $N = 600 \text{ kN}$,弯矩设计值 $M = 540 \text{ kN} \cdot \text{m}$。求钢筋截面面积 A_s、A'_s。

第8章

受扭构件承载力的计算

★教学目标

本章要求掌握矩形截面受扭构件的破坏形态；了解纯扭构件开裂、破坏机理；理解变角度空间桁架模型计算受扭构件扭曲承载力的基本思路；掌握弯剪扭构件配筋计算方法、限制条件及配筋构造要求。

8.1 概 述

扭转是结构构件受力的基本形式之一，受扭构件是指截面上作用有扭矩的构件。在钢筋混凝土结构中，受纯扭矩作用的结构很少，大多数情况下都是处于弯矩、剪力和扭矩或压力、弯矩、剪力和扭矩共同作用下的复合受力状态。如雨篷梁、曲梁、吊车梁、螺旋楼梯、框架边梁及框架结构角柱、有吊车厂房柱等，均属于弯、剪、扭或压、弯、剪、扭共同作用下的结构。

根据扭转形成的原因不同，受扭构件可以分为平衡扭转和协调扭转两类。平衡扭转又称静定扭转，是由荷载作用直接引起的，其截面扭矩可由平衡条件求得，即构件所受到扭矩的大小与构件扭转刚度的大小无关，图8.1（a）所示的雨篷梁为平衡扭转构件。协调扭转又称超静定扭转，是由超静定结构中相邻构件间的变形协调引起的，其截面扭矩须由静力平衡条件和变形协调条件才能求得，即构件所受到扭矩的大小与构件扭转刚度的大小有关。图8.1（b）所示的框架边梁为协调扭转构件，楼板次梁的支座负弯矩即作用在框架边梁上的外扭矩，该外扭矩的大小由支承点处楼板次梁的转角与框架边梁的扭转角的变形协调条件所决定。

纯扭构件的受力性能和承载力计算是复合受扭构件的基础，本章首先介绍纯扭构件的受力性能和承载力计算，然后介绍弯剪扭构件的受力性能和承载力计算。

第8章 受扭构件承载力的计算

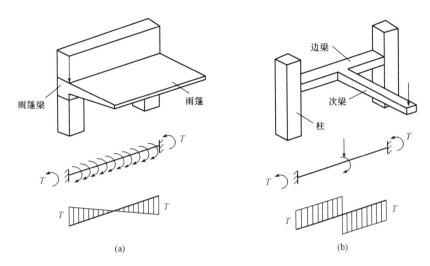

图 8.1 受扭构件
(a) 雨篷梁（平衡扭转）；(b) 框架边梁（协调扭转）

8.2 纯扭构件的破坏形态

8.2.1 素混凝土纯扭构件的破坏形态

下面以图 8.2（a）所示的矩形截面素混凝土纯扭构件为例，阐述其在扭矩作用下的破坏形式。

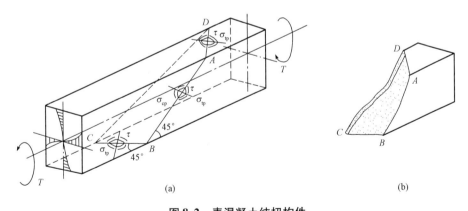

图 8.2 素混凝土纯扭构件
(a) 构件；(b) 空间扭曲破坏面

构件受到扭矩 T 作用后，截面上将产生剪应力 τ，剪应力在构件截面长边的中点达到最大。相应地在与构件纵轴成 45°方向产生主拉应力 σ_{tp} 和主压应力 σ_{cp}，且 $\sigma_{tp}=\sigma_{cp}=\tau$，如图 8.2（a）所示。

随着扭矩 T 的增大，当主拉应力达到混凝土的抗拉强度时，构件开裂。试验表明，首先在构件长边侧面中点附近垂直于主拉应力方向被拉裂,裂缝与构件纵轴大致成45°。然后,裂缝迅速向该边的上下边缘延伸,并以螺旋形向上下两个相邻面延伸,很快就形成三面开裂、一面受压的空间扭曲破坏面,如图8.2(b)所示。最后构件断裂成两半而破坏,具有典型的脆性破坏性质。

8.2.2 钢筋混凝土纯扭构件的破坏形态

为避免素混凝土构件一裂就坏的缺陷,在构件中需要配置受扭钢筋。当混凝土开裂后,可由钢筋继续承担拉力,这对提高构件的抗扭承载力有很大的作用。根据弹性分析结果以及构件裂缝发展状况,最合理的配筋方式是在构件靠近表面处设置呈45°走向的螺旋形钢筋。但这种配筋方式不仅不便于施工,而且当扭矩反向后将完全失去效用。实际工程中,一般采用由靠近构件表面的箍筋和沿构件周边均匀对称布置的纵向钢筋共同组成的受扭钢筋骨架(见图8.3)。这种方式与构件中受弯纵向钢筋和受剪箍筋的布置方式相协调,不但施工方便,而且沿构件全长可承受正负两个方向的扭矩。

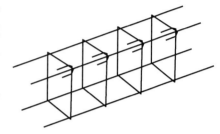

图8.3 受扭钢筋骨架

国内外纯扭构件的试验结果表明,钢筋混凝土受扭构件的扭曲截面破坏形态与受扭纵筋配筋率和受扭箍筋配箍率的大小有关,大致可以分为适筋破坏、部分超筋破坏、超筋破坏和少筋破坏四类。

1. 适筋破坏

当构件中的受扭箍筋和受扭纵筋配置适量时,受力全过程的扭矩T和扭转角θ的关系曲线为如图8.4所示的"适筋"曲线。加荷初期,钢筋应力很小,构件受力性能与素混凝土构件相似,T-θ曲线近似呈线性关系。当加荷至构件开裂后,裂缝截面的混凝土退出工作,钢筋应力突然增大,但没有屈服,构件的抗扭刚度明显降低,扭转角增大。试验证明,开裂扭矩与配筋率关系不大。随着扭矩继续增大,逐渐在构件表面形成多条螺旋形裂缝,如图8.5所示。当接近极限扭矩时,构件长边上的某一条裂缝发展为临界斜裂缝,随之与临界斜裂缝相交的纵筋和箍筋相继屈服。随后,斜裂缝迅速加宽并向相邻面延伸,直至形成三面开裂、一面受压的空间扭曲破坏面。最后,空间扭曲破坏面上

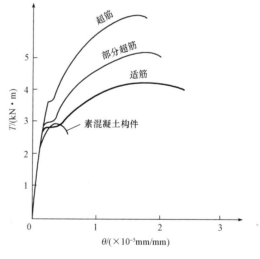

图8.4 纯扭构件的T-θ曲线

受压边的混凝土被压碎,构件破坏,如图8.6所示。由于钢筋配置适量,破坏前,构件的变形和裂缝有明显的发展过程,属延性破坏,称为"适筋破坏"。

2. 部分超筋破坏

构件中,受扭纵筋配筋率和箍筋配箍率相差较大,一种配置合适而另一种配置过多。构件破坏时,只有配置适量的钢筋屈服,配置过多的钢筋未屈服,受压区混凝土被压碎,破坏具有一定的延性,但较适筋破坏的延性小,在工程设计中仍宜予以避免。

图 8.5 纯扭构件表面的螺旋形裂缝

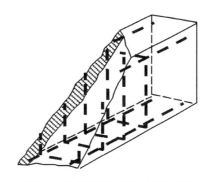
图 8.6 钢筋混凝土纯扭适筋构件的空间扭曲破坏面

3. 超筋破坏

构件中,受扭箍筋和纵筋配置均过多时,破坏前构件表面的螺旋形裂缝数量很多但宽度均较小。构件破坏时,纵筋和箍筋均未屈服,受压区混凝土被压碎而突然破坏,属于脆性破坏,在工程设计中应予避免。

4. 少筋破坏

构件中,受扭箍筋和纵筋或者其中之一配置过少时,混凝土一旦开裂,与裂缝相交的钢筋立即屈服甚至被拉断,构件破坏,属脆性破坏,在工程设计中应予避免。

如上所述,在钢筋混凝土纯扭构件的四种破坏形态中,只有适筋破坏是"箍筋和纵筋先屈服,混凝土后压碎",即破坏时,钢筋和混凝土的强度都得到充分利用,而且是延性破坏,故工程设计中,应采用适筋构件。

受扭构件配置钢筋不能有效地提高受扭构件的开裂扭矩,但能较大幅度地提高受扭构件破坏时的极限扭矩值。

8.3 纯扭构件扭曲截面承载力计算

纯扭构件扭曲截面计算包括两个方面内容:一方面为受扭构件开裂扭矩计算;另一方面为受扭构件受扭承载力计算。当构件扭矩设计值大于开裂扭矩值时,应按计算配置受扭纵筋和箍筋用以达到截面承载力要求,同时,还应满足构件受扭构造要求。

8.3.1 受扭构件的开裂扭矩

由于混凝土开裂时的极限拉应变很小,此时钢筋的应力也很小,它对构件受扭的开裂荷载影响不大,因此在计算开裂扭矩时忽略钢筋的影响。

1. 按弹性理论计算

若将混凝土视为理想弹性材料,在扭矩 T 作用下,矩形截面弹性剪应力分布如图 8.7(a)所示,当截面长边中点的最大剪应力 τ_{max} 达到混凝土的抗拉强度 f_t 时,截面处于开裂的临界状态,按弹性理论可得到矩形截面纯扭构件的弹性开裂扭矩计算公式

$$T_{cr} = \alpha b^2 h f_t \tag{8.1}$$

式中 α——与截面长短边之比 h/b 有关的系数,当 $h/b = 1 \sim 10$ 时,$\alpha = 0.208 \sim 0.313$。

2. 按塑性理论计算

若将混凝土视为理想弹塑性材料，当截面上最大剪应力值达到材料强度时，结构材料进入塑性阶段，截面上剪应力重新分布。当截面上剪应力全截面达到混凝土抗拉强度时，构件达到混凝土即将开裂状态。根据塑性力学理论，可将截面上剪应力划分为四个部分，各部分剪应力的合力如图 8.7（b）所示。

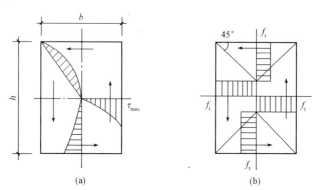

图 8.7 矩形截面纯扭构件的剪应力分布
（a）弹性剪应力分布；（b）塑性剪应力分布

假定截面上任意一点的剪应力均达到混凝土的抗拉强度 f_t 时，截面处于开裂的临界状态。根据开裂扭矩 T_{cr} 等于图 8.7（b）所示的剪应力所组成的力偶，可推得矩形截面纯扭构件的塑性开裂扭矩计算公式

$$T_{cr} = f_t \frac{b^2}{6}(3h - b) = f_t W_t \tag{8.2}$$

式中 W_t ——截面受扭塑性抵抗矩。

3. 钢筋混凝土纯扭构件开裂扭矩的计算

实际上，混凝土既非理想的弹性材料，又非理想的塑性材料，而是介于两者之间的弹塑性材料。对于低强度混凝土，具有一定的塑性性质；对于高强度混凝土，其脆性显著增大。截面上混凝土剪应力不会像理想塑性材料那样完全的应力重分布，而且混凝土应力也不会全截面达到抗拉强度 f_t，所以试验得到的开裂扭矩比式（8.1）的计算值大，又比式（8.2）的计算值小。

为此，《混凝土结构设计规范》以塑性理论的计算式（8.2）为基础，根据试验结果乘以一个修正系数得到钢筋混凝土纯扭构件开裂扭矩的计算公式。试验表明，对于中低强度混凝土的修正系数为 0.8；对于高强度混凝土的修正系数近似为 0.7。因此，为方便工程应用，并满足可靠度的要求，对于矩形、T 形、I 形和箱形截面的钢筋混凝土纯扭构件的开裂扭矩，应按下式计算：

$$T_{cr} = 0.7 f_t W_t \tag{8.3}$$

式中 W_t ——截面受扭塑性抵抗矩。

4. 受扭构件的截面受扭塑性抵抗矩计算

（1）矩形截面。矩形截面的受扭塑性抵抗矩应按式（8.4）计算。

$$W_t = \frac{b^2}{6}(3h - b) \tag{8.4}$$

式中 b、h ——矩形截面的短边尺寸、长边尺寸。

（2）T 形、I 形截面。理论上，按照"优先保证宽度较大的矩形分块完整性"的原则对截面进行划分。《混凝土结构设计规范》为简化按"腹板最大原则"对截面进行划分。按图 8.8 所示方法将 T 形和 I 形截面分别划分为若干个矩形分块；然后，按式（8.5）计算 T 形和 I 形截面的受扭塑性抵抗矩 W_t。

$$W_t = W_{tw} + W'_{tf} + W_{tf} \tag{8.5a}$$

式中　W_{tw}、W'_{tf}、W_{tf}——腹板、受压翼缘和受拉翼缘矩形分块的截面受扭塑性抵抗矩，分别按式（8.5b）~式（8.5d）计算。

腹板为

$$W_{tw} = \frac{b^2}{6}(3h - b) \tag{8.5b}$$

受压翼缘为

$$W'_{tf} = \frac{h'^2_f}{2}(b'_f - b) \tag{8.5c}$$

受拉翼缘为

$$W_{tf} = \frac{h^2_f}{2}(b_f - b) \tag{8.5d}$$

式中的翼缘宽度应满足 $b'_f \leq b + 6h'_f$，$b_f \leq b + 6h_f$。

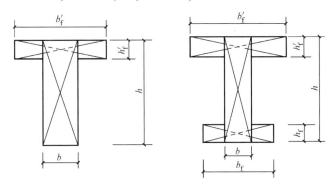

图 8.8　T 形及 I 形截面划分矩形分块

（3）箱形截面。对于图 8.9 所示的箱形截面的受扭塑性抵抗矩应按式（8.6）计算。

$$W_t = \frac{b^2_h}{6}(3h_h - b_h) - \frac{(b_h - 2t_w)^2}{6}[3h_w - (b_h - 2t_w)] \tag{8.6}$$

式中　b_h、h_h——箱形截面的短边尺寸、长边尺寸。

其余符号含义如图 8.9 所示。

8.3.2　受扭构件扭曲截面承载力计算

1. 构件受扭的工作机理

试验研究表明，矩形截面纯扭构件在接近承载能力极限状态时，核心部分混凝土起的作用很小，可忽略不计。因此，可将实心截面的钢筋混凝土受扭构件比拟为一个箱形截面构件。此时，具有螺旋形裂缝的混凝土箱壁与受扭钢筋一起形成一个变角空间桁架模型（见图 8.10）。在该模型中，纵筋相当于桁架的受拉弦杆，箍筋相当于桁架的受拉腹杆，斜裂缝间的混凝土相当于桁架的斜压腹杆，斜裂缝的倾角 α 随受扭纵筋与箍筋的配筋强度比值 ζ 而变化，一般在 30°和 60°之间变化。

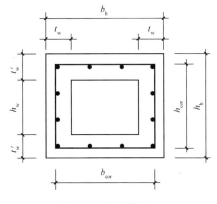

图 8.9　箱形截面

按此模型，由平衡条件可得矩形截面纯扭构件的受扭承载力 T_u

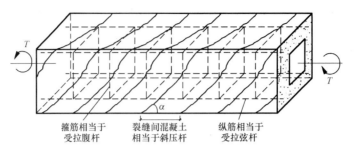

图 8.10 变角空间桁架模型

$$T_u = 2\sqrt{\zeta}f_{yv}\frac{A_{st1}A_{cor}}{s} \tag{8.7}$$

式中 ζ——受扭纵筋与箍筋的配筋强度比值，见式（8.9b）。

式（8.7）仅反映了受扭钢筋的作用，而没有反映构件的受扭承载力随混凝土强度的提高而提高的规律。所以，式（8.7）的计算值也就必然与试验结果有一定的差距。因此，变角空间桁架模型主要不是用于受扭承载力计算，其意义主要在于：一是揭示了纯扭构件受扭的工作机理；二是通过分析得到了由钢筋分担的受扭承载力的基本变量。

2. 矩形截面纯扭构件的受扭承载力计算

根据构件受扭的工作机理，《混凝土结构设计规范》取钢筋混凝土纯扭构件的受扭承载力 T_u 由混凝土的受扭作用 T_c 和箍筋与纵筋的受扭作用 T_s 两部分组成，且取混凝土受扭作用 T_c 的基本变量为 $f_t W_t$，取箍筋与纵筋受扭作用 T_s 的基本变量为 $\sqrt{\zeta}f_{yv}A_{st1}A_{cor}/s$，即钢筋混凝土纯扭构件的受扭承载力 T_u 可用下式表示：

$$T_u = \alpha_1 f_t W_t + \alpha_2 \sqrt{\zeta}f_{yv}\frac{A_{st1}A_{cor}}{s} \tag{8.8}$$

根据大量的实测数据进行回归分析，确定两参数的取值：$\alpha_1 = 0.35$，$\alpha_2 = 1.2$，如图 8.11 所示。

因此，《混凝土结构设计规范》规定，矩形截面钢筋混凝土纯扭构件的受扭承载力应符合下列规定：

$$T \leq 0.35 f_t W_t + 1.2\sqrt{\zeta}f_{yv}\frac{A_{st1}A_{cor}}{s} \tag{8.9a}$$

$$\zeta = \frac{f_y A_{stl} s}{f_{yv} A_{st1} u_{cor}} \tag{8.9b}$$

式中 T——扭矩设计值；

ζ——受扭纵筋与箍筋的配筋强度比值，对钢筋混凝土纯扭构件，ζ 应符合 $0.6 \leq \zeta \leq 1.7$ 的要求，当 $\zeta > 1.7$ 时，取 $\zeta = 1.7$，设计计算时，常取 $\zeta = 1.2$；

f_{yv}——受扭箍筋的抗拉强度设计值；

A_{st1}——受扭计算中沿截面周边配置的箍筋单肢截面面积；

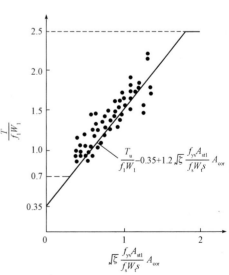

图 8.11 试验实测值与公式计算值的比较

A_{cor}——截面核心部分的面积；$A_{cor}=b_{cor}h_{cor}$，此处 b_{cor}、h_{cor} 为箍筋内表面范围内截面核心部分的短边尺寸、长边尺寸，如图 8.12 所示；

s——箍筋的间距；

f_y——受扭纵筋的抗拉强度设计值；

A_{stl}——受扭计算中取对称布置的全部纵向普通钢筋截面面积；

u_{cor}——截面核心部分周长，$u_{cor}=2(b_{cor}+h_{cor})$。

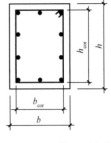

图 8.12 矩形截面受扭构件

3. T 形和 I 形截面纯扭构件的受扭承载力计算

T 形和 I 形截面纯扭构件的扭矩由腹板、受压翼缘和受拉翼缘共同承担，并按各矩形分块的截面受扭塑性抵抗矩分配截面所承受的扭矩设计值 T，即按下列公式计算腹板、受压翼缘和受拉翼缘所承担的扭矩设计值：

腹板为
$$T_w = \frac{W_{tw}}{W_t}T \tag{8.10a}$$

受压翼缘为
$$T'_f = \frac{W'_{tf}}{W_t}T \tag{8.10b}$$

受拉翼缘为
$$T_f = \frac{W_{tf}}{W_t}T \tag{8.10c}$$

式中 W_t、W_{tw}、W'_{tf}、W_{tf}——截面受扭塑性抵抗矩，应按式（8.5）分别计算。

求得各矩形分块所承担的扭矩后，然后按式（8.10）分别计算腹板、受压翼缘和受拉翼缘的扭曲截面的承载力，求得各矩形分块所需的受扭纵向钢筋和受扭箍筋。

在进行腹板、受压翼缘和受拉翼缘的扭曲截面的承载力计算时，式（8.9）中的 T 及 W_t 应分别以 T_w 及 W_{tw}（腹板）、T'_f 及 W'_{tf}（受压翼缘）和 T_f 及 W_{tf}（受拉翼缘）代替。

4. 箱形截面纯扭构件的受扭承载力计算

对于图 8.9 所示的箱形截面，试验表明：当壁厚较大时（如 $t_w \geq 0.4b_h$），其受扭承载力与实心截面 $b_h \times h_h$ 的基本相同；当壁厚较薄时，其受扭承载力则比实心截面的小。因此，《混凝土结构设计规范》以矩形截面的受扭承载力计算公式为基础，并对该公式的第一项（即混凝土项）乘以壁厚影响系数 α_h，得到箱形截面的受扭承载力计算公式，即

$$T \leq 0.35\alpha_h f_t W_t + 1.2\sqrt{\zeta}f_{yv}\frac{A_{stl}A_{cor}}{s} \tag{8.11}$$

式中 α_h——箱形截面壁厚影响系数，$\alpha_h = 2.5t_w/b_h$，当 $\alpha_h > 1.0$ 时，取 $\alpha_h = 1.0$；

W_t——箱形截面的受扭塑性抵抗矩，按式（8.6）计算；

t_w——箱形截面的壁厚，其值不应小于 $bh/7$。

8.4 弯剪扭构件扭曲截面承载力

8.4.1 弯剪扭构件破坏形态

在弯矩、剪力和扭矩共同作用下的钢筋混凝土构件的受力性能十分复杂，其破坏形态与弯矩、剪力和扭矩的比例关系，以及配筋情况有关，主要有弯型破坏、扭型破坏和剪扭型破坏三种。

1. 弯型破坏

当弯矩较大、剪力较小，且构件底部纵筋不是很多时，由于底部纵筋同时受到弯矩和扭矩所产生的拉应力作用，随着荷载的增大，底部纵筋首先受拉屈服，而后顶部混凝土压碎，构件破坏[见图 8.13（a）]，称为"弯型破坏"。弯型破坏构件的承载力由底部纵筋控制，且构件的受弯承载力随着扭矩的增大而降低（见图 8.14）。

2. 扭型破坏

当扭矩较大、弯矩和剪力较小，且构件顶部纵筋少于底部纵筋，由于扭矩在顶部纵筋中所产生的拉应力很大，而弯矩在其中引起的压应力较小，随着荷载的增大，顶部纵筋首先受拉屈服，而后底部混凝土压碎，构件破坏[见图 8.13（b）]，称为"扭型破坏"。扭型破坏构件的承载力由顶部纵筋控制，且在扭型破坏范围内，构件的受扭承载力随着弯矩的增大而提高（见图 8.14）。

3. 剪扭型破坏

当剪力和扭矩较大、弯矩较小，且与剪力和扭矩引起剪应力方向一致的侧面配筋不是很多时，随着荷载的增大，该侧面中部首先开裂，若配筋合适，与斜裂缝相交的箍筋和纵筋首先受拉屈服，而后另一侧面的混凝土压碎，构件破坏[见图 8.13（c）]，称为"剪扭型破坏"。剪扭型破坏构件的承载力由与斜裂缝相交的箍筋和纵筋控制；且当扭矩较大时，以受扭破坏为主；当剪力较大时，以受剪破坏为主。由于剪力和扭矩引起的剪应力总会在一个侧面产生叠加，因此其承载力总是小于剪力和扭矩单独作用时的承载力。

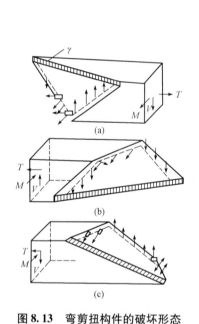

图 8.13 弯剪扭构件的破坏形态

（a）弯型破坏；（b）扭型破坏；（c）剪扭型破坏

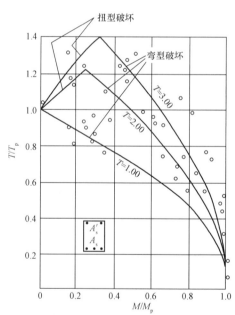

图 8.14 弯扭相关曲线

8.4.2 剪扭相关性

试验表明，对于剪扭构件，剪力的存在，使构件的受扭承载力降低；同样，扭矩的存在，使构件的受剪承载力降低，两者大致符合 1/4 圆的规律，这便是剪力和扭矩的相关性，简称剪扭相关性。无腹筋构件的剪扭相关性曲线如图 8.15 所示，有腹筋构件的剪扭相关性曲线如图 8.16 所示。

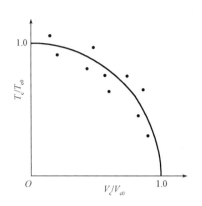

图 8.15　无腹筋构件的剪扭相关性曲线

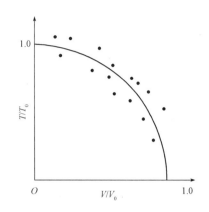

图 8.16　有腹筋构件的剪扭相关性曲线

图 8.15 中，$V_{c0} = 0.7f_t bh_0$ 或 $1.75f_t bh_0/(\lambda+1)$，为纯剪构件混凝土的受剪承载力；$T_{c0} = 0.35f_t W_t$，为纯扭构件混凝土的受扭承载力。V_c、T_c 分别为无腹筋剪扭构件的受剪承载力和受扭承载力。图 8.16 中，V_0 为有腹筋纯剪构件的受剪承载力；T_0 为有腹筋纯扭构件的受扭承载力。V、T 分别为有腹筋剪扭构件的受剪承载力和受扭承载力。

1. 受扭承载力降低系数 β_t

（1）矩形截面剪扭构件。为简化剪扭相关的计算，对于图 8.15 所示的 1/4 圆，《混凝土结构设计规范》采用图 8.17 所示的三段折线（AB、BC、CD）来近似代替。

由图 8.17 可知：

① 当 $V_c/V_{c0} \leq 0.5$ 时，取 $T_c/T_{c0} = 1.0$，即当 $V_c \leq 0.35f_t bh_0$ 或 $0.875f_t bh_0/(\lambda+1)$ 时，取 $T_c = 0.35f_t W_t$，如图 8.17 的线段 AB 所示。此时，可忽略剪力对受扭承载力的影响。

② 当 $T_c/T_{c0} \leq 0.5$ 时，取 $V_c/V_{c0} = 1.0$，即当 $T_c \leq 0.175f_t W_t$ 时，取 $V_c = 0.7f_t bh_0$ 或 $1.75f_t bh_0/(\lambda+1)$，如图 8.17 的线段 CD 所示。此时，可忽略扭矩对受剪承载力的影响。

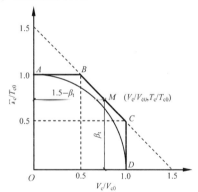

图 8.17　剪扭相关性的简化计算方法
与受扭承载力降低系数 β_t

③ 当 $0.5 < T_c/T_{c0} \leq 1.0$ 且 $0.5 < V_c/V_{c0} \leq 1.0$ 时，需考虑剪扭相关性，如图 8.17 的线段 BC 所示。当定义线段 BC 上任意一点 M 的纵坐标为"受扭承载力降低系数 β_t"时，由该图的几何关系可得：M 点的横坐标为"$1.5 - \beta_t$"，则

$$\beta_t = \frac{T_c}{T_{c0}} \qquad (8.12a)$$

$$1.5 - \beta_t = \frac{V_c}{V_{c0}} \qquad (8.12b)$$

联立上式可得

$$\beta_t = \frac{1.5}{1 + \frac{V_c}{V_{c0}} \frac{T_{c0}}{T_c}} \qquad (8.13)$$

以 V/T 近似地代替式（8.13）中的 V_c/T_c，并将 $T_{c0} = 0.35f_t W_t$，$V_{c0} = 0.7f_t bh_0$ 或 $1.75f_t bh_0/$

($\lambda+1$) 代入式 (8.13) 后得到矩形截面剪扭构件受扭承载力降低系数 β_t 的计算公式。

一般剪扭构件为

$$\beta_t = \frac{1.5}{1+0.5\dfrac{VW_t}{Tbh_0}} \tag{8.14a}$$

集中荷载作用下的独立剪扭构件为

$$\beta_t = \frac{1.5}{1+0.2(\lambda+1)\dfrac{VW_t}{Tbh_0}} \tag{8.14b}$$

(2) T 形和 I 形截面剪扭构件。以 T_w、W_{tw} 代替式 (8.14) 中的 T、W_t，即可得到 T 形和 I 形截面剪扭构件"腹板部分的受扭承载力降低系数 β_t"的计算公式。

一般剪扭构件为

$$\beta_t = \frac{1.5}{1+0.5\dfrac{VW_{tw}}{T_w bh_0}} \tag{8.15a}$$

集中荷载作用下的独立剪扭构件为

$$\beta_t = \frac{1.5}{1+0.2(\lambda+1)\dfrac{VW_{tw}}{T_w bh_0}} \tag{8.15b}$$

(3) 箱形截面剪扭构件。以 $\alpha_h W_t$ 代替式 (8.14) 中的 W_t，即可得到箱形截面剪扭构件的受扭承载力降低系数 β_t 的计算公式。

一般剪扭构件为

$$\beta_t = \frac{1.5}{1+0.5\dfrac{V\alpha_h W_t}{Tbh_0}} \tag{8.16a}$$

集中荷载作用下的独立剪扭构件为

$$\beta_t = \frac{1.5}{1+0.2(\lambda+1)\dfrac{V\alpha_h W_t}{Tbh_0}} \tag{8.16b}$$

式中 α_h——箱形截面壁厚影响系数：$\alpha_h = 2.5 t_w/b_h$，当 $\alpha_h > 1.0$ 时，取 $\alpha_h = 1.0$；

b——箱形截面的腹板宽度，取 $b = 2t_w$，t_w 如图 8.9 所示。

(4) β_t 的取值范围。由图 8.17 可知，β_t 的取值范围是 0.5~1.0。按式 (8.14)~式 (8.16) 计算得到的 $\beta_t < 0.5$ 时，取 $\beta_t = 0.5$；$\beta_t > 1$ 时，取 $\beta_t = 1$。

2. 剪扭构件的承载力计算

(1) 剪扭构件扭曲截面承载力的计算方法。钢筋混凝土剪扭构件的承载力有受剪承载力和受扭承载力两个方面，两者均由混凝土的承载力和钢筋的承载力组成，即

剪扭构件的受剪承载力

$$V_u = V_c + V_s \tag{8.17a}$$

剪扭构件的受扭承载力

$$T_u = T_c + T_s \tag{8.17b}$$

式中 V_c、T_c——剪扭构件中混凝土的受剪承载力和受扭承载力；

V_s、T_s——剪扭构件中钢筋的受剪承载力和受扭承载力。

对于剪扭构件的承载力计算,《混凝土结构设计规范》采取混凝土部分相关、钢筋部分不相关的原则。因此,式(8.17)中的 V_s、T_s 直接采用纯剪构件受剪承载力计算公式和纯扭构件受扭承载力计算公式中的相应项。式(8.17a)中的 V_c 则应在纯剪构件受剪承载力计算公式相应项的基础上,乘以系数 $(1.5-\beta_t)$;式(8.17b)中的 T_c 则应在纯扭构件受扭承载力计算公式相应项的基础上,乘以系数 β_t。

(2)矩形截面剪扭构件的承载力计算。由"剪扭构件的承载力计算方法"可知,矩形截面剪扭构件的受剪承载力和受扭承载力应按下列公式计算:

①一般剪扭构件。

受剪承载力为

$$V \leqslant 0.7(1.5-\beta_t)f_t b h_0 + f_{yv}\frac{A_{sv}}{s}h_0 \tag{8.18a}$$

受扭承载力为

$$T \leqslant 0.35\beta_t f_t W_t + 1.2\sqrt{\zeta}f_{yv}\frac{A_{stl}A_{cor}}{s} \tag{8.18b}$$

②集中荷载作用下的独立剪扭构件。

受剪承载力为

$$V \leqslant (1.5-\beta_t)\frac{1.75}{\lambda+1}f_t b h_0 + f_{yv}\frac{A_{sv}}{s}h_0 \tag{8.18c}$$

受扭承载力仍按式(8.18b)计算。式(8.18)中的 β_t 应按式(8.14)计算。

(3)T形和I形截面剪扭构件的承载力计算。T形和I形截面剪扭构件承载力的计算方法是:截面所承受的扭矩设计值 T 由腹板和翼缘共同承担,并按式(8.10)进行分配;截面所承受的剪力设计值 V 仅由腹板承担。

因此,腹板在剪力设计值 V 和扭矩设计值 T_w 的作用下按矩形截面剪扭构件的式(8.18)进行计算;计算时,式(8.18)中的 T 及 W_t 分别以 T_w 及 W_{tw} 代替;且其受扭承载力降低系数 β_t 应按式(8.15)计算。受压翼缘和受拉翼缘分别在扭矩设计值 T'_f 和 T_f 作用下按纯扭构件进行计算;计算时,式(8.9)中的 T 及 W_t 应分别以 T'_f 及 W'_{tf}(受压翼缘)或 T_f 及 W_{tf}(受拉翼缘)代替。

(4)箱形截面剪扭构件的承载力计算。箱形截面剪扭构件的受力性能与矩形截面的相似,但其受扭承载力应考虑箱形截面壁厚的影响。因此,箱形截面剪扭构件的受剪承载力计算公式与矩形截面的相同,即按式(8.18a)或式(8.18c)计算;计算时,取式(8.18a)或式(8.18c)中 $b=2t_w$。箱形截面剪扭构件的受扭承载力计算公式是以矩形截面的计算公式为基础,引入箱形截面壁厚影响系数 α_h,即得到箱形截面剪扭构件的受扭承载力计算公式

$$T \leqslant 0.35\alpha_h\beta_t f_t W_t + 1.2\sqrt{\zeta}f_{yv}\frac{A_{stl}A_{cor}}{s} \tag{8.19}$$

式中 α_h——箱形截面壁厚影响系数:$\alpha_h=2.5t_w/b_h$,当 $\alpha_h>1.0$ 时,取 $\alpha_h=1.0$;

β_t——受扭承载力降低系数,对于箱形截面,应按式(8.16)计算。

8.4.3 弯剪扭构件扭曲截面承载力计算

弯扭构件的受弯承载力与受扭承载力的相关关系比较复杂。为了简化设计,《混凝土结构设

计规范》对于弯扭构件的承载力计算直接采用叠加的方法：也就是说在弯矩 M 作用下，按受弯构件的正截面受弯承载力计算受弯所需的纵筋；在扭矩 T 作用下，按纯扭构件计算受扭所需的纵筋和箍筋；然后将相应的钢筋进行叠加，即弯扭构件的纵筋用量为受弯所需的纵筋和受扭所需的纵筋之和，箍筋用量仅为受扭所需的箍筋。

在弯矩、剪力和扭矩共同作用下的弯剪扭构件承载力的相关关系更为复杂。为了简化设计，《混凝土结构设计规范》以剪扭构件和受弯构件的承载力计算方法为基础，建立了弯剪扭构件的承载力计算方法。

1. 矩形截面弯剪扭构件承载力计算

当构件同时承受弯矩设计值 M、剪力设计值 V 和扭矩设计值 T 作用时，承载力计算步骤如下：

① 按弯矩设计值 M 进行正截面受弯承载力计算，确定受弯纵筋 A_s、A_s'。

② 按剪扭构件计算受扭箍筋 A_{st1}、受剪箍筋 A_{sv1} 以及受扭纵筋 A_{stl}：

受扭箍筋 $$\frac{A_{st1}}{s} = \frac{T - 0.35\beta_t f_t W_t}{1.2\sqrt{\zeta} f_{yv} A_{cor}}$$ (8.20a)

受剪箍筋 $$\frac{nA_{sv1}}{s} = \frac{V - 0.7(1.5 - \beta_t)f_t bh_0}{f_{yv} h_0}$$ (8.20b)

或 $$\frac{nA_{sv1}}{s} = \frac{V - (1.5 - \beta_t)\frac{1.75}{\lambda + 1}f_t bh_0}{f_{yv} h_0}$$ (8.20c)

受扭纵筋 $$A_{stl} = \zeta \frac{A_{st1}}{s} \cdot \frac{f_{yv}}{f_y} u_{cor}$$ (8.20d)

③ 将上述第①步和第②步计算所得的纵筋进行叠加：受弯纵筋 A_s、A_s' 分别布置在截面的受拉侧和受压侧，如图 8.18（a）所示；受扭纵筋应沿截面四周均匀配置，如图 8.18（b）所示；叠加这两部分纵筋，配置结果如图 8.18（c）所示。

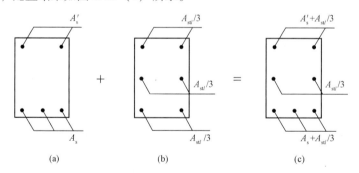

图 8.18 弯扭纵筋的叠加

（a）受弯纵筋；（b）受扭纵筋；（c）纵筋叠加

④ 将上述第②步计算所得的受扭箍筋和受剪箍筋进行叠加：受剪箍筋 $\frac{nA_{sv1}}{s}$ 的配置（以 $n = 4$ 为例说明）如图 8.19（a）所示；受扭箍筋 $\frac{A_{st1}}{s}$ 沿截面周边配置，如图 8.19（b）所示；叠加这两部分箍筋，配置结果如图 8.19（c）所示。

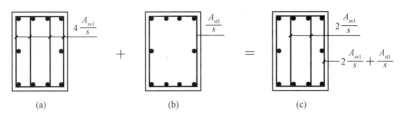

图 8.19　剪扭箍筋的叠加
（a）受剪箍筋；（b）受扭箍筋；（c）箍筋叠加

2. T形、I形截面弯剪扭构件承载力计算

对于矩形、T形、I形和箱形截面弯剪扭构件，其纵向钢筋截面面积应分别按受弯构件的正截面受弯承载力和剪扭构件的受扭承载力计算确定，并应配置在相应的位置；箍筋截面面积应分别按剪扭构件的受剪承载力和受扭承载力计算确定，并应配置在相应的位置。

对于矩形、T形、I形和箱形截面的弯剪扭构件，当其内力设计值满足下列条件时可不考虑剪力或扭矩对构件承载力的影响：

① 当 $V \leqslant 0.35 f_t b h_0$ 或 $V \leqslant 0.875 f_t b h_0 /(\lambda+1)$ 时，可忽略剪力的影响，仅按受弯构件的正截面受弯承载力和纯扭构件的受扭承载力分别进行计算。

② 当 $T \leqslant 0.175 f_t W_t$ 或 $T \leqslant 0.175 \alpha_h f_t W_t$ 时，可忽略扭矩的影响，仅按受弯构件的正截面受弯承载力和斜截面受剪承载力分别进行计算。

8.5　轴向压力、弯矩、剪力与扭矩共同作用下构件承载力计算

8.5.1　压弯剪扭构件承载力计算

在轴向压力、弯矩、剪力和扭矩共同作用下的钢筋混凝土矩形截面框架柱，其受剪扭承载力按下列公式计算：

受剪承载力 $\qquad V \leqslant (1.5-\beta_t)\left(\dfrac{1.75}{\lambda+1}f_t b h_0 + 0.07 N\right) + f_{yv}\dfrac{A_{sv}}{s}h_0$ （8.21）

受扭承载力 $\qquad T \leqslant \beta_t\left(0.35 f_t + 0.07 \dfrac{N}{A}\right) W_t + 1.2\sqrt{\zeta} f_{yv}\dfrac{A_{st1} A_{cor}}{s}$ （8.22）

式中符号意义同前。

压弯剪扭构件的纵向钢筋应分别按偏心受压构件正截面承载力和剪扭构件的受扭承载力计算确定，并应配置在相应的位置上。箍筋应分别按剪扭构件的受剪承载力和受扭承载力计算确定，并应配置在相应的位置上。

8.5.2　拉弯剪扭构件承载力计算

在轴向拉力、弯矩、剪力和扭矩共同作用下的钢筋混凝土矩形截面框架柱，其受剪扭承载力按下列公式计算：

（1）受剪承载力。

$$V = (1.5 - \beta_t)\left(\frac{1.75}{\lambda + 1}f_t bh_0 - 0.2N\right) + f_{yv}\frac{A_{sv}}{s}h_0 \quad (8.23)$$

当 $V < f_{yv}\frac{A_{sv}}{s}h_0$ 时，取 $V = f_{yv}\frac{A_{sv}}{s}h_0$。

(2) 受扭承载力。

$$T = \beta_t\left(0.35f_t - 0.2\frac{N}{A}\right)W_t + 1.2\sqrt{\zeta}f_{yv}\frac{A_{stl}A_{cor}}{s} \quad (8.24)$$

当 $T < 1.2\sqrt{\zeta}f_{yv}\frac{A_{stl}A_{cor}}{s}$ 时，取 $T = 1.2\sqrt{\zeta}f_{yv}\frac{A_{stl}A_{cor}}{s}$。

式中符号意义同前。

《混凝土结构设计规范》还规定，在轴向拉力、弯矩、剪力和扭矩共同作用下的钢筋混凝土矩形截面框架柱，其纵向普通钢筋截面面积应分别按偏心受拉构件的正截面承载力和剪扭构件的受扭承载力确定，并应配置在相应的位置上。箍筋应分别按剪扭构件的受剪承载力和受扭承载力计算确定，并应配置在相应的位置上。

8.6 受扭构件的构造要求

8.6.1 计算公式的适用条件

1. 截面限制条件

为保证受扭构件在破坏时混凝土不首先被压碎（即避免超筋破坏），《混凝土结构设计规范》规定：在弯矩、剪力和扭矩共同作用下，对 $h_w/b \leqslant 6$ 的矩形、T 形、I 形截面和 $h_w/t_w \leqslant 6$ 的箱形截面构件，其截面应符合下列条件：

当 h_w/b（或 h_w/t_w）$\leqslant 4$ 时，$\dfrac{V}{bh_0} + \dfrac{T}{0.8W_t} \leqslant 0.25\beta_c f_c$ （8.25a）

当 h_w/b（或 h_w/t_w）$= 6$ 时，$\dfrac{V}{bh_0} + \dfrac{T}{0.8W_t} \leqslant 0.2\beta_c f_c$ （8.25b）

当 $4 < h_w/b$（或 h_w/t_w）< 6 时，按线性内插法确定。

式中 V——剪力设计值；

T——扭矩设计值；

b——矩形截面的宽度，T 形或 I 形截面的腹板宽度，箱形截面的侧壁总厚度；

h_0——截面的有效高度；

h_w——截面的腹板高度：对矩形截面，取有效高度 h_0；对 T 形截面，取有效高度减去翼缘高度；对 I 形和箱形截面，取腹板净高；

t_w——箱形截面壁厚，其值不应小于 $b_h/7$，此处，b_h 为箱形截面的宽度。

当 $T = 0$ 时，式（8.25a）和式（8.25b）为纯剪构件的截面限制条件，与第 5 章的式（5.20a）和式（5.20b）衔接；当 $V = 0$ 时，式（8.25a）和式（8.25b）为纯扭构件的截面限制条件。当式（8.25a）和式（8.25b）的条件不能满足时，一般应加大构件截面尺寸，或提高混凝土强度等级。

2. 仅按构造配筋条件

在弯矩、剪力和扭矩共同作用下的矩形、T形、I形和箱形截面构件,应当符合下列要求:

$$\frac{V}{bh_0} + \frac{T}{W_t} \leqslant 0.7 f_t \tag{8.26a}$$

或

$$\frac{V}{bh_0} + \frac{T}{W_t} \leqslant 0.7 f_t + 0.07 \frac{N}{bh_0} \tag{8.26b}$$

可不进行构件受剪扭承载力计算,但为了防止构件开裂后发生突然的脆性破坏,必须按构造要求配置纵向钢筋和箍筋。

式(8.26b)中的 N 是与剪力、扭矩设计值 V、T 相应的轴向压力设计值,当 $N > 0.3 f_c A$ 时,取 $N = 0.3 f_c A$。此处,A 为构件的截面面积。

8.6.2 受扭构件钢筋的构造要求

1. 受扭纵筋的构造要求

(1) 受扭纵向钢筋的最小配筋率要求。为了防止发生"一裂就坏"的少筋脆性破坏,受扭构件的纵筋应满足最小配筋率的要求。

$$\rho_{tl} = \frac{A_{stl}}{bh} \geqslant \rho_{tl,\min} = 0.6 \sqrt{\frac{T}{Vb}} \frac{f_t}{f_y} \tag{8.27a}$$

当 $T/(Vb) > 2.0$ 时,取 $T/(Vb) = 2.0$。式(8.27a)中 b 的取值应以箱形截面短边尺寸 b_h 代替。

对于纯扭和弯扭构件,$V = 0$,取 $T/(Vb) = 2.0$,式(8.27a)可变为式(8.27b):

$$\rho_{tl} = \frac{A_{stl}}{bh} \geqslant \rho_{tl,\min} = 0.85 \frac{f_t}{f_y} \tag{8.27b}$$

(2) 受扭纵筋其他构造要求。沿截面周边布置的受扭纵向钢筋的间距不应大于 200 mm 和梁截面短边长度;除应在梁截面四角设置受扭纵向钢筋外,其余受扭纵向钢筋宜沿截面周边均匀对称布置。受扭纵向钢筋应按充分受拉锚固在支座内。

在弯剪扭构件中,配置在截面弯曲受拉边的纵向受力钢筋,其截面面积不应小于"按受弯构件受拉钢筋最小配筋率计算出的钢筋截面面积"与"按受扭纵向钢筋最小配筋率计算并分配到弯曲受拉边的钢筋截面面积"之和。

2. 箍筋的构造要求

(1) 箍筋的最小配箍率要求。弯剪扭构件的箍筋应满足最小配箍率的要求。

$$\rho_{sv} = \frac{A_{sv}}{bs} \geqslant \rho_{sv,\min} = 0.28 \frac{f_t}{f_{yv}} \tag{8.28}$$

对于箱形截面构件,式(8.28)中的 b 应以 b_h 代替,b_h 如图 8.9 所示。

(2) 箍筋的其他构造要求。弯剪扭构件中,箍筋的间距和直径应符合受弯构件的其他构造要求。其中受扭所需的箍筋应做成封闭式,且应沿截面周边布置;当采用复合箍筋时,位于截面内部的箍筋不应计入受扭所需的箍筋面积;受扭所需箍筋的末端应做成 135° 弯钩,弯钩端头平直段长度不应小于 $10d$,d 为箍筋直径。

矩形截面弯剪扭构件的截面设计可按图 8.20 所示的流程图进行。

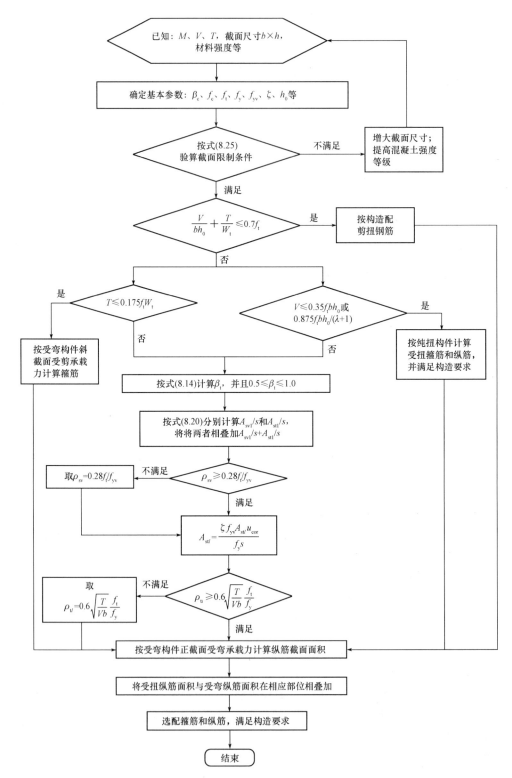

图 8.20 矩形截面弯剪扭构件的截面设计流程图

8.7 受扭构件承载力计算例题

【例8.1】已知某钢筋混凝土矩形截面纯扭构件，处于一类环境，安全等级为二级，截面尺寸 $b \times h = 250 \text{ mm} \times 600 \text{ mm}$，扭矩设计值 $T = 30 \text{ kN} \cdot \text{m}$。混凝土强度等级为C30，纵筋和箍筋均采用 HRB400 级钢筋，试计算其配筋。

解：（1）确定基本参数。

查附表3、附表4可知，C30混凝土 $f_c = 14.3 \text{ N/mm}^2$，$f_t = 1.43 \text{ N/mm}^2$，$\beta_c = 1.0$；

HRB400级钢筋 $f_y = f_{yv} = 360 \text{ N/mm}^2$

查附表20，一类环境，$c = 20 \text{ mm}$，设计选用箍筋直径 $d_v = 8 \text{ mm}$，则

$b_{cor} = b - 2c - 2d_v = 194 \text{ mm}$，$h_{cor} = h - 2c - 2d_v = 544 \text{ mm}$，$A_{cor} = 194 \times 544 = 105\,536$（$\text{mm}^2$），$u_{cor} = 2b_{cor} + 2h_{cor} = 1\,476 \text{ mm}$

（2）验算截面限制条件和构造配筋条件。

$$W_t = \frac{b^2}{6}(3h - b) = \frac{250^2}{6} \times (3 \times 600 - 250) = 16.15 \times 10^6 \text{ (mm}^3\text{)}$$

取 $a_s = 40 \text{ mm}$，$h_w/b = (600 - 40)/250 = 2.24 \leq 4$

$$\frac{T}{0.8W_t} = \frac{30 \times 10^6}{0.8 \times 16.15 \times 10^6} = 2.32 \text{ (N/mm}^2\text{)} < 0.25\beta_c f_c = 3.58 \text{ N/mm}^2$$

$$\frac{T}{W_t} = \frac{30 \times 10^6}{16.15 \times 10^6} = 1.86 \text{ (N/mm}^2\text{)} > 0.7 f_t = 1.00 \text{ N/mm}^2$$

截面尺寸满足要求，但应按计算配置钢筋。

（3）计算受扭箍筋。

取 $\zeta = 1.2$，代入式（8.9a）求 A_{st1}/s，即

$$\frac{A_{st1}}{s} = \frac{T - 0.35 f_t W_t}{1.2\sqrt{\zeta} f_{yv} A_{cor}} = \frac{30 \times 10^6 - 0.35 \times 1.43 \times 16.15 \times 10^6}{1.2\sqrt{1.2} \times 360 \times 105\,536} = 0.439 \text{ (mm}^2\text{/mm)}$$

验算配箍率 $\rho_{sv} = \frac{2A_{st1}}{bs} = \frac{2 \times 0.439}{250} = 0.003\,51 > \rho_{sv,\min} = 0.28 \frac{f_t}{f_{yv}} = \frac{0.28 \times 1.43}{360} = 0.001\,1$（满足要求）。

选配受扭箍筋：选用双肢 $\Phi 8$，$A_{st1} = 50.3 \text{ mm}^2$，$s = \frac{50.3}{0.439} = 115$（mm），取 $s = 110 \text{ mm}$。

（4）计算受扭纵筋。

按式（8.9b）计算 A_{stl}：

$$A_{stl} = \frac{\zeta f_{yv} A_{st1} u_{cor}}{f_y s} = \frac{1.2 \times 360 \times 0.439 \times 1\,476}{360} = 778 \text{ (mm}^2\text{)}$$

选配受扭纵筋：选用 $8\Phi 12$，$A_{stl} = 904 \text{ mm}^2$

验算纵筋配筋率 $\rho_{tl} = \frac{A_{stl}}{bh} = \frac{904}{250 \times 600} \times 100\% = 0.603\%$

$$> \rho_{tl,\min} = 0.6\sqrt{\frac{T}{Vb}} \cdot \frac{f_t}{f_y} = 0.6 \times \sqrt{2} \times \frac{f_t}{f_y} = 0.85 \frac{f_t}{f_y} = \frac{0.85 \times 1.43}{360} \times 100\% = 0.338\% \text{（满足要求）}$$

截面配筋如图 8.21 所示。

【例 8.2】 已知均布荷载作用下的某钢筋混凝土 T 形截面梁,处于二 a 类环境,安全等级为二级,截面尺寸 $b = 200$ mm,$h = 500$ mm,$h'_f = 120$ mm,$b'_f = 400$ mm。承受扭矩设计值 $T = 10$ kN·m,弯矩设计值 $M = 100$ kN·m,剪力设计值 $V = 50$ kN。采用强度等级为 C30 的混凝土,纵筋采用 HRB400 级钢筋,箍筋采用 HPB300 级钢筋,试计算其配筋。

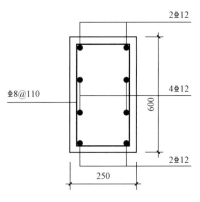

图 8.21 例 8.1 截面配筋图

解:(1) 确定基本参数。

查附表 3、附表 4 可知,C30 混凝土,$f_c = 14.3$ N/mm²,$f_t = 1.43$ N/mm²,$\beta_c = 1.0$;

HRB400 级钢筋,$f_y = 360$ N/mm²,HPB300 级钢筋 $f_{yv} = 270$ N/mm²。

查附表 20,二 a 类环境,$c = 25$ mm,设计选用箍筋直径 $d_v = 8$ mm,则

$b_{cor} = b - 2c - 2d_v = 200 - 50 - 16 = 134$ (mm),$h_{cor} = h - 2c - 2d_v = 500 - 50 - 16 = 434$ (mm),

$A_{cor} = b_{cor} h_{cor} = 134 \times 434 = 58\ 156$ (mm²),

$u_{cor} = 2(b_{cor} + h_{cor}) = 2 \times (134 + 434) = 1\ 136$ (mm),

$b'_{fcor} = 200 - 50 - 16 = 134$ (mm),$h'_{fcor} = 120 - 50 - 16 = 54$ (mm),

$A'_{fcor} = b'_{fcor} h'_{fcor} = 134 \times 54 = 7\ 236$ (mm²),

$u'_{fcor} = 2(b'_{fcor} + h'_{fcor}) = 2 \times (134 + 54) = 376$ (mm),

取 $a_s = 45$ mm,则 $h_0 = h - a_s = 455$ mm,

$W'_{tf} = \dfrac{h'^2_f}{2}(b'_f - b) = \dfrac{120^2}{2} \times (400 - 200) = 1.44 \times 10^6$ (mm³),

$W_{tw} = \dfrac{b^2}{6}(3h - b) = \dfrac{200^2}{6} \times (3 \times 500 - 200) = 8.67 \times 10^6$ (mm³),

$W_t = W'_{tf} + W_{tw} = 10.11 \times 10^6$ (mm³)。

(2) 验算截面限制条件和构造配筋条件。

$h_w/b = (500 - 45 - 120)/200 = 1.675 \leq 4$,属于厚腹梁。

$\dfrac{V}{bh_0} + \dfrac{T}{0.8W_t} = \dfrac{50\ 000}{200 \times 455} + \dfrac{10 \times 10^6}{0.8 \times 10.11 \times 10^6} = 1.79$ (N/mm²) $< 0.25\beta_c f_c = 3.58$ N/mm²,

$\dfrac{V}{bh_0} + \dfrac{T}{W_t} = \dfrac{50\ 000}{200 \times 455} + \dfrac{10 \times 10^6}{10.11 \times 10^6} = 1.54$ (N/mm²) $> 0.7f_t = 1.00$ N/mm²,

截面尺寸符合要求,应按计算配筋。

(3) 扭矩分配。

腹板 $T_w = \dfrac{W_{tw}}{W_t} T = \dfrac{8.67 \times 10^6}{10.11 \times 10^6} \times 10 = 8.58$ (kN·m),

翼缘 $T'_f = \dfrac{W'_{tf}}{W_t} T = \dfrac{1.44 \times 10^6}{10.11 \times 10^6} \times 10 = 1.42$ (kN·m)。

(4) 判别腹板是否可忽略扭矩 T 或剪力 V。

$T_w > 0.175 f_t W_{tw} = 0.175 \times 1.43 \times 8.67 = 2.17$ (kN·m),

$V > 0.35 f_t b h_0 = 0.35 \times 1.43 \times 200 \times 455 \times 10^{-3} = 45.55$ (kN)。

第8章 受扭构件承载力的计算

须考虑扭矩及剪力对构件受剪和受扭承载力的影响。

（5）计算腹板（剪扭构件）的受扭承载力降低系数。

$$\beta_t = \frac{1.5}{1+0.5\dfrac{VW_{tw}}{T_w bh_0}} = \frac{1.5}{1+0.5\times\dfrac{50\times10^3\times8.67\times10^6}{8.58\times10^6\times200\times455}} = 1.174 > 1.0，取 \beta_t = 1.0。$$

（6）计算腹板剪扭钢筋。

①计算抗剪箍筋。

由式（8.20 b）得

$$\frac{nA_{sv1}}{s} \geq \frac{V-0.5\times0.7f_t bh_0}{f_{yv}h_0} = \frac{50\,000-0.5\times0.7\times1.43\times200\times455}{270\times455} = 0.036\ (\text{mm}^2/\text{mm})，采用双$$

肢箍，$n=2$，则 $\dfrac{A_{sv1}}{s} \geq 0.018\ \text{mm}^2/\text{mm}$。

②计算腹板抗扭箍筋。

取配筋强度比 $\zeta = 1.2$，由式（8.20a）得

$$\frac{A_{stl}}{s} \geq \frac{T_w - 0.35\beta_t f_t W_{tw}}{1.2\sqrt{\zeta}f_{yv}A_{cor}} = \frac{8.58\times10^6 - 0.35\times1.0\times1.43\times8.67\times10^6}{1.2\sqrt{1.2}\times270\times58\,156} = 0.205\ (\text{mm}^2/\text{mm})。$$

③计算腹板抗扭纵筋。

$$A_{stl} = \zeta \frac{A_{stl}}{s} \cdot \frac{u_{cor}f_{yv}}{f_y} = 1.2\times0.205\times\frac{1\,136\times270}{360} = 210\ (\text{mm}^2)，$$

$$\frac{T_w}{Vb} = \frac{8.58\times10^6}{50\times10^3\times200} = 0.858 < 2，则$$

$$\rho_{tl,\min} = 0.6\sqrt{\frac{T_w}{Vb}} \cdot \frac{f_t}{f_y} = 0.6\times\sqrt{0.858}\times\frac{1.43}{360}\times100\% = 0.002\,21\times100\% = 0.221\%，$$

$A_{stl} < \rho_{tl,\min}bh = 0.002\,21\times200\times500 = 221\ (\text{mm}^2)$，故取 $A_{stl} = 221\ \text{mm}^2$。

（7）计算受压翼缘抗扭钢筋。

按纯扭构件计算。仍取配筋强度比 $\zeta=1.2$，则

$$\frac{A'_{stl}}{s} \geq \frac{T'_f - 0.35f_t W'_{tf}}{1.2\sqrt{\zeta}f_{yv}A'_{fcor}} = \frac{1.42\times10^6 - 0.35\times1.43\times1.44\times10^6}{1.2\times\sqrt{1.2}\times270\times7\,236} = 0.272\ (\text{mm}^2/\text{mm})，$$

$$A'_{stl} = \zeta \frac{A'_{stl}}{s} \cdot \frac{u'_{cor}f_{yv}}{f_y} = 1.2\times0.272\times\frac{376\times270}{360} = 92\ (\text{mm}^2)$$

（8）计算抗弯纵筋。

经计算，抗弯纵筋 $A_s = 639\ \text{mm}^2 > \rho_{\min}bh = 0.2\%\times200\times500 = 200\ (\text{mm}^2)$。

（9）选配钢筋。

①腹板抗剪扭箍筋。

$$\frac{A_{sv1}}{s} + \frac{A_{stl}}{s} \geq 0.018 + 0.205 = 0.223\ (\text{mm}^2/\text{mm})$$

$$> \rho_{sv,\min}\frac{b}{n} = 0.28\frac{f_t}{f_{yv}}\frac{b}{2} = 0.28\times\frac{1.43}{270}\times\frac{200}{2} = 0.148\ (\text{mm}^2/\text{mm})$$

选 Φ8，单肢面积为 $50.3\ \text{mm}^2$，则 $s \leq \dfrac{50.3}{0.223} = 226\ (\text{mm})$

②选配腹板的抗扭和抗弯纵筋。

将抗扭纵筋分四排布置,每排面积为 $\dfrac{A_{stl}}{4} = \dfrac{221}{4} = 55$（mm^2）

则上面三排可以选用 2Φ10（157 mm^2）。

下部所需钢筋面积为:$A_s + \dfrac{A_{stl}}{4} = 639 + 55 = 694$（mm^2）,可以选用 3$\Phi$18（763 mm^2）。

③受压翼缘抗扭箍筋。

箍筋选 Φ8,单肢面积为 50.3 mm^2,则 $s \leq \dfrac{50.3}{0.272} = 185$（mm）,实取 $s = 180$ mm,为施工方便,考虑腹板与受压翼缘的箍筋间距相同。

④受压翼缘抗扭纵筋。

选用 4Φ10（$A'_{stl} = 314$ mm^2）。

截面配筋如图 8.22 所示。

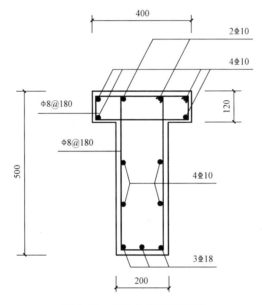

图 8.22　例 8.2 截面配筋图

【例 8.3】已知某钢筋混凝土矩形截面纯扭构件,处于一类环境,安全等级为二级,截面尺寸 $b \times h = 300$ mm $\times 500$ mm,混凝土强度等级采用 C30,纵筋用 4Φ14 的 HRB400 级钢筋,箍筋为 Φ8@100 的 HPB300 钢筋,求该截面能承受的扭矩值。

解:(1)确定基本参数。

查附表 3、附表 4 可知,C30 混凝土,$f_c = 14.3$ N/mm^2,$f_t = 1.43$ N/mm^2,$\beta_c = 1.0$;HRB400 级钢筋,$f_y = 360$ N/mm^2,HPB300 级钢筋,$f_{yv} = 270$ N/mm^2。

查附表 20,一类环境,$c = 20$ mm,

$b_{cor} = b - 2c - 2d_v = 244$ mm,$h_{cor} = h - 2c - 2d_v = 444$ mm,

$u_{cor} = 2(b_{cor} + h_{cor}) = 2 \times (244 + 444) = 1\,376$（mm）,

$A_{cor} = b_{cor} h_{cor} = 244 \times 444 = 108\,336$（mm^2）$= 1.083 \times 10^5$ mm^2。

(2)复核最小配筋率。

$$\rho_{sv} = \frac{A_{sv}}{bs} = \frac{2 \times 50.3}{300 \times 100} = 0.00335 \geqslant \rho_{sv,min} = 0.28\frac{f_t}{f_{yv}} = 0.0015 \text{（满足要求）}。$$

对于纯扭构件：$\rho_{tl} = \frac{A_{stl}}{bh} = \frac{615}{300 \times 500} = 0.0041 \geqslant \rho_{tl,min} = 0.85\frac{f_t}{f_y} = 0.0034$（满足要求）。

（3）抗扭纵筋与箍筋的配筋强度比。

$$\zeta = \frac{f_y A_{stl} s}{f_{yv} A_{stl} u_{cor}} = \frac{360 \times 615 \times 100}{270 \times 50.3 \times 1376} = 1.185，满足 0.6 \leqslant \zeta \leqslant 1.7 \text{的要求}。$$

（4）该截面能承受的最大扭矩值。

$$W_t = \frac{b^2}{6}(3h - b) = \frac{300^2}{6} \times (3 \times 500 - 300) = 1.8 \times 10^7 \text{ (mm}^3\text{)},$$

$$T \leqslant 0.35 f_t W_t + 1.2\sqrt{\zeta} f_{yv} \frac{A_{stl} A_{cor}}{s} = 0.35 \times 1.43 \times 1.8 \times 10^7 + 1.2 \times \sqrt{1.185} \times 270 \times \frac{50.3 \times 1.083 \times 10^5}{100} = 2.82 \times 10^7 \text{ (N·mm)} = 28.2 \text{ kN·m}。$$

（5）由截面限制条件所控制的最大扭矩（扭矩上限）。

$T_u = 0.8 W_t \times 0.25\beta_c f_c = 0.8 \times 1.8 \times 10^7 \times 0.25 \times 1.0 \times 14.3 = 51.48$（kN·m）$> 28.2$ kN·m（截面符合要求）。

故该截面能承受的最大扭矩值为 28.2 kN·m。

思考题

8.1 什么是平衡扭转？什么是协调扭转？并各举一个工程实例。

8.2 受扭钢筋由哪两种钢筋组成？

8.3 钢筋混凝土纯扭构件有哪几种破坏形态？各自发生的条件和破坏特征是什么？

8.4 试述 I 形截面的截面受扭塑性抵抗矩的计算方法。

8.5 纵向钢筋与箍筋的配筋强度比 ζ 的含义是什么？为什么要对 ζ 的取值进行限制？设计计算时，ζ 的常用取值为多少？

8.6 钢筋混凝土弯剪扭构件的破坏形态有哪三种？

8.7 什么是剪扭相关性？《混凝土结构设计规范》又是如何处理剪扭相关性的？

8.8 试述《混凝土结构设计规范》中弯剪扭构件的承载力计算方法。

8.9 试述轴向压力对受扭承载力的影响。

8.10 受扭构件的截面限制条件是什么？截面限制条件的作用是什么？若截面限制条件不满足，又该如何解决？

8.11 受扭构件的钢筋应满足哪些构造要求？为什么需要满足这些构造要求？

习题

8.1 已知某钢筋混凝土矩形截面纯扭构件，处于一类环境，安全等级为二级，截面尺寸 $b \times h = 200 \text{ mm} \times 300 \text{ mm}$，承受的扭矩设计值 $T = 10$ kN·m。混凝土强度等级为 C30，纵筋采用 HRB400 级钢筋，箍筋采用 HPB300 级钢筋。试计算构件截面的配筋，并绘制截面配筋图。

8.2 已知某均布荷载作用下的钢筋混凝土矩形截面弯剪扭构件，处于一类环境，安全等级为二级，截面尺寸 $b \times h = 250 \text{ mm} \times 500 \text{ mm}$，承受弯矩设计值为 $M = 105$ kN·m，剪力设计值 $V = 90$ kN，扭矩设计值 $T = 10$ kN·m，混凝土强度等级为 C25，纵筋采用 HRB400 级钢筋，箍筋采用 HPB300 级钢筋。试计算构件截面的配筋，并绘制截面配筋图。

8.3 已知某均布荷载作用下的钢筋混凝土 T 形截面剪扭构件，处于一类环境，安全等级为二级，截面尺寸 $b=250$ mm，$h=600$ mm，$h'_f=100$ mm，$b'_f=500$ mm，如图 8.23 所示。承受扭矩设计值 $T=20$ kN·m，剪力设计值 $V=150$ kN。采用强度等级为 C30 的混凝土，纵筋采用 HRB400 级钢筋，箍筋采用 HPB300 级钢筋。试计算构件截面的配筋，并绘制截面配筋图。

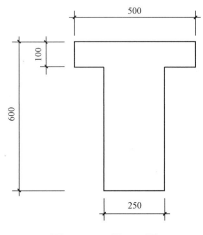

图 8.23 习题 8.3 图

8.4 已知某均布荷载作用下的钢筋混凝土 T 形截面弯剪扭构件，处于二 a 类环境，安全等级为二级，截面尺寸 $b=250$ mm，$h=700$ mm，$h'_f=100$ mm，$b'_f=400$ mm，承受扭矩设计值 $T=20$ kN·m，弯矩设计值 $M=270$ kN·m，剪力设计值 $V=180$ kN。混凝土强度等级为 C30，纵筋采用 HRB400 级钢筋，箍筋采用 HPB300 级钢筋。试计算构件截面的配筋，并绘制截面配筋图。

第9章

混凝土构件的变形、裂缝及耐久性

★教学目标

本章要求掌握钢筋混凝土受弯构件在第Ⅱ工作阶段的截面应力分布、裂缝开展的原理与过程、截面曲率的变化以及影响因素;掌握截面受弯刚度的定义、裂缝宽度计算原理以及构件挠度与裂缝宽度验算方法;了解混凝土结构截面延性的定义及受弯构件、偏心受压构件截面延性的计算原理;理解混凝土结构耐久性的意义、主要影响因素及耐久性设计的主要内容。

9.1 概 述

前面几章讲述的是各类构件截面承载力问题,属于承载力极限状态的范畴。钢筋混凝土结构构件除了可能由于发生破坏而达到承载力极限状态以外,还可能由于裂缝和变形过大,超过允许限值,影响适用性和耐久性而达到正常使用极限状态。所以,根据混凝土结构的使用条件和环境类别,进行构件变形验算、裂缝宽度验算及耐久性设计是非常必要的。

9.1.1 变形控制的目的与要求

在一般建筑中,对混凝土构件的变形有一定的要求,主要出于以下四个方面的考虑:

(1) 保证建筑的使用功能要求。结构构件产生过大的变形将损害甚至丧失其使用功能。例如,楼盖梁、板变形过大会影响支承在其上的仪器,尤其是精密仪器的正常使用;吊车梁的挠度过大,会妨碍吊车的正常运行等。

(2) 防止对相应结构构件产生不良影响。主要是指防止结构受力的真实状态与设计中的假定不符。例如,梁端转角将使支撑面积减小,支撑反力偏心距增大,当梁支撑在砖墙(或柱)上时,可能使墙体出现裂缝,严重时将产生局部承压或墙体失稳破坏等。

(3) 防止对非结构构件产生不良影响。这包括防止结构构件变形过大使门窗等活动部件不能正常开关;防止非结构构件如隔墙及顶棚的开裂、压碎或其他形式的破坏等。

(4) 保证人们的感觉在可接受程度之内。例如,防止厚度较小板在施加荷载后产生过大的颤动或明显下垂引起的不安全感;防止可变荷载(如活荷载、风荷载等)引起的振动及噪声对人的不良感觉等。

随着高强度混凝土和钢筋的采用，构件截面尺寸相应减小，变形问题更为突出。

对于钢筋混凝土受弯构件，按荷载的准永久组合，并考虑长期作用影响计算的最大挠度 f_{max} 不应超过规定的挠度限值 f_{lim}，即

$$f_{max} \leqslant f_{lim} \tag{9.1}$$

式中 f_{max}——最大挠度计算值；

f_{lim}——《混凝土结构设计规范》规定的挠度限值，见附表17。

9.1.2 裂缝控制的目的与要求

混凝土的抗压强度高而抗拉强度很低，并且其极限拉应变很小，因而很容易开裂。混凝土材料成分多样，构成复杂；而且施工工序多，制作工期长，其中任何一环节出错可能导致开裂病害。普通钢筋混凝土结构在使用过程中，出现细微的裂缝是正常的、允许的，但是如果出现的裂缝过长、过宽就不允许了，甚至是危险的。一旦结构构件开裂，可能引起渗漏、结构整体性下降，还将加深混凝土的碳化、钢筋锈蚀。许多混凝土结构在发生重大事故前往往有裂缝现象并不断发展，应特别注意。

（1）裂缝产生的原因。混凝土结构裂缝按其形成的原因可分为两大类：一类是由荷载引起的裂缝；另一类是由变形（非荷载）引起的裂缝，如由材料收缩、温度变化、混凝土碳化（钢筋锈蚀膨胀）以及地基不均匀沉降等原因引起的裂缝。很多裂缝往往是几种因素共同作用的结果。从国内外的研究资料以及大量的工程实践看，属于由变形因素引起的裂缝约占80%，属于由荷载为主引起的裂缝约占20%。非荷载引起的裂缝十分复杂，目前主要通过构造措施（如加强配筋、设置变形缝等）进行控制。本章讨论荷载引起的正截面裂缝验算。

（2）裂缝控制的目的。控制最大裂缝宽度限值的原因：一是外观要求；二是耐久性要求，并以后者为主。

从外观要求考虑，裂缝过宽将给人以不安全感，同时，也影响对结构质量的评价。满足外观要求的裂缝宽度限值，与人们的心理反应、裂缝开展长度、裂缝所处位置，以及光线条件等因素有关，难以取得完全统一的意见。

裂缝过宽时，气体和水分、化学介质会侵入，引起钢筋锈蚀，不仅削弱了钢筋的受力面积，还会因钢筋体积的膨胀，引起保护层剥落，产生长期危害，影响结构的使用寿命。根据国内外的调查及试验结果，耐久性所要求的裂缝宽度限值，应着重考虑环境条件及结构构件的工作条件。处于室内正常环境，即无水源或很少水源的环境下，裂缝宽度限值可适当放宽。但是，还应按构件的工作条件加以区分。例如，屋架、托梁等主要屋面承重结构构件，以及重级工作制吊车梁等构件，均应从严控制裂缝宽度。

直接受雨淋的构件、无围护结构的房屋中经常受雨淋的构件、经常受蒸汽或凝结水作用的室内构件（如浴室等），以及与土直接接触的构件，都具备钢筋锈蚀的必要和充分条件，因而应严格限制裂缝宽度。

《混凝土结构设计规范》对混凝土构件规定的最大裂缝宽度限值见附表19，这是指在有荷载作用下产生的横向裂缝宽度而言的，要求通过验算予以保证。

（3）裂缝控制的等级。构件裂缝控制等级的划分，主要根据结构的功能要求、环境条件对钢筋的腐蚀影响、钢筋种类对腐蚀的敏感性、荷载作用的时间等因素来考虑。

混凝土结构构件的正截面裂缝控制等级划分为三级。

一级——严格要求不出现裂缝的构件。按荷载标准组合下，构件受拉边缘混凝土不应产生

拉应力。

二级——一般要求不出现裂缝的构件。按荷载标准组合下，构件受拉边缘混凝土拉应力不应大于混凝土抗拉强度标准值。

三级——允许出现裂缝的构件。对钢筋混凝土构件，按荷载准永久组合并考虑长期作用影响下，构件的最大裂缝宽度应满足

$$w_{max} \leqslant w_{lim} \tag{9.2}$$

式中 w_{lim}——《混凝土结构设计规范》规定的裂缝宽度限制，按附表 19 确定。

由于结构构件不满足正常使用极限状态对生命财产的危害性比不满足承载力极限状态的要小，《混凝土结构设计规范》规定：结构构件承载力计算应采用荷载设计值；变形及裂缝宽度验算均采用荷载标准值。由于构件的变形及裂缝宽度都随时间而增大，因此，验算变形及裂缝宽度时，钢筋混凝土构件、预应力混凝土构件应分别按荷载的准永久组合和材料强度的标准值。

受弯构件正截面受弯承载力计算是以第 III_a 阶段（即破坏阶段末）为依据的；但变形、裂缝宽度验算则是以第 II 阶段（即带裂缝工作阶段）为依据的。因此在本章学习中，应注意理解钢筋混凝土构件在使用阶段的性能。

9.2 钢筋混凝土受弯构件的挠度验算

9.2.1 截面弯曲刚度的概念及定义

混凝土是非均质、非连续、非弹性材料，因而钢筋混凝土受弯构件的挠度不能直接应用弹性材料的挠度公式计算，而受弯构件的开裂更使挠度计算复杂化。

由材料力学知，弹性匀质材料的简支梁跨中挠度如下：

集中荷载： $$f = \frac{1}{48} \frac{pl^3}{EI} = \frac{1}{12} \frac{Ml^2}{EI} \tag{9.3}$$

均布荷载： $$f = \frac{5}{384} \frac{ql^4}{EI} = \frac{5}{48} \frac{Ml^2}{EI} \tag{9.4}$$

$$f = S \frac{M}{EI} l^2 \quad \text{或} \quad f = S\varphi l^2, \quad \phi = \frac{M}{EI} \tag{9.5}$$

式中 S——与荷载形式和支承条件等有关的荷载效应系数；

M——跨中最大弯矩；

EI——截面弯曲刚度；

ϕ——截面曲率，即单位长度上梁截面的转角。

由 $\phi = \frac{M}{EI}$ 可知 $EI = \frac{M}{\phi}$，截面弯曲刚度就是使截面产生单位转角需施加的弯矩值，它体现了截面抵抗弯曲变形的能力 [注意此处研究的是截面弯曲刚度，而不是杆件的弯曲线刚度 $(i = EI/l)$]。

对弹性匀质材料梁，M-ϕ 关系是直线，当梁的材料和截面尺寸确定后，其截面抗弯刚度 EI 是一个常数，截面上弯矩与曲率或弯矩与挠度之间是始终不变的正比例关系，如图 9.1 中的虚线 OA 所示。

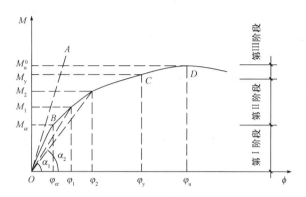

图 9.1 弹性匀质材料梁 M-φ 关系曲线

对混凝土受弯构件，在使用荷载作用下构件是带裂缝工作的，且混凝土是非弹性材料，受力后产生塑性变形，因而在受弯的全过程中，截面弯曲刚度不再是常数而是变化的，这和材料力学中的匀质弹性材料有很大不同。

钢筋混凝土适筋梁短期加载试验测得的 $M\text{-}\phi$ 关系曲线分为三个阶段，如图 9.1 中的实折线 OBD 所示。第 I 阶段梁的抗弯性能接近弹性，$M\text{-}\phi$ 曲线基本上呈直线，如图 9.1 中的 OB 所示。裂缝出现以后到受拉钢筋屈服以前为第 II 阶段。裂缝出现后，$M\text{-}\phi$ 曲线发生转折，如图 9.1 中的 BC 所示，ϕ 增加较快，梁的刚度有明显降低。这主要是由于受拉区混凝土开裂退出工作，以及受压区混凝土塑性变形所引起的。当受拉区的钢筋屈服以后，$M\text{-}\phi$ 曲线进入第 III 阶段，如图 9.1 中的 CD 所示。这一阶段，当弯矩 M 增加很少甚至不增加时，挠度剧增，说明梁的刚度急剧降低，处于承载能力的极限状态。

由图 9.1 可知，钢筋混凝土受弯构件的正截面在其受力全过程中，弯矩与曲率（$M\text{-}\phi$）的关系在不断变化，所以截面弯曲刚度不是常数，而是变量，记作 B。可取 $M\text{-}\phi$ 关系曲线上任一点处切线的斜率作为该点处的截面弯曲刚度 B，但此做法既有困难，又不实用。

为了便于工程应用，对截面弯曲刚度的确定，采用以下两种简化方法：

（1）混凝土未裂时的截面弯曲刚度。在混凝土开裂前的第 I 阶段，可近似地将 $M\text{-}\phi$ 关系曲线看成是直线，它的斜率就是截面弯曲刚度。考虑到受拉区混凝土的塑性，故把混凝土的弹性模量降低 15%，即取截面弯曲刚度

$$B = 0.85 E_c I_0 \tag{9.6}$$

式中　E_c——混凝土的弹性模量，见附表 5；

　　　I_0——换算截面的截面惯性矩。

换算截面是指把截面上的钢筋换算成混凝土后的纯混凝土截面。换算方法是把钢筋截面积乘以钢筋弹性模量 E_s 与混凝土弹性模量 E_c 的比值 $\alpha_E = E_s/E_c$，把钢筋换算成混凝土后，其重心应仍在钢筋原来的重心处。

式（9.6）也可用于要求不出现裂缝的预应力混凝土构件。

（2）正常使用阶段的截面弯曲刚度。钢筋混凝土受弯构件正常使用时是带裂缝工作的，即处于第 II 阶段，这时 $M\text{-}\phi$ 不能简化成直线，所以截面弯曲刚度应该比 $0.85 E_c I_0$ 小，而且是随弯矩的增大而不断降低。

《混凝土结构设计规范》给出了受弯构件截面弯曲刚度的定义是：在 $M\text{-}\phi$ 曲线的 $0.5 M_u \sim 0.7 M_u$ 区段内，曲线上的任一点与坐标原点相连割线的斜率。可以理解为，截面弯曲刚度就是弯

矩由零增加到 $0.5M_u \sim 0.7M_u$ 过程中，截面弯曲刚度的总平均值。该值与截面弯矩、配筋率、截面形状、荷载作用时间（混凝土徐变）等因素有关，因此，确定钢筋混凝土构件的截面弯曲刚度 B 比确定匀质材料梁的 EI 复杂。

9.2.2 短期刚度 B_s

截面弯曲刚度不仅随弯矩（或者说荷载）的增大而减小，而且还将随荷载作用时间的增长而减小。这里先讲不考虑时间因素的短期截面弯曲刚度，记作 B_s。

（1）平均曲率。图 9.2 所示为图 4.10 中试验梁的纯弯曲段。裂缝出现后，沿梁长度方向上，受拉钢筋的拉应变和受压区边缘混凝土的压应变都是不均匀分布的，裂缝截面处最大，裂缝间则为曲线变化，中和轴呈波浪形变化，裂缝截面处受压区高度较小，如图 9.2 所示，因而各截面的曲率也是不同的。

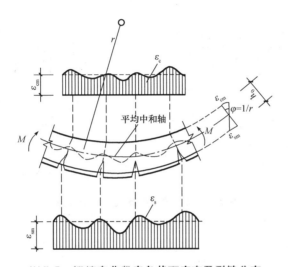

图 9.2 梁纯弯曲段内各截面应变及裂缝分布

试验表明，钢筋混凝土梁出现裂缝后平均应变符合平截面假定，可得平均曲率

$$\phi = \frac{1}{r} = \frac{\varepsilon_{sm} + \varepsilon_{cm}}{h_0} \tag{9.7}$$

式中　r——与平均中和轴相应的平均曲率半径；

　　　ε_{sm}——纵向受拉钢筋重心处的平均拉应变；

　　　ε_{cm}——受压区边缘混凝土的平均压应变；

　　　h_0——截面的有效高度。

因此，短期刚度

$$B_s = \frac{M}{\phi} = \frac{Mh_0}{\varepsilon_{sm} + \varepsilon_{cm}} \tag{9.8}$$

式中　M——计算挠度时的弯矩代表值，钢筋混凝土受弯构件挠度计算时，取 $M = M_q$；预应力混凝土受弯构件挠度计算时，取 $M = M_k$。

（2）平均应变 ε_{sm} 和 ε_{cm}。在荷载效应的准永久组合下，裂缝截面纵向受拉钢筋重心处的拉应变 ε_{sq} 和受压区边缘混凝土的压应变 ε_{cq} 的计算如下：

$$\varepsilon_{sq} = \frac{\sigma_{sq}}{E_s} \tag{9.9}$$

$$\varepsilon_{cq} = \frac{\sigma_{cq}}{E'_c} = \frac{\sigma_{cq}}{\nu E_c} \tag{9.10}$$

式中 σ_{sq}、σ_{cq}——按荷载准永久组合计算的裂缝截面处纵向受拉钢筋重心处的拉应力和受压区边缘混凝土的压应力；

E'_c、E_c——混凝土的变形模量和弹性模量，$E'_c = \nu E_c$；

ν——混凝土的弹性系数。

如图 9.3 所示，由第 II 阶段裂缝截面的应力图形，可得

$$\sigma_{sq} = \frac{M_q}{A_s \eta h_0} \tag{9.11}$$

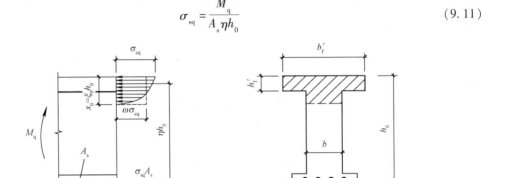

图 9.3 第 II 阶段裂缝截面应力图形

受压区面积为 $(b'_f - b) h'_f + b x_0 = (\gamma'_f + \xi_0) b h_0$，将曲线分布的压应力换算成平均压应力 $\omega \sigma_{cq}$，再对纵向受拉钢筋的重心取矩，则得

$$\sigma_{cq} = \frac{M_q}{\omega (\gamma'_f + \xi_0) \eta b h_0^2} \tag{9.12}$$

式中 ω——压应力图形丰满程度系数；

η——裂缝截面处内力臂长度系数，可近似取 $\eta = 0.87$；

ξ_0——裂缝截面处受压区高度系数，$\xi_0 = \dfrac{x_0}{h_0}$（x_0 为受压区高度）；

γ'_f——受压翼缘的加强系数，$\gamma'_f = \dfrac{(b'_f - b) h'_f}{b h_0}$。

设裂缝间纵向受拉钢筋重心处的应变不均匀系数为 ψ，受压区边缘混凝土压应变不均匀系数为 ψ_c，则平均应变 ε_{sm} 和 ε_{cm} 可用裂缝截面处的相应应变 ε_{sq} 和 ε_{cq} 表达。

$$\varepsilon_{sm} = \psi \varepsilon_{sq} = \psi \frac{\sigma_{sq}}{E_s} = \psi \frac{M_q}{A_s \eta h_0 E_s} \tag{9.13}$$

$$\varepsilon_{cm} = \psi_c \varepsilon_{cq} = \psi_c \frac{\sigma_{cq}}{\nu E_c} = \psi_c \frac{M_q}{\omega (\gamma'_f + \xi_0) \eta b h_0^2 \nu E_c} \tag{9.14}$$

为了简化，取 $\zeta = \omega \nu (\gamma'_f + \xi_0) \dfrac{\eta}{\psi_c}$，则上式简化为

$$\varepsilon_{cm} = \frac{M_q}{\zeta b h_0^2 E_c} \tag{9.15}$$

式中，ζ 为受压区边缘混凝土平均应变综合系数，从材料力学观点，ζ 也可称为截面弹塑性抵抗矩系数。采用系数 ζ 后既可减轻计算工作量并避免误差的积累，更主要的是容易通过试验直接得到它的试验值。因为由式（9.15）可得 $\zeta^0 = \frac{M_q^0}{\varepsilon_{cm}^0 b h_0^2 E_c}$，其他参数为已知值，$\varepsilon_{cm}^0$ 是可以量测出的。

（3）短期刚度 B_s 的一般表达式。将式（9.13）及式（9.15）代入式（9.8），得

$$B_s = \cfrac{1}{\cfrac{\psi}{A_s \eta h_0^2 E_s} + \cfrac{1}{\zeta b h_0^3 E_c}} = \cfrac{1}{\cfrac{\psi}{A_s \eta h_0^2 E_s} + \cfrac{1}{\zeta b h_0^3 E_c}} \tag{9.16}$$

对上式分子分母同乘以 $E_s A_s h_0^2$，令 $\alpha_E = \frac{E_s}{E_c}$，$\rho = \frac{A_s}{b h_0}$，即得

$$B_s = \cfrac{E_s A_s h_0^2}{\cfrac{\psi}{\eta} + \cfrac{E_s A_s h_0^2}{\zeta b h_0^3 E_c}} = \cfrac{E_s A_s h_0^2}{\cfrac{\psi}{\eta} + \cfrac{\alpha_E \rho}{\zeta}} \tag{9.17}$$

（4）参数 η、ζ 和 ψ。

①开裂截面的内力臂系数 η。对常用情况 η 为 $0.83 \sim 0.93$，其平均值为 0.87。《混凝土结构设计规范》为简化计算，近似取 $\eta = 0.87$。

②受压区边缘混凝土平均应变综合系数 ζ。如上所述，系数 ζ 可由试验求得。根据试验资料回归，ζ 与 $\alpha_E \rho$ 及受压翼缘加强系数 γ_f' 有关，为简化计算，可直接给出

$$\frac{\alpha_E \rho}{\zeta} = 0.2 + \frac{6 \alpha_E \rho}{1 + 3.5 \gamma_f'} \tag{9.18}$$

③裂缝间纵向受拉钢筋应变不均匀系数 ψ。《混凝土结构设计规范》根据试验结果分析给出

$$\psi = 1.1 - \frac{0.65 f_{tk}}{\rho_{te} \sigma_s} \tag{9.19}$$

式中 f_{tk}——混凝土轴心抗拉强度标准值；

σ_s——按荷载准永久组合计算的裂缝截面处纵向受拉钢筋重心处的拉应力，按式（9.11）计算；

ρ_{te}——按有效受拉混凝土截面面积计算的纵向受拉钢筋配筋率，$\rho_{te} = \frac{A_s}{A_{te}}$；

A_{te}——有效受拉混凝土截面面积，如图 9.4 所示，对轴心受拉构件，有效受拉混凝土截面面积 A_{te} 即构件的截面面积；对受弯（及偏心受压和偏心受拉）构件，近似取

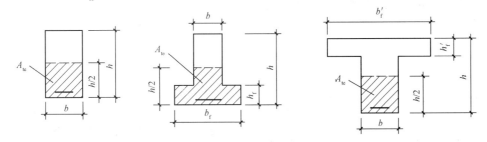

图 9.4 有效受拉混凝土截面面积

$$A_{te} = 0.5bh + (b_f - b)h_f \quad (9.20)$$

此处，b_f、h_f 为受拉翼缘的宽度、高度。

当 $\psi < 0.2$ 时，取 $\psi = 0.2$；当 $\psi > 1$ 时，取 $\psi = 1$；对直接承受重复荷载的构件，取 $\psi = 1.0$；同时，当 $\rho_{te} < 0.01$ 时，取 $\rho_{te} = 0.01$。

由式（9.13）可知，纵向受拉钢筋应变不均匀系数 ψ 是纵向受拉钢筋的平均应变 ε_{sm} 与裂缝截面处的钢筋应变 ε_{sq} 的比值，$\psi = \dfrac{\varepsilon_{sm}}{\varepsilon_{sq}}$，它反映了裂缝间受拉混凝土参加受力所做贡献的程度。M_q 较大时，它的贡献较小，即 σ_{sm} 与 σ_{sq} 接近，使 ψ 增大，当钢筋接近屈服时，ψ 趋近于 1；相反，则 ψ 减小。

将式（9.18）代入式（9.17）后，即得短期刚度 B_s 的计算公式

$$B_s = \dfrac{E_s A_s h_0^2}{1.15\psi + 0.2 + \dfrac{6\alpha_E \rho}{1 + 3.5\gamma_f'}} \quad (9.21)$$

当 $h_f' > 0.2h_0$ 时，取 $h_f' = 0.2h_0$。

在荷载的准永久组合下，受压钢筋对刚度的影响不大，计算时可不考虑，如需估计其影响，可在 γ_f' 中计入 $\alpha_E \rho'$，这时

$$\gamma_f' = \dfrac{(b_f' - b)h_f'}{bh_0} + \alpha_E \rho' \quad (9.22)$$

9.2.3 受弯构件的截面弯曲刚度 B

在荷载长期作用下，构件截面抗弯刚度将会降低，致使构件的挠度增大。其主要原因如下：

（1）在荷载长期作用下，受压混凝土将发生徐变，即荷载不增加而变形随时间增长。

（2）裂缝间受拉混凝土的应力松弛，钢筋与混凝土的滑移徐变使受拉混凝土不断退出工作，因而受拉钢筋平均应变和平均应力也将随时间而增大。

（3）混凝土的收缩变形。由于受拉区和受压区混凝土的收缩不一致，使梁发生翘曲，也将导致曲率的增大和刚度的降低。

总之，在荷载长期作用下，构件的曲率增大，刚度降低，挠度增大。

钢筋混凝土受弯构件的挠度应按荷载效应的准永久组合并考虑荷载长期作用影响的长期刚度 B 计算。图 9.5 所示为考虑荷载长期作用影响的曲率计算模式，在荷载效应准永久组合 M_q 的作用下，构件先产生一短期曲率，在 M_q 的长期作用下，曲率将逐渐增大，设达到终极时曲率增大到短期曲率的 θ 倍，即达到 θ/r，则长期刚度可表示为

$$B = \dfrac{M}{\dfrac{\theta}{r}} = \dfrac{M}{\dfrac{1}{r}} \cdot \dfrac{1}{\theta} = \dfrac{B_s}{\theta} \quad (9.23)$$

《混凝土结构设计规范》规定钢筋混凝土受弯构件：

当 $\rho' = 0$ 时，$\theta = 2.0$；当 $\rho_s = \rho_s'$ 时，$\theta = 1.6$；

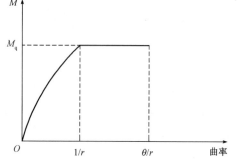

图 9.5 荷载长期作用影响的曲率计算模式

当 ρ_s' 为中间数值时，θ 按线性内插法取用，即

$$\theta = 2.0 - 0.4 \frac{\rho_s'}{\rho_s} \tag{9.24}$$

式中 θ——考虑荷载长期作用对挠度增大的影响系数；

ρ_s、ρ_s'——受拉及受压钢筋的配筋率 $\left(\rho_s = \frac{A_s}{bh_0}, \rho_s' = \frac{A_s'}{bh_0}\right)$。

上述 θ 使用于一般情况下的矩形、T 形和 I 形截面梁。对翼缘位于受拉区的倒 T 形截面，由于在荷载标准组合作用下受拉混凝土参加工作较多，而在荷载准永久效应组合作用下退出工作的影响较大，《混凝土结构设计规范》建议 θ 应增加 20%。

9.2.4 受弯构件的变形验算

钢筋混凝土受弯构件在荷载作用下，各截面的弯矩是不相等的，例如，一根承受两个对称集中荷载的简支梁，如图 9.6（a）所示，在剪跨范围内，各截面的弯矩是不相等的，靠近支座附近截面的弯曲刚度比纯弯曲段内的大。该梁各截面刚度 B 的分布图形如图 9.6（b）所示。沿梁长各截面的弯曲刚度是变值，这就给挠度计算带来了一定的复杂性。

为了简化计算，在同一符号弯矩范围内，按最小刚度，即取弯矩最大截面处的刚度，作为各截面的刚度，使变刚度梁作为等刚度梁来计算。这就是变形验算中的"最小刚度原则"，它使计算过程大为简化，而计算结果也能满足工程设计的要求。

"最小刚度原则"就是在等截面构件中，可假定各同号弯矩区段内的刚度相等，并取用该区段内最大弯矩处的刚度即该区段内的最小刚度来计算挠度；对于有正负弯矩作用的连续梁或伸臂梁，当计算跨度内的支座截面刚度不大于跨中截面刚度的 2 倍或不小于跨中截面刚度的 1/2 时，该跨也可按等刚度构件进行计算，其构件刚度可取跨中最大弯矩截面的刚度。

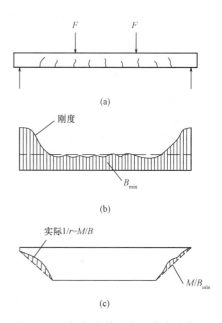

图 9.6 沿梁长度的刚度和曲率分布
（a）简支梁；（b）刚度分布图；
（c）按最小刚度原则计算的挠度误差

采用最小刚度原则计算挠度，虽然会产生一些误差，但是一般情况下，其误差是不大的。一方面，采用最小刚度原则计算挠度，相当于在计算曲率 ϕ 时，多算了图 9.6（c）中阴影线表示的面积。从材料力学中已知，支座附近的曲率对简支梁的挠度影响是很小的，由此可见，计算误差是不大的，且其计算值偏大，偏于安全。另一方面，按上述方法计算挠度时，只考虑弯曲变形的影响，而未考虑剪切变形的影响。在匀质材料梁中，剪切变形一般很小，可以忽略。但在剪跨已出现斜裂缝的钢筋混凝土梁中，剪切变形较大。在计算中如不考虑斜裂缝出现的影响，将使挠度计算值偏小。一般情况下，使上述计算值偏大和偏小的因素大致相互抵消，因此，在计算中采用最小刚度原则是可行的，计算结果与试验结果符合较好。

必须指出，在斜裂缝出现较早、较多，且延伸较长的薄腹梁中，斜裂缝的不利影响将较大，按上述方法计算的挠度值可能偏低较多。目前，由于试验数据不足，尚不能提出具体的修正方法，计算时应酌予增大。

当用 B_{min} 代替匀质弹性材料梁截面抗弯刚度 EI 后，梁的挠度计算就十分简便。按《混凝土结构设计规范》要求，挠度验算应满足

$$f \leqslant f_{lim} \tag{9.25}$$

式中　f_{lim}——允许挠度值，见附表 17；

　　　f——根据最小刚度原则并采用刚度 B 进行计算的挠度

$$f = s\frac{M_q l_0^2}{B_{min}} \tag{9.26}$$

9.2.5　减小挠度的主要措施

分析短期刚度公式（9.21）可知：增大刚度的最有效措施是增加截面高度。当构件截面尺寸不能加大时，可考虑增加纵向受拉钢筋截面面积或提高混凝土强度等级，在构件的受压区配置一定数量的受压钢筋。但应注意，配筋率加大对提高截面抗弯刚度的作用并不显著。当允许挠度值较小，即对挠度要求较高时，在中等配筋率时就有可能出现不满足挠度验算的情况。这说明，一个构件不能盲目用增大配筋率的方法来解决挠度不满足的问题，当出现不满足的情况时，应通过验算予以保证。

此外，采用预应力混凝土构件也是提高受弯构件刚度的有效方法。

【例 9.1】已知：某矩形截面简支梁 $b \times h = 250 \text{ mm} \times 500 \text{ mm}$，计算跨度 $l_0 = 6.3 \text{ m}$，环境类别为一类，混凝土强度等级为 C25，承受均布永久荷载标准值 $g_k = 3.5 \text{ kN/m}$，活载标准值 $q_k = 20 \text{ kN/m}$，准永久值系数为 0.8，梁顶配置 2⌀14（HRB400 级）纵向受压钢筋，梁底配置 4⌀22（HRB400 级）纵向受拉钢筋，混凝土保护层厚度 $c = 25 \text{ mm}$，箍筋直径为 8 mm，试验算其挠度。

解：（1）计算 M_q。

按荷载的准永久组合计算的跨中弯矩为

$$M_q = \frac{1}{8}(g_k + 0.8 q_k) l_0^2 = \frac{1}{8} \times (3.5 + 0.8 \times 20) \times 6.3^2 = 96.74 \text{ (kN·m)}$$

（2）计算纵向受拉钢筋应变不均匀系数 ψ。

$f_{tk} = 1.78 \text{ N/mm}^2$，$E_s = 2.0 \times 10^5 \text{ N/mm}^2$，$E_c = 2.8 \times 10^4 \text{ N/mm}^2$

$$\alpha_E = \frac{E_s}{E_c} = 7.14$$

$$h_0 = 500 - \left(25 + 8 + \frac{22}{2}\right) = 456 \text{ (mm)}, \quad A_s = 1\,520 \text{ mm}^2, \quad A'_s = 308 \text{ mm}^2$$

$$\rho' = \frac{A'_s}{bh_0} = \frac{308}{250 \times 456} = 0.002\,7$$

$$\rho = \frac{A_s}{bh_0} = \frac{1\,520}{250 \times 456} = 0.013\,3$$

受弯构件受拉钢筋的有效配筋率 $\rho_{te} = \dfrac{A_s}{0.5bh} = \dfrac{1\,520}{0.5 \times 250 \times 456} = 0.026\,7 > 0.01$

裂缝截面处钢筋应力

$$\sigma_{sk} = \frac{M_q}{0.87 h_0 A_s} = \frac{96.74 \times 10^6}{0.87 \times 456 \times 1\,520} = 160.43 \text{ (N/mm}^2)$$

钢筋应变不均匀系数

$$\psi = 1.1 - \frac{0.65 f_{tk}}{\rho_{te}\sigma_s} = 1.1 - \frac{0.65 \times 1.78}{0.0267 \times 160.43} = 0.830 \quad (0.2 < \psi < 1)$$

（3）计算刚度 B。

对矩形截面 $\gamma'_f = 0$，所以短期刚度

$$B_s = \frac{E_s A_s h_0^2}{1.15\psi + 0.2 + \frac{6\alpha_E \rho}{1+3.5\gamma'_f}}$$

$$= \frac{2.0 \times 10^5 \times 1520 \times 456^2}{1.15 \times 0.836 + 0.2 + 6 \times 7.14 \times 0.0133} = 3.666 \times 10^{13} (\text{N} \cdot \text{mm}^2)$$

挠度增大系数 $\theta = 2.0 - 0.4\dfrac{\rho'}{\rho} = 2.0 - 0.4 \times \dfrac{0.0027}{0.0133} = 1.92$

长期刚度 $B = \dfrac{B_s}{\theta} = \dfrac{3.666 \times 10^{13}}{1.92} = 1.909 \times 10^{13} (\text{N} \cdot \text{mm}^2)$

（4）计算最大挠度 f

$$f = \frac{5}{48}\frac{M_q l_0^2}{B} = \frac{5}{48} \times \frac{96.74 \times 10^6 \times 6300^2}{1.909 \times 10^{13}} = 20.951 \text{ (mm)} < f_{\lim} = \frac{l_0}{200} = 31.5 \text{ mm}$$

满足要求。

9.3　钢筋混凝土构件裂缝宽度验算

9.3.1　平均裂缝间距

1. 裂缝的出现与开展

在使用阶段，钢筋混凝土构件的裂缝经历了从出现到开展、稳定的过程。在轴心受拉构件和受弯构件的纯弯区段内，在未出现裂缝以前，各截面受拉区混凝土的应力 σ_{ct} 大致相同；由于这时钢筋和混凝土的粘结没有被破坏，因而钢筋拉应力和拉应变也大致相同。

当受拉区混凝土拉应变接近或到达其极限拉应变 ε_{ct}^0 时，就会出现第一批裂缝（一条或几条裂缝，如图 9.7 中的 $a-a$、$c-c$ 截面处）。由于混凝土力学性能的局部差异、混凝土中存在有收缩和温度变化引起的微裂缝以及局部削弱等偶然因素的影响，第一条（或第一批）裂缝的开裂位置是一种随机现象。

在开裂的瞬间，裂缝截面处混凝土退出工作，拉应力降低至零，钢筋承担的拉力突然增大，增量为 $\Delta\sigma_s$。同时原来受拉的混凝土分别向 $a-a$（$c-c$）截面两边回缩，混凝土和钢筋表面将产生变形差。由于混凝土和钢筋的粘结，混凝土回缩受到钢筋的约束，因此，随着离 $a-a$（$c-c$）截面的距离增大，混凝土的回缩减小，即混凝土和钢筋的变形差减小，混凝土仍处在一定程度的张紧状态。由此可知：开裂截面的钢筋应力增量 $\Delta\sigma_s$ 是通过混凝土和钢筋之间的粘结应力 τ 传递给混凝土的，故随着离开裂截面距离的增大，混凝土的拉应力逐渐增大，钢筋的应力则逐渐减小，粘结应力作用长度 l（也可称传递长度）与钢筋的应力增量 $\Delta\sigma_s$ 和粘结应力有关。

在离 $a-a$（$c-c$）截面 l 以外处，混凝土和钢筋不再有变形差，σ_{ct} 又恢复到未开裂前的状态。当荷载继续增大时，σ_{ct} 也增大，混凝土的拉应变达到其极限值时，在图 9.7 中的 $b-b$ 截面

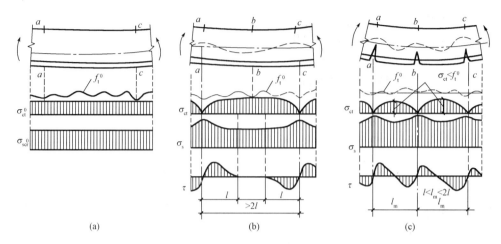

图 9.7 裂缝的出现、分布和开展
(a) 裂缝即将出现；(b) 第一批裂缝出现；(c) 裂缝的分布及开展

又将产生第二条（批）裂缝。实际上，由于混凝土组成的非均匀性，第二条裂缝出现的截面也带有某种偶然性。同样，在第二条（批）裂缝处，混凝土的拉应力又将降至零，钢筋应力突增，而 $b-b$ 截面处钢筋与混凝土间的相对滑移方向将改变。

随着荷载的继续增大，裂缝将不断出现，裂缝间距减小，钢筋与混凝土的应力、应变以及钢筋与混凝土之间粘结应力的变化重复上述的规律。当混凝土与钢筋间所传递的粘结应力不足以使混凝土的拉应变再次上升到混凝土的极限拉应变值时，新裂缝将不再出现，裂缝的间距处于稳定。

显然，在距第一批开裂截面两侧 l 或间距小于 $2l$ 的范围内，都不可能再出现裂缝了。因为在这些范围内，通过粘结作用的积累，混凝土的拉应变值再也不可能达到极限拉应变。所以，理论上的最小裂缝间距为 l，最大裂缝间距为 $2l$，平均裂缝间距 l_m 则为 $1.5l$。裂缝间距的离散性是比较大的。理论上，它可能在平均裂缝间距 l_m 的 $0.67 \sim 1.33$ 倍变化。

2. 平均裂缝间距

以轴心受拉构件为例。当达到即将出现裂缝时（I_a 阶段），截面上混凝土拉应力为 f_t，钢筋的拉应力 σ_{scr}。如图 9.8 所示，当薄弱截面 $a-a$ 出现裂缝后，混凝土拉应力降至零，钢筋应力由 σ_{scr} 突然增加至 σ_{s1}。如前所述，通过粘结应力的传递，经过传递长度 l 后，混凝土拉应力从截面 $a-a$ 处为零提高到截面 $b-b$ 处的 f_t，钢筋应力则降至 σ_{s2}，又回复到出现裂缝时的状态。按图 9.8（a）的内力平衡条件，有

$$\sigma_{s1} A_s = \sigma_{s2} \cdot A_s + f_t \cdot A_c \tag{9.27}$$

式中 A_c——轴心受拉构件混凝土截面面积。

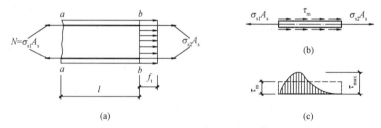

图 9.8 轴心受拉构件粘结应力传递长度
(a) 内力平衡；(b) 粘结力平衡

第9章 混凝土构件的变形、裂缝及耐久性

取 l 段内的钢筋为截离体,其两端的不平衡力由粘结力平衡。粘结力为钢筋表面积上粘结应力的总和,考虑到粘结应力的不均匀分布,在此取平均粘结应力 τ_m。由图9.8(b)有

$$\sigma_{s1} A_s = \sigma_{s2} \cdot A_s + \tau_m u l \tag{9.28}$$

式中 u——钢筋总周界长度。

因此可得

$$l = \frac{f_t}{\tau_m} \cdot \frac{A_c}{u} \tag{9.29}$$

另取 $\rho_{te} = \dfrac{A_s}{A_c} = \dfrac{A_s}{A_{te}}$,钢筋直径相同时 $\dfrac{A_c}{u} = \dfrac{d}{4\rho_{te}}$,钢筋直径不同、相对表面粘结特征系数不同时,$\dfrac{A_c}{u} = \dfrac{d_{eq}}{4\rho_{te}}$,其中

$$d_{eq} = \frac{\sum n_i d_i^2}{\sum n_i \nu_i d_i} \tag{9.30}$$

式中 d_{eq}——受拉区纵向钢筋的等效直径;

d_i——受拉区第 i 种纵向钢筋的公称直径;

n_i——受拉区第 i 种纵向钢筋的根数;

ν_i——受拉区第 i 种纵向钢筋的相对粘结特征系数,对光圆钢筋取0.7,对带肋钢筋取1.0;

ρ_{te}——按有效受拉混凝土截面面积计算的纵向受拉钢筋配筋率。

将 l 乘以1.5后得平均裂缝间距

$$l_m = \frac{3}{8} \cdot \frac{f_t}{\tau_m} \cdot \frac{d_{eq}}{\rho_{te}} \tag{9.31}$$

试验表明,混凝土和钢筋间的粘结强度大致与混凝土抗拉强度成正比例,且可取 f_t/τ_m 为常数。因此,式(9.31)可表示为

$$l_m = k_1 \cdot \frac{d_{eq}}{\rho_{te}} \tag{9.32}$$

对受弯构件,经分析可得类似式(9.32)的表达式,但经验系数 k_1 的取值不同。

式(9.32)表明,l_m 与 d_{eq}/ρ_{te} 成正比关系,当有效配筋率 ρ_{te} 很大时,l_m 就会很小,这与试验结果不符;另外,试验也表明,纵向受力钢筋的混凝土保护层厚度 c_s 对裂缝间距有一定的影响,保护层厚度 c_s 大时,l_m 也大些。考虑到这两种情况,改用两项表达式,即

$$l_m = k_2 c_s + k_1 \frac{d_{eq}}{\rho_{te}} \tag{9.33}$$

根据试验资料的分析,并考虑钢筋表面粘结特征的影响,平均裂缝间距 l_m 的计算公式对于轴心受拉构件

$$l_m = 1.1 \left(1.9 c_s + 0.08 \frac{d_{eq}}{\rho_{te}} \right) \tag{9.34}$$

而受弯、偏心受拉和偏心受压构件

$$l_m = 1.9 c_s + 0.08 \frac{d_{eq}}{\rho_{te}} \tag{9.35}$$

式中 c_s——最外层纵向受拉钢筋外边缘至受拉区底边的距离(mm),当 $c_s < 20$ mm 时,取

$c_s = 20$ mm；当 $c_s > 65$ mm 时，取 $c_s = 65$ mm。

9.3.2 裂缝宽度

《混凝土结构设计规范》所定义的裂缝宽度是指受拉钢筋截面重心水平处构件侧表面的裂缝宽度。试验表明，沿裂缝深度，裂缝宽度是不相等的，钢筋表面处裂缝宽度大约只有构件混凝土表面裂缝宽度的 1/5~1/3。因此，平均裂缝宽度的确定须以平均裂缝间距为基础。

1. 平均裂缝宽度

钢筋水平处的平均裂缝宽度等于裂缝区段内钢筋平均伸长与相应水平处构件侧表面混凝土平均伸长的差值（见图9.9），即

$$w_m = \varepsilon_{sm} l_m - \varepsilon_{ctm} \cdot l_m = \varepsilon_{sm}\left(1 - \frac{\varepsilon_{ctm}}{\varepsilon_{sm}}\right) l_m \quad (9.36)$$

令 $\alpha_c = 1 - \dfrac{\varepsilon_{ctm}}{\varepsilon_{sm}}$，$\alpha_c$ 称为裂缝间混凝土伸长对裂缝宽度影响的系数。

则
$$w_m = \alpha_c \varepsilon_{sm} l_m \quad (9.37)$$

式中 w_m——平均裂缝宽度；

ε_{sm}——纵向受拉钢筋的平均拉应变；

ε_{ctm}——与纵向受拉钢筋相同水平处侧表面混凝土的平均拉应变。

将 ε_{sm} 表达式代入式（9.37）可得

$$w_m = \alpha_c \psi \frac{\sigma_{sq}}{E_s} l_m \quad (9.38)$$

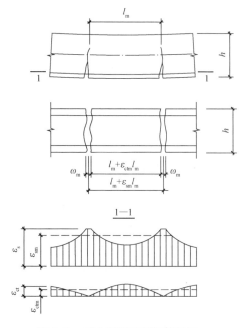

图9.9 平均裂缝宽度计算图示

根据试验资料综合分析，系数 α_c 虽然与配筋率、截面形状和混凝土保护层厚度等因素有关，但在一般情况下，α_c 变化不大，且对裂缝开展宽度的影响也不大，为简化计算，对受弯、偏心受压构件统一取 $\alpha_c = 0.77$，其他构件 $\alpha_c = 0.85$。

2. 裂缝截面处钢筋应力 σ_{sq}

式（9.38）中 ψ 为裂缝之间钢筋应变不均匀系数；σ_{sq} 是指按荷载效应的准永久组合计算的钢筋混凝土构件裂缝截面处纵向受拉钢筋的应力。对于受弯、轴心受拉、偏心受拉及偏心受压构件，σ_{sq} 均可按裂缝截面处力的平衡条件求得。

（1）受弯构件。按式（9.11）计算，并取 $\eta = 0.87$，则

$$\sigma_{sq} = \frac{M_q}{0.87 A_s h_0} \quad (9.39)$$

（2）轴心受拉构件。

$$\sigma_{sq} = \frac{N_q}{A_s} \quad (9.40)$$

式中 N_q——按荷载的准永久组合计算的轴向拉力值；

A_s——受拉钢筋总截面面积。

（3）偏心受拉构件。大小偏心受拉构件裂缝截面应力图形分别如图9.10（a）和图9.10（b）所示。若近似取大偏心受拉构件［见图9.10（a）］的截面内力臂长度 $\eta h_0 = h_0 - a'_s$，则大小偏心受

拉构件的 σ_{sq} 计算可统一由下式表达

$$\sigma_{sq} = \frac{N_q e'}{A_s (h_0 - a'_s)} \tag{9.41}$$

式中 e'——轴向拉力作用点至受压区或受拉较小边纵向钢筋合力点的距离，$e' = e_0 + y_c - a'_s$；

y_c——截面重心至受压区或较小受拉边缘的距离。

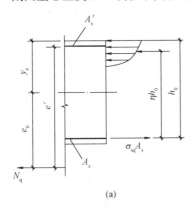 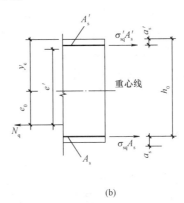

图 9.10 大、小偏心受拉构件钢筋应力计算图示

（a）大偏心受拉；（b）小偏心受拉

（4）偏心受压构件。偏心受压构件裂缝截面的压力图形如图 9.11 所示，对受压区合力点取矩，得

$$\sigma_{sq} = \frac{N_q (e - z)}{A_s z} \tag{9.42}$$

式中 N_q——按荷载准永久组合计算的轴向压力值；

e——轴向压力作用点至纵向受拉钢筋合力点的距离；

z——纵向受拉钢筋合力点至截面受压区合

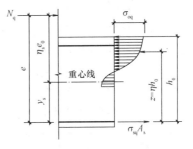

图 9.11 偏心受压构件钢筋应力计算图示

力点的距离，且 $z \leq 0.87 h_0$；z 的计算较为复杂，为简便起见，近似地取

$$z = \left[0.87 - 0.12 (1 - r'_f) \left(\frac{h_0}{e} \right)^2 \right] h_0 \tag{9.43}$$

$$e = \eta_s e_0 + y_s \tag{9.44}$$

$$\gamma'_f = \frac{(b'_f - b) h'_f}{b h_0} \tag{9.45}$$

$$\eta_s = 1 + \frac{1}{4\,000\, e_0/h_0} \left(\frac{l_0}{h} \right)^2 \tag{9.46}$$

式中 e_0——荷载准永久组合下的初始偏心距，取为 M_q/N_q；

η_s——使用阶段轴向压力偏心距增大系数，当 $l_0/h \leq 14$ 时，取 $\eta_s = 1.0$；

y_s——截面重心至纵向受拉钢筋合力点的距离；

γ'_f——受压翼缘截面积与腹板有效截面面积的比值；

b'_f、h'_f——受压区翼缘的宽度、高度；当 $h'_f > 0.2 h_0$ 时，取 $0.2 h_0$。

3. 最大裂缝宽度及其验算

由于影响结构耐久性和建筑观感的是裂缝的最大开展宽度，因此应对它进行验算，要求最大裂缝宽度的计算值不应超过《混凝土结构设计规范》规定的允许值。

在荷载的准永久组合下的最大裂缝宽度 w_{max} 可根据平均裂缝宽度乘以扩大系数求得，即

$$w_{max} = \tau_s \cdot w_m \tag{9.47}$$

根据可靠概率为95%的要求，由试验数据统计分析，对受弯构件和偏心受压构件，取 $\tau_s = 1.66$；对偏心受拉和轴心受拉构件，取 $\tau_s = 1.9$。

考虑到在荷载长期作用下，由于混凝土进一步收缩以及受拉混凝土的应力松弛和滑移徐变等导致受拉混凝土不断退出工作，裂缝宽度将有一定的加大，故对此还需再乘以荷载长期作用下的裂缝宽度扩大系数 τ_l，即最大裂缝宽度

$$w_{max} = \tau_s \cdot \tau_l \cdot w_m \tag{9.48}$$

根据试验结果，对各种受力构件，《混凝土结构设计规范》给出了考虑长期作用影响的扩大系数 $\tau_l = 1.5$。

将相关的各种系数归并后，对矩形、T形、倒T形和I形截面的钢筋混凝土受拉、受弯和偏心受压构件，按荷载准永久组合并考虑长期作用影响的最大裂缝宽度可按下式计算：

$$w_{max} = \alpha_{cr} \cdot \psi \cdot \frac{\sigma_{sq}}{E_s} \left(1.9 c_s + 0.08 \frac{d_{eq}}{\rho_{te}} \right) \tag{9.49}$$

式中　α_{cr}——构件受力特征系数，对钢筋混凝土构件有：轴心受拉构件，取 $\alpha_{cr} = 2.7$；偏心受拉构件，取 $\alpha_{cr} = 2.4$；受弯和偏心受压构件，取 $\alpha_{cr} = 1.9$；

　　　　c_s——最外层纵向受拉钢筋外边缘至受拉区底边的距离（mm）；当 $c_s < 20$ 时，取 $c_s = 20$；当 $c_s > 65$ 时，取 $c_s = 65$；

　　　　d_{eq}——受拉区纵向钢筋的等效直径（mm）；

　　　　ρ_{te}——按有效受拉混凝土截面面积计算的纵向受拉钢筋配筋率，在最大裂缝宽度计算中，当 $\rho_{te} < 0.01$ 时，取 $\rho_{te} = 0.01$。

验算裂缝宽度时，应满足式（9.2）。

与受弯构件挠度验算相同，裂缝宽度的验算也是在满足构件承载力前提下进行的，因而诸如截面尺寸、配筋率等均已确定。在验算中，可能会出现满足了挠度的要求，不满足裂缝宽度的要求，这通常在配筋率较低，而钢筋选用的直径较大的情况下出现。因此，当计算最大裂缝宽度超过允许值不大时，常可用减小钢筋直径的方法解决，必要时适当增加配筋率。

对于受拉及受弯构件，当承载力要求较高时，往往会出现不能同时满足裂缝宽度或变形限值要求的情况，这时增大截面尺寸或增加用钢量，显然是不经济也是不合理的。对此，有效的措施是施加预应力。

另外，还应注意《混凝土结构设计规范》中的有关规定，例如，对直接承受轻、中级工作制吊车的受弯构件，因为吊车荷载满载的可能性较小，所以可将计算求得的最大裂缝宽度乘以 0.85；对 $e_0/h_0 \leq 0.55$ 的偏心受压构件，可不验算裂缝宽度。

4. 影响裂缝宽度的因素

影响混凝土裂缝宽度的因素很多，主要有以下几种：

（1）受拉钢筋的应力。钢筋的应力值大时，裂缝宽度也大。这是影响裂缝宽度的最重要的因素。

（2）钢筋的粘结性能。钢筋的粘结性能与钢筋的表面形状有关。裂缝宽度是随着钢筋表面粗

第9章 混凝土构件的变形、裂缝及耐久性

糙度值的增加而减小,例如螺纹钢筋的粘结性能比光圆钢筋好,所以,在同样条件下,裂缝间距和裂缝宽度都比光圆钢筋小。实践证明,光圆钢筋的裂缝宽度比变形钢筋的裂缝宽度约大13%。

(3)荷载作用的特性。短期荷载、反复荷载或长期荷载作用下,出现的裂缝宽度是不相同的,反复荷载或长期荷载作用下裂缝宽度要比短期荷载的裂缝宽度大。

(4)钢筋的直径和配筋率。在钢筋应力一定时,裂缝宽度几乎完全取决于所使用的钢筋直径和配筋率。裂缝宽度随 d 的增大而增大,随 ρ 的增大而有所减小。

(5)构件的受力方式和截面形式。受力方式有轴心受拉、受弯、偏压、偏拉等;截面形式有矩形截面、T形截面、圆形截面等。

(6)受拉区纵向钢筋的混凝土保护层厚度。当其他条件相同时,保护层厚度值越大,裂缝宽度也越大,因而增大保护层厚度对表面裂缝宽度是不利的。但另一方面,有研究表明,保护层越厚,在使用荷载下钢筋腐蚀的程度越轻。而实际上,由于一般构件的保护层厚度与构件高度比值的变化范围不大($\frac{c}{h}=0.05\sim0.1$),所以在裂缝宽度的计算公式中可以不考虑保护层厚度的影响。

钢筋混凝土构件的裂缝产生不可避免,一旦产生裂缝,应仔细研究产生裂缝的原因,裂缝是否已经稳定,若仍处于发展过程,要估计该裂缝发展的最终状态。根据裂缝对构件影响的程度,决定是否进行修复处理。

【例9.2】 简支矩形截面梁的截面尺寸 $b\times h=250\ \text{mm}\times 500\ \text{mm}$,环境类别为一类,混凝土强度等级为C25,配置HRB400级钢筋 4⌀20,混凝土保护层厚度 $c=25\ \text{mm}$,箍筋直径为8 mm,按荷载准永久组合计算的跨中弯矩 $M_q=100\ \text{kN}\cdot\text{m}$,试验算其最大裂缝宽度是否符合要求。

解:查附表19,得最大裂缝宽度限值 $w_{\text{lim}}=0.3\ \text{mm}$

$$f_{tk}=1.78\ \text{N/mm}^2, \quad E_s=2.0\times 10^5\ \text{N/mm}^2$$

$$h_0=500-\left(25+8+\frac{20}{2}\right)=457\ (\text{mm}), \quad A_s=1\ 256\ \text{mm}^2$$

$$v_i=v=1.0, \quad d_{eq}=d/v=20/1.0=20\ (\text{mm})$$

$$\rho_{te}=\frac{A_s}{0.5bh}=\frac{1\ 256}{0.5\times 250\times 500}=0.02$$

$$\sigma_{sq}=\frac{M_q}{0.87h_0A_s}=\frac{100\times 10^6}{0.87\times 457\times 1\ 256}=200.25\ (\text{N/mm}^2)$$

$$\psi=1.1-\frac{0.65f_{tk}}{\rho_{te}\sigma_{sq}}=1.1-\frac{0.65\times 1.78}{0.02\times 200.25}=0.811\ (0.2<\psi<1)$$

$$w_{\max}=\alpha_{cr}\psi\cdot\frac{\sigma_{sq}}{E_s}\left(1.9c_s+0.08\frac{d_{eq}}{\rho_{te}}\right)$$

$$=1.9\times 0.811\times\frac{200.25}{2.0\times 10^5}\times\left[1.9\times(25+8)+0.08\times\frac{20}{0.02}\right]$$

$$=0.220\ (\text{mm})<0.3\ \text{mm}\ (\text{满足要求})$$

【例9.3】 有一矩形截面的对称配筋偏心受压柱,截面尺寸 $b\times h=350\ \text{mm}\times 600\ \text{mm}$,环境类别为一类,采用混凝土强度等级为C40,混凝土保护层厚度 $c=25\ \text{mm}$,计算长度 $l_0=4.8\ \text{m}$,受拉和受压钢筋均为HRB400级 4⌀22($A_s=A'_s=1\ 520\ \text{mm}^2$),箍筋直径为10 mm,按荷载准永久组合计算的 $N_q=440\ \text{kN}$,$M_q=260\ \text{kN}\cdot\text{m}$,试验算最大裂缝宽度是否符合要求。

解:查附表19,得最大裂缝宽度限值 $w_{\text{lim}}=0.3\ \text{mm}$

$$f_{tk}=2.39\ \text{N/mm}^2, \quad E_s=2.0\times 10^5\ \text{N/mm}^2$$

$l_0/h = 4\,800/600 = 8 < 14$；取 $\eta_s = 1.0$

$a_s = c + d_v + d/2 = 25 + 10 + \dfrac{22}{2} = 46$ （mm）

$h_0 = h - a_s = 600 - 46 = 554$ （mm）

$e_0 = \dfrac{M_q}{N_q} = \dfrac{260 \times 10^3}{440} = 590.9$ （mm） $> 0.55 h_0 = 304.70$ mm

$e = \eta_s e_0 + h/2 - a_s = 590.9 + 300 - 46 = 844.9$ （mm）

$z = \left[0.87 - 0.12(1 - \gamma'_f)\left(\dfrac{h_0}{e}\right)^2 \right] h_0 = \left[0.87 - 0.12 \times 1 \times \left(\dfrac{554}{844.9}\right)^2 \right] \times 554 = 454$ （mm）

$\sigma_{sq} = \dfrac{N_q(e - z)}{A_s z} = \dfrac{440 \times 10^3 \times (844.9 - 454)}{1\,520 \times 454} = 249.24$ （N/mm²）

$\rho_{te} = \dfrac{A_s}{0.5 bh} = \dfrac{1\,520}{0.5 \times 350 \times 600} = 0.014\,5$

$\psi = 1.1 - 0.65 \dfrac{f_{tk}}{\rho_{te} \cdot \sigma_{sq}} = 1.1 - \dfrac{0.65 \times 2.39}{0.014\,5 \times 249.24} = 0.670$

$d_{eq} = \dfrac{d}{v} = \dfrac{22}{1.0} = 22$ （mm）

则 $w_{max} = \alpha_{cr} \psi \dfrac{\sigma_{sq}}{E_s}\left(1.9 c_s + 0.08 \dfrac{d_{eq}}{\rho_{te}} \right)$

$= 1.9 \times 0.670 \times \dfrac{249.24}{2 \times 10^5} \times \left[1.9 \times (25 + 10) + 0.08 \times \dfrac{22}{0.014\,5} \right]$

$= 0.298$ （mm） $< w_{lim} = 0.3$ mm（满足要求）

9.4 钢筋混凝土构件的截面延性

9.4.1 延性的概念

结构、构件或截面的延性是指它们进入破坏阶段以后，在承载能力没有显著下降的情况下承受变形的能力。也就是说，延性是反映它们后期变形的能力。"后期"是指从钢筋开始屈服进入破坏阶段直到最大承载能力（或下降到最大承载能力的85%）时的整个过程。延性差的结构、构件或截面，其后期变形能力小，这是要避免的。因此对结构、构件或截面除要满足承载能力的要求外，还要求具有一定的延性，其意义在于以下几个方面：

（1）防止发生像超筋梁那样的脆性破坏，以确保生命和财产的安全。
（2）在超静定结构中，能更好地适应地基不均匀沉降以及温度变化等情况。
（3）使超静定结构能够充分进行内力重分布，避免配筋疏密悬殊，便于施工，节约钢材。
（4）有利于吸收和耗散地震能量，满足抗震方面的要求。

9.4.2 受弯构件的截面曲率延性系数

1. 受弯构件截面曲率延性系数的表达式

研究截面曲率延性系数时，仍采用平截面假定。

图 9.15（a）及图 9.15（b）分别表示适筋梁截面受拉钢筋开始屈服和达到截面最大承载力时的截面应变及应力图形，由截面应变图知

$$\phi_y = \frac{\varepsilon_y}{(1-k)h_0} \tag{9.50}$$

$$\phi_u = \frac{\varepsilon_{cu}}{x_c} \tag{9.51}$$

则截面曲率延性系数

$$\mu_\varphi = \frac{\phi_u}{\phi_y} = \frac{\varepsilon_{cu}}{\varepsilon_y} \times \frac{(1-k)h_0}{x_c} \tag{9.52}$$

式中 ε_{cu}——受压区边缘混凝土极限压应变；

x_c——达到截面最大承载力时混凝土受压区的高度；

ε_y——钢筋开始屈服时的应变；

k——钢筋开始屈服时的受压区高度系数。

式（9.50）中，钢筋开始屈服时的混凝土受压区高度系数 k，可按图 9.12（a）虚线所示的混凝土受压区应力图形，由平衡条件求得。对单筋截面

$$k = \sqrt{(\rho\alpha_E)^2 + 2\rho\alpha_E} - \rho\alpha_E \tag{9.53}$$

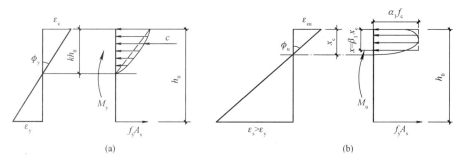

图 9.12 适筋梁截面开始屈服及最大承载力时应变、应力图
（a）开始屈服时；（b）最大承载力时

对双筋截面

$$k = \sqrt{(\rho+\rho')^2\alpha_E^2 + 2(\rho+\rho'a_s'/h_0)\alpha_E} - (\rho+\rho')\alpha_E \tag{9.54}$$

式中 ρ、ρ'——受拉及受压钢筋的配筋率；

α_E——钢筋与混凝土弹性模量之比，$\alpha_E = \dfrac{E_s}{E_c}$。

而达到截面最大承载力时的混凝土受压区压应变高度 x_c，可用承载力计算中采用的混凝土受压区高度来表示，即

$$x_c = \frac{x}{\beta_1} = \frac{(\rho-\rho')f_y h_0}{\beta_1 \alpha_1 f_c} \tag{9.55}$$

将式（9.55）代入式（9.51），得

$$\phi_u = \frac{\beta_1 \varepsilon_{cu} \alpha_1 f_c}{(\rho-\rho') f_y h_0} \tag{9.56}$$

2. 影响因素

由式（9.56）知，影响受弯构件的截面曲率延性系数的主要因素是纵向钢筋配筋率、混凝土极限压应变、钢筋屈服强度及混凝土强度等。各影响因素有如下规律：

（1）纵向受拉钢筋配筋率 ρ 增大，延性系数减小，如图 9.13 所示，这是由于配筋率高时，k 和 x_c 均增大，导致 ϕ_y 增大而 ϕ_u 减少。

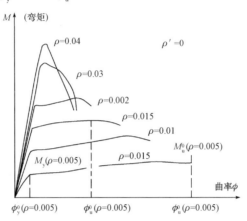

图 9.13 单筋矩形截面梁 M-ϕ 关系曲线

（2）受压钢筋配筋率 ρ' 增大，延性系数可增大。因这时 k 和 x_c 均减小，导致 ϕ_y 减小而 ϕ_u 增大。

（3）混凝土极限压应变 ε_{cu} 增大，则延性系数提高。大量试验表明，采用密排箍筋增加对受压混凝土的约束，使极限压应变值增大，从而提高延性系数。

（4）混凝土强度等级提高，而钢筋屈服强度适当降低，也可使延性系数有所提高。因为相应 k 及 x_c 均略有减小，使 f_c/f_y 比值增高，ϕ_u 增大。

提高截面曲率延性系数的措施主要有：限制纵向受拉钢筋的配筋率，一般不应大于 2.5%；受压区高度 $x \leq (0.25 \sim 0.35) h_0$；规定受压钢筋和受拉钢筋的最小比例，一般使 A'_s/A_s 保持为 0.3～0.5；在弯矩较大的区段适当加密箍筋。

9.4.3 偏心受压构件截面曲率延性的分析

影响偏心受压构件截面曲率延性系数的两个综合因素（即混凝土极限压应变以及混凝土受压区高度）与受弯构件相同，其差别主要是偏心受压构件存在轴向压力，致使受压区的高度增大，截面曲率延性系数降低较多。

试验研究表明，轴压比 $n = \dfrac{N}{f_c A}$ 是影响偏心受压构件曲率延性系数的主要因素之一。在相同的混凝土极限压应变的情况下，轴压比越大，截面受压区高度越大，则截面曲率延性系数越小。为了防止出现小偏心受压破坏形态，保证偏心受压构件截面具有一定的延性，应限制轴压比。《混凝土结构设计规范》规定，考虑地震作用组合的框架柱，根据不同的抗震等级，轴压比限值为 0.65～0.90，具体见附表 23。

偏心受压构件配箍率的大小，对截面曲率延性系数的影响较大，图 9.14 所示为一组配箍率不同的混凝土棱柱体应力—应变（σ-ε）曲线。在图中，配箍率以含箍特征值 $\lambda_s = \rho_s f_y/f_c$ 表示，可见 λ_s 对于承载力的提高作用不十分显著，但对破坏阶段的应变影响较大，当 λ_s 较高时，下降段平缓，混凝土极限压应变值增大，使截面曲率延性系数提高。

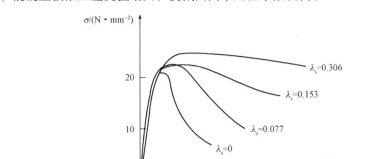

图 9.14　配箍率对棱柱体试件 σ-ε 曲线的影响

试验还表明，如果用密排的封闭箍筋或在矩形、方形箍内附加其他形式的箍筋（如螺旋形、井字形等构成复合箍筋）以及采用螺旋箍筋，都能有效地提高受压区混凝土的极限压应变值，从而增大截面曲率延性。

在工程设计中，常采取一些抗震构造措施以保证地震区的框架梁、柱等构件具有一定的延性。这些措施中最主要的是综合考虑不同抗震等级对延性的要求，确定轴压比限值，规定加密箍筋的要求及区段等。

9.5　混凝土结构的耐久性

混凝土结构广泛应用于各类工程结构中，在长期自然环境或使用环境下，随着时间的推移，逐渐老化、损伤甚至损坏，这是一个不可逆的过程。为了继续正常使用，需要对其进行相当规模的维修、加固或改造。保证混凝土结构能在自然和人为环境的化学和物理作用下，满足耐久性的要求，是一个十分迫切和重要的问题。在对混凝土结构进行设计时，除了进行承载力计算、变形和裂缝验算外，还必须进行耐久性设计。

9.5.1　耐久性的概念与主要影响因素

1. 结构耐久性的概念

混凝土结构的耐久性是指结构在气候作用、化学侵蚀、物理作用或其他不利因素的作用下，在预定的时间内，其材料性能的恶化不会导致结构出现不可接受的失效概率，也就是说结构在设计使用年限内，不需花费大量资金加固处理而能保证其安全性和适用性的功能。当耐久的混凝土结构暴露于使用环境时，具有保持原有形状、质量和适用性的能力，不会由于保护层碳化或裂缝宽度过大而引起钢筋锈蚀，不发生混凝土严重腐蚀而影响结构的使用寿命。结构的耐久性与结构的使用寿命总是相联系的。结构的耐久性越好，使用寿命越长。

2. 影响混凝土结构耐久性的主要因素

影响混凝土结构耐久性的因素主要有内部和外部两个方面。内部因素主要有混凝土的强度、渗透性、保护层厚度、水泥品种、强度等级和用量、外加剂用量、氯离子含量和碱含量等；外部因素则有环境温度、湿度、CO_2 含量等。耐久性问题往往是内部存在不完善、外部不利因素综合作用的结果，而结构不足之处或有缺陷往往是设计不周、施工质量低劣引起的，也有使用、维修不当引起的，现将常见的耐久性问题列举如下：

（1）混凝土冻融破坏。混凝土水化结硬后内部有很多毛细孔。在浇筑混凝土时，为了得到必要的和易性，用水量往往会比水泥水化所需要的水多一些。这部分多余的水以游离水的形式滞留于混凝土毛细孔。这些在毛细孔中的水遇到低温就会结冰，结冰时体积膨胀约9％，引起混凝土内部结构的破坏。经多次反复，损伤积累到一定程度就会引起结构破坏。

由上所述，要防止混凝土冻融破坏，主要措施有：一方面，降低水胶比，减少混凝土中的自由游离水；另一方面，在浇筑混凝土时加入引气剂，使混凝土中形成微细气孔，这对提高抗冻性是很有作用的。

（2）混凝土的碱-集料反应。混凝土集料中某些活动矿物与混凝土微孔中的碱性溶液产生化学反应称为碱-集料反应，碱-集料反应产生碱–硅酸盐凝胶，并吸水膨胀，体积可增大3～4倍，从而引起混凝土剥落、开裂、强度降低，甚至导致破坏。

防止碱-集料反应的主要措施是采用低碱水泥，或掺用粉煤灰等掺和料降低混凝土中的碱性；对含活性成分的集料加以控制。

（3）侵蚀性介质的腐蚀。化学介质对混凝土的侵蚀在石化、化学、冶金及港湾建筑中很普遍。有的工厂建成后使用几年就出现严重破坏。有些化学介质侵入，造成混凝土中一些成分被溶解、流失，引起裂缝、孔隙、松散破碎；有的化学介质侵入与混凝土中一些成分反应生成物，体积膨胀，引起混凝土结构破坏。常见的主要侵蚀介质有硫酸盐、酸、海水、盐类。

要防止侵蚀性介质的腐蚀，应根据实际情况，采取相应的技术措施，防止或减少对混凝土结构的侵蚀。例如，从生产流程上防止有害物质散溢，采用耐酸或耐碱混凝土等。

（4）混凝土的碳化。混凝土的碳化是指大气中的二氧化碳与混凝土中的碱性物质氢氧化碳发生反应使混凝土的pH下降。其他物质［如二氧化硫（SO_2）、硫化氢（H_2S）］也能与混凝土中碱性物质发生类似反应，使混凝土的pH下降。混凝土碳化对混凝土本身无破坏作用，其主要危害是使混凝土中钢筋的保护膜受到破坏，引起钢筋锈蚀。混凝土碳化是影响混凝土耐久性的重要问题之一。

减小其碳化的措施有：合理设计混凝土配合比，规定水泥用量的低限和水胶比的高限，合理采用掺和料；提高混凝土的密实性和抗渗性；规定钢筋保护层的最小厚度；采用覆盖面层（水泥砂浆或涂料等）。

（5）钢筋锈蚀。由于混凝土碳化或氯离子的作用，当混凝土的pH降到9以下时，钢筋表面的钝化膜会遭到破坏，在有足够的水分和氧的环境下，钢筋将产生锈蚀，即在钢筋表面形成疏松的、易于剥落的铁锈。铁锈的体积一般会增大2～4倍。钢筋锈蚀使混凝土保护层脱落，钢筋有效面积减小，导致承载力下降甚至结构破坏。因此，钢筋锈蚀是影响钢筋混凝土结构耐久性的关键问题之一。

防止钢筋锈蚀的措施有：降低水胶比，集料中的含盐量要严格限制，提高混凝土的密实性，保证有足够的保护层厚度，采用涂面层，防止 CO_2、Cl^-、O^{2-} 的渗入，采用钢筋阻锈剂。另外，在强腐蚀介质中工作的混凝土结构，可考虑采用特殊的防腐蚀钢筋，如环氧涂层钢筋、镀锌钢筋及不锈钢钢筋。

9.5.2 混凝土结构耐久性设计的主要内容

混凝土结构耐久性设计涉及面广，影响因素多，主要考虑以下几个方面：

(1) 确定结构所处的环境类别。混凝土结构耐久性与结构工作的环境有密切关系。同一结构在强腐蚀环境中要比在一般大气环境中使用寿命短。对混凝土结构使用环境进行分类，可以在设计时针对不同的环境类别采用相应的措施，满足达到设计使用年限的要求。

《混凝土结构设计规范》中混凝土结构的环境类别按照附表18划分。

(2) 提出材料的耐久性质量要求。合理设计混凝土的配合比，严格控制集料中的含盐量、含碱量，保证混凝土必要的强度，提高混凝土的密实性和抗渗性。《混凝土结构设计规范》对处于一、二、三类环境中，设计使用年限为50年的混凝土结构材料耐久性的基本要求做了明确的规定，混凝土结构材料的耐久性应符合相关规定。

对在一类环境中，设计使用年限为100年的混凝土结构应符合下列规定：

①钢筋混凝土结构的最低强度等级为C30；预应力混凝土结构的最低强度等级为C40。

②混凝土中的最大氯离子含量为0.06%。

③宜使用非碱活性集料，当使用碱活性集料时，混凝土中的最大碱含量为3.0 kg/m^3。

(3) 确定构件中钢筋的混凝土保护层厚度。混凝土保护层对减小混凝土的碳化，防止钢筋锈蚀，提高混凝土结构的耐久性有重要作用。《混凝土结构设计规范》规定，构件中受力钢筋的保护层厚度不应小于钢筋的直径；对设计使用年限为50年的混凝土结构，最外层钢筋（包括箍筋和构造钢筋）的保护层厚度应符合附表20中的规定；对设计使用年限为100年的混凝土结构，保护层厚度不应小于附表20中数值的1.4倍。

当梁、柱、墙中纵向受力钢筋的保护层厚度大于50 mm时，宜对保护层采取有效的构造措施。当在保护层内配置防裂、防剥落的钢筋网片时，网片钢筋的保护层厚度不应小于25 mm。

(4) 提出满足耐久性要求相应的技术措施。对处在不利环境下的结构，以及在二、三类环境中，设计使用年限100年的混凝土结构应采取以下专门的有效措施：

①预应力混凝土结构中的预应力钢筋应根据具体情况采取表面防护、管道灌浆、加大混凝土保护层厚度等措施，外露的锚固端应采取封锚和混凝土表面处理等有效措施。

②有抗渗要求的混凝土结构，混凝土的抗渗等级应符合有关标准的要求。

③严寒及寒冷地区的潮湿环境中，混凝土结构应满足抗冻要求，混凝土抗冻等级应符合有关标准的要求。

④处于二、三类环境中的悬臂构件宜采用悬臂梁-板的结构形式，或在其上表面增设防护层。

⑤处于二、三类环境中的结构构件，其表面的预埋件、吊钩、连接件等金属部件应采取可靠的防锈措施。

⑥处在三类环境中的混凝土结构构件，可采用阻锈剂、环氧树脂涂层钢筋或其他具有耐腐蚀性能的钢筋，采用阴极保护措施或采用可更换的构件等措施。

(5) 提出结构使用阶段的维护与检测要求。要保证混凝土结构的耐久性，还需要在使用阶段对结构进行正常的检查维护，不得随意改变建筑物所处的环境类别，这些检查维护的措施包括以下内容：

①设计中的可更换混凝土构件应按规定定期更换。

②构件表面的防护层，应按规定维护或更换。

③结构出现可见的耐久性缺陷时，应及时进行处理。

对于临时性混凝土结构可不考虑耐久性设计。

思考题

9.1 混凝土结构为什么要进行正常使用极限状态的验算？包括哪些内容？

9.2 设计结构构件时，为什么要控制裂缝宽度和变形？受弯构件的裂缝宽度和变形计算应以哪一受力阶段为依据？

9.3 钢筋混凝土受弯构件的截面抗弯刚度有什么特点？

9.4 试说明受弯构件刚度 B_s 和 B 的意义。

9.5 何谓"最小刚度原则"？试分析该原则的合理性。

9.6 试简述裂缝出现、分布和展开的过程。

9.7 钢筋混凝土梁的纯弯段在裂缝间距稳定以后，钢筋和混凝土的应变沿构件长度上的分布具有哪些特征？

9.8 试说明参数 ψ、η、ξ 的物理意义及其主要影响因素。

9.9 试分析减少受弯构件挠度和裂缝宽度的有效措施是什么？

9.10 什么是混凝土结构的耐久性？影响混凝土结构耐久性的主要因素有哪些？

习题

9.1 一承受均布荷载作用的矩形截面简支梁 $b \times h = 200 \text{ mm} \times 550 \text{ mm}$，环境类别为一类，计算跨度 $l_0 = 6.6 \text{ m}$，混凝土强度等级为 C30，梁底配置 3⏀25 HRB400 级纵向受力钢筋，梁顶配置 2⏀16 HRB400 级纵向受力钢筋，保护层厚度 $c = 20 \text{ mm}$，箍筋直径为 8 mm，承受荷载效应的准永久组合弯矩 $M_q = 150 \text{ kN} \cdot \text{m}$，挠度限值 $f_{\lim} = l_0/200$，试验算挠度。

9.2 某桁架下弦为轴心受拉构件，截面为矩形，$b \times h = 200 \text{ mm} \times 500 \text{ mm}$，环境类别为一类，混凝土强度等级为 C30，混凝土保护层厚度 $c = 20 \text{ mm}$；按正截面承载力计算配置 4⏀18 HRB400 级钢筋，已知按荷载准永久组合计算的轴向力 $N_q = 160 \text{ kN}$，最大裂缝宽度限值 $w_{\lim} = 0.2 \text{ mm}$，试验算其裂缝宽度是否满足要求？

9.3 受均布荷载作用的矩形截面简支梁 $b \times h = 250 \text{ mm} \times 500 \text{ mm}$，环境类别为一类，混凝土强度等级为 C30，梁底配置 4⏀25 HRB400 级纵向受力钢筋，保护层厚度 $c = 20 \text{ mm}$，箍筋直径承受荷载效应的准永久组合弯矩 $M_q = 150 \text{ kN} \cdot \text{m}$，最大裂缝宽度限值 $w_{\lim} = 0.3 \text{ mm}$，试验算其裂缝宽度是否满足要求？

第 10 章

预应力混凝土构件

★教学目标

本章要求掌握预应力混凝土结构的基本概念,理解各项预应力损失值的意义和计算方法、预应力损失值的组合;了解施加预应力的方法与设备;熟悉后张法构件端部局部承压验算;熟悉预应力轴心受拉构件各阶段应力分析及设计计算;了解受弯构件各阶段应力分析及设计计算;理解部分预应力混凝土及无粘结预应力混凝土的概念,熟悉预应力混凝土构件的主要构造要求。

10.1 概 述

10.1.1 预应力混凝土的基本概念

钢筋混凝土受拉与受弯等构件,由于混凝土的抗拉强度和极限拉应变值都很低,其极限拉应变为 $0.1 \times 10^{-3} \sim 0.15 \times 10^{-3}$。在使用荷载下,构件通常带裂缝工作。因而对于使用上不允许开裂的构件,受拉钢筋的应力只能用到 $20 \sim 30 \text{ N/mm}^2$,不能充分利用其强度。对于允许开裂的构件,通常当受拉钢筋应力达到 250 N/mm^2 时,裂缝宽度为 $0.2 \sim 0.3 \text{ mm}$,构件耐久性有所降低,故不宜用于高湿度或侵蚀性环境中。为了满足变形和裂缝控制的要求,需增大构件的截面尺寸和用钢量,这将导致自重过大,使钢筋混凝土结构用于大跨度或承受动力荷载的结构成为不可能或很不经济。如果采用高强度钢筋,在使用荷载作用下,其应力为 $500 \sim 1\,000 \text{ N/mm}^2$,但此时的裂缝宽度将很大,无法满足使用要求。因而,钢筋混凝土结构中采用高强度钢筋是不能充分发挥其作用的。而提高混凝土强度等级对提高构件的抗裂性和控制裂缝宽度的作用也不大。

为了避免钢筋混凝土结构的裂缝过早出现、充分利用高强度钢筋及高强度混凝土,可以设法在结构构件受荷载作用前,对其受拉区预先施加压应力,以减小或抵消荷载所引起的混凝土拉应力,从而使结构构件截面的拉应力不大,甚至处于受压状态,以达到控制受拉混凝土不过早开裂的目的。

现以图 10.1 所示的预应力混凝土简支梁为例,说明预应力混凝土结构的基本原理。

在外荷载作用之前，预先在梁的受拉区作用有偏心压力 N，使梁跨中截面的下边缘混凝土产生预压应力 σ_c，如图 10.1（a）所示；在外荷载 $g_k + q_k$ 作用时，跨中截面梁的下边缘将产生拉应力 σ_{ct}，梁上边缘产生压应力 σ_c，如图 10.1（b）所示；在预应力 N 和外荷载 $g_k + q_k$ 的共同作用下，梁的下边缘应力应是两者的叠加，可能是拉应力，也可能是压应力。因此，预应力混凝土的基本原理是：预先对混凝土或钢筋混凝土构件的受拉区施加压应力，使之处于一种人为的压应力状态。这种应力的大小和分布可能部分抵消或全部抵消使用荷载作用下产生的拉应力 σ_{ct}，从而使结构或构件在使用荷载作用下不致开裂，或推迟开裂，或减小裂缝开展的宽度，提高构件的抗裂度和刚度，有效地利用混凝土抗压强度高这一特点来间接提高混凝土的抗拉强度。

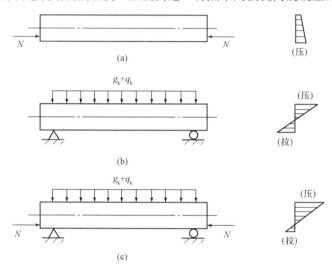

图 10.1　对混凝土矩形梁施加预应力的示意图
（a）预应力作用；（b）外荷载作用；（c）预应力与外荷载共同作用

预应力混凝土最早是在 1928 年由著名的法国工程师弗莱西奈（E. Freyssinet）提出的。但是直到 20 世纪 30 年代人们研制出高强度钢材和锚具并充分认识到混凝土的收缩徐变对预应力的影响之后，预应力结构才开始进行实际工程应用。经过数十年的研究开发与推广应用，预应力结构取得了很大进展，在房屋建筑、桥梁、水利、海洋、能源、电力及通信工程中得到了广泛应用。

10.1.2　预应力混凝土结构的优点

（1）改善了结构的使用性能。通过对截面受拉区施加预压应力，可以改善结构的内力分布，降低截面应力峰值，使结构在使用荷载作用下不开裂或减小裂缝宽度，提高了构件的刚度，从而改善结构的使用性能，提高结构的耐久性。

（2）提高了结构构件的受力性能。由于预压应力延缓了截面斜裂缝的产生，增加了截面剪压区面积，从而提高了构件的抗剪承载力；另外，预压应力可以有效降低钢筋的应力循环幅度，提高疲劳寿命。这对于以承受动力荷载为主的桥梁结构是很有利的。

（3）节约钢材、混凝土，减轻结构自重。在普通钢筋混凝土结构中，当采用高强度材料后，如果要充分利用材料的强度，构件或结构的裂缝和变形会很大而难以满足正常使用的要求。在预应力混凝土结构中，必须采用高强度材料，因为只有利用高强度的钢筋，才能建立起有效预压应力，只有使用高强度的混凝土才能承受由预加力和荷载在构件内产生的较高的压应力，且使用高强度材料后可减少构件的截面尺寸，节约钢材和混凝土，降低结构自重。

预应力混凝土构件具有许多优点，其缺点是构造、施工和计算均较钢筋混凝土构件复杂，且延性较差。

下列结构物宜优先采用预应力混凝土：①要求裂缝控制等级较高的结构。如水池、油罐、原子能反应堆，受到侵蚀性介质作用的工业厂房、水利、海洋、港口工程结构物等。②大跨度或承受重型荷载的构件。如大跨度桥梁中的梁式构件、吊车梁、楼盖与屋盖结构等。③对构件的刚度和变形控制要求较高的结构构件。如工业厂房中的吊车梁、码头和桥梁中的大跨度梁式构件等。

10.1.3 预应力混凝土的分类

1. 按预应力控制程度分类

根据预加应力值大小对构件截面裂缝控制程度的不同，预应力混凝土构件可分为全预应力混凝土和部分预应力混凝土两类。

在使用荷载作用下，不允许截面上混凝土出现拉应力的构件，一般称为全预应力混凝土，大致相当于《混凝土结构设计规范》中裂缝的控制等级为一级，即严格要求不出现裂缝的构件。

在使用荷载作用下，允许出现裂缝，但最大裂缝宽度不超过允许值的构件，一般称为部分预应力混凝土，大致相当于《混凝土结构设计规范》中裂缝的控制等级为三级，即允许出现裂缝的构件。

在使用荷载作用下根据荷载组合情况，不同程度地保证混凝土不开裂的构件，称为限值预应力混凝土，大致相当于《混凝土结构设计规范》中裂缝的控制等级为二级，即一般要求不出现裂缝的构件。限值预应力混凝土也属于部分预应力混凝土。

2. 按施工工艺分类

预应力混凝土根据其预应力施加工艺的不同，可分为先张法（见图10.2）和后张法（见图10.3）两种。在浇筑混凝土以前张拉预应力钢筋的方法称为先张法；反之，在混凝土达到一定强度以后再张拉预应力钢筋的方法称为后张法。

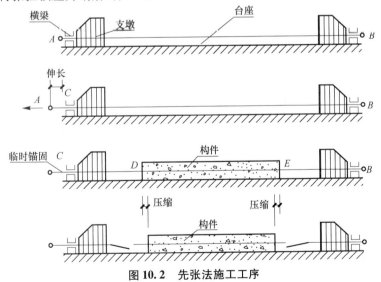

图 10.2 先张法施工工序

3. 按预应力钢筋的位置分类

按预应力钢筋在构件体内或体外的位置不同，预应力混凝土可分为体内预应力混凝土与体外预应力混凝土。

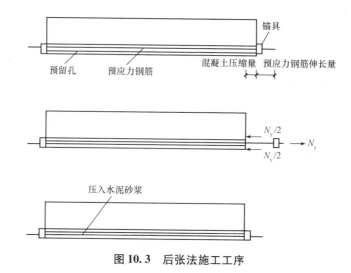

图 10.3 后张法施工工序

（1）体内预应力混凝土。先张预应力混凝土以及预设孔道穿筋的后张预应力混凝土均属于此类。按预应力钢筋与周围混凝土之间是否有粘结，体内预应力混凝土又可分为有粘结预应力混凝土和无粘结预应力混凝土两种。

①有粘结预应力混凝土，是指预应力钢筋沿其全长完全与周围混凝土或水泥砂浆粘结、握裹在一起的预应力混凝土。先张预应力混凝土和预设孔道穿筋压浆的后张预应力混凝土属于此类。

②无粘结预应力混凝土，是指预应力钢筋伸缩变形自由、不与周围混凝土或水泥砂浆粘结的预应力混凝土。这种预应力混凝土采用的预应力钢筋全长涂有特制的防锈油脂，并外套防老化的塑料管保护。

（2）体外预应力混凝土。体外预应力混凝土为预应力钢筋布置在构件体外的预应力混凝土。混凝土斜拉桥与悬索桥属于此类结构。

10.1.4 施加预应力的方法

先张法是指采用永久或临时台座在构件混凝土浇筑之前张拉钢筋，待混凝土达设计强度和龄期后，将施加在预应力钢筋上的拉力逐渐释放，在预应力钢筋回缩的过程中利用其与混凝土之间的粘结力，对混凝土施加预压力。

后张法是指在构件混凝土的强度达到设计值后，利用预留在混凝土构件内的孔道穿入预应力钢筋，以混凝土构件本身为支承张拉预应力钢筋，然后用特制锚具将预应力钢筋锚固形成永久预加力，最后在预应力钢筋孔道内压注水泥砂浆防锈，并使预应力钢筋和混凝土粘结成整体。

先张法与后张法虽然以张拉钢筋在浇筑混凝土的前后来区分，但其本质区别在于对混凝土构件施加预压力的途径。先张法通过预应力钢筋与混凝土之间的粘结力施加预应力；而后张法则通过钢筋两端的锚具施加预应力。

10.1.5 预应力锚具

预应力锚固体系是预应力混凝土成套技术的重要组成部分，完善的锚固体系通常包括锚具、夹具、连接器及锚下支撑系统等。锚具和夹具是预应力混凝土构件中锚固和夹持预应力钢筋的装置。在先张法中，构件制成后锚具可取下重复使用，通常称为夹具或工作锚；后张法依靠锚具传递预加力，锚具埋置在混凝土构件内不再取出。连接器是预应力钢筋的连接装置，可将多段预应力钢筋连接成一条完整的长束，能使分段施工的预应力钢筋逐段张拉锚固并保持其连续性。锚下支撑系统包括与锚具相配套的锚垫板、螺旋筋和钢筋网片等，布置在锚固区的混凝土体中，作为锚下局部承压、抗劈裂的加强构造。

预应力锚具在设计、制造、选择和使用时，应满足下列几项要求：

（1）锚固受力安全可靠，其本身具有足够的强度和刚度。

（2）使预应力钢筋在锚具内尽可能不产生滑移，以减少预应力损失。

（3）构造简单，便于机械加工制作。

（4）使用方便，节约钢材，造价低。

预应力钢筋常用的锚具主要有以下几种：

（1）螺纹端杆锚具：主要由螺纹端杆、螺母及垫板组成，构造如图10.4所示。这种锚具适用于锚固单根直径为18～36 mm的预应力钢筋，其端部设有螺纹端，待预应力钢筋张拉完毕后，旋紧螺母，预拉力通过螺母和垫板传力到混凝土上，可用于张拉端，也可用于固定端。

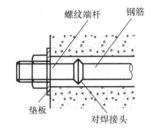
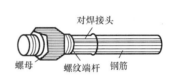

图10.4 螺纹端杆锚具

螺纹端杆锚具的制造关键在于螺纹的加工。为了避免端部螺纹削弱钢筋截面，常采用特制的钢模冷轧而成，使其阴纹压入钢筋圆周之内，而阳纹则挤到钢筋原圆周之外，这样可使平均直径与原钢筋直径相差无几（约小2%），采用冷轧方法以提高钢筋的强度。由于螺纹是冷轧而成，故又将这种锚具称为轧丝锚。20世纪70年代以来，国内外相继采用可以直接拧上螺母和连接套筒（用于钢筋接长）的高强度精轧螺纹钢筋，它通长都具有规则但不连续的凸形螺纹，可在任何位置进行锚固和连接，故可不必再在施工时临时轧纹。

（2）夹片锚具：用于锚固钢绞线或钢丝束，是由夹片、锚板及锚垫板等部分组成，如图10.5所示。由于钢绞线与周围接触的面积小，且强度高、硬度大，故对其锚具的锚固性能要求很高，JM锚是我国20世纪60年代研制的钢绞线夹片锚具。随着钢绞线的大量使用和钢绞线强度的大幅度提高，仅JM锚具已难以满足要求。20世纪80年代，我国又先后研制出了XM、QM、YM和OVM锚具系列。

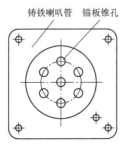
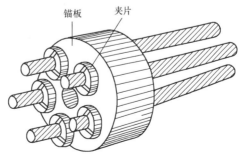

图10.5 夹片锚具配套示意图

夹片锚具锚固性能稳定,应力均匀,安全可靠,锚固钢绞线的范围亦较广。

(3) 锥形锚具:主要用于钢丝束的锚固。它由锚圈和锚塞两部分组成。

锥形锚具是通过张拉钢束时顶压锚塞,把预应力钢丝楔紧在锚圈与锚塞之间,借助摩阻力锚固的(见图10.6)。在锚固时,利用钢丝的回缩力带动锚塞向锚圈内滑进,使钢丝被进一步楔紧。此时,锚圈承受着很大的横向(径向)张力(一般约等于钢丝束张拉力的4倍),故对锚圈的设计、制造应有足够的重视。锚具的承载力,一般不应低于钢丝束的极限拉力,或不低于钢丝束控制张拉力的1.5倍,可在压力机上试验确定。另外,对锚具的材质、几何尺寸、加工质量,均必须作严格的检验,以保证安全。

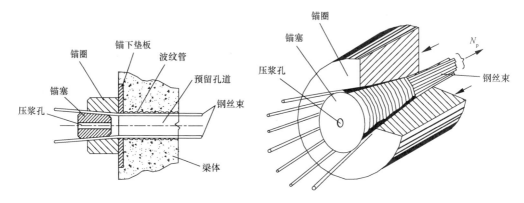

图 10.6 锥形锚具

锥形锚具的优点是锚固方便,锚具面积小,便于在梁体上分散布置。但锚固时钢丝的回缩量较大,应力损失较其他锚具大。同时,它不能重复张拉和接长,使预应力钢筋设计长度受到千斤顶行程的限制。为防止受振松动,必须及时给预留孔道压浆。

(4) 镦头锚具:镦头锚具的工作原理如图10.7所示,先将钢丝逐一穿过锚杯的蜂窝眼,然后用镦头机将钢丝端头镦粗如蘑菇形,借镦头直接承压将钢丝锚固于锚杯上。穿束后,在固定端将锚圈(大螺帽)拧上,即可将钢丝束锚固于梁端。在张拉端,先将与千斤顶连接的拉杆旋入锚杯内,用千斤顶支承于梁体上进行张拉,待达到设计张拉力时,将锚圈(螺母)拧紧,再慢慢放松千斤顶,退出拉杆,于是钢丝束的回缩力就通过锚圈、垫板,传递到梁体混凝土而获得锚固。

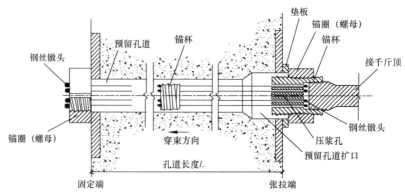

图 10.7 镦头锚具工作示意图

镦头锚具锚固可靠，不会出现锥形锚具那样的"滑丝"问题；锚固时的应力损失很小；镦头工艺操作简便迅速。但预应力钢筋张拉吨位过大，钢丝数很多，施工也显麻烦。另外，镦头锚具对钢丝的下料长度要求很精确，误差不得超过1/300。误差过大，张拉时可能由于受力不均匀发生断丝现象。镦头锚具适于锚固直线式配束，对于较缓和的曲线预应力钢筋也可采用。

10.1.6 预应力混凝土材料

1. 预应力钢材

在预应力混凝土构件中，使混凝土建立预压应力是通过张拉预应力钢材来实现的。预应力钢材在构件中，从制造开始，直到破坏，始终处于高应力状态。

（1）预应力钢材的优点。预应力混凝土构件所选用的钢材，应具有以下优点：

①强度高。混凝土预压应力的大小取决于预应力钢筋张拉应力的大小。考虑到构件在制作过程中会出现各种预应力损失，因此需要采用较高的张拉应力，这就要求预应力钢筋具有较高的抗拉强度。

②塑性较好。为了避免预应力混凝土构件发生脆性破坏，要求预应力钢筋在拉断时，具有一定的伸长率。当构件处于低温或受到冲击荷载时，更应注意对钢筋塑性和抗冲击性的要求。一般要求极限伸长率大于3.5%。

③良好的加工性能。要求有良好的可焊性，同时要求钢筋"镦粗"后并不影响原来的物理力学性能等。

④与混凝土之间有良好的粘结强度。在先张法预应力混凝土构件中，预应力钢筋和混凝土之间应有可靠的粘结力，以确保预应力钢筋的预加力可靠地传递至混凝土。在后张法构件中，预应力钢筋与孔道后灌水泥砂浆之间应有较高的粘结强度，以使预应力钢筋与周围的混凝土形成一个整体来共同承受外荷载。

（2）预应力钢材的分类。预应力钢材的发展趋势是高强度、粗直径、低松弛和耐腐蚀。预应力钢材产品的主要种类有预应力钢丝、钢绞线和预应力螺纹钢筋。预应力钢丝和钢绞线单向拉伸应力—应变关系曲线无明显的流幅，预应力螺纹钢筋则有明显的流幅。

①预应力钢丝。预应力钢丝用优质高碳钢盘条经表面处理后冷拔而成，钢的含碳量为0.6% ~ 0.9%，冷拔前要经过酸洗磷化或其他形式的表面处理，冷拔后横截面积一般会减少50% ~ 85%，通过冷加工硬化原理提高强度。

预应力钢丝如再经矫直回火处理，可消除钢丝冷拔过程中产生的残余应力，其比例极限、屈服强度和弹性模量等也会有所提高，塑性也有所改善，同时也解决钢丝的矫直问题。这种钢丝通常称为消除应力钢丝。消除应力钢丝的松弛损失虽比消除应力前低一些，但仍然较高，可再经过稳定化处理，即在一定温度（350 ℃ ~ 400 ℃）和拉应力下进行应力消除回火处理，然后冷却至常温。经稳定化处理后，钢丝的松弛仅为普通钢丝的25% ~ 33%。这种钢丝被称为低松弛钢丝，并明显改善了屈服强度、延伸率和伸直性。

②钢绞线。钢绞线是由2、3或7根高强钢丝扭结而成并经消除内应力后的盘卷状钢丝束（见图10.8）。最常用的是由6根钢丝围绕一根芯丝顺一个方向扭结而成的7股钢绞线。芯丝直径常比外围钢丝直径大5% ~ 7%，以使各根钢丝紧密接触，钢丝扭距一般为钢绞线公称直径的12 ~ 16倍。依松弛性能不同分成普通钢绞线和低松弛钢绞线两种。普通钢绞线工艺较简单，钢绞线绞捻而成后，仅需在400 ℃左右的熔铅中进行回火处理；而低松弛钢绞线则需进行稳定化处理。

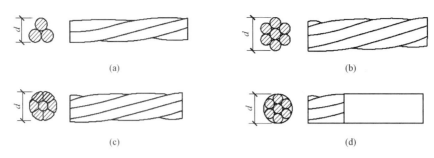

图 10.8　几种常见的预应力钢绞线
（a）三股钢绞线；（b）七股钢绞线；（c）七股拔模钢绞线；（d）无粘结钢绞线

钢绞线具有截面集中、比较柔软、盘弯运输方便、与混凝土粘结性能良好等特点，可大大简化现场成束的工序，是一种较理想的预应力钢筋。普通钢绞线的强度与弹性模量均较单根钢丝略小，但低松弛钢绞线已有改变。据国外统计，钢绞线在预应力钢筋中的用量约占75%，而钢丝与粗钢筋约占25%。使用高强度、低松弛钢绞线已经成为主流。

英国和日本还研究生产了一种"模拔成型钢绞线"，它是在捻制成型时通过模孔拉拔而成。它可使钢丝互相挤紧成近于六边形，使钢绞线的内部空隙和外径大大减小。在相同预留孔道的条件下，可增加预拉力约20%，且周边与锚具接触的面积增加，有利于锚固。

③预应力螺纹钢筋。预应力螺纹钢筋在轧制时沿钢筋纵向全部轧有规律性的螺纹肋条，可用螺纹套筒连接和螺母锚固，因此不需要再加工螺纹，也不需要焊接。目前，这种高强度钢筋仅用于中、小型预应力混凝土构件或作为箱梁的竖向、横向预应力钢筋。

我国用于预应力混凝土结构的预应力钢筋有中强度预应力钢丝、消除应力钢丝、钢绞线和预应力螺纹钢筋。其中，中强度预应力钢丝的抗拉强度为 800~1 270 MPa，外形有光面和螺旋肋两种；消除应力钢丝的抗拉强度为 1 470~1 860 MPa，外形也有光面和螺旋肋两种；钢绞线抗拉强度为 1 570~1 960 MPa，是由多根高强度钢丝扭结而成，常用的有 7 股和 3 股等；预应力螺纹钢筋又称精轧螺纹粗钢筋，抗拉强度为 980~1 230 MPa，是用于预应力混凝土结构的大直径高强度钢筋。预应力钢筋的强度标准值、强度设计值和弹性模量见附表10、附表12、附表14。

2. 混凝土

混凝土的种类很多，在预应力混凝土中一般采用以水泥为胶结料的混凝土。预应力混凝土应具有高强度和小变形的特点。

（1）高强度。在预应力混凝土结构中，所用预应力钢筋的强度越高，混凝土等级相应要求越高，从而由预应力钢筋获得的预压应力值越大，更有效地减小构件截面尺寸，减轻构件自重，使建造跨度较大的结构在技术、经济上成为可能。高强度混凝土的弹性模量较高，混凝土的徐变较小；高强度混凝土有较高的粘结强度，可减少先张法预应力混凝土构件的预应力钢筋的锚固长度；高强度混凝土也具有较高的抗拉强度，使高强度的预应力混凝土结构具有较高的抗裂强度；同时后张法构件，采用高强度混凝土，可承受构件端部强大的预压力。

（2）低收缩、低徐变。在预应力混凝土中采用低收缩、低徐变的混凝土，一方面可以减小由于混凝土收缩、徐变产生的预应力损失；另一方面也可以有效控制预应力混凝土结构的徐变变形。

（3）快硬、早强。混凝土能较快地获得强度，尽早地施加预应力，以提高台座、模具、夹具、张拉设备的周转率，加快施工进度，降低间接管理费用。

预应力混凝土结构常用的混凝土有普通混凝土、高强度混凝土、高性能混凝土和轻集料混凝土。选择预应力混凝土强度等级时，应综合考虑施加预应力的制作方法、构件跨度的大小、使用条件以及预应力钢筋类型等因素。《混凝土结构设计规范》规定,预应力混凝土结构的混凝土强度等级不宜低于 C40,且不应低于 C30。

10.1.7 张拉控制应力

张拉控制应力是指预应力钢筋张拉时所控制达到的最大应力值,也就是张拉设备(如千斤顶)所控制的总张拉力除以预应力钢筋面积所得到的应力值,以 σ_{con} 表示。

张拉控制应力的取值,直接影响预应力混凝土的使用效果,如果张拉控制应力取值过低,则预应力钢筋经过各种损失后,对混凝土产生的预压力过小,不能有效地提高预应力混凝土构件的抗裂度和刚度。如果张拉控制应力取值过高,则可能引起以下的问题:

(1) 在施工阶段会使构件的某些部位受到拉力(称为预拉力)以致开裂,对后张法构件则可能造成端部混凝土局部受压破坏。

(2) 构件出现裂缝时的荷载与极限荷载很接近,使构件在破坏前无明显的预兆,构件的延性较差。

(3) 可能引起钢丝断裂。由于同一束中各根钢丝的应力不可能完全相同,其中少数钢丝的应力必然超过 σ_{con},如果 σ_{con} 定得过高,个别钢丝可能断裂。另外,如果设计中需要进行超张拉,这种个别钢丝先被拉断的现象可能更多一些。

(4) σ_{con} 越高,预应力钢筋的应力松弛也会越大。

张拉控制应力值的大小应根据构件的具体情况,按照预应力钢筋的钢种及施加预应力方法的不同等因素来确定。根据长期积累的设计和施工经验,《混凝土结构设计规范》规定:

消除应力钢丝、钢绞线

$$\sigma_{con} \leqslant 0.75 f_{ptk} \tag{10.1}$$

中强度预应力钢丝

$$\sigma_{con} \leqslant 0.70 f_{ptk} \tag{10.2}$$

预应力螺纹钢筋

$$\sigma_{con} \leqslant 0.85 f_{pyk} \tag{10.3}$$

式中 f_{ptk}——预应力钢筋极限强度标准值;

f_{pyk}——预应力螺纹钢筋屈服强度标准值。

消除应力钢丝、钢绞线、中强度预应力钢丝的张拉控制应力值不应小于 $0.4f_{ptk}$;预应力螺纹钢筋的张拉应力控制值不宜小于 $0.5f_{pyk}$。

当符合下列情况之一时,上述张拉控制应力值可相应提高 $0.05f_{ptk}$ 和 $0.05f_{pyk}$:

(1) 要求提高构件在施工阶段的抗裂性能而在使用阶段受压区内设置的预应力钢筋。

(2) 要求部分抵消由于应力松弛、摩擦、钢筋分批张拉以及预应力钢筋与张拉台座之间的温差等因素产生的预应力损失。

10.1.8 预应力损失

在预应力混凝土构件施工及使用过程中,由于混凝土和钢材的性质以及制作方法上的原因,预应力钢筋的张拉值是在不断降低的,称为预应力损失。引起预应力损失的因素很多,一般认为预应力混凝土构件的总预应力损失值,可采用各种因素产生的预应力损失值进行叠加的方法求得。一般主要有以下六种预应力损失。

1. 直线预应力钢筋由于锚具变形和预应力钢筋内缩引起的预应力损失 σ_{l1}

(1) 先张法直线预应力钢筋,或是孔道内无摩擦作用的后张法直线预应力钢筋,当被张拉

到 σ_{con} 后,将其锚固在台座上或构件上时,由于锚具变形、预应力钢筋内缩和分块拼装构件接缝压密引起的预应力钢筋的长度变化,引起预应力损失 σ_{l1}（N/mm²）。可按下式计算:

$$\sigma_{l1} = \frac{\alpha}{l} E_s \tag{10.4}$$

式中 α——张拉端锚具变形和钢筋回缩值（mm），按表 10.1 取用;

l——张拉端至锚固端之间的距离（mm）;

E_s——预应力钢筋的弹性模量（N/mm²）。

表 10.1 锚具变形和钢筋内缩值 α mm

锚 具 类 别		α
支承式锚具（钢丝束、镦头锚具等）	螺母缝隙	1
	每块后加垫板的缝隙	1
夹片锚具	有顶压时	5
	无顶压时	6~8

注:1. 表中的锚具变形和预应力钢筋内缩值也可根据实测数据确定;
2. 其他类型的锚具变形和预应力钢筋内缩值应根据实测数据确定

块体拼成的结构,其预应力损失尚应计入块体间填缝的预压变形。当采用混凝土或砂浆为填缝材料时,每条填缝的预压变形可取为 1 mm。

减小 σ_{l1} 的措施有以下几项:

①选择变形值小或使预应力内缩小的锚具、夹具;尽量少用垫板,因为每增加一块垫板,α 就增加 1 mm。

②增加台座长度,因为 σ_{l1} 与台座长度成反比。采用先张法生产的构件,当台座长度为 100 m 以上时,σ_{l1} 可忽略不计。

(2)后张法构件曲线预应力钢筋由于锚具变形和预应力钢筋回缩引起的预应力损失值 σ_{l1},应根据曲线预应力钢筋或折线预应力钢筋与孔道壁之间反向摩擦影响长度 l_f 范围内的预应力钢筋变形值等于锚具变形和预应力钢筋内缩值的条件确定。σ_{l1} 可按《混凝土结构设计规范》附录 J 进行计算。

2. 预应力钢筋与孔道壁之间的摩擦引起的预应力损失 σ_{l2}

采用后张法张拉预应力钢筋时,由于预留孔道凹凸不平、孔道尺寸偏差、孔壁粗糙,预应力钢筋不直（如对焊接头偏心、弯折等）和表面不光滑等原因,预应力钢筋在张拉时与孔壁的某些部位接触,如图 10.9 所示,并在接触处产生法向力。这个法向力将与张拉力成正比,并在与张拉力相反的方向对预应力钢筋产生摩阻力,使远离张拉端预应力钢筋的预拉应力减小。显然,距离预应力钢筋张拉端越远,它的预应力值越小。由上述原因引起预应力值的降低称为预应力钢筋和孔道壁摩擦产生的预应力损失,用 σ_{l2} 表示。

由图 10.10 可知,在张拉端,预应力钢筋的应力为 σ_{con},到距离张拉端 x 处的某个计算截面处,预应力

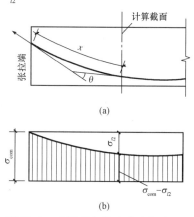

图 10.9 摩擦引起的预应力损失 σ_{l2}

(a) 曲线形预应力钢筋示意;(b) σ_{l2} 分布

钢筋的应力减小至 σ_x，则预应力损失为

$$\sigma_{l2} = \sigma_{con}[1 - e^{-(kx+\mu\theta)}] = \sigma_{con}\left(1 - \frac{1}{e^{kx+\mu\theta}}\right) \tag{10.5}$$

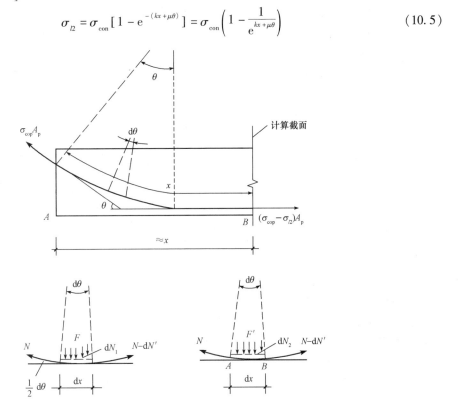

图 10.10　预留孔道中张拉钢筋与孔道壁的摩阻力

当 $kx + \mu\theta \leq 0.2$ 时，σ_{l2} 可按下列近似公式计算：

$$\sigma_{l2} = \sigma_{con}(kx + \mu\theta) \tag{10.6}$$

注：当采用夹片式群锚体系时，在 σ_{con} 中宜扣除锚口摩擦损失。

式中　k——考虑孔道每米长度局部偏差的摩擦系数，按表 10.2 取用；

　　　x——从张拉端至计算截面的孔道长度，可近似取该段孔道在纵轴上的投影长度(m)；

　　　μ——预应力钢筋与孔道壁之间的摩擦系数，按表 10.2 取用；

　　　θ——从张拉端至计算截面曲线孔道各部分切线的夹角之和(rad)。

表 10.2　摩擦系数

孔道成型方式	k/m^{-1}	μ	
		钢丝束、钢绞线	预应力螺纹钢筋
预埋金属波纹管	0.001 5	0.25	0.50
预埋塑料波纹管	0.001 5	0.15	—
预埋钢管	0.001 0	0.30	—
抽芯成型	0.001 4	0.55	0.60
无粘结预应力钢筋	0.004 0	0.09	—
注：摩擦系数也可根据实测数据确定			

一端张拉如图10.11（a）所示。

为了减少预应力钢筋与孔道壁间摩擦引起的预应力损失，可采用以下措施：

（1）采用两端张拉，如图10.11（b）所示，以减小θ和孔道计算长度x。但这个措施同时将引起σ_{l1}的增加，故应用时应予以权衡。

（2）采用超张拉，如图10.11（c）所示。超张拉的张拉工艺如下：

$$0 \rightarrow 1.1\sigma_{con} \xrightarrow{\text{停 2 min}} 0.85\sigma_{con} \xrightarrow{\text{停 2 min}} \sigma_{con}$$

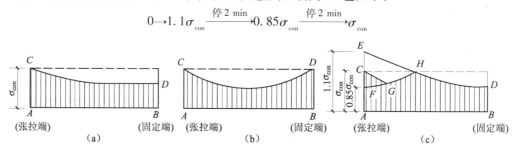

图 10.11　一端张拉、两端张拉及超张拉对减少摩擦损失的影响

（a）一端张拉；（b）两端张拉；（c）超张拉

当张拉端A超张拉10%时，预应力钢筋中的预拉应力将沿着EHD分布。当张拉端的张拉力降低至$0.85\sigma_{con}$时，由于孔道与预应力钢筋之间产生反向摩擦，预拉应力将沿着$FGHD$分布。当张拉端A再次张拉至σ_{con}时，则预应力钢筋中的应力将沿着$CGHD$分布，显然比图10.11（a）（一端张拉）所建立的预拉应力要均匀些，预应力损失要小一些。

3. 混凝土加热养护时预应力钢筋与承受拉力的设备之间温差引起的预应力损失σ_{l3}

为了缩短先张法构件的生产周期，常采用蒸汽和其他方法加热养护混凝土。在升温阶段，由于混凝土和预应力钢筋之间尚未建立粘结力，钢筋因受热伸长，而张拉台座未受温度影响仍保持原长不变，结果使预应力钢筋中应力下降。降温时，预应力钢筋与混凝土已成一整体，且两者的温度膨胀系数接近，所以随温度降低产生相同的收缩，钢筋无法回复到原来的应力状态，于是产生了预应力损失σ_{l3}。

蒸汽养护时，若受张拉的钢筋与承受拉力的设备（台座）之间的温差为Δt，取钢筋的温度线膨胀系数$\alpha = 1 \times 10^{-5}/℃$，钢筋的长度为$L$，钢筋产生的温差变形为$\Delta L$，则$\sigma_{l3}$可按下式计算：

$$\sigma_{l3} = \varepsilon_s E_s = \frac{\Delta L}{L} \cdot E_s = \frac{\alpha \cdot \Delta t \cdot L}{L} E_s = \alpha E_s \Delta t = 2 \times 10^5 \times 1 \times 10^{-5} \cdot \Delta t = 2\Delta t \text{（N/mm}^2\text{）} \quad (10.7)$$

减少σ_{l3}的措施有以下几项：

（1）采用二次升温养护。先在常温下养护，使混凝土强度达到一定的强度等级，再继续升温到规定的养护温度。升温时由于钢筋混凝土已结为整体，并且两者的温度线膨胀系数接近，钢筋和混凝土一起胀、缩，故无预应力损失发生。

（2）钢模张拉。由于预应力钢筋锚固在钢模上，钢模与构件同时升温，又同时冷却，锚固于模板的预应力钢筋的张拉应力保持不变，故不会产生σ_{l3}。

4. 钢筋应力松弛引起的预应力损失σ_{l4}

预应力钢筋在持久不变的应力作用下，会产生随时间而增加的蠕变。处于受拉状态下的钢筋，在钢筋长度保持不变的条件下，钢筋的应力会随时间的增长而逐渐降低，这种现象称为钢筋的应力松弛。另一方面在钢筋应力保持不变的条件下，其应变会随时间的增长而逐渐增大，这种现象称为钢筋的徐变。钢筋的松弛与徐变是并存的，均将引起预应力钢筋的应力损失，这种损失统称为钢筋应力松弛损失 σ_{l4}。

（1）应力松弛的特点。应力松弛是钢筋的一种塑性性质，有以下特点：

①应力松弛与张拉初应力（σ_{con}）有关：钢筋的张拉初应力越大，其应力松弛越大。

②钢筋的应力松弛量与预应力钢筋的种类密切相关。

③钢筋的应力松弛与时间有关：应力松弛在张拉初期发展最快，一般前2分钟松弛量可占全部松弛量的30%，1小时完成50%以上，以后逐渐趋向稳定。

④钢筋松弛与温度变化有关，随温度升高而增加。蒸汽养护的预应力混凝土构件钢筋应力松弛较大。

（2）应力松弛损失的计算。《混凝土结构设计规范》规定，预应力钢筋的应力松弛损失 σ_{l4} 按下列方式计算：

①消除应力钢丝、钢绞线：

普通松弛：
$$\sigma_{l4} = 0.4\left(\frac{\sigma_{con}}{f_{ptk}} - 0.5\right)\sigma_{con} \tag{10.8}$$

低松弛：

当 $\sigma_{con} \leq 0.7 f_{ptk}$ 时，
$$\sigma_{l4} = 0.125\left(\frac{\sigma_{con}}{f_{ptk}} - 0.5\right)\sigma_{con} \tag{10.9}$$

当 $0.7 f_{ptk} < \sigma_{con} \leq 0.8 f_{ptk}$ 时，$\sigma_{l4} = 0.2\left(\frac{\sigma_{con}}{f_{ptk}} - 0.575\right)\sigma_{con}$ （10.10）

②中强度预应力钢丝：
$$\sigma_{l4} = 0.08\sigma_{con} \tag{10.11}$$

③预应力螺纹钢筋：
$$\sigma_{l4} = 0.03\sigma_{con} \tag{10.12}$$

减小此项损失的措施是进行超张拉。这是因为在较高应力下，短时间所产生的应力松弛损失与在较低应力下经过较长时间才能完成的松弛损失大抵相同，所以经过超张拉后再重新张拉至 σ_{con} 时，一部分松弛损失在超张拉时已完成，松弛损失即可减小。

5. 混凝土收缩、徐变引起受拉区和受压区预应力钢筋的预应力损失 σ_{l5} 和 σ'_{l5}

收缩和徐变是混凝土固有的特性，混凝土的收缩和徐变均使构件长度缩短，使预应力钢筋的长度随之回缩，造成了预应力钢筋中的预应力损失。当构件中配置有非预应力钢筋时，非预应力钢筋将产生压应力 σ_{l5}。虽然收缩和徐变是两种性质不同的现象，但两者的变形都是随时间而变化，均使构件缩短，引起钢筋应力变化的规律也很相似，故《混凝土结构设计规范》将这两项预应力损失合在一起考虑。

《混凝土结构设计规范》规定，在一般相对湿度环境下，混凝土收缩、徐变引起受拉区和受压区预应力钢筋的预应力损失 σ_{l5}、σ'_{l5}，单位为 N/mm^2，可按下列公式计算：

先张法构件：

$$\sigma_{l5} = \frac{60 + 340\dfrac{\sigma_{pc}}{f'_{cu}}}{1 + 15\rho'} \tag{10.13}$$

$$\sigma'_{l5} = \frac{60 + 340\dfrac{\sigma'_{pc}}{f'_{cu}}}{1 + 15\rho} \tag{10.14}$$

后张法构件：

$$\sigma_{l5} = \frac{55 + 300\dfrac{\sigma_{pc}}{f'_{cu}}}{1 + 15\rho} \qquad (10.15)$$

$$\sigma'_{l5} = \frac{55 + 300\dfrac{\sigma'_{pc}}{f'_{cu}}}{1 + 15\rho'} \qquad (10.16)$$

式中 σ_{pc}、σ'_{pc}——受拉区、受压区预应力钢筋合力点处的混凝土法向压应力;

f'_{cu}——施加预应力时的混凝土立方体抗压强度;

ρ、ρ'——受拉区、受压区预应力钢筋和非预应力钢筋的配筋率。

此时,预应力损失值仅考虑混凝土预压前(第一批)的损失,其普通钢筋中的应力 σ_{l5}、σ'_{l5} 值应取为零;σ_{pc}、σ'_{pc} 不得大于 $0.5f'_{cu}$,当 σ'_{pc} 为拉应力时,则式(10.14)、式(10.16)中的 σ'_{pc} 应取为零。计算混凝土法向应力 σ_{pc}、σ'_{pc} 时可根据构件制作情况考虑自重的影响。

对先张法构件:

$$\rho = \frac{A_p + A_s}{A_0} \qquad \rho' = \frac{A'_p + A'_s}{A_0} \qquad (10.17a)$$

对后张法构件:

$$\rho = \frac{A_p + A_s}{A_n} \qquad \rho' = \frac{A'_p + A'_s}{A_n} \qquad (10.17b)$$

式中 A_0——混凝土换算截面面积;

A_n——混凝土净截面面积。

对于对称配置预应力钢筋和普通钢筋的构件,配筋率 ρ、ρ' 应按钢筋总截面面积的一半计算,即

先张法构件: $\rho = (A_p + A_s) / (2A_0)$

后张法构件: $\rho = (A_p + A_s) / (2A_n)$

由式(10.13)~式(10.16)可以看出:

(1) σ_{l5} 与相对初应力 σ_{pc}/f'_{cu} 为线性关系。公式中所给出的是线性徐变条件下的应力损失,因此要求符合 $\sigma_{pc} < 0.5f'_{cu}$ 的条件。否则,混凝土中将产生非线性徐变,导致预应力损失值显著增大。

(2) σ_{l5}、σ'_{l5} 随 ρ(或 ρ')的增大而减小。因为 ρ(或 ρ')的增加可减小混凝土的收缩和徐变。

(3) 当 σ_{pc}/f'_{cu}(或 σ'_{pc}/f'_{cu})相同时,后张法构件 σ_{l5} 的取值比先张法构件低。这是因为后张法构件在施加预应力的过程中,混凝土的收缩已完成了一部分。

上述公式是按周围空气相对湿度为40%~70%得出的,将其用于相对湿度大于70%的情况下是偏于安全的。对泵送混凝土,其收缩和徐变引起的预应力损失值也可根据实际情况采用其他可靠数据。

当需要考虑与时间相关的混凝土收缩、徐变及预应力钢筋应力松弛损失时,可按《混凝土结构设计规范》附录K进行计算。

减少 σ_{l5} 的措施有以下几项:

(1) 采用高强度等级水泥,减少水泥用量,降低水胶比,采用干硬性混凝土。

(2) 采用级配较好的集料,加强振捣,提高混凝土的密实性。

(3) 加强养护,以减少混凝土的收缩。

6. 环形结构中螺旋式预应力钢筋对混凝土的局部挤压引起的预应力损失 σ_{l6}

采用螺旋式预应力钢筋作为配筋的环形构件,由于预应力钢筋对混凝土的局部挤压,使环形构件的核心直径有所减小,预应力钢筋中的拉应力就会降低,从而造成预应力钢筋的应力损失 σ_{l6}。

σ_{l6} 的大小与环形构件的直径 d 成反比。直径越小,σ_{l6} 越大。当环形构件直径大于 3 m 时,相对的压缩很小,此项损失可忽略不计。当构件直径 $d \leqslant 3$ m 时,可取 $\sigma_{l6} = 30$ N/mm²。

10.1.9 预应力损失值的组合

上述的六项预应力损失,它们有的只发生在先张法构件中,有的只发生在后张法构件中,有的两种构件均有,它们不是同时发生的,而是按不同的张拉方法分阶段发生的。预应力损失值按构件不同的受力阶段分先张法、后张法进行组合。为了便于分析和计算,《混凝土结构设计规范》规定将预应力损失分成两批,以混凝土预压完成前、后作为分界(见表10.3)。在进行施工阶段验算时,只考虑第一批损失 σ_{I},在进行使用阶段计算时,应考虑全部预应力损失 σ_l。

表 10.3 各阶段预应力损失值的组合

预应力损失值的组合	先张法构件	后张法构件
混凝土预压前(第一批)的损失 σ_{I}	$\sigma_{l1} + \sigma_{l2} + \sigma_{l3} + \sigma_{l4}$	$\sigma_{l1} + \sigma_{l2}$
混凝土预压后(第二批)的损失 σ_{II}	σ_{l5}	$\sigma_{l4} + \sigma_{l5} + \sigma_{l6}$
注:先张法构件由于预应力钢筋应力松弛引起的损失值 σ_{l4} 在第一批和第二批损失中所占的比例如需区分,可根据实际情况确定		

由于各项预应力损失的离散性,实际损失值与计算值有时误差很大,为了保证预应力构件的抗裂度,《混凝土结构设计规范》规定,预应力总损失 $\sigma_l = \sigma_{\mathrm{I}} + \sigma_{\mathrm{II}}$ 的最小值,计算时按下列数值取用:

先张法构件 100 N/mm²;
后张法构件 80 N/mm²。

10.1.10 先张法预应力钢筋的传递长度

先张法预应力混凝土构件的预压应力是靠构件两端一定距离内预应力钢筋和混凝土之间的粘结力来传递的。其传递并不能在构件的端部集中一点完成,而必须通过一定的传递长度进行。

当切断或放松预应力钢筋时,构件端部外露处的预应力钢筋预拉应力变为零,钢筋在该处的拉应变也相应变为零,钢筋将向构件内部产生内缩、滑移。但在构件端部以内,钢筋和混凝土粘结力将阻止钢筋的回缩[见图 10.12(a)]。若试取离构件端部长度为 x 的预应力钢筋作为脱离体进行分析[见图 10.13(b)],随着距端部截面距离 x 的增大,由于粘结应力的积累,使预应力钢筋的预拉应力 σ_{p} 从边缘向中间逐渐增大,相应混凝土中的预压应力 σ_{c} 也逐渐增大,预应力钢筋的回缩将减小,两者之间的相对滑移也将减少。当 x 达到一定的长度 l_{tr} 时[见图 10.12(c)中 a 截面与 b 截面之间的距离],在 l_{tr} 长度内的粘结力与预拉力 σ_{p} 平衡,自 b 截面起预应力钢筋才能建立起稳定的预拉应力 σ_{pe},同时,相应的混凝土截面建立起有效的预压应力 σ'_{pc}。钢筋从应力为零的端面到应力为 σ_{pe} 的这一段长度 l_{tr}，称为先张法构件预应力钢筋的传递长度。ab 段称为先张法构件的自锚区。为了设计计算方便，在先张法构件预应力钢筋的传递长度范围区内，预应力钢筋的应力 σ_{pe} 和混凝土的有效预应力 σ'_{pc} 均简化为按直线变化。

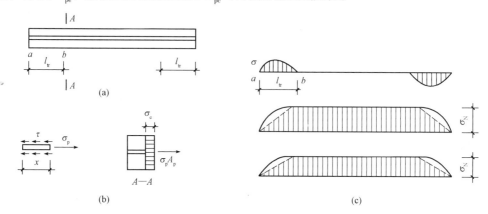

图 10.12　先张法构件预应力的传递

（a）放松预应力钢筋时预应力钢筋的回缩；（b）预应力钢筋表面的粘结应力及截面 $A-A$ 的应力分布；
（c）粘结应力、预应力钢筋拉应力及混凝土预压应力沿构件长度的分布

先张法构件预应力钢筋的预应力传递长度 l_{tr} 可按下式计算：

$$l_{tr} = \alpha \frac{\sigma_{pe}}{f'_{tk}} d \tag{10.18}$$

式中　σ_{pe}——放张时预应力钢筋的有效预应力；
　　　d——预应力钢筋、钢绞线的公称直径；
　　　α——预应力钢筋外形系数，按表 10.4 取用；
　　　f'_{tk}——与放张时混凝土立方体抗压强度 f'_{cu} 相应的轴心抗拉强度标准值。

表 10.4　预应力钢筋外形系数 α

预应力钢筋种类	光圆钢筋	带肋钢筋	螺旋肋钢丝	钢绞线	
				三股	七股
α	0.16	0.14	0.13	0.16	0.17

当采用骤然放张预应力钢筋的施工工艺时，对光面预应力钢筋，l_{tr} 的起点应从距构件末端 $0.25l_{tr}$ 处开始计算。

10.1.11　后张法构件端部锚固区的局部承压验算

后张法预应力混凝土构件的预压力是通过构件端部锚具经垫板传递给混凝土的。因此，构件端部锚具下的混凝土将承受很大的局部压力，如图 10.13 所示。在局部压力作用下，当混凝土强度或变形的能力不足时，构件端部会产生裂缝，甚至会发生局部受压破坏。所以必须对锚具下的混凝土进行局部承压强度和抗裂性验算。

1. 局部承压的破坏形态和破坏机理

局部承压是指构件受力表面仅有部分面积承受压力的应力状态〔见图 10.13（a）〕。设构件的截面面积为 A_b，在构件端面中心部分的较小承压面积 A_l 上作用有总预压力 N_p，设锚具下的平

均局部压应力为 $p_l = \dfrac{N_p}{A_l}$，此应力从构件端部要经过一段距离才能逐步扩散到一个较大的截面面积上。实验研究分析结果表明，在离受荷端（横截面 A_b）距离近似等于 h_0 处的横截面 CD 上，压应力 p 基本上已均匀分布 $p = \dfrac{N_p}{A_b} < p_l$，为全截面受压 [图 10.13（b）中的 $ABCD$ 区就是局部受压区，对预应力混凝土构件称为锚固区]。

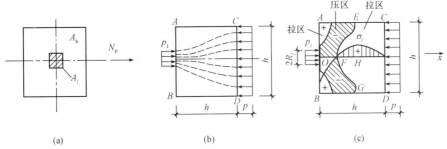

图 10.13　构件端部混凝土局部受压时内力分布

(a) 部分面积受压；(b) 全截面受压；(c) 三向应力状态

在 p_l 和 p 的共同作用下，锚固区的混凝土实际上处于较复杂的三向应力状态，与纵向法向应力 σ_x 垂直的还有横向法向应力 σ_y 和 σ_z。当近似有限单元法平面应力状态分析时，在锚固区内任何一点将产生 σ_x、σ_y 和 τ 三种应力。σ_x 为 x 方向的正应力 [见图 10.13（c）]，在锚固区 $ABCD$ 内，绝大部分 σ_x 都是压应力，在纵轴 Ox 上其值最大，其中又以 O 点为最大，即 $\sigma_{x(o)} = \sigma_{x\max} = p_l$。$\sigma_y$ 为沿 y 方向的正应力 [见图 10.13（c）]，在靠近垫板处，即在块体 $AOBEFG$ 部分，σ_y 为压应力；离垫块较远处，即 $EFGDC$ 部分 σ_y 为拉应力，最大横向拉应力发生在 $ABCD$ 锚固区的中点附近的 H 点。

由以上分析可知，在后张法构件中，锚具垫板下混凝土承受巨大的压应力 $\sigma_{x\max} = p_l$，近垫板处 σ_y 为压应力，当离开端部一定距离后 σ_y 为拉应力。当荷载 N_p 逐渐增大，以致 H 点的横向拉应力 σ_y 超过混凝土抗拉强度时，构件端部锚固区出现纵向裂缝，如强度不足时，将导致局部受压破坏。为此，需在局部受压区配置间接钢筋。《混凝土结构设计规范》规定，设计时要保证在张拉钢筋时锚固区的混凝土不开裂和不产生过大的变形，故必须进行局部承压区的抗裂度验算，并且要计算锚具下所需的间接钢筋，以满足局部受压承载力的要求。

2. 端部受压区截面尺寸验算

为了满足构件端部局部受压区的抗裂要求，防止该区段混凝土由于施加预应力而出现沿构件长度方向上的裂缝，以及间接钢筋过多时，产生过大的局部变形使垫板下陷，对配置间接钢筋的混凝土结构构件，其局部受压区的截面尺寸应符合下列要求

$$F_l \leqslant 1.35 \beta_c \beta_l f_c A_{ln} \tag{10.19}$$

$$\beta_l = \sqrt{\dfrac{A_b}{A_l}} \tag{10.20}$$

式中　F_l——局部受压面上作用的局部荷载或局部压力设计值；在计算后张法构件的锚头局部受压时，取 $F_l = 1.2\sigma_{con} A_p$；

　　　f_c——张拉时混凝土的轴心抗压强度设计值；在后张法预应力混凝土构件的张拉阶段验算中，可根据相应阶段的混凝土立方体抗压强度 f'_{cu} 值按线性内插法确定；

A_{ln}——混凝土局部受压净面积，对后张法构件，应在混凝土局部受压面积中扣除孔道、凹槽部分的面积；

β_l——混凝土局部受压时强度提高系数；

β_c——混凝土强度影响系数；当混凝土强度等级不超过 C50 时，取 $\beta_c = 1.0$；当混凝土强度等级等于 C80 时，取 $\beta_c = 0.8$，其间按直线内插法取用。

A_l——混凝土局部受压面积；对后张法构件不扣除孔道面积；当有垫板时可考虑预压力沿锚具垫圈边缘在垫板中按 45°扩散后传至混凝土的受压面积（见图 10.14）；

A_b——局部受压的计算底面面积，可根据局部受压面积与计算底面面积同心、对称的原则按图 10.14 取用；计算 A_b 时，也不扣除孔道面积。

当不满足式（10.19）时，应加大端部锚固区的截面尺寸，调整锚具位置或提高混凝土强度等级。

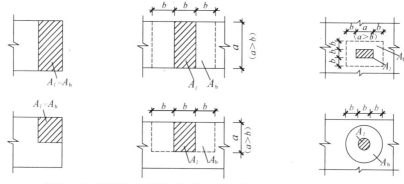

图 10.14 混凝土局部受压面积 A_l 和局部受压计算底面面积 A_b

3. 局部受压区的承载力计算

在锚固区配置间接钢筋（方格网式或螺旋式钢筋）（见图 10.15），可以有效地提高锚固区段

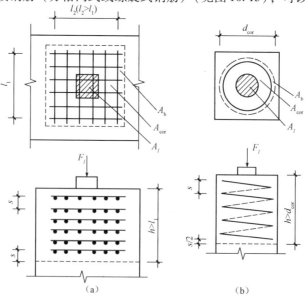

图 10.15 局部受压配筋

（a）方格网式配筋；（b）螺旋式配筋

的局部受压强度,防止局部受压破坏。当配置间接钢筋,且其核心面积 $A_{cor} \geq A_l$ 时,其局部承压的承载力应按下式计算:

$$F_l \leq 0.9(\beta_c\beta_l f_c + 2\alpha\rho_v\beta_{cor}f_{yv})A_{ln} \tag{10.21}$$

式中 F_l、β_l、A_l、A_{ln} 的含义与式(10.19)相同;

β_{cor}——配置间接钢筋的局部受压承载力提高系数;按下式确定:

$$\beta_{cor} = \sqrt{\frac{A_{cor}}{A_l}} \tag{10.22}$$

A_{cor}——方格网式或螺旋式间接钢筋内表面范围内的混凝土核心截面面积,应大于混凝土局部受压面积 A_l,其重心应与 A_l 的重心相重合;当 A_{cor} 大于 A_b 时,取 A_{cor} 等于 A_b,当 A_{cor} 不大于混凝土局部受压面积 A_l 的1.25倍时,β_{cor} 取1.0;

f_{yv}——间接钢筋的抗拉强度设计值;

α——间接钢筋对混凝土约束的折减系数:当混凝土的强度等级不超过C50时,取1.0,当混凝土强度等级为C80时,取0.85,其间按线性内插法确定。

ρ_v——间接钢筋的体积配筋率(核心面积 A_{cor} 范围内的单位混凝土体积所含间接钢筋的体积),且要求 $\rho_v \geq 0.5\%$。

当间接钢筋为方格网式配筋时[见图10.15(a)],钢筋网两个方向上单位长度内钢筋截面面积的比值不宜大于1.5,且

$$\rho_v = \frac{n_1 A_{s1} l_1 + n_2 A_{s2} l_2}{A_{cor} \cdot s} \tag{10.23a}$$

当间接钢筋为螺旋式配筋时[见图10.17(b)]

$$\rho_v = \frac{\pi \cdot d_{cor} \cdot A_{ss1}}{\frac{\pi}{4}d_{cor}^2 \cdot s} = \frac{4A_{ss1}}{d_{cor} \cdot s} \tag{10.23b}$$

式中 n_1、A_{s1}——方格网沿 l_1 方向的钢筋根数和单根钢筋截面面积;

n_2、A_{s2}——方格网沿 l_2 方向的钢筋根数和单根钢筋截面面积;

A_{ss1}、d_{cor}——螺旋钢筋的截面面积和螺旋筋范围以内的混凝土直径;

s——方格网式或螺旋式间接钢筋的间距。

4. 间接钢筋的构造要求

间接钢筋应配置在图10.15中所规定的 h 范围内。间接钢筋直径一般为6~8 mm。当采用方格网式配筋时,网片不应少于4片;采用螺旋式配筋时,不应少于4圈。

如验算不能满足式(10.21)时,对于方格网式配筋,应增加钢筋根数,加大钢筋直径,减小钢筋网的间距;对于螺旋式配筋,应加大直径,减少螺距。

10.2 预应力混凝土轴心受拉构件的计算

预应力混凝土轴心受拉构件从张拉钢筋开始直到受荷构件破坏,截面上混凝土和钢筋的应力状态及构件工作特点可以分为施工阶段和使用阶段两个阶段。每个阶段包括若干个特征受力过程,每个阶段中钢筋和混凝土应力的变化是不同的。

10.2.1 轴心受拉构件各阶段的应力分析

图 10.16 所示为预应力混凝土轴心受拉构件各阶段的应力变化计算图示在图 10.16（a）所示的构件截面中，A_p 及 A_s 分别为预应力钢筋及非预应力钢筋截面面积，A_c 为混凝土的截面面积。

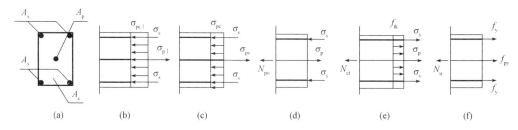

图 10.16 预应力混凝土轴心受拉构件各阶段的应力示意图

（a）截面图；（b）放松预应力钢筋；（c）完成第二批损失；
（d）加荷至混凝土应力为零；（e）裂缝即将出现；（f）破坏

1. 先张法轴心受拉构件

（1）施工阶段。其受力特点为：预加力首先加在台座上，释放钢筋时，释放的力直接加在混凝土换算截面上，该力不仅在混凝土和非预应力钢筋上产生预压应力，并且使预应力钢筋的应力减小。

①张拉预应力钢筋阶段。在台座上张拉预应力钢筋至张拉控制应力 σ_{con}，预应力钢筋受到的总预拉力 $N_{con} = \sigma_{con} A_p$，$A_p$ 为预应力钢筋截面面积，N_{con} 由台座承受。

②预应力钢筋锚固、混凝土浇筑完毕并进行养护阶段。此阶段由于锚具变形和预应力钢筋内缩、混凝土养护时的温差和预应力钢筋松弛等原因，使预应力钢筋产生了第一批预应力损失 σ_{lI}。此时，预应力钢筋的拉应力由 σ_{con} 降至 $\sigma_{pe} = \sigma_{con} - \sigma_{lI}$。但是由于尚未放松预应力钢筋，混凝土尚未受到压缩，故 $\sigma_{pc} = 0$，$\sigma_s = 0$。

③放张预压阶段。当混凝土强度达到设计值的 75% 以上时，放松预应力钢筋，预应力钢筋弹性回缩，由于预应力钢筋和混凝土之间存在粘结力，所以预应力钢筋的回缩量与混凝土的受压弹性压缩量相等。设混凝土受到预压应力为 σ_{pcI}，则混凝土受压后产生的弹性压缩变形为 σ_{pcI}/E_c。预应力钢筋的拉应力进一步降低，其降低的数值等于 $\dfrac{\sigma_{pcI}}{E_c} \cdot E_p = \alpha_{Ep} \cdot \sigma_{pcI}$。所以，预应力钢筋的拉应力为

$$\sigma_{peI} = \sigma_{con} - \sigma_{lI} - \alpha_{Ep} \cdot \sigma_{pcI} \tag{10.24}$$

同时，非预应力钢筋也得到预压应力 σ_{sI}，$\sigma_{sI} = \alpha_{Es} \cdot \sigma_{pcI}$。

式中 α_{Ep}、α_{Es}——预应力钢筋、非预应力钢筋的弹性模量与混凝土弹性模量之比。

根据截面内力平衡条件，$\sigma_{pcI} \cdot A_c + \sigma_{sI} A_s = \sigma_{peI} \cdot A_p$，将 σ_{sI} 和 σ_{peI} 表达式代入，得

$$\sigma_{pcI} A_c + \alpha_{Es} \cdot \sigma_{pcI} A_s = (\sigma_{con} - \sigma_{lI} - \alpha_{Ep} \cdot \sigma_{pcI}) A_p$$

从而可求得完成第一批预应力损失后混凝土的预压应力为

$$\sigma_{pcI} = \dfrac{(\sigma_{con} - \sigma_{lI}) A_p}{A_c + \alpha_{Es} A_s + \alpha_{Ep} \cdot A_p} = \dfrac{N_{pI}}{A_n + \alpha_{Ep} A_p} = \dfrac{N_{pI}}{A_0} \tag{10.25}$$

式中 A_0——换算截面面积，即 $A_0 = A_c + \alpha_{Es} A_s + \alpha_{Ep} A_p$；

A_n——净截面面积,$A_n = A_c + \alpha_{Es}A_s$;

N_{pI}——完成第一批损失后,预应力钢筋总预拉力,$N_{pI} = (\sigma_{con} - \sigma_{lI})A_p$;

A_c——混凝土的净截面面积,应扣除 A_p 和 A_s 所占的面积。

放松预应力钢筋这一过程的力学计算模型,相当于一个力 $N_{pI} = (\sigma_{con} - \sigma_l)A_p$ 作用在换算截面 A_0 上,使混凝土截面产生压应力 σ_{pcI}。

④完成第二批预应力损失。混凝土受到压缩后,随着时间的增长,因预应力钢筋进一步松弛、混凝土发生收缩、徐变,产生了第二批预应力损失 σ_{lI}。这时混凝土的预压应力 σ_{pcI} 降为 σ_{pcII},混凝土的预压应力将减少 $\Delta\sigma_{pc} = \sigma_{pcI} - \sigma_{pcII}$,预应力钢筋的预拉应力由 σ_{peI} 降为 σ_{peII}。$\Delta\sigma_{pc}$ 这部分混凝土预压应力的差值使混凝土的弹性压缩有所恢复,所以,此时预应力钢筋的拉应力也将恢复 $\alpha_{Ep} \cdot \Delta\sigma_{pc}$。于是有

$$\sigma_{peII} = (\sigma_{con} - \sigma_{lI} - \alpha_{Ep}\sigma_{pcI}) - \sigma_{lII} + \alpha_{Ep}(\sigma_{pcI} - \sigma_{pcII}) = \sigma_{con} - \sigma_l - \alpha_{Ep}\sigma_{pcII} \quad (10.26)$$

同时,非预应力钢筋得到的预压应力 $\sigma_{sII} = \sigma_{sI} - \alpha_{Es} \cdot \Delta\sigma_{pc} + \sigma_{l5} = \alpha_{Es}\sigma_{pcII} + \sigma_{l5}$

根据截面内力平衡条件

$$\sigma_{peII}A_p = \sigma_{pcII}A_c + (\alpha_{Es}\sigma_{pcII} + \sigma_{l5})A_s$$
$$(\sigma_{con} - \sigma_l - \alpha_{Ep}\sigma_{pcII})A_p = \sigma_{pcII}A_c + (\alpha_{Es}\sigma_{pcII} + \sigma_{l5})A_s$$
$$\sigma_{pcII} = \frac{(\sigma_{con} - \sigma_l)A_p - \sigma_{l5}A_s}{A_c + \alpha_{Es}A_s + \alpha_{Ep}A_p} = \frac{N_{pII} - \sigma_{l5}A_s}{A_0} \quad (10.27)$$

式中 N_{pII}——预应力钢筋完成全部应力损失后,预应力钢筋和非预应力钢筋的总预拉力。

(2)正常使用阶段。

①消压极限状态。外荷载直接作用于复合截面上,当外荷载 N_0 引起的截面拉应力大小恰好与混凝土的有效预压应力 σ_{pcII} 全部抵消,即 $\sigma_{pc} = 0$,称截面处于消压极限状态,称 N_0 为消压轴力。这时预应力钢筋的拉应力 σ_{p0} 是在 σ_{peII} 的基础上增加了 $\alpha_{Ep}\sigma_{pcII}$,即在消压轴力作用下:

混凝土的应力:$\sigma_{pc} = 0$;

预应力钢筋的应力:$\sigma_{p0} = \sigma_{peII} + \alpha_{Ep}\sigma_{pcII} = (\sigma_{con} - \sigma_l - \alpha_{Ep}\sigma_{pcII}) + \alpha_{Ep}\sigma_{pcII} = \sigma_{con} - \sigma_l$;

非预应力钢筋的压应力:$\sigma_{s0} = \sigma_{sII} - \alpha_{Ep}\sigma_{pcII} = \sigma_{l5}$。

轴向拉力 N_0 可由截面上内外力平衡条件求得

$$N_0 = \sigma_{pcII}A_0 \quad (10.28)$$

由上述可见,先张法构件完成所有预应力损失后预应力钢筋的总预拉力 N_{pII} 的大小即为消压轴力的大小。

②开裂极限状态。在消压轴力 N_0 基础上,继续加载使得构件中混凝土的拉应力达到其抗拉强度 f_{tk},混凝土处于即将开裂但尚未开裂的极限状态,此时的轴向拉力为开裂轴力 N_{cr}。

此时预应力钢筋的拉应力为 $\sigma_{pcr} = \sigma_{p0} + \alpha_{Ep}f_{tk} = (\sigma_{con} - \sigma_l) + \alpha_{Ep}f_{tk}$;

非预应力钢筋的拉应力为 $\sigma_{scr} = -\sigma_{s0} + \alpha_{Es}f_{tk} = -\sigma_{l5} + \alpha_{Es}f_{tk}$。

轴向拉力 N_{cr} 可由截面上内外力平衡条件求得。

将 σ_{pcr} 和 σ_{scr} 的表达式代入上式,可得

$$N_{cr} = (\sigma_{pcII} + f_{tk})A_0 \quad (10.29)$$

式(10.29)表明,由于预压应力 σ_{pcII} 的作用,使预应力混凝土轴心受拉构件的 N_{cr} 比普通钢筋混凝土轴心受拉构件的 N_{cr} 大得多,这就是预应力混凝土构件抗裂度高的原因所在。

③带裂缝工作阶段。当轴向力 $N > N_{cr}$ 后,截面开裂。开裂后,裂缝所在截面处的混凝土退出工作,不参与受拉,轴向拉力全部由预应力钢筋 A_p 和非预应力钢筋 A_s 承担,即 $N = \sigma_p A_p + \sigma_s A_s$。

④承载能力极限状态。随着外荷载的不断加大，当预应力钢筋 A_p 和非预应力钢筋 A_s 分别达到各自的屈服强度 f_{py} 和 f_y 时，构件到达其承载能力极限状态。由平衡条件可得

$$N_u = f_{py} A_p + f_y A_s \tag{10.30}$$

2. 后张法轴心受拉构件各阶段的应力分析

（1）施工阶段。

①浇灌混凝土、养护，待混凝土强度达到设计强度的75%以上，在构件上穿预应力钢筋。钢筋张拉前，可认为截面上不产生任何应力。

②在构件上张拉预应力钢筋，千斤顶的反作用力通过传力架传递给混凝土，使混凝土受到弹性压缩，并且在张拉过程中产生摩擦损失 σ_{l2}，这时预应力钢筋中的拉应力为 $\sigma_{pe} = \sigma_{con} - \sigma_{l2}$；混凝土的预压应力为 σ_{pc}；非预应力钢筋中的压应力为 $\sigma_s = \alpha_{Es} \sigma_{pc}$。

混凝土的预压应力 σ_{pc} 可由内外力平衡条件求得

$$\sigma_{pe} A_p = \sigma_{pc} A_c + \sigma_s A_s$$
$$(\sigma_{con} - \sigma_{l2}) A_p = \sigma_{pc} A_c + \alpha_{Es} \sigma_{pc} A_s$$
$$\sigma_{pc} = \frac{(\sigma_{con} - \sigma_{l2}) A_p}{A_c + \alpha_{Es} A_s} = \frac{(\sigma_{con} - \sigma_{l2}) A_p}{A_n} \tag{10.31}$$

式中 A_n——净截面面积，$A_n = A_c + \alpha_{Es} A_s$；

A_c——扣除非预应力钢筋所占的混凝土截面面积及预留孔道的面积。

③当预应力钢筋张拉完毕，用锚具将预应力钢筋锚固在构件上，随即产生了锚具损失，此时，预应力钢筋出现了第一批应力损失 $\sigma_I = \sigma_{l1} + \sigma_{l2}$，拉应力降至 σ_{peI}，故

$$\sigma_{peI} = \sigma_{con} - \sigma_{l2} - \sigma_{l1} = \sigma_{con} - \sigma_I \tag{10.32}$$

非预应力钢筋中的压应力为 $\sigma_{sI} = \alpha_{Es} \sigma_{pcI}$，

出现第一批应力损失时，混凝土压应力 σ_{pcI} 由平衡条件求得

$$\sigma_{peI} A_p = \sigma_{pcI} A_c + \sigma_{sI} A_s$$
$$(\sigma_{con} - \sigma_I) A_p = \sigma_{pcI} A_c + \alpha_{Es} \sigma_{pcI} A_s$$
$$\sigma_{pcI} = \frac{(\sigma_{con} - \sigma_I) A_p}{A_c + \alpha_{Es} A_s} = \frac{N_{PI} A_p}{A_n} \tag{10.33}$$

④在预应力钢筋张拉完成后，构件中混凝土受到预压应力作用将发生收缩和徐变、预应力钢筋松弛（对于环形构件还有挤压变形），从而出现第二批应力损失 $\sigma_{II} = \sigma_{l4} + \sigma_{l5} + \sigma_{l6}$。这时，预应力钢筋的拉应力由 σ_{peI} 降低至 σ_{peII}。

$$\sigma_{peII} = \sigma_{peI} - \sigma_{II} = \sigma_{con} - \sigma_I - \sigma_{II} = \sigma_{con} - \sigma_l \tag{10.34}$$

非预应力钢筋的压应力为 $\sigma_{sII} = \alpha_{Es} \sigma_{pcII} + \sigma_{l5}$

由平衡条件可得

$$\sigma_{peII} A_p = \sigma_{pcII} A_c + \sigma_{sII} A_s$$
$$(\sigma_{con} - \sigma_l) A_p = \sigma_{pcII} A_c + (\alpha_{Es} \sigma_{pcII} + \sigma_{l5}) A_s = \sigma_{pcII}(A_c + \alpha_{Es} A_s)$$
$$\sigma_{pcII} = \frac{(\sigma_{con} - \sigma_l) A_p - \sigma_{l5} A_s}{A_c + \alpha_{Es} A_s} = \frac{N_{PII} - \sigma_{l5} A_s}{A_n} \tag{10.35}$$

（2）使用阶段。

①消压极限状态。在消压轴力作用下：

混凝土的应力：$\sigma_{pc0} = 0$；

预应力钢筋的应力：$\sigma_{p0} = \sigma_{peII} + \alpha_{Ep} \sigma_{pcII} = \sigma_{con} - \sigma_l + \alpha_{Ep} \sigma_{pcII}$；

非预应力钢筋的压应力：$\sigma_{s0} = \sigma_{sII} - \alpha_{Es}\sigma_{pcII} = \sigma_{l5}$。

轴向拉力 N_0 可按截面上内外力平衡条件求得

$$N_0 = \sigma_{p0}A_p - \sigma_{l5}A_s = (\sigma_{con} - \sigma_l + \alpha_{Ep}\sigma_{pcII})A_p - \sigma_{l5}A_s \quad (10.36a)$$

将式（10.35）代入式（10.36a）

$$N_0 = N_{pII} + \alpha_{Ep}\sigma_{pcII}A_p = \sigma_{pcII}A_n + \alpha_{Ep}\sigma_{pcII}A_p = \sigma_{pcII}A_0 \quad (10.36b)$$

② 开裂极限状态。此时，预应力钢筋的拉应力 σ_{pcr} 是在 σ_{p0} 的基础上再增加了 $\alpha_{Ep}f_{tk}$，即

$$\sigma_{pcr} = \sigma_{p0} + \alpha_{Ep}f_{tk} = (\sigma_{con} - \sigma_l + \alpha_{Ep}\sigma_{pcII}) + \alpha_{Ep}f_{tk}$$

非预应力钢筋的拉应力 $\sigma_{scr} = -\sigma_{l5} + \alpha_{Es}f_{tk}$。

开裂荷载 N_{cr} 可由平衡条件求得

$$N_{cr} = \sigma_{pcr}A_p + \sigma_{scr}A_s + f_{tk}A_c = (\sigma_{con} - \sigma_l)A_p - \sigma_{l5}A_s + \alpha_{Ep}\sigma_{pcII}A_p + f_{tk}A_0$$

将式（10.35）代入上式得

$$\begin{aligned} N_{cr} &= N_{pII} + \alpha_{Ep}\sigma_{pcII}A_p + f_{tk}A_0 \\ &= \sigma_{pcII}A_n + \alpha_{Ep}\sigma_{pcII}A_p + f_{tk}A_0 \\ &= \sigma_{pcII}A_0 + f_{tk}A_0 \\ &= (\sigma_{pcII} + f_{tk})A_0 \end{aligned} \quad (10.37)$$

③ 承载能力极限状态。与先张法构件相同，当预应力钢筋 A_p 和非预应力钢筋 A_s 的拉应力分别达到它们的屈服强度 f_{py} 和 f_y 时，构件达到了极限承载力。由平衡条件可得

$$N_u = f_{py}A_p + f_yA_s \quad (10.38)$$

对比先张法和后张法各阶段应力，可以看到：

（1）在施工阶段，σ_{pcII} 计算公式的形式基本相同，只是 σ_l 的具体计算值不同，同时先张法用换算截面面积 A_0，而后张法构件用净截面面积 A_n。如果采用相同的 σ_{con}、相同的材料强度等级、相同的混凝土截面尺寸、相同的预应力钢筋及截面面积，由于 $A_0 > A_n$，则后张法构件的有效预压应力值 σ_{pcII} 要高于先张法的有效预压应力值。

（2）使用阶段 N_0、N_{cr}、N_u 的三个计算公式，无论先张法还是后张法，公式的形式都相同，但计算 N_0 和 N_{cr} 时，两种方法的 σ_{pcII} 是不相同的。

（3）先张法和后张法的张拉控制应力 σ_{con} 符号相同，但物理意义不同。先张法预应力钢筋张拉是在混凝土浇灌之前进行的，故 σ_{con} 的大小与混凝土截面面积无关。后张法预应力钢筋的张拉是直接在混凝土构件上进行的，σ_{con} 是在混凝土被压缩、钢筋缩短之后所受到的拉应力，故 σ_{con} 的大小与混凝土截面面积有关。不论是施工阶段还是使用阶段，先张法预应力钢筋应力比后张法少 $\alpha_{Ep}\sigma_{pc}$。所以，从物理意义上来理解，后张法的 σ_{con} 相当于先张法的 $(\sigma_{con} - \alpha_{Ep}\sigma_{pc})$。

（4）预应力钢筋从张拉直至破坏始终处于高拉应力状态，而混凝土则在荷载到达 N_0 以前始终处于受压状态，发挥了两种材料各自的特长。

（5）预应力混凝土出现裂缝比普通钢筋混凝土构件迟得多，故构件的抗裂能力大为提高，但裂缝出现的荷载与破坏荷载比较接近。

（6）预应力混凝土轴心受拉构件的承载能力取决于截面上所配置的钢筋的面积和强度。对于同样截面尺寸、同样配筋和同样材料的预应力混凝土和普通钢筋混凝土构件，其极限承载力是相同的。

预应力混凝土轴心受拉构件的设计内容主要包括使用阶段承载力计算、抗裂能力验算、裂缝宽度验算、施工阶段张拉（或放松）预应力钢筋时的承载力和后张法构件端部锚固区局部受压验算。

10.2.2 预应力混凝土轴心受拉构件的计算与验算

1. 正截面承载力计算

预应力混凝土构件达到承载能力极限状态时,轴力全部由预应力钢筋和非预应力钢筋承担,并且两者均达到其屈服强度,计算简图如图10.17(a)所示,设计计算时,取用它们各自相应的抗拉强度设计值,其正截面受拉承载力按下式计算:

$$\gamma_0 N \leq N_u = f_y A_s + f_{py} A_p \tag{10.39}$$

式中 γ_0——结构重要性系数,《混凝土结构设计规范》规定,屋架、托架的安全等级应提高一级,因此对一般建筑物的屋架、托架结构中的拉杆 $\gamma_0 = 1.1$;

N——构件轴向拉力设计值;

f_{py}、f_y——预应力钢筋、非预应力钢筋的抗拉强度设计值;

A_p、A_s——预应力钢筋、非预应力钢筋的截面面积。

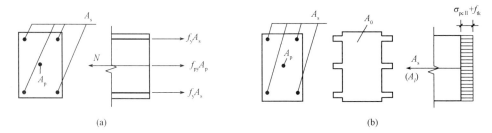

图10.17 预应力构件轴心受拉使用阶段承载力计算图示

(a) 预应力轴心受拉构件的承载力计算图示;(b) 预应力轴心受拉构件的抗裂能力验算图示

2. 抗裂能力验算及裂缝宽度验算

由式(10.29)、式(10.37)可以看出,无论先张法还是后张法轴心受拉构件,只要构件由荷载标准值所产生的轴向拉力 N_k 不超过 N_{cr},构件就不会开裂。即

$$N_k \leq N_{cr} = (\sigma_{pcII} + f_{tk}) A_0 \tag{10.40}$$

将式(10.40)用应力形式表达,则可写成

$$N_k / A_0 \leq \sigma_{pcII} + f_{tk}$$

$$\sigma_{ck} - \sigma_{pcII} \leq f_{tk} \tag{10.41}$$

根据各种预应力构件的使用要求,按结构的工作条件、钢筋种类及荷载的作用时间,《混凝土结构设计规范》建议将预应力构件划分为三个裂缝控制等级进行验算。

(1) 一级裂缝控制等级构件,在荷载标准组合下,受拉边缘应力应符合下列规定:

$$\sigma_{ck} - \sigma_{pcII} \leq 0 \tag{10.42}$$

式中 σ_{ck}——$\sigma_{ck} = \dfrac{N_k}{A_0}$;

N_k——按荷载标准组合计算的轴向拉力。

A_0——混凝土的换算截面面积,$A_0 = A_c + \alpha_{Es} A_s + \alpha_{Ep} A_p$;

σ_{pcII}——扣除全部预应力损失后在抗裂验算边缘混凝土的预压应力,按式(10.27)和式(10.35)计算。

(2) 二级裂缝控制等级构件,在荷载标准组合下,受拉边缘应力应符合下列规定:

$$\sigma_{ck} - \sigma_{pcII} \leq f_{tk} \tag{10.43}$$

式中 f_{tk}——混凝土轴心抗拉强度标准值。

（3）三级裂缝控制等级时，预应力混凝土构件的最大裂缝宽度可按荷载标准组合并考虑长期作用影响的效应计算，应满足

$$w_{max} = \alpha_{cr}\psi\frac{\sigma_s}{E_s}\left(1.9c_s + 0.08\frac{d_{eq}}{\rho_{te}}\right) \leq w_{IIm} \tag{10.44}$$

式中 α_{cr}——构件受力特征系数，对预应力轴心受拉构件，取 $\alpha_{cr} = 2.2$；

ψ——裂缝间纵向受拉钢筋应变不均匀系数，$\psi = 1.1 - \dfrac{0.65f_{tk}}{\rho_{te}\sigma_s}$，当 $\psi < 0.2$ 时，取 $\psi = 0.2$，当 $\psi > 1.0$ 时，$\psi = 1.0$，对直接承受重复荷载的构件，取 $\psi = 1.0$；

ρ_{te}——按有效受拉混凝土截面面积计算的纵向受拉钢筋配筋率，$\rho_{te} = \dfrac{A_s + A_p}{A_{te}}$，当 $\rho_{te} < 0.01$ 时，取 $\rho_{te} = 0.01$；

A_{te}——有效受拉混凝土截面面积，对预应力轴心受拉构件的先张法构件为 $A_{te} = bh$，对后张法构件取扣除孔道后的构件截面面积；

E_s——钢筋的弹性模量；

σ_s——$\sigma_s = \dfrac{N_k - N_{p0}}{A_p + A_s}$，按荷载标准组合计算的预应力混凝土构件纵向受拉钢筋的等效应力；

N_k——按荷载标准组合计算的轴向拉力；

N_{p0}——计算截面上混凝土法向预应力等于零时的预加力；

c_s——最外层纵向受拉钢筋外边缘至受拉区底边的距离（mm），当 $c_s < 20$ 时，取 $c_s = 20$，当 $c_s > 65$ 时，取 $c_s = 65$；

d_{ep}——受拉区纵向钢筋的等效直径，$d_{eq} = \dfrac{\sum n_i d_i^2}{\sum n_i v_i d_i}$；

d_i——受拉区第 i 种纵向钢筋的直径（mm）；

n_i——受拉区第 i 种纵向钢筋的根数；对有粘结预应力钢绞线，取为钢绞线束数；

v_i——受拉区第 i 种纵向钢筋的相对粘结特性系数，按表10.5取用。

表10.5 钢筋的相对粘结特性系数

钢筋类别	钢筋		先张法预应力钢筋			后张法预应力钢筋		
	光圆钢筋	带肋钢筋	带肋钢筋	螺旋肋钢丝	钢绞线	带肋钢筋	钢绞线	光圆钢丝
v_i	0.7	1.0	1.0	0.8	0.6	0.8	0.5	0.4
注：对环氧树脂涂层带肋钢筋，其相对粘结特性系数应按表中系数的80%取用								

对环境类别为二a类的预应力混凝土构件，在荷载的准永久组合下，受拉边缘应力还应符合下列要求：

$$\sigma_{cq} - \sigma_{pcII} \leq f_{tk} \tag{10.45}$$

式中 σ_{cq}——$\sigma_{cq} = \dfrac{N_q}{A_0}$；

N_q——按荷载准永久组合计算的轴向拉力。

3. 施工阶段承载力验算

预应力混凝土轴心受拉构件在各个阶段均有不同特点,从施加预应力起构件中的预应力钢筋就开始处于高应力状态下。当放张预应力钢筋(先张法)或张拉预应力钢筋(后张法)时,截面混凝土受到的挤压应力达到最大值,混凝土将受到最大的预压应力 σ_{cc},而这时混凝土强度通常仅达到设计强度的75%,此时,构件强度是否足够,应予验算。施工阶段的验算包括以下两个方面:

(1) 张拉(或放张)预应力钢筋时,构件的承载力验算。张拉或放松预应力钢筋时,截面边缘的混凝土法向应力宜符合下列要求:

$$\sigma_{cc} \leq 0.8 f'_{ck} \tag{10.46}$$

式中 f'_{ck}——与各施工阶段混凝土立方体抗压强度 f'_{cu} 相应的轴心抗压强度标准值;

σ_{cc}——相应施工阶段计算截面预压区边缘纤维的混凝土压应力。

先张法构件按完成第一批预应力损失时计算 σ_{cc},即

$$\sigma_{cc} = \sigma_{pcI} = \frac{(\sigma_{con} - \sigma_I) A_p}{A_0} \tag{10.47}$$

后张法构件按不考虑预应力损失值计算 σ_{cc},即

$$\sigma_{cc} = \frac{\sigma_{con} A_p}{A_n} \tag{10.48}$$

(2) 后张法构件端部锚固区的局部受压验算。按10.1.10节中的相关内容进行验算。

4. 预应力混凝土轴心受拉构件设计步骤

(1) 确定截面尺寸,混凝土、预应力钢筋和非预应力钢筋的强度及弹性模量,放张时混凝土强度等级,预应力钢筋的张拉控制应力,施工方法(先张法或后张法),外荷载引起的内力,结构重要性系数。

(2) 根据使用阶段承载力计算确定 A_p。

(3) 计算预应力损失值 σ_l。

(4) 计算混凝土有效预压应力值 σ_{pcII}。

(5) 使用阶段抗裂度验算或裂缝宽度验算,如不满足要求,调整第(1)步初始参数,重新计算。

(6) 施工阶段验算,如不满足要求,调整第(1)步初始参数,重新计算。

10.2.3 轴心受拉构件的设计计算实例

【例10.1】跨度为24 m的预应力混凝土屋架下弦拉杆,截面尺寸为220 mm×250 mm,采用后张法一端张拉施加预应力。孔道直径为52 mm的充压橡皮筋抽芯成型。预应力钢筋选用2束消除应力钢丝,非预应力钢筋按构造要求配置4根直径为12 mm 的 HRB335 级钢筋。采用夹片锚具。构件端部构造如图10.18所示。混凝土强度等级为C50,施加预应力时 $f'_{cu} = 50 \text{ N/mm}^2$。构件裂缝控制等级为二级,环境类别为二b类,结构重要性系数 $\gamma_0 = 1.1$,永久荷载标准值产生的轴向拉力为 520 kN,可变荷载标准值产生的轴向拉力为 180 kN,试对该下弦杆进行使用阶段承载力计算、抗裂验算、施工阶段验算及端部受压承载力计算。有关材料强度及截面几何特征见表10.6。

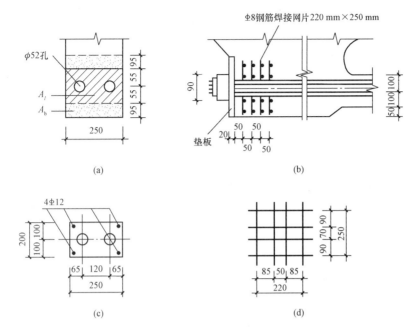

图 10.18 例 10.1 屋架下弦端部构件

（a）受压面积图；（b）下弦端节点；（c）下弦截面配筋；（d）钢筋网片

表 10.6 材料强度及截面几何特征表

材 料	混凝土	预应力钢筋	非预应力钢筋
等 级	C50 ($f_{cu} = 50\ \text{N/mm}^2$)	消除应力钢丝	HRB335
强度/（N·mm^{-2}）	$f_c = 23.1$ $f_{ck} = 32.4$ $f_{tk} = 2.64$	$f_{py} = 1\ 110$ $f_{ptk} = 1\ 570$	$f_y = 300$
弹性模量/（N·mm^{-2}）	$E_c = 3.45 \times 10^4$	$E_p = 2.05 \times 10^5$	$E_s = 2.0 \times 10^5$

解：(1) 使用阶段承载力计算。

① 可变荷载起控制作用时。

轴力设计值：$N_1 = 1.1 \times (1.2 \times 520 + 1.4 \times 180) = 963.6$（kN·m）

② 永久变荷载起控制作用时。

轴力设计值：$N_2 = 1.1 \times (1.35 \times 520 + 1.4 \times 0.7 \times 180) = 966.24$（kN·m）

由式（10.39）：$A_p \geqslant \dfrac{\gamma_0 N_2 - f_y A_s}{f_{py}} = \dfrac{966.24 \times 10^3 - 300 \times 452}{1\ 110} = 748.3$（mm^2）

选用预应力钢筋 $2 \times 6\phi^P 9$（光面消除应力钢丝 $A_p = 763.4$ mm^2）。

(2) 计算预应力损失值 σ_l。

① 截面几何特征：

$\alpha_{Es} = \dfrac{E_s}{E_c} = \dfrac{2.0 \times 10^5}{3.45 \times 10^4} = 5.80$；$\alpha_{Ep} = \dfrac{E_p}{E_c} = \dfrac{2.05 \times 10^5}{3.45 \times 10^4} = 5.94$

净截面面积 A_n：

$A_n = A_c + \alpha_{Es}A_s = 200 \times 250 - 2 \times \dfrac{\pi}{4} \times 52^2 + (5.80 - 1) \times 452 = 47\,922.17\ (\text{mm}^2)$

$A_0 = A_n + \alpha_{Ep}A_p = 47\,922.17 + 5.94 \times 763.4 = 52\,456.77\ (\text{mm}^2)$

② 计算预应力损失值：

张拉控制应力：$\sigma_{con} = 0.75 f_{ptk} = 0.75 \times 1\,570 = 1\,177.5\ (\text{N/mm}^2)$

a. 锚具变形损失 σ_{l1}：

由于采用夹片锚具，由表 10.2 查得：$a = 5\ \text{mm}$

$\sigma_{l1} = \dfrac{a}{L}E_s = \dfrac{5}{24\,000} \times 2.05 \times 10^5 = 42.71\ (\text{N/mm}^2)$

b. 孔道摩擦损失 σ_{l2}：

直线配筋：$\theta = 0$，查表 10.3 得 $k = 0.001\,4$，$\mu = 0.55$

$kx + \mu\theta = 0.001\,4 \times 24 + 0 = 0.034 < 0.3$，

则 $\sigma_{l2} = \sigma_{con}(kx + \mu\theta) = 1\,177.5 \times (0.001\,4 \times 24 + 0) = 39.56\ (\text{N/mm}^2)$

第一批预应力损失为：$\sigma_I = \sigma_{l1} + \sigma_{l2} = 42.71 + 39.56 = 82.27\ (\text{N/mm}^2)$

c. 预应力钢筋应力松弛损失 σ_{l4}：

$\sigma_{l4} = 0.4\left(\dfrac{\sigma_{con}}{f_{ptk}} - 0.5\right)\sigma_{con} = 0.4 \times (0.75 - 0.5) \times 1\,177.5 = 117.75\ (\text{N/mm}^2)$

d. 混凝土收缩、徐变损失 σ_{l5}：

完成第一批损失后截面上混凝土的预压应力为

$\sigma_{pcI} = \dfrac{N_{PI}}{A_n} = \dfrac{(\sigma_{con} - \sigma_I)A_p}{A_n} = \dfrac{(1\,177.5 - 82.27) \times 763.4}{47\,922.17} = 17.45\ (\text{N/mm}^2)$

$\dfrac{\sigma_{pcI}}{f'_{cu}} = \dfrac{17.45}{50} = 0.349 < 0.5$，满足《混凝土结构设计规范》要求。

$\rho = \dfrac{A_s + A_p}{A_n} = \dfrac{452 + 763.4}{47\,922.17} = 0.025\,4$

$\sigma_{l5} = \dfrac{55 + 300\dfrac{\sigma_{pcI}}{f'_{cu}}}{1 + 15\rho} = \dfrac{55 + 300 \times \dfrac{17.45}{50}}{1 + 15 \times 0.025\,4} = 115.64\ (\text{N/mm}^2)$

则第Ⅱ批预应力损失为

$\sigma_{II} = \sigma_{l4} + \sigma_{l5} = 117.75 + 115.64 = 233.39\ (\text{N/mm}^2)$

总的预应力损失为

$\sigma_l = \sigma_I + \sigma_{II} = 82.27 + 233.39 = 315.66\ (\text{N/mm}^2) > 80\ \text{N/mm}^2$

（3）计算混凝土的有效预压应力 σ_{pcII}。

$\sigma_{pcII} = \dfrac{N_{PII}}{A_n} = \dfrac{(\sigma_{con} - \sigma_l)A_p - \sigma_{l5}A_s}{A_n} = \dfrac{(1\,177.5 - 315.66) \times 763.4 - 115.64 \times 452}{47\,922.17} = 12.64\ (\text{N/mm}^2)$

（4）使用阶段抗裂度验算。

该下弦杆裂缝控制等级为二级，环境类别为二 b 类，要求在荷载的标准组合下，受拉边缘应力不大于混凝土抗拉强度的标准值。

$N_k = 520 + 180 = 700\ (\text{kN})$

$$\sigma_{ck} = \frac{N_k}{A_0} = \frac{700 \times 10^3}{52\ 456.77} = 13.34\ (\text{N/mm}^2)$$

$\sigma_{ck} - \sigma_{pcII} = 13.34 - 12.64 = 0.7\ (\text{N/mm}^2)\ < f_{tk} = 2.64\ \text{N/mm}^2$

满足要求。

(5) 施工阶段验算。

①张拉端施工阶段强度计算:

$$\sigma_{cc} = \frac{\sigma_{con} A_p}{A_n} = \frac{1\ 177.5 \times 763.4}{47\ 922.17} = 18.76\ (\text{N/mm}^2)\ < 0.8 f'_{ck}$$
$$= 0.8 \times 32.4 = 25.92\ (\text{N/mm}^2)$$

满足要求。

②锚具下局部受压计算。

a. 端部受压区截面尺寸验算。夹片锚具的直径为 90 mm,锚具下垫板厚为 20 mm,局部受压面积 A_l(未扣除孔道),可按压力 F_l 从锚具边缘在垫板中按 45°扩散的面积计算,在计算局部受压计算底面面积 A_b 时,近似按图 10.18(a)两实线所围的矩形面积代替两个圆面积。

$A_l = 2 \times \dfrac{\pi (90 + 2 \times 20)^2}{4} = 26\ 546.46\ (\text{mm}^2)$,为了简化计算,取 A_l 为矩形截面

$A_l = 250 \times 110 = 27\ 500\ (\text{mm}^2)$

$A_b = 250\ (110 + 2 \times 95) = 75\ 000\ (\text{mm}^2)$

$A_{ln} = 250 \times 110 - 2 \times \dfrac{\pi \times 52^2}{4} = 23\ 252.56\ (\text{mm}^2)$

$\beta_l = \sqrt{\dfrac{A_b}{A_l}} = \sqrt{\dfrac{75\ 000}{27\ 500}} = 1.65$

$\beta_c = 1.0$

$F_l = 1.2 \sigma_{con} A_p = 1.2 \times 1\ 177.5 \times 763.4 = 1\ 078\ 684.2\ (\text{N})$

$1.35 \beta_c \beta_l f_c A_{ln} = 1.35 \times 1.0 \times 1.65 \times 23.1 \times 23\ 252.56 = 1\ 196\ 466.3\ (\text{N}) > F_l$,满足要求。

b. 局部受压承载力计算。间接钢筋采用 HRB335 级,直径为 8 mm,$n_1 = n_2 = 4$,间距 $s = 50$ mm,$l_1 = 220$ mm,$l_2 = 250$ mm,则

$A_{cor} = 220 \times 250 = 55\ 000\ (\text{mm}^2)$

$A_b > A_{cor} > A_l$

$\beta_{cor} = \sqrt{\dfrac{A_{cor}}{A_l}} = \sqrt{\dfrac{55\ 000}{27\ 500}} = 1.414$

横向钢筋的体积配筋率为

$\rho_v = \dfrac{n_1 A_{s1} l_1 + n_2 A_{s2} l_2}{A_{cor} \cdot s} = \dfrac{4 \times 50.3 \times 220 + 4 \times 50.3 \times 250}{55\ 000 \times 50} = 0.034 = 3.4\% > 0.5\%$

$0.9\ (\beta_c \beta_l f_c + 2\alpha \rho_v \beta_{cor} f_y)\ A_{ln}$

$= 0.9 \times (1.0 \times 1.65 \times 23.1 + 2 \times 1.0 \times 0.034 \times 1.414 \times 300) \times 23\ 252.56$

$= 1\ 401.3\ (\text{kN}) > F_l = 1\ 078.7\ \text{kN}$

满足要求。

10.3 预应力混凝土受弯构件的设计计算

在预应力混凝土受弯构件中，预应力钢筋 A_p 一般都放置在使用阶段的截面受拉区。但对梁底受拉区需配置较多预应力钢筋的大型构件，当梁自重在梁顶产生的压应力不足以抵消偏心预压力在梁顶预拉区所产生的预拉应力时，往往在梁顶部也需配置预应力钢筋 A'_p。对在预压力作用下允许预拉区出现裂缝的中小型构件，可不配置 A'_p，但需控制其裂缝宽度。为了防止在制作、运输和吊装等施工阶段出现裂缝，在梁的受拉区和受压区通常也配置一些普通钢筋 A_s 和 A'_s。

在预应力轴心受拉构件中，预应力钢筋 A_p 和非预应力钢筋 A_s 均对称地布置在截面中，所以，预应力钢筋的总预拉力 N_p 可认为作用在构件截面的形心轴上，混凝土受到的预压应力是均匀的，即全截面均匀受压。在受弯构件中，如果只在截面受拉区配置预应力钢筋 A_p [见图 10.19（a）]，则预应力钢筋的合力 N_p 作用在 A_p 的位置上，所以混凝土受到的预压应力是不均匀的，上下边缘的预压应力以 σ'_{pc} 和 σ_{pc} 表示，一般情况下，构件上边缘 σ'_{pc} 往往为拉应力，下边缘 σ_{pc} 为压应力，截面上混凝土所受到的预压应力图呈两个三角形。如果在受弯构件中同时配置 A'_p 和 A_p（一般 $A_p > A'_p$），如图 10.19（b）所示，则预应力钢筋 A_p 和 A'_p 的张拉力的合力 N_p 位于 A_p 和 A'_p 之间，这时混凝土的预压应力图形有两种可能：若 A'_p 配置少，A_p 和 A'_p 的张拉力的合力 N_p 离截面中和轴较远，则应力图形为两个三角形，σ'_{pc} 为拉应力，σ_{pc} 为压应力；若 A'_p 配置较多，N_p 比上一情况更靠近中和轴，此应力图形为梯形，σ'_{pc} 和 σ_{pc} 均为压应力，且 σ'_{pc} 小于 σ_{pc}。

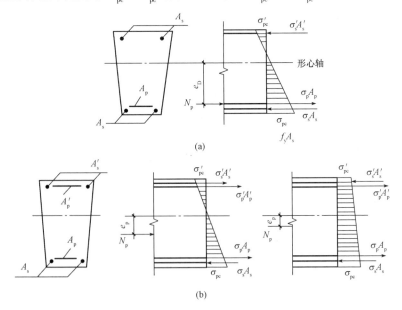

图 10.19 预应力构件截面应力分布图
（a）受拉区配置预应力钢筋的截面应力；（b）受拉区、受压区都配置预应力钢筋的截面应力

如图 10.20 所示，配置有预应力钢筋 A_p、A'_p 和非预应力钢筋 A_s 和 A'_s 的非对称配筋截面体现预应力混凝土受弯构件在施工阶段和使用阶段的应力。

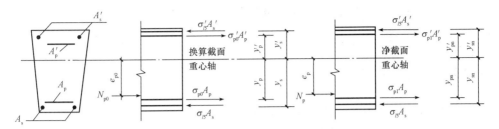

图 10.20 预应力钢筋及非预应力钢筋的合力位置

10.3.1 预应力混凝土受弯构件各阶段的应力分析

1. 施工阶段

（1）先张法构件。

①出现第一批预应力损失、放张预压阶段。当混凝土达到一定强度（一般设计强度的75%以上）时放张钢筋，此时释放的预压力加在一个换算截面上，使混凝土和非预应力钢筋受压。设混凝土受到预压应力为 σ_{pcI}，则

预应力钢筋 A_p 的应力为　　$\sigma_{peI} = \sigma_{con} - \sigma_I - \alpha_{Ep} \cdot \sigma_{pcIp}$

预应力钢筋 A'_p 的应力为　　$\sigma'_{peI} = \sigma'_{con} - \sigma'_I - \alpha'_{Ep} \cdot \sigma'_{pcIp}$

非预应力钢筋 A_s 的应力为　　$\sigma_{sI} = \alpha_{Es} \cdot \sigma_{pcIs}$

非预应力钢筋 A'_s 的应力为　　$\sigma'_{sI} = \alpha'_{Es} \cdot \sigma'_{pcIs}$

预应力钢筋的合力为　　$N_{p0I} = (\sigma_{con} - \sigma_I) A_p + (\sigma'_{con} - \sigma'_I) A'_p$

截面任意一点的混凝土法向应力为

$$\sigma_{pcI} = \frac{N_{p0I}}{A_0} \pm \frac{N_{p0I} e_{p0I}}{I_0} \cdot y_0 \tag{10.49}$$

$$e_{p0I} = \frac{(\sigma_{con} - \sigma_I) A_p y_p - (\sigma'_{con} - \sigma'_I) A'_p y'_p}{N_{p0I}} \tag{10.50}$$

式中　A_0——构件的换算截面面积，$A_0 = A_c + \alpha_{Es} A_s + \alpha_{Ep} A_p + \alpha'_{Es} A'_s + \alpha'_{Ep} A'_p$；

I_0——换算截面惯性矩；

y_0——换算截面重心至所计算纤维处的距离；

N_{p0I}——出现第一批预应力损失 σ_I 时，A_p、A'_p、A_s、A'_s 内力的合力；

e_{p0I}——N_{p0I} 至换算截面形心轴的偏心矩；

y_0——换算截面重心轴至所计算的纤维层的距离；

σ_{pcIp}、σ'_{pcIp}、σ_{pcIs}、σ'_{pcIs}——对应于 A_p、A'_p、A_s、A'_s 钢筋重心处混凝土的法向预压应力；

y_p、y'_p——受拉区、受压区预应力钢筋各自合力点至换算截面重心的距离。

②出现全部预应力损失时，截面任一点混凝土下边缘的预压法向应力 σ_{pcII} 为

$$\sigma_{pcII} = \frac{N_{p0II}}{A_0} \pm \frac{N_{p0II} \cdot e_{p0II}}{I_0} \cdot y_0 \tag{10.51}$$

$$e_2 = \frac{(\sigma_{con} - \sigma_l) A_p y_p - (\sigma'_{con} - \sigma'_l) A'_p y'_p - \sigma_{l5} A_s y_s + \sigma'_{l5} A'_s y'_s}{N_{p0II}} \tag{10.52}$$

式中　N_{p0II}——完成全部预应力损失 $\sigma_l = \sigma_I + \sigma_{II}$ 时，A_p、A'_p、A_s、A'_s 内力的合力，即 $N_{p0II} = (\sigma_{con} - \sigma_l) A_p + (\sigma'_2 - \sigma'_l) A'_p - \sigma_{l5} A_s - \sigma'_{l5} A'_s$；

e_{p0II}——N_{p0II} 至换算截面形心轴的偏心距；

y_s、y'_s——受拉区、受压区非预应力钢筋各自合力点至换算截面重心的距离。

完成全部预应力损失时：

预应力钢筋 A_p 的应力为 $\sigma_{peII} = \sigma_{con} - \sigma_l - \alpha_{Ep}\sigma_{pcIIp}$

预应力钢筋 A'_p 的应力为 $\sigma'_{peII} = \sigma'_{con} - \sigma'_l - \alpha'_{Ep}\sigma'_{pcIIp}$

非预应力钢筋 A_s 的应力为 $\sigma_{sII} = \sigma_{l5} + \alpha_{Es}\sigma_{pcIIs}$

非预应力钢筋 A'_s 的应力为 $\sigma'_{sII} = \sigma'_{l5} + \alpha'_{Es}\sigma'_{pcIIs}$

（2）后张法构件。

①出现第一批预应力损失、放张预压阶段。出现第一批预应力损失 σ_I、σ'_I 后，预应力钢筋 A_p、A'_p 的应力分为 $\sigma_{peI} = \sigma_{con} - \sigma_I$、$\sigma'_{peI} = \sigma'_{con} - \sigma'_I$，非预应力钢筋 A_s、A'_s 的应力分别为 $\sigma_{sI} = \alpha_{Es} \cdot \sigma_{pcIs}$、$\sigma'_{sI} = \alpha'_{Es} \cdot \sigma'_{pcIs}$，则截面任意一点的混凝土法向应力为

$$\sigma_{pcI} = \frac{N_{pI}}{A_n} - \frac{N_{pI}e_{pnI}}{I_n} \cdot y_n \tag{10.53}$$

$$e_{pnI} = \frac{(\sigma_{con} - \sigma_I)A_p y_{pn} - (\sigma'_{con} - \sigma'_I)A'_p y'_{pn}}{N_{pI}}$$

式中 A_n——净截面面积，$A_0 = A_c + \alpha_{Es}A_s + \alpha'_{Es}A'_s$；

I_n——净截面 A_n 的惯性矩；

N_{pI}——出现第一批预应力损失 σ_I 时，A_p、A'_p、A_s、A'_s 内力的合力；

$N_{pI} = (\sigma_{con} - \sigma_I)A_p + (\sigma'_{con} - \sigma'_I)A'_p$；

e_{pnI}——N_{pI} 至净截面形心轴的偏心距；

y_n——净截面重心轴至所计算的纤维层的距离。

σ_{pcIp}、σ'_{pcIp}、σ_{pcIs}、σ'_{pcIs}——对应于 A_p、A'_p、A_s、A'_s 钢筋重心处混凝土的法向预压应力；

y_{pn}、y'_{pn}——受拉区、受压区预应力钢筋各自合力点至净截面重心的距离。

②出现全部预应力损失时，截面任一点混凝土下边缘的预压法向应力 σ_{pcII} 为

$$\sigma_{pcII} = \frac{N_{pnII}}{A_n} \pm \frac{N_{pII} \cdot e_{pnII}}{I_n} \cdot y_n \tag{10.54}$$

$$e_{pnII} = \frac{(\sigma_{con} - \sigma_l)A_p y_{pn} - (\sigma'_{con} - \sigma'_l)A'_p y'_{pn} - \sigma_{l5}A_s y_{ns} + \sigma'_{l5}A'_s y'_{ns}}{N_{pnII}} \tag{10.55}$$

式中 N_{pnII}——出现全部预应力损失 $\sigma_l = \sigma_I + \sigma_{II}$ 时，A_p、A'_p、A_s、A'_s 内力的合力，即 $N_{pnII} = (\sigma_{con} - \sigma_l)A_p + (\sigma'_{con} - \sigma'_l)A'_p - \sigma_{l5}A_s - \sigma'_{l5}A'_s$；

e_{pnII}——N_{pnII} 至净截面形心轴的偏心距；

y_{ns}、y'_{ns}——受拉区、受压区非预应力钢筋各自合力点至净截面重心的距离。

出现全部预应力损失时，A_p、A'_p、A_s、A'_s 中的应力 σ_{peII}、σ'_{peII}、σ_{sII}、σ'_{sII} 分别为

预应力钢筋 A_p 的应力为 $\sigma_{peII} = \sigma_{con} - \sigma_l$；

预应力钢筋 A'_p 的应力为 $\sigma'_{peII} = \sigma'_{con} - \sigma'_l$；

非预应力钢筋 A_s 的应力为 $\sigma_{sII} = \sigma_{l5} + \alpha_{Es}\sigma_{pcIIs}$；

非预应力钢筋 A'_s 的应力为 $\sigma'_{sII} = \sigma'_{l5} + \alpha'_{Es}\sigma'_{pcIIs}$。

2. 使用阶段

在此阶段，先张法与后张法构件的应力变化情况相同，可分为消压极限状态、开裂极限状态、混凝土开裂至构件破坏三个阶段。

(1) 消压极限状态。如图 10.21 所示，外荷载弯矩 M_0 在截面下边缘产生的混凝土拉应力恰好等于预压应力 σ_{pcII} [见图 10.21（c）]，下边缘混凝土应力为零。即

$$\frac{M_0}{W_0} - \sigma_{pcII} = 0$$

$$M_0 = \sigma_{pcII} W_0 \tag{10.56}$$

式中　W_0——换算截面受拉边缘的弹性抵抗矩；

　　　M_0——由外荷载引起的恰好使截面受拉边缘混凝土预应力为零时的弯矩。

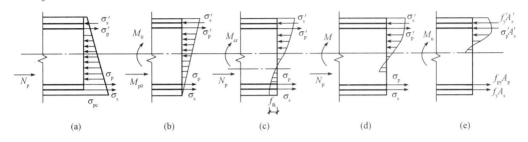

图 10.21　受弯构件截面的应力变化

(a) 预应力作用下；(b) 荷载作用下；(c) 受拉区截面下边缘混凝土应力为零；
(d) 受拉区截面下边缘混凝土即将出现裂缝；(e) 受拉区截面下边缘混凝土开裂

在 M_0 的作用下，受拉区预应力钢筋合力点处预应力钢筋的应力为

先张法构件：$\sigma_{p0} = \sigma_{con} - \sigma_l - \alpha_{Ep}\sigma_{pcIIp} + \alpha_{Ep}\dfrac{M_0}{I_0}y_p = \sigma_{con} - \sigma_l \tag{10.57a}$

后张法构件：$\sigma_{p0} = \sigma_{con} - \sigma_l + \alpha_{Ep}\dfrac{M_0}{I_0}y_p = \sigma_{con} - \sigma_l + \alpha_{Ep}\sigma_{pcIIp} \tag{10.57b}$

式中　σ_{pcIIp}——M_0 作用下，受拉区预应力钢筋合力处的混凝土法向应力，可近似取等于混凝土截面下边缘的预压应力 σ_{pcII}。

同样，可以得到在 M_0 作用下，受压区预应力钢筋合力作用点处预应力钢筋的应力为

先张法构件：$\sigma'_{p0} = \sigma_{con} - \sigma_l \tag{10.58a}$

后张法构件：$\sigma'_{p0} = \sigma'_{con} - \sigma'_l + \alpha_{Es}\sigma'_{pcIIs} \tag{10.58b}$

(2) 开裂极限状态。当混凝土受拉区边缘的拉应力达到混凝土抗拉强度标准值 f_{tk} 时，由于受拉区混凝土的塑性性质，构件尚不出现裂缝，受拉区混凝土的应力分布将呈曲线形。只有当混凝土受拉区的拉应力都达到 f_{tk} 时，裂缝即将出现。为了简化计算，将受拉区的应力图形折算成下边缘为 γf_{tk} 的等效三角形应力图形。即外荷载使受拉区混凝土应力达到 γf_{tk} 时，裂缝即将出现。此时，外荷弯矩值即开裂弯矩 M_{cr}。这相当于构件在承受弯矩 $M_0 = \sigma_{pcII}W_0$ 以后，再增加相当于普通钢筋混凝土构件的开裂弯矩 $\overline{M}_{cr} = \gamma f_{tk} \cdot W_0$。

因此，预应力混凝土受弯构件的开裂弯矩值为

$$M_{cr} = M_0 + \overline{M}_{cr} = \sigma_{pcII}W_0 + \gamma f_{tk}W_0 = (\sigma_{pcII} + \gamma f_{tk})W_0$$

即

$$\sigma = \frac{M_{cr}}{W_0} = \sigma_{pcII} + \gamma f_{tk} \tag{10.59}$$

式中　γ——受拉区混凝土塑性影响系数。

因而，当荷载作用下截面下边缘处混凝土最大法向应力 $\sigma - \sigma_{pcII} \leqslant \gamma f_{tk}$ 时，表明截面受拉区尚未

开裂［见图10.21（d）］；$\sigma - \sigma_{pcII} > \gamma f_{tk}$时，表明截面受拉区混凝土已经开裂［见图10.21（e）］。

（3）加荷至构件破坏。当$\sigma - \sigma_{pcII} > \gamma f_{tk}$时，受拉区出现垂直裂缝，这时裂缝截面上受拉区混凝土退出工作，全部拉力由受拉区钢筋承担，当加载至构件破坏时，其截面应力状态与普通钢筋混凝土受弯构件是相同。对适筋梁，受拉区预应力钢筋及非预应力钢筋均达到各自的强度，但受压区预应力钢筋与普通钢筋混凝土双筋截面受压钢筋的应力不同，可能为较小的压应力或拉应力。

10.3.2 受弯构件使用阶段正截面承载力计算

由试验得出，预应力混凝土受弯构件从加荷至破坏，正截面的应力状态与普通钢筋混凝土受弯构件相似。当$\xi = \dfrac{x}{h_0} \leq \xi_b$时，破坏时截面上受拉区的预应力钢筋及非预应力钢筋与受压区的非预应力钢筋的应力均可达到相应的强度，但在受压区的预应力钢筋，因有预拉力的存在，不能取为抗压强度设计值。只要将受压区预应力钢筋相应的应力值代入，即可用类似普通混凝土受弯构件的方法计算。

矩形截面受弯构件正截面承载力计算如图10.22所示。其计算公式如下：

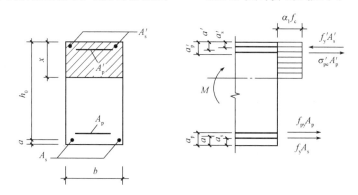

图10.22 矩形截面受弯构件正截面承载力计算

$$\alpha_1 f_c bx = f_y A_s - f'_y A'_s + f_{py} A_p + (\sigma'_{p0} - f'_{py}) A'_p \qquad (10.60)$$

$$M \leq M_u = \alpha_1 f_c bx \left(h_0 - \dfrac{x}{2}\right) + f'_y A'_s (h_0 - a'_s) - (\sigma'_{p0} - f'_{py}) A'_p (h_0 - a'_p) \qquad (10.61)$$

混凝土受压区的高度尚应符合下列适用条件：

$$x \leq \xi_b h_0 \qquad (10.62)$$
$$x \geq 2a' \qquad (10.63)$$

式中 M——弯矩设计值；

f_c——混凝土轴心抗压强度设计值；

α_1——系数，当混凝土强度等级不超过C50时，α_1取1.0，当混凝土的强度等级为C80时，α_1取0.94，其间按线性内插法取用；

σ'_{p0}——受压区纵向预应力钢筋合力点处混凝土法向应力等于零时的预应力钢筋应力；

h_0——截面有效高度；

b——矩形截面的宽度或倒T形截面的腹板宽度；

a'_s、a'_p——受压区纵向非预应力钢筋合力点、预应力钢筋合力点至受压边缘的距离；

a'——受压区全部纵向钢筋合力点至截面受压边缘的距离,当受压区未配置纵向预应力钢筋或受压区纵向预应力钢筋的应力 $\sigma'_{pe}=\sigma'_{p0}-f'_{py}$ 为拉应力时,则式(10.63)中的 a' 用 a'_s 代替。

ξ_b——预应力混凝土构件界限破坏时截面相对受压区高度,按下面公式计算,当截面受拉区内配置有不同种类或不同预应力值的钢筋,相对界限受压区高度应分别计算,并取其较小值。

对有明显屈服点的钢筋

$$\xi_b = \frac{\beta_1}{1+\dfrac{f_y}{E_s\varepsilon_{cu}}} \tag{10.64a}$$

对无明显屈服点的钢筋

$$\xi_b = \frac{\beta_1}{1+\dfrac{0.002}{\varepsilon_{cu}}+\dfrac{f_y}{E_s\varepsilon_{cu}}} \tag{10.64b}$$

对预应力钢筋

$$\xi_b = \frac{\beta_1}{1+\dfrac{0.002}{\varepsilon_{cu}}+\dfrac{f_{py}-\sigma_{p0}}{E_p\varepsilon_{cu}}} \tag{10.64c}$$

式中 σ_{p0}——受拉区预应力钢筋合力作用点处混凝土法向应力为零时预应力钢筋的应力;

β_1——混凝土强度影响系数,当混凝土强度等级不超过 C50 时,取 $\beta_1=0.8$;当混凝土的强度等级为 C80 时,取 $\beta_1=0.74$,其间按线性内插法取用。

10.3.3 正常使用极限状态验算

1. 受弯构件的正截面抗裂度验算

预应力混凝土受弯构件正截面抗裂度验算的方法与预应力轴心受拉构件相似,按照其裂缝控制等级应分别按下列规定进行正截面抗裂验算。

(1)一级裂缝控制等级构件,在荷载标准组合下,受拉边缘应力应符合下列规定:

$$\sigma_{ck}-\sigma_{pcII} \leqslant 0 \tag{10.65}$$

式中 σ_{ck}——$\sigma_{ck}=\dfrac{M_k}{W_0}$;

M_k——按荷载标准组合计算的弯矩值;

W_0——构件换算截面受拉边缘的弹性抵抗矩。

(2)二级裂缝控制等级构件,在荷载标准组合下,受拉边缘应力应符合下列规定:

$$\sigma_{ck}-\sigma_{pcII} \leqslant f_{tk} \tag{10.66}$$

式中 f_{tk}——混凝土轴心抗拉强度标准值。

(3)三级裂缝控制等级时,预应力混凝土构件的最大裂缝宽度可按荷载标准组合并考虑长期作用影响的效应计算,应满足下列规定:

$$w_{max}=\alpha_{cr}\psi\dfrac{\sigma_s}{E_s}\left(1.9c_s+0.08\dfrac{d_{eq}}{\rho_{te}}\right) \leqslant w_{lim} \tag{10.67}$$

式中 α_{cr}——构件受力特征系数,对预应力受弯构件,取 $\alpha_{cr}=1.5$;

ψ——裂缝间纵向受拉钢筋应变不均匀系数，$\psi = 1.1 - \dfrac{0.65 f_{tk}}{\rho_{te}\sigma_s}$，当 $\psi < 0.2$ 时，取 $\psi = 0.2$，当 $\psi > 1.0$ 时，$\psi = 1.0$，对直接承受重复荷载的构件，取 $\psi = 1.0$；

ρ_{te}——按有效受拉混凝土截面面积计算的纵向受拉钢筋配筋率，$\rho_{te} = \dfrac{A_s + A_p}{A_{te}}$，当 $\rho_{te} < 0.01$ 时，取 $\rho_{te} = 0.01$；

A_{te}——有效受拉混凝土截面面积，$A_{te} = 0.5bh + (b_f - b)h_f$；

E_s——钢筋的弹性模量；

σ_s——按荷载标准组合计算的预应力混凝土构件纵向受拉钢筋的等效应力

$$\sigma_s = \frac{M_k - N_{p0}(z - e_p)}{(A_p + A_s)z} \tag{10.68}$$

$$z = \left[0.87 - 0.12(1 - \gamma'_f)\left(\frac{h_0}{e}\right)^2\right]h_0$$

$$e = \frac{M_k}{N_{p0}} + e_p$$

$$e_p = y_{ps} - e_{p0}$$

N_{p0}——计算截面上混凝土法向预应力等于零时的预加力；

e_p——计算截面上混凝土法向预应力等于零时的预加力 N_{p0} 的作用点至受拉区纵向预应力钢筋和普通钢筋合力点的距离；

e_{p0}——计算截面上混凝土法向预应力等于零时的预加力 N_{p0} 的作用点的偏心距；

y_{ps}——受拉区纵向预应力钢筋和普通钢筋合力点的偏心距；

c_s——最外层纵向受拉钢筋外边缘至受拉区底边的距离（mm），当 $c_s < 20$ 时，取 $c_s = 20$，当 $c_s > 65$ 时，取 $c_s = 65$；

d_{eq}——受拉区纵向钢筋的等效直径，$d_{eq} = \dfrac{\sum n_i d_i^2}{\sum n_i v_i d_i}$；

d_i——受拉区第 i 种纵向钢筋的直径（mm）；

n_i——受拉区第 i 种纵向钢筋的根数，对有粘结预应力钢绞线，取为钢绞线束数；

v_i——受拉区第 i 种纵向钢筋的相对粘结特性系数，按表 10.5 取用。

对环境类别为二 a 类的预应力混凝土构件，在荷载的准永久组合下，受拉边缘应力应符合下列要求：

$$\sigma_{cq} - \sigma_{pcII} \leqslant f_{tk} \tag{10.69}$$

式中 σ_{cq}——$\sigma_{cq} = \dfrac{M_q}{W_0}$；

M_q——按荷载准永久组合计算的弯矩值。

2. 受弯构件的挠度验算

预应力混凝土受弯构件的挠度由外荷载作用下产生的向下挠度 f_1 和偏心预加力所产生的向上反拱 f_2 两部分组成。

（1）外荷载作用下产生的挠度 f_1。在使用荷载作用下受弯构件的挠度可近似地按材料力学的公式进行计算。即

$$f_1 = s \frac{M_k l_0^2}{B} \tag{10.70}$$

式中 s——与荷载形式、支撑条件有关的系数；

B——考虑荷载长期作用影响的刚度，可按下式计算：

$$B = \frac{M_k}{M_q(\theta - 1) + M_k} \cdot B_s \tag{10.71}$$

式中 M_q——按荷载效应的准永久组合计算的弯矩值；

M_k——按荷载效应的标准组合计算的弯矩值；

B_s——荷载的标准组合作用下受弯构件的短期刚度；

θ——考虑荷载长期作用对挠度增大的影响系数，取 $\theta = 2.0$。

按裂缝控制等级要求的荷载组合作用下，预应力混凝土受弯构件的短期刚度 B_s，可按下列公式计算：

①要求不出现裂缝的构件：

$$B_s = 0.85 E_c I_0 \tag{10.72}$$

式中 E_c——混凝土的弹性模量；

I_0——构件换算截面的惯性矩。

②允许出现裂缝的构件：

$$B_s = \frac{0.85 E_c I_0}{k_{cr} + (1 - k_{cr})\omega} \tag{10.73}$$

$$k_{cr} = \frac{M_{cr}}{M_k}$$

$$\omega = \left(1.0 + \frac{0.21}{\alpha_E \cdot \rho}\right)(1 + 0.45\gamma_f) - 0.7$$

$$M_{cr} = (\sigma_{pcII} + \gamma f_{tk}) W_0$$

$$\gamma_f = \frac{(b_f - b) h_f}{b h_0}$$

式中 M_{cr}——换算截面的开裂弯矩值，当 $M_{cr}/M_k > 1.0$ 时，取 $M_{cr}/M_k = 1.0$；

α_E——钢筋弹性模量与混凝土弹性模量的比值；

ρ——纵向受拉钢筋配筋率，$\rho = \frac{\alpha_1 A_p + A_s}{b h_0}$，对灌浆的后张预应力钢筋，取 $\alpha_1 = 1.0$；

γ_f——受拉翼缘截面面积与腹板有效截面面积的比值；

k_{cr}——预应力混凝土受弯构件正截面的开裂弯矩 M_{cr} 与弯矩 M_k 的比值；当 $k_{cr} > 1.0$ 时，取 $k_{cr} = 1.0$；

σ_{pcII}——扣除全部预应力损失后在抗裂验算边缘的混凝土有效预压力；

γ——混凝土构件的截面抵抗矩塑性影响系数，$\gamma = \left(0.7 + \frac{120}{h}\right) \gamma_m$；

γ_m——混凝土构件的截面抵抗矩塑性影响系数基本值，可按正截面应变保持平面的假定，并按受拉区混凝土应力图形为梯形、受拉边缘混凝土极限拉应变为 $2f_{tk}/E_c$ 确定；对常用的截面形状，γ_m 可按附表21取用；

h——截面高度（mm），当 h 小于 400 mm 时，取 $h = 400$ mm；当 $h > 1\,600$ mm 时，取 $h = $

1 600 mm；对圆形、环形截面，取 $h=2r$，此处 r 为圆形截面半径或环形截面的外环半径。

（2）预应力引起的向上反拱 f_2。预应力混凝土构件在偏心距为 e_p 的总预压力 N_p 作用下，将产生反拱 f_2，其值可按两端有弯矩（等于 $N_p e_p$）作用的简支梁按结构力学的公式计算。设计算跨度为 l_0，截面的刚度为 B，则

$$f_2 = \frac{N_p e_p l_0^2}{8B} \tag{10.74}$$

式中的 N_p 及 e_p、B 按下列不同的情况取用不同的数值：

①荷载标准组合下的反拱值。荷载标准组合时的反拱值是由构件施加预加应力引起的，构件基本上可按弹性体计算，可取 $B=0.85E_c I_0$。此时的 N_p、e_p 均按扣除第一批预应力损失后的情况计算。

②考虑预加应力长期影响下的反拱值。在使用阶段预压力的长期作用下，由于预压区混凝土徐变的影响，使构件的刚度降低，梁的反拱值加大。考虑预加应力长期影响后的截面刚度可取 $B=0.425E_c I_0$，此时，N_p、e_p 应按扣除全部预应力损失后的情况计算。

（3）挠度计算。由荷载标准组合下构件产生的挠度扣除预应力产生的反拱，即为预应力受弯构件的挠度，即

$$f = f_1 - f_2 \leqslant [f] \tag{10.75}$$

式中　$[f]$——允许挠度值。

10.3.4　受弯构件施工阶段验算

（1）对制作、运输及安装等施工阶段预拉区允许出现拉应力的构件，或预压时全截面受压的构件，在预加力、自重及施工荷载作用下（必要时应考虑动力系数）截面边缘的混凝土法向应力宜符合下列规定（见图10.23）：

$$\sigma_{ct} \leqslant f'_{tk} \tag{10.76}$$

$$\sigma_{cc} \leqslant 0.8 f'_{ck} \tag{10.77}$$

简支构件的端部区段截面预拉力区边缘纤维的混凝土拉应力允许大于 f'_{tk}，但不应大于 $1.2 f'_{tk}$。

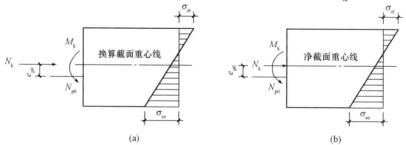

图 10.23　预应力混凝土构件施工阶段验算

(a) 先张法构件；(b) 后张法构件

截面边缘的混凝土法向应力可按下式计算：

$$\sigma_{cc} \text{ 或 } \sigma_{ct} = \sigma_{pc} + \frac{N_k}{A_0} \pm \frac{M_k}{W_0} \tag{10.78}$$

式中　σ_{ct}——相应施工阶段计算截面预拉区边缘纤维的混凝土拉应力；

σ_{cc}——相应施工阶段计算截面预压区边缘纤维的混凝土压应力；

f_{tk}、f_{ck}——与各施工阶段混凝土立方体抗压强度$f_{cu,k}$相应的抗拉强度标准值、抗压强度标准值；

N_k、M_k——构件自重及施工荷载的标准组合在计算截面产生的轴向力值、弯矩值；

W_0——验算边缘的换算截面弹性抵抗矩。

预拉区、预压区分别指施加预应力时形成的截面拉应力区、压应力区。式（10.78）中，当σ_{pc}为压应力时取正值，当σ_{pc}为拉应力时取负值；当N_k为轴向压力时取正值，当N_k为轴向拉力时取负值；当M_k产生的边缘纤维应力为压应力时式中符号取加号，为拉应力时式中符号取减号。当有可靠的工程经验时，叠合式受弯构件预拉区的混凝土法向拉应力可按σ_{ct}不大于$2f'_{tk}$控制。

施工阶段预拉区允许出现拉应力的构件，预拉区纵向钢筋的配筋率$(A'_s+A'_p)/A$不宜小于0.15%，对后张法构件不应计入A'_p，其中，A为构件截面面积。预拉区纵向普通钢筋的直径不宜大于14 mm，并应沿构件预拉区的外边缘均匀配置。施工阶段预拉区不允许出现裂缝的板类构件，预拉区纵向钢筋的配筋可根据具体情况按实践经验确定。

（2）构件端部锚固区的局部受压计算同预应力混凝土轴心受拉构件。

预应力混凝土受弯构件设计步骤如图10.24所示。

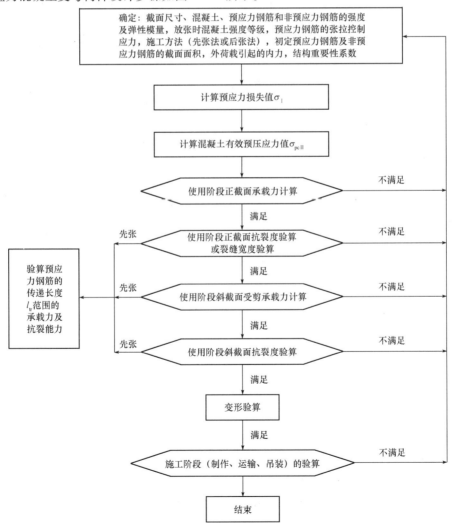

图10.24　预应力混凝土受弯构件设计步骤

10.4 部分预应力混凝土及无粘结预应力混凝土结构简述

10.4.1 部分预应力混凝土的基本概念

部分预应力混凝土是允许预应力混凝土构件在正常使用阶段出现拉应力,甚至出现裂缝,对最大裂缝宽度应加以限制。部分预应力混凝土改善了全预应力混凝土的延性,降低了预应力度,使得经济性更好,在某些场合还改善了结构构造和施工工艺等问题。对部分预应力混凝土,较多采用预应力钢筋与非预应力钢筋混合配筋的方式。

1. 部分预应力混凝土的优缺点

与全预应力混凝土和钢筋混凝土相比,部分预应力混凝土具有以下优点:

(1) 与全预应力混凝土相比,节省预应力钢材。部分预应力混凝土所施加的预压力较小,因此,所需的预应力钢材也较少。

(2) 与全预应力混凝土相比,部分预应力混凝土由于所需预应力钢筋较少,因此,制孔、灌浆、锚固等工作量少,梁端部的锚具也易于布置,总造价相应较低。

(3) 与全预应力混凝土相比,可以避免过大的预应力反拱度。由于预加力的降低有效控制了高压应力,徐变造成的反拱不断发展。

(4) 提高了结构的延性。与全预应力相比,由于配置了非预应力普通受力钢筋,提高了结构的延性和反复荷载作用下结构的能量耗散能力,有利于结构的抗震、抗爆。

(5) 可以合理控制裂缝。与钢筋混凝土相比,在正常使用状态下,部分预应力混凝土结构一般是不出现裂缝的,即使在偶然最大荷载出现时,混凝土开裂,但当荷载移去后,裂缝就能很快闭合。

部分预应力混凝土的缺点是:与全预应力混凝土相比,抗裂性略低,刚度较小,以及设计计算略为复杂;与钢筋混凝土结构相比,所需的预应力工艺复杂。

2. 非预应力钢筋的用途及布置

在部分预应力混凝土结构中通常配置有非预应力钢筋,非预应力钢筋和预应力钢筋一起使用时,两者可互为补充,充分发挥两种配筋的优越性。

(1) 如果在无粘结预应力混凝土梁中配置了一定数量的普通钢筋,则可有效地提高无粘结预应力混凝土梁正截面受弯的延性。

(2) 在受压区边缘配置的普通钢筋可承担由于预加力偏心过大引起的拉应力,并控制裂缝的出现或开展。

(3) 可承担构件在运输、存放及吊装过程中可能产生的应力。

(4) 可分散梁的裂缝和限制裂缝的宽度,从而改善梁的使用性能并提高梁的正截面受弯承载力。

10.4.2 无粘结预应力混凝土结构简述

预应力混凝土结构一般都是指预应力钢筋浇筑在混凝土体内,与混凝土粘结在一起共同受力的结构。这种粘结预应力混凝土结构采用曲线配筋时,对超静定预应力混凝土结构,采用后张法施工时,预应力钢筋的孔道预留和预应力张拉后孔道的灌浆等都比较困难和麻烦。一种可以与混凝土没有粘结关系的无粘结预应力钢筋的研制成功,改变了这一情况。目前,无粘结预应力钢筋有两种形式：一种是预应力钢筋仍然设置在混凝土体内，但与混凝土没有粘结在一起，预应力钢筋在孔道的两个锚固点间可以自由滑动，这种形式主要用于房屋结构；另一种是预应力钢筋设置在混凝土体外，也称体外索无粘结预应力混凝土，这种形式施工最为简便，多用于桥梁结构与跨径较大的房屋结构。

无粘结预应力钢筋，是指沿全长与周围混凝土能发生相对滑动的预应力钢筋。该类预应力钢筋采用专门的工艺生产。钢筋表面涂有一层专用防腐润滑油脂，外包一层塑料防腐材料（如聚乙烯或聚丙烯套管）。涂层的作用是保证预应力钢筋的自由伸缩，并能防腐，一端安装固定端锚具，另一端为张拉端。此结构靠两端锚具建立预应力。其特点是：施工时不需要事先预留孔道，无粘结预应力钢筋可以与非预应力钢筋一样按设计要求同时进行铺放、绑扎，然后浇筑混凝土。且无粘结预应力钢筋可采用曲线配筋，布置灵活，当混凝土强度达到一定要求后，以结构为支座对预应力钢筋进行张拉，待预应力钢筋张拉到设计要求的拉力后，用锚具将预应力钢筋锚固在结构上。由于预应力钢筋受力时在塑料套管内变形，不与外围混凝土直接接触，所以两者之间不存在粘结力。

无粘结预应力混凝土结构中无粘结预应力钢筋的变形是由两个锚固点间的变形累积而成的，如果忽略局部孔道摩擦力的影响，无粘结预应力钢筋的应变在两相邻锚固点间是均匀的。这样在通常设计中的控制截面破坏时，无粘结预应力钢筋的应力达不到设计强度。因此，无粘结预应力混凝土梁的受弯极限承载力要比相应的粘结预应力混凝土梁要低。国内外研究资料表明，无粘结预应力混凝土梁的抗弯极限强度比相应的有粘结预应力混凝土梁的要低10%～30%。

10.5 预应力混凝土构件的构造要求

10.5.1 截面形式和尺寸

预应力混凝土构件的截面形式应根据构件的受力特点进行合理选择。对于预应力轴心受拉构件，通常采用正方形或矩形截面；对于受弯构件，除荷载和跨度均较小的梁、板可采用矩形截面外，通常宜采用T形、I形、箱形等截面。另外，沿受弯构件纵轴，其截面形式可以根据受力要求予以改变。例如，对于屋面大梁和吊车梁，其跨中可采用I形截面，而在两端支座处，为了承受较大的剪力以及有足够的面积布置锚具，可做成矩形。

由于预应力混凝土构件的抗裂能力和刚度较大，其截面尺寸可比普通钢筋混凝土构件小些。对预应力受弯构件其截面高度 h 可取 $(1/20～1/14)l$，最小可为 $l/35$（l 为构件跨度），这大致相当于相同跨度的普通混凝土构件截面高度的70%，翼缘宽度一般可取 $(1/3～1/2)h$，在I形屋面梁中，可减小至 $h/5$。翼缘高度一般可取 $(1/10～1/6)h$。腹板宽度应尽可能薄些，可根据构造要求和施工条件，取 $(1/15～1/8)h$。确定截面尺寸时，既要考虑构件的承载力，又要考虑抗裂能力和刚度的需要，而且还必须考虑施工时模板制作、钢筋、锚具布置等要求。

10.5.2 非预应力纵向钢筋的布置

在预应力混凝土构件中，除配置预应力钢筋外，为了防止施工阶段因混凝土收缩和温差引起预拉区裂缝和施加预应力过程中产生拉应力，防止构件在制作、堆放、运输、吊装时出现裂缝或减小裂缝宽度，可在构件截面预拉区设置一定数量的非预应力钢筋。由于预应力钢筋先进行张拉，所以非预应力钢筋的实际应力在使用阶段始终低于预应力钢筋，为充分发挥非预应力钢筋的作用，非预应力钢筋的强度等级宜低于预应力钢筋。

施工阶段允许出现拉应力的构件，预拉区纵向钢筋的配筋率$\frac{A_s' + A_p'}{A} \geq 0.15\%$，其中$A$为构件截面面积。对于后张法构件，在施工阶段由于配置在预拉区的预应力钢筋与混凝土之间无粘结力或粘结力尚不可靠，可不计入A_p'。预拉区非预应力纵向钢筋的直径不宜大于14 mm，并应沿构件预拉区的外边缘均匀配置。

对施工阶段预拉区不允许出现裂缝的板类构件，预拉区纵向钢筋配筋率可根据构件的具体情况，按实践经验确定。

10.5.3 先张法构件的构造要求

（1）预应力钢筋的净间距。先张法预应力钢筋之间的净间距不宜小于其公称直径的2.5倍和混凝土粗集料最大粒径的1.25倍，且应符合下列规定：预应力钢丝，净间距不应小于15 mm；三股钢绞线，净间距不应小于20 mm；七股钢绞线，净间距不应小于25 mm。当混凝土振捣密实性具有可靠保证时，净间距要求可放宽为粗集料最大粒径的1.0倍。

（2）端部附加钢筋。先张法预应力混凝土构件端部宜采取下列构造措施：

①单根配置的预应力钢筋，其端部宜设置螺旋钢筋。

②分散布置的多根预应力钢筋，在构件端部$10d$且不小于100 mm长度范围内，宜设置3~5片与预应力钢筋垂直的钢筋网片，此处d为预应力钢筋的公称直径。

③采用预应力钢丝配筋的薄板，在板端100 mm长度范围内宜适当加密横向钢筋。

④槽形板类构件，应在构件端部100 mm长度范围内沿构件板面设置附加横向钢筋，其数量不应少于2根。

10.5.4 后张法构件的构造要求

（1）预留孔道的构造要求。后张法预应力钢筋及预留孔道布置应符合下列构造规定：

①预制构件中预留孔道之间的水平净间距不宜小于50 mm，且不宜小于粗集料粒径的1.25倍；孔道至构件边缘的净间距不宜小于30 mm，且不宜小于孔道直径的50%。

②现浇混凝土梁中预留孔道在竖直方向的净间距不应小于孔道外径，水平方向的净间距不宜小于1.5倍孔道外径，且不应小于粗集料粒径的1.25倍；从孔道外壁至构件边缘的净间距，梁底不宜小于50 mm，梁侧不宜小于40 mm；裂缝控制等级为三级的梁，梁底、梁侧分别不宜小于60 mm和50 mm。

③预留孔道的内径宜比预应力束外径及需穿过孔道的连接器外径大6~15 mm，且孔道的截面面积宜为穿入预应力束截面面积的3.0~4.0倍。

④当有可靠经验并能保证混凝土浇筑质量时，预留孔道可水平并列贴紧布置，但并排的数量不应超过2束。

⑤在现浇楼板中采用扁形锚固体系时，穿过每个预留孔道的预应力钢筋数量宜为3~5根；在常用荷载情况下，孔道在水平方向的净间距不应超过8倍板厚及1.5 m中的较大值。

⑥板中单根无粘结预应力钢筋的间距不宜大于板厚的6倍，且不宜大于1 m；带状束的无粘结预应力钢筋根数不宜多于5根，带状束间距不宜大于板厚的12倍，且不宜大于2.4 m。

⑦梁中集束布置的无粘结预应力钢筋，集束的水平净间距不宜小于50 mm，集束至构件边缘的净距离不宜小于40 mm。

（2）端部钢筋布置。后张法预应力混凝土构件的端部锚固区，应按下列规定配置间接钢筋。

①在局部受压间接钢筋配置区以外，在构件端部长度 l 不小于截面重心线上部或下部预应力钢筋的合力点至邻近边缘的距离 e 的3倍、但不大于构件端部截面高度 h 的1.2倍，高度为 $2e$ 的附加配筋区范围内，应均匀配置附加防劈裂箍筋或网片（见图10.25），配筋面积可按下列公式计算，且体积配筋率不应小于0.5%。

$$A_{sb} \geq 0.18\left(1-\frac{l_l}{l_b}\right)\frac{P}{f_{yv}} \qquad (10.79)$$

式中 P——作用在构件端部截面重心线上部或下部预应力钢筋的合力设计值，对有粘结预应力混凝土构件取1.2倍张拉控制应力，对无粘结预应力混凝土取1.2倍张拉控制应力和 $f_{ptk}A_p$ 中的较大值；

l_l、l_b——沿构件高度方向 A_l、A_b 的边长或直径，A_l、A_b 按图10.14确定；

f_{yv}——附加防劈裂钢筋的抗拉强度设计值。

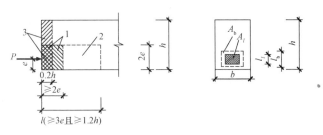

图10.25 防止端部裂缝的配筋范围

1—局部受压间接钢筋配置区；2—附加防劈裂配筋区；3—附加防端面裂缝配筋区

②当构件端部预应力钢筋需集中布置在截面下部或集中布置在上部和下部时，应在构件端部0.2h范围内设置附加竖向防端面裂缝构造钢筋，其截面积应符合下列公式的要求：

$$A_{sv} \geq \frac{T_s}{f_{yv}} \qquad (10.80)$$

$$T_s = \left(0.25-\frac{e}{h}\right)P \qquad (10.81)$$

式中 T_s——锚固端端面拉力；

P——作用在构件端部截面重心线上部或下部预应力钢筋的合力设计值；

e——截面重心线上部或下部预应力钢筋的合力点至截面近边缘的距离；

h——构件端部截面高度。

当 e 大于 $0.2h$ 时，可根据实际情况适当配置构造钢筋。竖向防端面裂缝钢筋宜靠近端面配置，可采用焊接钢筋网、封闭式箍筋或其他形式，且宜采用带肋钢筋。

当端部截面上部和下部均有预应力钢筋时，附加竖向钢筋的总截面面积应按上部和下部的预应力合力分别计算的较大值采用。

在构件端面横向也应按上述方法计算抗端面裂缝钢筋，并与上述竖向钢筋形成网片筋配置。

③当构件在端部有局部凹进时，应增设折线构造钢筋（见图10.26）或其他有效的构造钢筋。

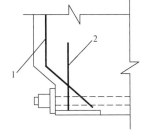

图10.26 端部凹进处构造钢筋

1—折线构造钢筋；2—竖向构造钢筋

（3）外露金属锚具的构造措施。后张预应力混凝土外露金属锚具，应采取可靠的防腐及防火措施，并应符合下列规定：

①采用混凝土封闭时，其强度等级宜与构件混凝土强度等级一致，且不应低于C30。封锚混凝土与构件混凝土应可靠粘结，如锚具在封闭前应将周围混凝土界面凿毛并冲洗干净，且宜配置1~2片钢筋网，钢筋网应与构件混凝土拉结。

②采用无收缩砂浆或混凝土封闭保护时，其锚具及预应力钢筋端部的保护层厚度不应小于：一类环境时20 mm；二a、二b类环境时50 mm；三a、三b类环境时80 mm。

思考题

10.1 什么是预应力混凝土？预应力混凝土结构有哪些优点？

10.2 预应力混凝土结构是如何分类的？

10.3 对预应力混凝土中的钢材和混凝土性能分别有哪些要求？为什么？

10.4 什么是张拉控制应力？张拉控制应力σ_{con}为什么不能过高？张拉控制应力与哪些因素有关？

10.5 预应力损失值包括哪些？哪些属于第一批？哪些属于第二批？

10.6 为什么会产生温差损失σ_{l3}？什么情况下加热养护时可以不考虑此项损失？

10.7 为什么计算收缩、徐变引起的预应力损失σ_{l5}时，要控制$\sigma_{pcI}/f'_{cu} \leq 0.5$？

10.8 试说明先张法构件预应力钢筋的传递长度的概念，哪些因素影响传递长度l_{tr}？

10.9 对后张法预应力混凝土构件，为什么要控制局部受压区的截面尺寸，并需在锚具处配置间接钢筋？

10.10 预应力混凝土受弯构件的变形是如何计算的？与普通钢筋混凝土受弯构件的变形计算相比有何异同？

10.11 预应力混凝土受弯构件正截面的界限相对受压区高度与钢筋混凝土受弯构件正截面的界限相对受压区高度是否相同？

10.12 对受弯构件的纵向受拉钢筋施加预应力后，是否能提高正截面受弯承载力、斜截面受剪承载力，为什么？

10.13 什么是部分预应力混凝土？是否"预应力越大越好""张拉钢筋数量越多越好"？

10.14 在受弯构件中，无粘结预应力钢筋与有粘结预应力钢筋在受力、变形上有什么区别？

习 题

10.1 跨度为18 m屋架下弦预应力混凝土拉杆，截面尺寸150 mm×200 mm，端部构造如图10.27所示，采用后张法一端张拉。孔道为直径52 mm橡皮管充气成型，采用夹片锚具。预应力钢筋为10ϕ^{PM}9中强度预应力钢丝，非预应力钢筋为4ϕ^{PM}9中的强度预应力钢丝，混凝土为C40，到达100%设计强度时施加预应力$\sigma_{con}=0.7f_{ptk}$。屋架的结构重要性系数$\gamma_0=1.1$，永久荷载标准值产生的轴力为240 kN，可变荷载标准值产生的轴力为82 kN，准永久值系数为0.5。要求：

（1）计算消压轴力N_{p0}及相应的预应力钢筋和非预应力钢筋的应力；

（2）计算裂缝出现轴力N_{cr}和裂缝出现后（$N=N_{cr}$）预应力钢筋和非预应力钢筋的应力；

（3）使用阶段的承载力计算；

（4）使用阶段的抗裂验算；

（5）施工阶段的截面应力验算；
（6）锚具下局部受压承载力计算。

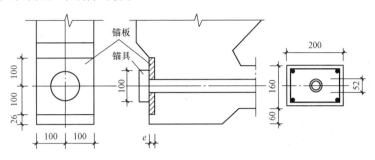

图 10.27　习题 10.1 图

10.2　某预应力混凝土梁，其截面尺寸如图 10.28 所示。设梁的计算跨度 $l_0=8.6$ m，净跨度为 8.3 m。采用先张法 100 m 长台上张拉钢筋，养护温差 $\Delta t=20$ ℃。预应力钢筋采用中强度预应力钢丝，张拉控制应力 $[f/l_0]=\dfrac{1}{400}$，箍筋采用 HRB335 级钢筋，混凝土强度等级为 C40，当混凝土达到设计强度的 90% 后，放松钢筋。承受永久荷载标准值 20 kN/m，可变荷载标准值为 16 kN/m，准永久值系数为 0.6。此梁为处于室内正常环境的一般构件，裂缝控制等级为二级，允许挠度 $[f/l_0]=\dfrac{1}{400}$。吊装时吊位位置设在距梁端 1.8 m 处。要求：

（1）使用阶段的正截面受弯承载力计算；
（2）使用阶段的抗裂验算；
（3）使用阶段的斜截面承载力计算；
（4）使用阶段的斜截面抗裂验算；
（5）使用阶段的挠度验算；
（6）施工阶段的截面应力验算。

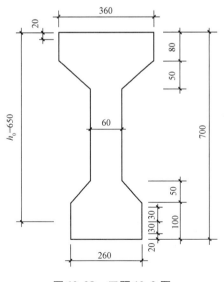

图 10.28　习题 10.2 图

附录

《混凝土结构设计规范》(GB 50010—2010)(2015年版)附表

附表1　混凝土轴心抗压强度标准值　　N/mm²

强度	混凝土强度等级													
	C15	C20	C25	C30	C35	C40	C45	C50	C55	C60	C65	C70	C75	C80
f_{ck}	10.0	13.4	16.7	20.1	23.4	26.8	29.6	32.4	35.5	38.5	41.5	44.5	47.4	50.2

附表2　混凝土轴心抗拉强度标准值　　N/mm²

强度	混凝土强度等级													
	C15	C20	C25	C30	C35	C40	C45	C50	C55	C60	C65	C70	C75	C80
f_{tk}	1.27	1.54	1.78	2.01	2.20	2.39	2.51	2.64	2.74	2.85	2.93	2.99	3.05	3.11

附表3　混凝土轴心抗压强度设计值　　N/mm²

强度	混凝土强度等级													
	C15	C20	C25	C30	C35	C40	C45	C50	C55	C60	C65	C70	C75	C80
f_c	7.2	9.6	11.9	14.3	16.7	19.1	21.1	23.1	25.3	27.5	29.7	31.8	33.8	35.9

附表4　混凝土轴心抗拉强度设计值　　N/mm²

强度	混凝土强度等级													
	C15	C20	C25	C30	C35	C40	C45	C50	C55	C60	C65	C70	C75	C80
f_t	0.91	1.10	1.27	1.43	1.57	1.71	1.80	1.89	1.96	2.04	2.09	2.14	2.18	2.22

附 录 《混凝土结构设计规范》(GB 50010—2010)(2015年版)附表

附表5 混凝土的弹性模量 ($\times 10^4 \text{ N/mm}^2$)

混凝土强度等级	C15	C20	C25	C30	C35	C40	C45	C50	C55	C60	C65	C70	C75	C80
E_c	2.20	2.55	2.80	3.00	3.15	3.25	3.35	3.45	3.55	3.60	3.65	3.70	3.75	3.80

注:1. 当有可靠试验依据时,弹性模量可根据实测数据确定;
　　2. 当混凝土中掺有大量矿物掺和料时,弹性模量可按规定龄期根据实测数据确定

附表6 混凝土受压疲劳强度修正系数 γ_ρ

ρ_c^f	$0 \leq \rho_c^f < 0.1$	$0.1 \leq \rho_c^f < 0.2$	$0.2 \leq \rho_c^f < 0.3$	$0.3 \leq \rho_c^f < 0.4$	$0.4 \leq \rho_c^f < 0.5$	$\rho_c^f \geq 0.5$
γ_ρ	0.68	0.74	0.80	0.86	0.93	1.00

附表7 混凝土受拉疲劳强度修正系数 γ_ρ

ρ_c^f	$0 < \rho_c^f < 0.1$	$0.1 \leq \rho_c^f < 0.2$	$0.2 \leq \rho_c^f < 0.3$	$0.3 \leq \rho_c^f < 0.4$	$0.4 \leq \rho_c^f < 0.5$
γ_ρ	0.63	0.66	0.69	0.72	0.74
ρ_c^f	$0.5 \leq \rho_c^f < 0.6$	$0.6 \leq \rho_c^f < 0.7$	$0.7 \leq \rho_c^f < 0.8$	$\rho_c^f \geq 0.8$	—
γ_ρ	0.76	0.80	0.90	1.00	—

注:直接承受疲劳荷载的混凝土构件,当采用蒸汽养护时,养护温度不宜高于60℃

附表8 混凝土的疲劳变形模量 ($\times 10^4 \text{ N/mm}^2$)

混凝土强度等级	C30	C35	C40	C45	C50	C55	C60	C65	C70	C75	C80
E_c^f	1.30	1.40	1.50	1.55	1.60	1.65	1.70	1.75	1.80	1.85	1.90

附表9 普通钢筋强度标准值 N/mm²

牌号	符号	公称直径 d/mm	屈服强度标准值 f_{yk}	极限强度标准值 f_{stk}
HPB300	ϕ	6~14	300	420
HRB335	Φ	6~14	335	455
HRB400	Φ	6~50	400	540
HRBF400	Φ^F			
RRB400	Φ^R			
HRB500	Φ	6~50	500	630
HRBF500	Φ^F			

附表10　预应力筋强度标准值　　　　　　　　　　　　　　　　　　N/mm²

种类		符号	公称直径 d/mm	屈服强度标准值 f_{pyk}	极限强度标准值 f_{ptk}
中强度预应力钢丝	光面 螺旋肋	Φ^{PM} Φ^{HM}	5、7、9	620	800
				780	970
				980	1 270
预应力螺纹钢筋	螺纹	Φ^T	18、25、32、40、50	785	980
				930	1 080
				1 080	1 230
消除应力钢丝	光面	Φ^P	5	—	1 570
				—	1 860
			7	—	1 570
	螺旋肋	Φ^H	9	—	1 470
				—	1 570
钢绞线	1×3（三股）	Φ^S	8.6、10.8、12.9	—	1 570
				—	1 860
				—	1 960
	1×7（七股）		9.5、12.7、15.2、17.8	—	1 720
				—	1 860
				—	1 960
			21.6	—	1 860

注：极限强度标准值为1 960 N/mm²的钢绞线作后张预应力配筋时，应有可靠的工程经验

附表11　普通钢筋强度设计值　　　　　　　　　　　　　　　　　　N/mm²

牌号	抗拉强度设计值 f_y	抗压强度设计值 f'_y
HPB300	270	270
HRB335	300	300
HRB400、HRBF400、RRB400	360	360
HRB500、HRBF500	435	435

附表12　预应力筋强度设计值　　　　　　　　　　　　　　　　　　N/mm²

种类	极限强度标准值 f_{ptk}	抗拉强度设计值 f_{py}	抗压强度设计值 f'_{py}
中强度预应力钢丝	800	510	410
	970	650	
	1 270	810	
消除应力钢丝	1 470	1 040	410
	1 570	1 110	
	1 860	1 320	

续表

种类	极限强度标准值 f_{ptk}	抗拉强度设计值 f_{py}	抗压强度设计值 f'_{py}
钢绞线	1 570	1 110	390
	1 720	1 220	
	1 860	1 320	
	1 960	1 390	
预应力螺纹钢筋	980	650	400
	1 080	770	
	1 230	900	

注：当预应力筋的强度标准值不符合本表的规定时，其强度设计值应进行相应的比例换算

附表 13　普通钢筋及预应力筋在最大力下的总伸长率限值

钢筋种类	普通钢筋			预应力钢筋
	HPB300	HRB335、HRB400、HRBF400、HRB500、HRBF500	RRB400	
$\delta_{gt}/\%$	10.0	7.5	5.0	3.5

附表 14　钢筋的弹性模量　　　　　　　　　　　　　　（$\times 10^5$ N/mm²）

牌号或种类	弹性模量 E_s
HPB300	2.10
HRB335、HRB400、HRB500 HRBF400、HRBF500、RRB400 预应力螺纹钢筋	2.00
消除应力钢丝、中强度预应力钢丝	2.05
钢绞线	1.95

附表 15　普通钢筋疲劳应力幅限值　　　　　　　　　　N/mm²

疲劳应力比值 ρ_s^f	疲劳应力幅限值 Δf_y^f	
	HRB335	HRB400
0	175	175
0.1	162	162
0.2	154	156
0.3	144	149
0.4	131	137
0.5	115	123
0.6	97	106
0.7	77	85

续表

疲劳应力比值 ρ_s^f	疲劳应力幅限值 Δf_y^f	
	HRB335	HRB400
0.8	54	60
0.9	28	31

注：当纵向受拉钢筋采用闪光接触对焊连接时，其接头处的钢筋疲劳应力幅限值应按表中数值乘以 0.8 取用

附表 16　预应力筋疲劳应力幅限值　　　　　　　　　　　　　　　　　　N/mm²

疲劳应力比值 ρ_p^f	钢绞线 $f_{ptk}=1\,570$	消除应力钢丝 $f_{ptk}=1\,570$
0.7	144	240
0.8	118	168
0.9	70	88

注：1. 当 ρ_p^f 不小于 0.9 时，可不做预应力筋疲劳验算；
　　2. 当有充分依据时，可对表中规定的疲劳应力幅限值做适当调整

附表 17　受弯构件的挠度限值

构件类型		挠度限值
吊车梁	手动吊车	$l_0/500$
	电动吊车	$l_0/600$
屋盖、楼盖及楼梯构件	当 $l_0<7$ m 时	$l_0/200$（$l_0/250$）
	当 $7\text{ m}\leqslant l_0\leqslant 9\text{ m}$ 时	$l_0/250$（$l_0/300$）
	当 $l_0>9$ m 时	$l_0/300$（$l_0/400$）

注：1. 表中 l_0 为构件的计算跨度；计算悬臂构件的挠度限值时，其计算跨度 l_0 按实际悬臂长度的 2 倍取用；
　　2. 表中括号内的数值适用于使用上对挠度有较高要求的构件；
　　3. 如果构件制作时预先起拱，且使用上也允许，则在验算挠度时，可将计算所得的挠度值减去起拱值；对预应力混凝土构件，尚可减去预加力所产生的反拱值；
　　4. 构件制作时的起拱值和预加力所产生的反拱值不宜超过构件在相应荷载组合下的计算挠度值

附表 18　混凝土结构的环境类别

环境类别	条件
一	室内干燥环境； 无侵蚀性静水浸没环境
二 a	室内潮湿环境； 非严寒和非寒冷地区的露天环境； 非严寒和非寒冷地区与无侵蚀性的水或土壤直接接触的环境； 严寒和寒冷地区的冰冻线以下与无侵蚀性的水或土壤直接接触的环境

续表

环境类别	条件
二 b	干湿交替环境； 水位频繁变动环境； 严寒和寒冷地区的露天环境； 严寒和寒冷地区冰冻线以上与无侵蚀性的水或土壤直接接触的环境
三 a	严寒和寒冷地区冬季水位变动区环境； 受除冰盐影响环境； 海风环境
三 b	盐渍土环境； 受除冰盐作用环境； 海岸环境
四	海水环境
五	受人为或自然的侵蚀性物质影响的环境

注：1. 室内潮湿环境是指构件表面经常处于结露或湿润状态的环境；
2. 严寒和寒冷地区的划分应符合现行国家标准《民用建筑热工设计规范》(GB 50176—2016)的有关规定；
3. 海岸环境和海风环境宜根据当地情况，考虑主导风向及结构所处迎风、背风部位等因素的影响，由调查研究和工程经验确定；
4. 受除冰盐影响环境是指受到除冰盐盐雾影响的环境；受除冰盐作用环境是指被除冰盐溶液溅射的环境以及使用除冰盐地区的洗车房、停车楼等建筑；
5. 暴露的环境是指混凝土结构表面所处的环境

附表 19　结构构件的裂缝控制等级及最大裂缝宽度的限值　　　　　　　　mm

环境类别	钢筋混凝土结构		预应力混凝土结构	
	裂缝控制等级	w_{lim}	裂缝控制等级	w_{lim}
一	三级	0.30 (0.40)	三级	0.20
二 a	三级	0.20	三级	0.10
二 b	三级	0.20	二级	—
三 a、三 b	三级	0.20	一级	—

注：1. 对处于年平均相对湿度小于60%地区一类环境下的受弯构件，其最大裂缝宽度限值可采用括号内的数值；
2. 在一类环境下，对钢筋混凝土屋架、托架及需作疲劳验算的吊车梁，其最大裂缝宽度限值应取为0.20 mm；对钢筋混凝土屋面梁和托梁，其最大裂缝宽度限值应取为0.30 mm；
3. 在一类环境下，对预应力混凝土屋架、托架及双向板体系，应按二级裂缝控制等级进行验算；对一类环境下的预应力混凝土屋面梁、托梁、单向板，应按表中二 a 级环境的要求进行验算；在一类和二 a 类环境下需做疲劳验算的预应力混凝土吊车梁，应按裂缝控制等级不低于二级的构件进行验算；
4. 表中规定的预应力混凝土构件的裂缝控制等级和最大裂缝宽度限值仅适用于正截面的验算；预应力混凝土构件的斜截面裂缝控制验算应符合本规范的有关规定；
5. 对于烟囱、筒仓和处于液体压力下的结构，其裂缝控制要求应符合专门标准的有关规定；
6. 对于处于四、五类环境下的结构构件，其裂缝控制要求应符合专门标准的有关规定；
7. 表中的最大裂缝宽度限值为用于验算荷载作用引起的最大裂缝宽度

附表20 混凝土保护层的最小厚度 c   mm

环境类别	板、墙、壳	梁、柱、杆
一	15	20
二 a	20	25
二 b	25	35
三 a	30	40
三 b	40	50

注：1. 混凝土强度等级不大于 C25 时，表中保护层厚度数值应增加 5 mm；
　　2. 钢筋混凝土基础宜设置混凝土垫层，基础中钢筋的混凝土保护层厚度应从垫层顶面算起，且不应小于 40 mm

附表21 截面抵抗矩塑性影响系数基本值 γ_m

项次	1	2	3		4		5
截面形状	矩形截面	翼缘位于受压区的 T 形截面	对称 I 形截面或箱形截面		翼缘位于受拉区的倒 T 形截面		圆形和环形截面
			$b_f'/b \leq 2$、h_f'/h 为任意值	$b_f'/b > 2$、$h_f'/h < 0.2$	$b_f/b \leq 2$、h_f/h 为任意值	$b_f/b > 2$、$h_f/h < 0.2$	
γ_m	1.55	1.50	1.45	1.35	1.50	1.40	$1.6 - 0.24 r_1/r$

注：1. 对 $b_f' > b_f$ 的 I 形截面，可按项次 2 与项次 3 之间的数值采用；对 $b_f' < b_f$ 的 I 形截面，可按项次 3 与项次 4 之间的数值采用；
　　2. 对于箱形截面，b 是指各肋宽度的总和；
　　3. r_1 为环形截面的内环半径，对圆形截面取 r_1 为零

附表22 纵向受力钢筋的最小配筋百分率 $\rho_{\min}$ %

受力类型			最小配筋百分率
受压构件	全部纵向钢筋	强度等级 500 MPa	0.50
		强度等级 400 MPa	0.55
		强度等级 300 MPa、335 MPa	0.60
	一侧纵向钢筋		0.20
受压构件、偏心受拉、轴心受拉构件一侧的受拉钢筋			0.20% 和 $45 f_t/f_y$ 中的较大值

注：1. 受压构件全部纵向钢筋最小配筋百分率，当采用 C60 以上强度等级的混凝土时，应按表中规定增加 0.10；
　　2. 板类受弯构件（不包括悬臂板）的受拉钢筋，当采用强度等级 400 MPa、500 MPa 的钢筋时，其最小配筋百分率应允许采用 0.15 和 $45 f_t/f_y$ 中的较大值；
　　3. 偏心受拉构件中的受压钢筋，应按受压构件一侧纵向钢筋考虑；
　　4. 受压构件的全部纵向钢筋和一侧纵向钢筋的配筋率以及轴心受拉构件和小偏心受拉构件一侧受拉钢筋的配筋率均应按构件的全截面面积计算；
　　5. 受弯构件、大偏心受拉构件一侧受拉钢筋的配筋率应按全截面面积扣除受压翼缘面积 $(b_f' - b) h_f'$ 后的截面面积计算；
　　6. 当钢筋沿构件截面周边布置时，"一侧纵向钢筋"是指沿受力方向两个对边中一边布置的纵向钢筋

附 录 《混凝土结构设计规范》(GB 50010—2010)(2015 年版)附表

附表 23 框架柱轴压比限值

结构体系	抗震等级			
	一级	二级	三级	四级
框架结构	0.65	0.75	0.85	0.90
框架-剪力墙结构、筒体结构	0.75	0.85	0.90	0.95
部分框支剪力墙结构	0.60	0.70	—	—

注：1. 轴压比指柱地震作用组合的轴向压力设计值与柱的全截面面积和混凝土轴心抗压强度设计值乘积之比值；
2. 当混凝土强度等级为 C65、C70 时，轴压比限值宜按表中数值减小 0.05；混凝土强度等级为 C75、C80 时，轴压比限值宜按表中数值减小 0.10；
3. 表内限值适用于剪跨比大于 2、混凝土强度等级不高于 60 的柱；剪跨比不大于 2 的柱轴压比限值应降低 0.05；剪跨比小于 1.5 的柱，轴压比限值应专门研究并采取特殊构造措施；
4. 沿柱全高采用井字复合箍，且箍筋间距不大于 100 mm、肢距不大于 200 mm、直径不小于 12 mm，或沿柱全高采用复合螺旋箍，且螺距不大于 100 mm、肢距不大于 200 mm、直径不小于 12 mm，或沿柱全高采用连续复合矩形螺旋箍，且螺旋净距不大于 80 mm、肢距不大于 200 mm、直径不小于 10 mm 时，轴压比限值均可按表中数值增加 0.10；
5. 当柱截面中部设置由附加纵向钢筋形成的芯柱，且附加纵向钢筋的总截面面积不少于柱截面面积的 0.8% 时，轴压比限值可按表中数值增加 0.05；此项措施与注 4 的措施同时采用时，轴压比限值可按表中数值增加 0.15，但箍筋的配箍特征值仍应按轴压比增加 0.10 的要求确定；
6. 调整后的柱轴压比限值不应大于 1.05

附表 24 钢筋的公称直径、公称截面面积及理论质量

公称直径 /mm	不同根数钢筋的公称截面面积/mm²									单根钢筋理论质量 /(kg·m⁻¹)
	1	2	3	4	5	6	7	8	9	
6	28.3	57	85	113	142	170	198	226	255	0.222
8	50.3	101	151	201	252	302	352	402	453	0.395
10	78.5	157	236	314	393	471	550	628	707	0.617
12	113.1	226	339	452	565	678	791	904	1 017	0.888
14	153.9	308	461	615	769	923	1 077	1 231	1 385	1.21
16	201.1	402	603	804	1 005	1 206	1 407	1 608	1 809	1.58
18	254.5	509	763	1 017	1 272	1 527	1 781	2 036	2 290	2.00 (2.11)
20	314.2	628	942	1 256	1 570	1 884	2 199	2 513	2 827	2.47
22	380.1	760	1 140	1 520	1 900	2 281	2 661	3 041	3 421	2.98
25	490.9	982	1 473	1 964	2 454	2 945	3 436	3 927	4 418	3.85 (4.10)
28	615.8	1 232	1 847	2 463	3 079	3 695	4 310	4 926	5 542	4.83
32	804.2	1 609	2 413	3 217	4 021	4 826	5 630	6 434	7 238	6.31 (6.65)
36	1 017.9	2 036	3 054	4 072	5 089	6 107	7 125	8 143	9 161	7.99

续表

公称直径/mm	不同根数钢筋的公称截面面积/mm²									单根钢筋理论质量/(kg·m⁻¹)
	1	2	3	4	5	6	7	8	9	
40	1 256.6	2 513	3 770	5 027	6 283	7 540	8 796	10 053	11 310	9.87 (10.34)
50	1 963.5	3 928	5 892	7 856	9 820	11 784	13 748	15 712	17 676	15.42 (16.28)

注：括号内为预应力螺纹钢筋的数值

附表25 钢筋混凝土板每米宽的钢筋面积表   mm²

钢筋间距/mm	钢筋直径/mm											
	3	4	5	6	6/8	8	8/10	10	10/12	12	12/14	14
70	101.0	180.0	280.0	404.0	561.0	719.0	920.0	1 121.0	1 369.0	1 616.0	1 907.0	2 199.0
75	94.2	168.0	262.0	377.0	524.0	671.0	859.0	1 047.0	1 277.0	1 508.0	1 780.0	2 052.0
80	88.4	157.0	245.0	354.0	491.0	629.0	805.0	981.0	1 198.0	1 414.0	1 669.0	1 924.0
85	83.2	148.0	231.0	333.0	462.0	592.0	758.0	924.0	1 127.0	1 331.0	1 571.0	1 811.0
90	78.5	140.0	218.0	314.0	437.0	559.0	716.0	872.0	1 064.0	1 257.0	1 483.0	1 710.0
95	74.5	132.0	207.0	298.0	414.0	529.0	678.0	826.0	1 008.0	1 190.0	1 405.0	1 620.0
100	70.6	126.0	196.0	283.0	393.0	503.0	644.0	785.0	958.0	1 131.0	1 335.0	1 539.0
110	64.2	114.0	178.0	257.0	357.0	457.0	585.0	714.0	871.0	1 028.0	1 214.0	1 399.0
120	58.9	105.0	163.0	236.0	327.0	419.0	537.0	654.0	798.0	942.0	1 113.0	1 283.0
125	56.5	101.0	157.0	226.0	314.0	402.0	515.0	628.0	766.0	905.0	1 068.0	1 231.0
130	54.4	96.6	151.0	218.0	302.0	387.0	495.0	604.0	737.0	870.0	1 027.0	1 184.0
140	50.5	89.8	140.0	202.0	281.0	359.0	460.0	561.0	684.0	808.0	954.0	1 099.0
150	47.1	83.8	131.0	189.0	262.0	335.0	429.0	523.0	639.0	754.0	890.0	1 026.0
160	44.1	78.5	123.0	177.0	246.0	314.0	403.0	491.0	599.0	707.0	834.0	962.0
170	41.5	73.9	115.0	166.0	231.0	296.0	379.0	462.0	564.0	665.0	785.0	905.0
180	39.2	69.8	109.0	157.0	218.0	279.0	358.0	436.0	532.0	628.0	742.0	855.0
190	37.2	66.1	103.0	149.0	207.0	265.0	339.0	413.0	504.0	595.0	703.0	810.0
200	35.3	62.8	98.2	141.0	196.0	251.0	322.0	393.0	479.0	565.0	668.0	770.0
220	32.1	57.1	89.2	129.0	179.0	229.0	293.0	357.0	436.0	514.0	607.0	700.0
240	29.4	52.4	81.8	118.0	164.0	210.0	268.0	327.0	399.0	471.0	556.0	641.0
250	28.3	50.3	78.5	113.0	157.0	201.0	258.0	314.0	383.0	452.0	534.0	616.0
260	27.2	48.3	75.5	109.0	151.0	193.0	248.0	302.0	369.0	435.0	513.0	592.0
280	25.2	44.9	70.1	101.0	140.0	180.0	230.0	280.0	342.0	404.0	477.0	550.0
300	23.6	41.9	65.5	94.2	131.0	168.0	215.0	262.0	319.0	377.0	445.0	513.0
320	22.1	39.3	61.4	88.4	123.0	157.0	201.0	245.0	299.0	353.0	417.0	481.0

附 录 《混凝土结构设计规范》(GB 50010—2010)(2015年版)附表

附表26 钢绞线的公称直径、公称截面面积及理论质量

种类	公称直径/mm	公称截面面积/mm²	理论质量/(kg·m⁻¹)
1×3	8.6	37.7	0.296
	10.8	58.9	0.462
	12.9	84.8	0.666
1×7 标准型	9.5	54.8	0.430
	12.7	98.7	0.775
	15.2	140	1.101
	17.8	191	1.500
	21.6	285	2.237

附表27 钢丝的公称直径、公称截面面积及理论质量

公称直径/mm	公称截面面积/mm²	理论质量/(kg·m⁻¹)
5.0	19.63	0.154
7.0	38.48	0.302
9.0	63.62	0.499

参 考 文 献

[1] 中华人民共和国住房和城乡建设部. GB 50010—2010 混凝土结构设计规范（2015年版）[S]. 北京：中国建筑工业出版社，2015.
[2] 中华人民共和国住房和城乡建设部. GB 50153—2008 工程结构可靠性设计统一标准[S]. 北京：中国计划出版社，2009.
[3] 中华人民共和国住房和城乡建设部. GB 50009—2012 建筑结构荷载规范[S]. 北京：中国建筑工业出版社，2012.
[4] 梁兴文，史庆轩. 混凝土结构设计原理[M]. 2版. 北京：中国建筑工业出版社，2015.
[5] 东南大学，天津大学，同济大学. 混凝土结构（上、下册）[M]. 5版. 北京：中国建筑工业出版社，2012.
[6] 刘立新，叶燕华. 混凝土结构原理[M]. 2版. 武汉：武汉理工大学出版社，2012.